国审玉米品种SSR（2018—2019年）指纹图谱

周泽宇　晋　芳　刘丰泽　易红梅　主编

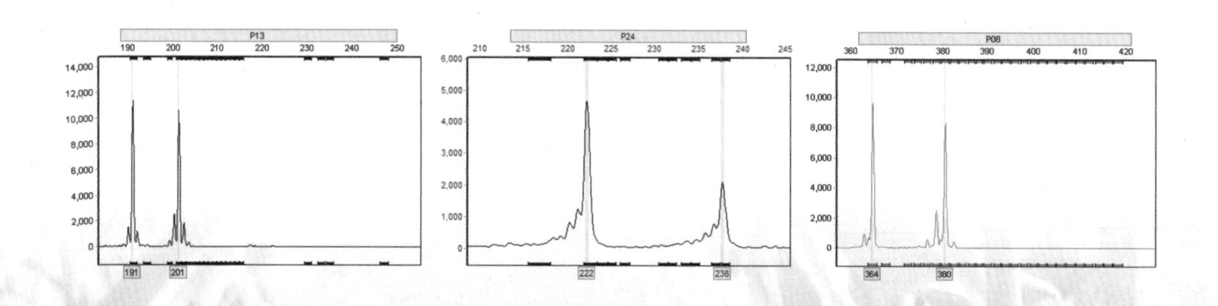

中国农业科学技术出版社

图书在版编目（CIP）数据

国审玉米品种（2018—2019年）SSR指纹图谱／周泽宇等主编. —北京：中国农业科学技术出版社，2021.6

ISBN 978-7-5116-5342-0

Ⅰ.①国… Ⅱ.①周… Ⅲ.①玉米-品种-基因组-鉴定-中国-图谱 Ⅳ.①S513.035.1-64

中国版本图书馆CIP数据核字（2021）第109124号

责任编辑 贺可香
责任校对 李向荣
责任印制 姜义伟 王思文

出 版 者 中国农业科学技术出版社
北京市中关村南大街12号 邮编：100081
电 话 （010）82106638（编辑室） （010）82109702（发行部）
（010）82109709（读者服务部）
传 真 （010）82106650
网 址 http://www.castp.cn
经 销 者 各地新华书店
印 刷 者 北京地大彩印有限公司
开 本 889 mm×1 194 mm 1/16
印 张 19
字 数 495千字
版 次 2021年6月第1版 2021年6月第1次印刷
定 价 120.00元

《国审玉米品种（2018—2019年）SSR指纹图谱》

编　委　会

主　编：周泽宇　晋　芳　刘丰泽　易红梅

副主编：任雪贞　张力科　杨　扬　葛建镕　王凤格

编　者：金石桥　支巨振　赵建宗　陈　斌　傅友兰
王　璐　任　洁　王　蕊　王海杰　施昕晨
朱万豪　王　培　周　阳　李承宗　孟思远
肖长文　高友丽　高明鑫　方明奎

前　言

近年来，分子检测技术已成为农作物品种选育的重要工具、种子行业管理的重要手段、现代种业发展的重要保障。分子检测技术推动了优异种质资源的创制，加速了品种选育进程，为种子市场监管提供了强力支撑，为新品种准入发挥了把关作用，为品种创新和品种权保护发挥了积极作用。在全面加强知识产权保护工作、打好种业翻身仗的新形势下，现代种业发展对分子检测技术的需求更加迫切。

从2010年开始，全国农业技术推广服务中心组织开展全国主要农作物审定品种标准样品的征集及DNA指纹数据库的构建。在农业农村部、各省级种子管理部门以及国内科研单位的大力支持下，到目前为止，已完成玉米、水稻、小麦、棉花、向日葵等多个作物审定品种标准样品DNA指纹数据库构建，其中玉米标准样品DNA指纹数据库在全国近二十家检验机构实现了共享。

近十年来，农业农村部、全国省级种子管理部门组织对种子市场、制种基地、种子企业等种子生产、加工、销售环节进行抽检，通过与审定品种标准样品DNA指纹数据比较，累计对上万份玉米、水稻样品进行了真实性检测，经过多年的连续监管，我国玉米、水稻种子品种真实性质量有了明显的提高。同时，品种标准样品DNA指纹数据库还大量应用于品种审定、登记，以及新品种保护、DUS特异性测试近似品种筛查等工作中，保护了育种创新，提升了品种管理水平。

本书收录了2018—2019年164个国家审定玉米品种，每个品种均提供了40个SSR核心引物位点的指纹图谱，对这些品种的真实性身份验证、真实性身份鉴定工作的开展提供了坚实的技术支撑。

本书在编写过程中，得到了各省级种子管理部门、北京市农林科学院玉米研究中心等合作单位的大力支持，在此表示诚挚的感谢！本书可作为玉米种子质量检测、品种管理、品种权保护、侵权案司法鉴定、品种选育、农业科研教学等从业人员的参考书籍。由于时间仓促，书中难免有不足之处，敬请专家和读者批评指正。

编　者

2021年6月30日

目　　录

第一部分 SSR指纹图谱

豫丰98（审定编号：国审玉20190006；种质库编号：S1G05074）

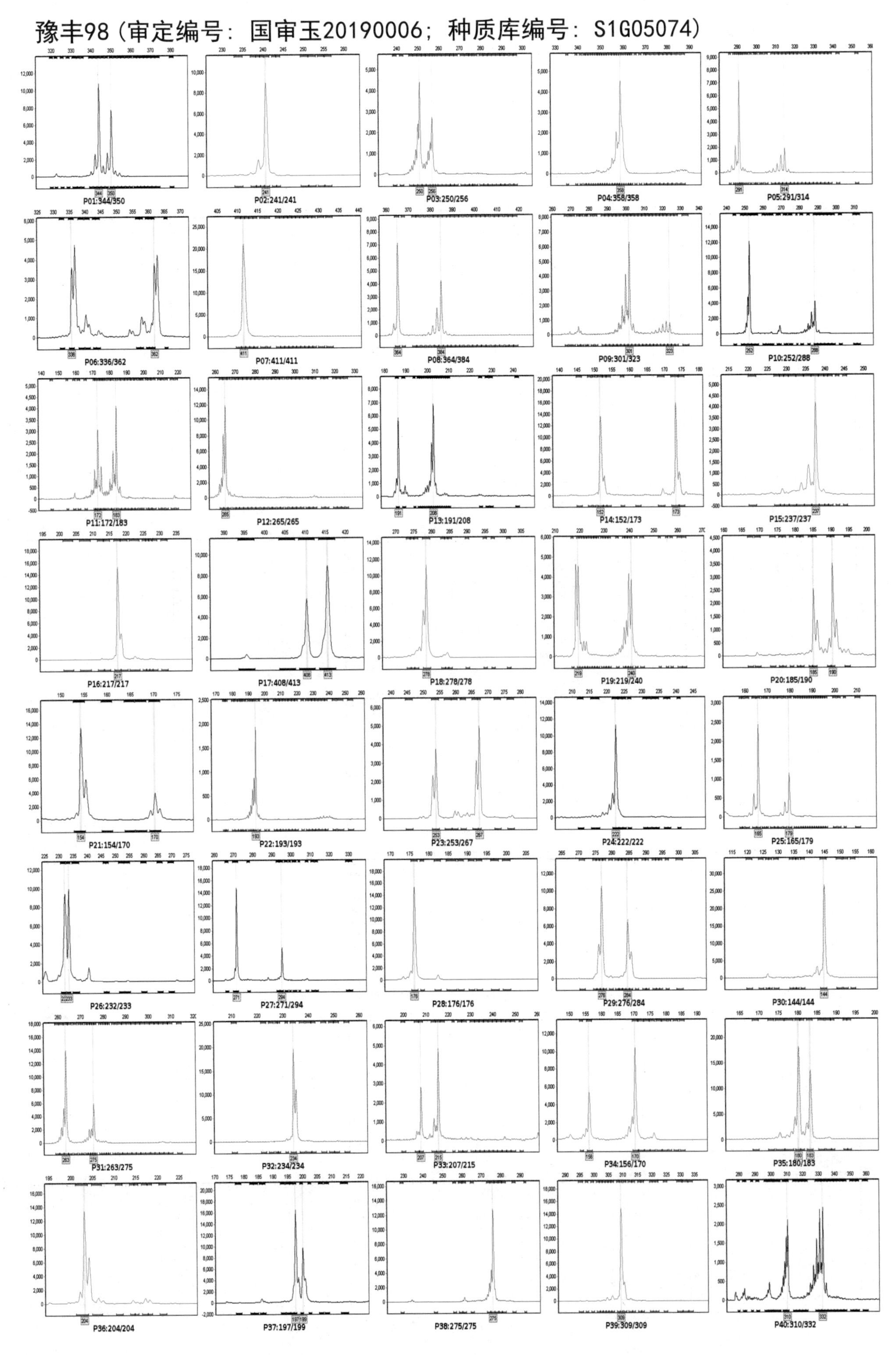
P01:344/350
P02:241/241
P03:250/256
P04:358/358
P05:291/314
P06:336/362
P07:411/411
P08:364/384
P09:301/323
P10:252/288
P11:172/183
P12:265/265
P13:191/208
P14:152/173
P15:237/237
P16:217/217
P17:408/413
P18:278/278
P19:219/240
P20:185/190
P21:154/170
P22:193/193
P23:253/267
P24:222/222
P25:165/179
P26:232/233
P27:271/294
P28:176/176
P29:276/284
P30:144/144
P31:263/275
P32:234/234
P33:207/215
P34:156/170
P35:180/183
P36:204/204
P37:197/199
P38:275/275
P39:309/309
P40:310/332

连胜2025（审定编号：国审玉20190008；种质库编号：XIN22372）

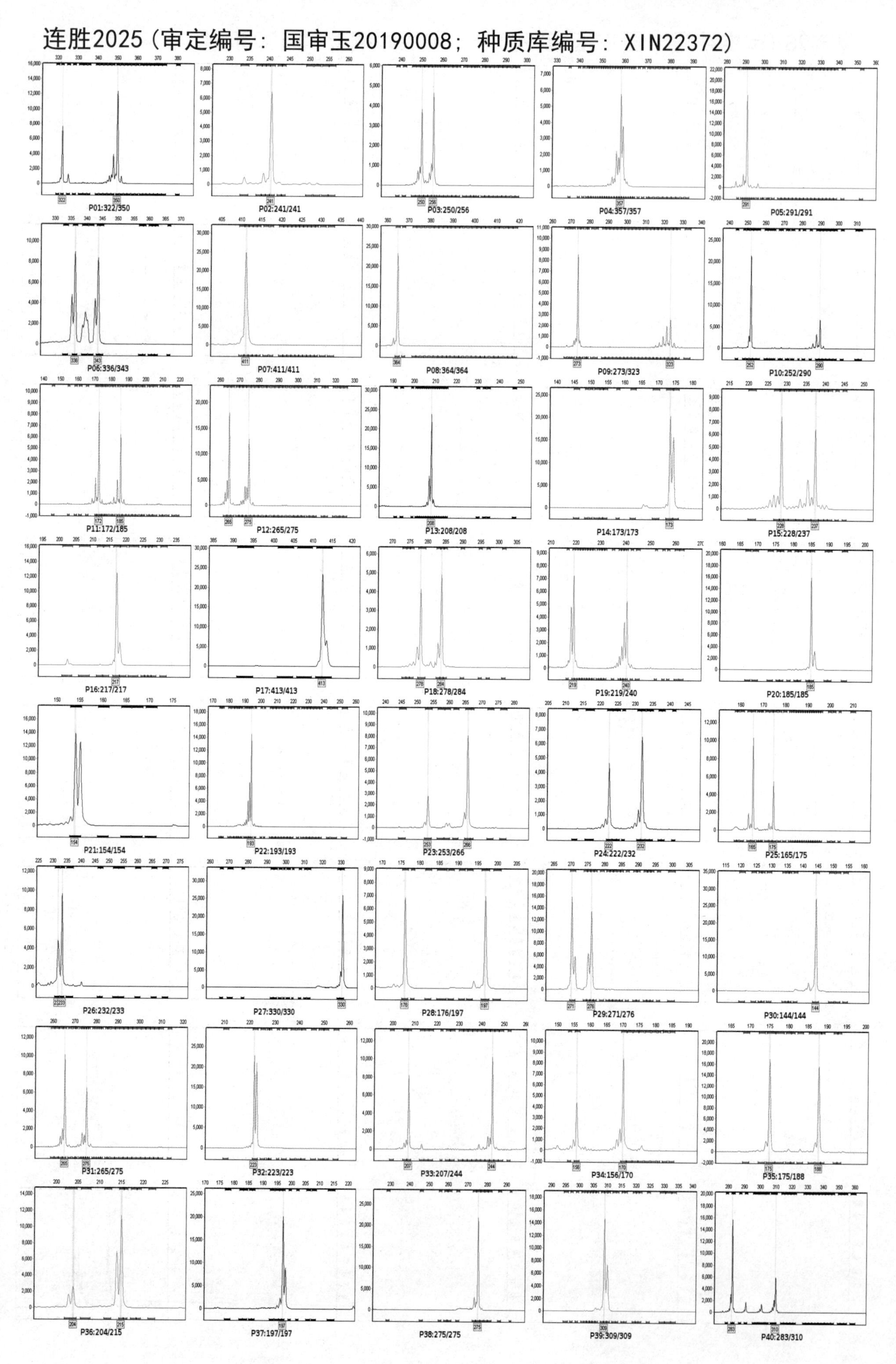
P01:322/350
P02:241/241
P03:250/256
P04:357/357
P05:291/291
P06:336/343
P07:411/411
P08:364/364
P09:273/323
P10:252/290
P11:172/185
P12:265/275
P13:208/208
P14:173/173
P15:228/237
P16:217/217
P17:413/413
P18:278/284
P19:219/240
P20:185/185
P21:154/154
P22:193/193
P23:253/266
P24:222/232
P25:165/175
P26:232/233
P27:330/330
P28:176/197
P29:271/276
P30:144/144
P31:265/275
P32:223/223
P33:207/244
P34:156/170
P35:175/188
P36:204/215
P37:197/197
P38:275/275
P39:309/309
P40:283/310

京农科828（审定编号：国审玉20190009；种质库编号：S1G05721）

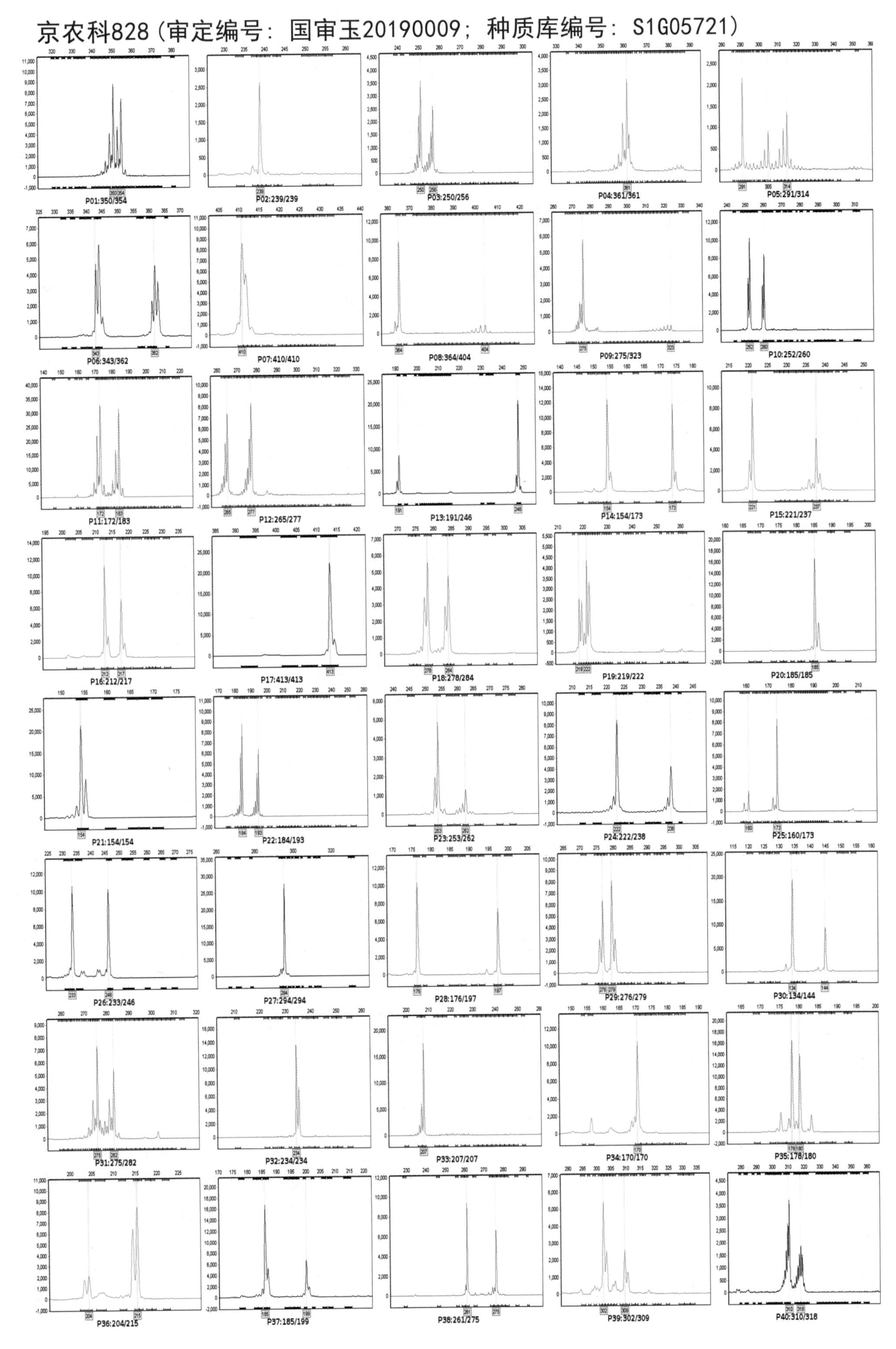
P01:350/354
P02:239/239
P03:250/256
P04:361/361
P05:291/314
P06:343/362
P07:410/410
P08:364/404
P09:275/323
P10:252/260
P11:172/183
P12:265/277
P13:191/246
P14:154/173
P15:221/237
P16:212/217
P17:413/413
P18:278/284
P19:219/222
P20:185/185
P21:154/154
P22:184/193
P23:253/262
P24:222/238
P25:160/173
P26:233/246
P27:294/294
P28:176/197
P29:276/279
P30:134/144
P31:275/282
P32:234/234
P33:207/207
P34:170/170
P35:178/180
P36:204/215
P37:185/199
P38:261/275
P39:302/309
P40:310/318

金北516（审定编号：国审玉20190011；种质库编号：XIN22089）

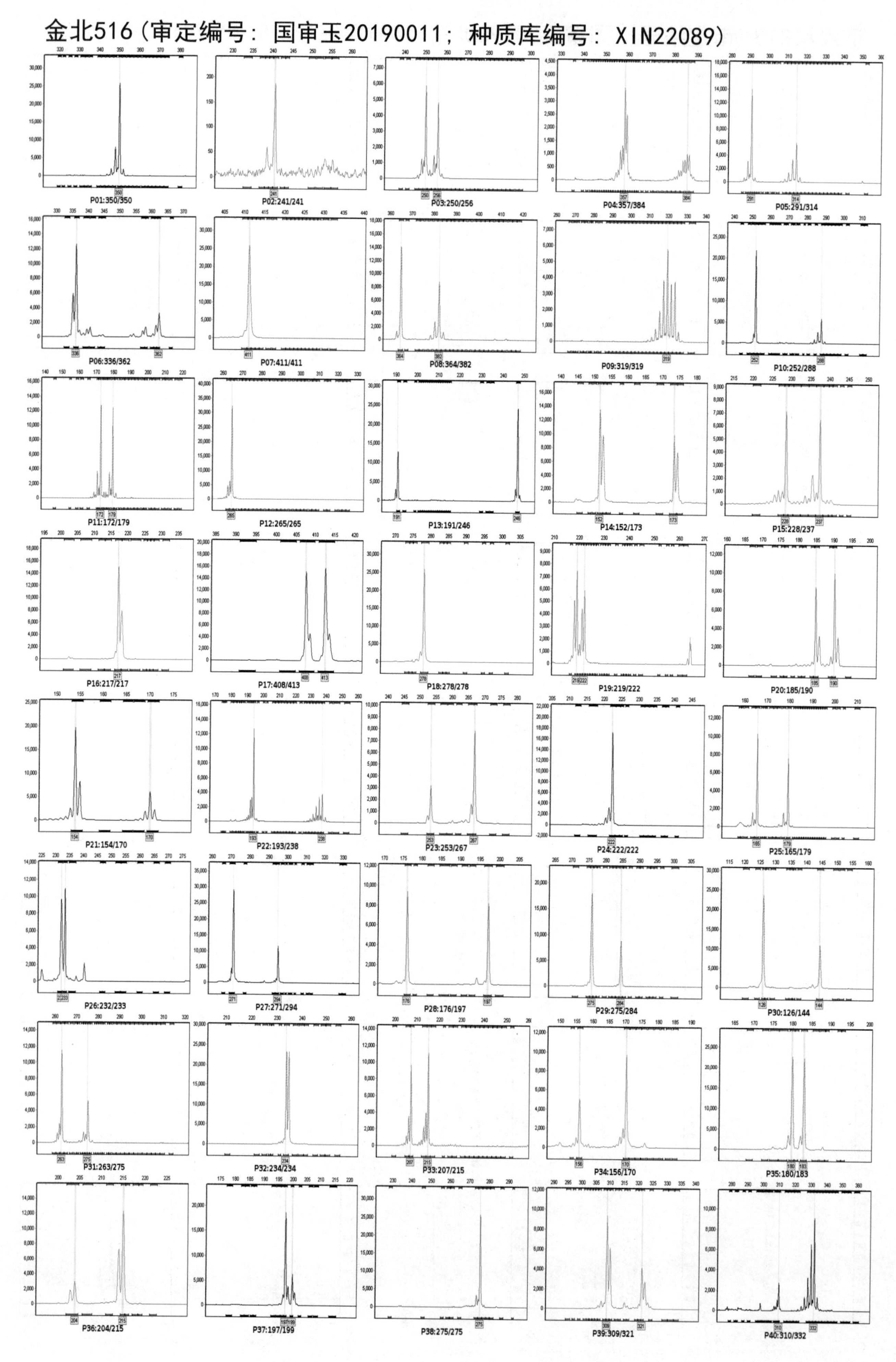
P01:350/350
P02:241/241
P03:250/256
P04:357/384
P05:291/314
P06:336/362
P07:411/411
P08:364/382
P09:319/319
P10:252/288
P11:172/179
P12:265/265
P13:191/246
P14:152/173
P15:228/237
P16:217/217
P17:408/413
P18:278/278
P19:219/222
P20:185/190
P21:154/170
P22:193/238
P23:253/267
P24:222/222
P25:165/179
P26:232/233
P27:271/294
P28:176/197
P29:275/284
P30:126/144
P31:263/275
P32:234/234
P33:207/215
P34:156/170
P35:180/183
P36:204/215
P37:197/199
P38:275/275
P39:309/321
P40:310/332

金科玉3306（审定编号：国审玉20190012，国审玉20180243；种质库编号：S1G05221）

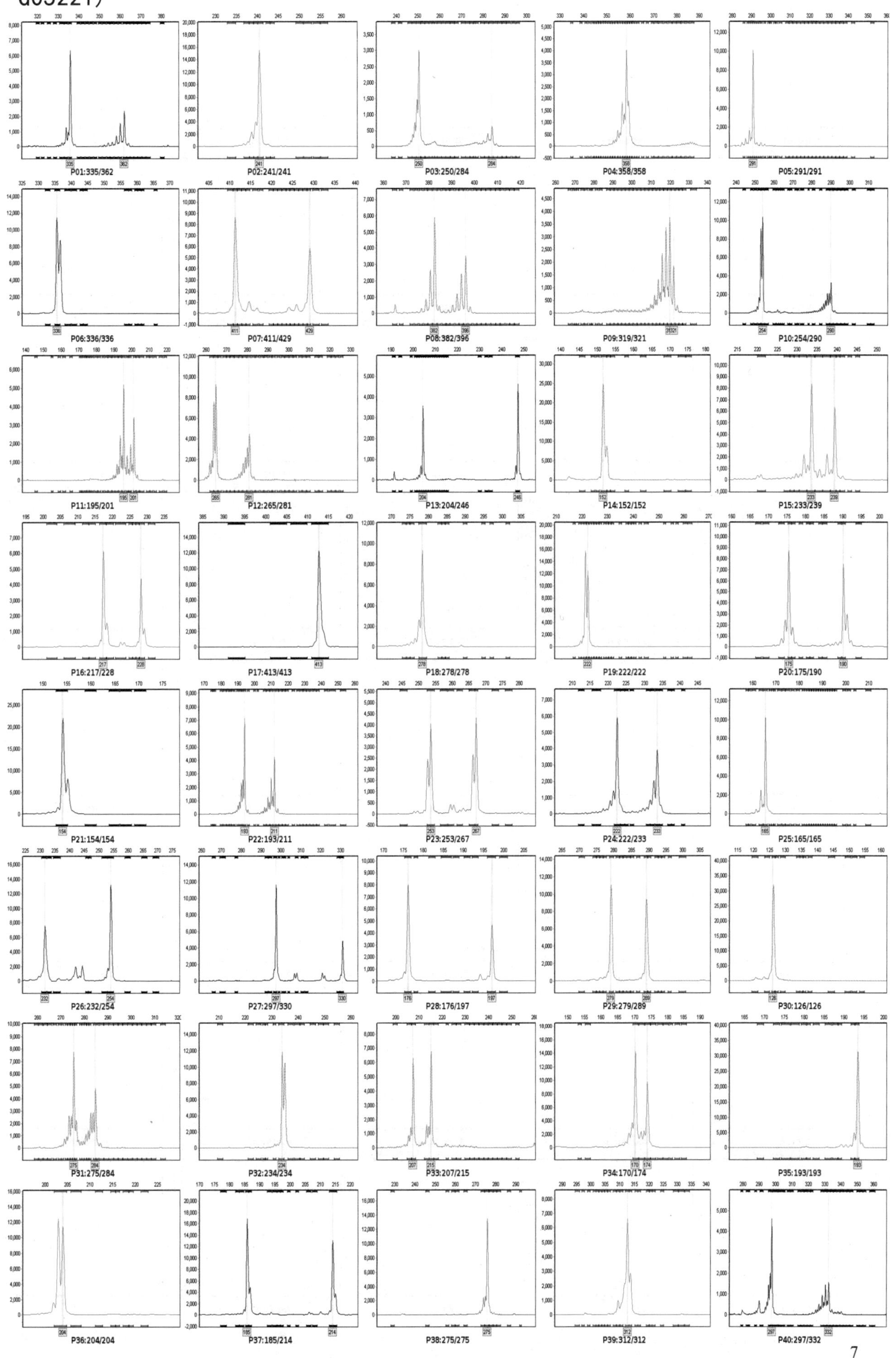

福盛园57（审定编号：国审玉20190016；种质库编号：S1G04278）

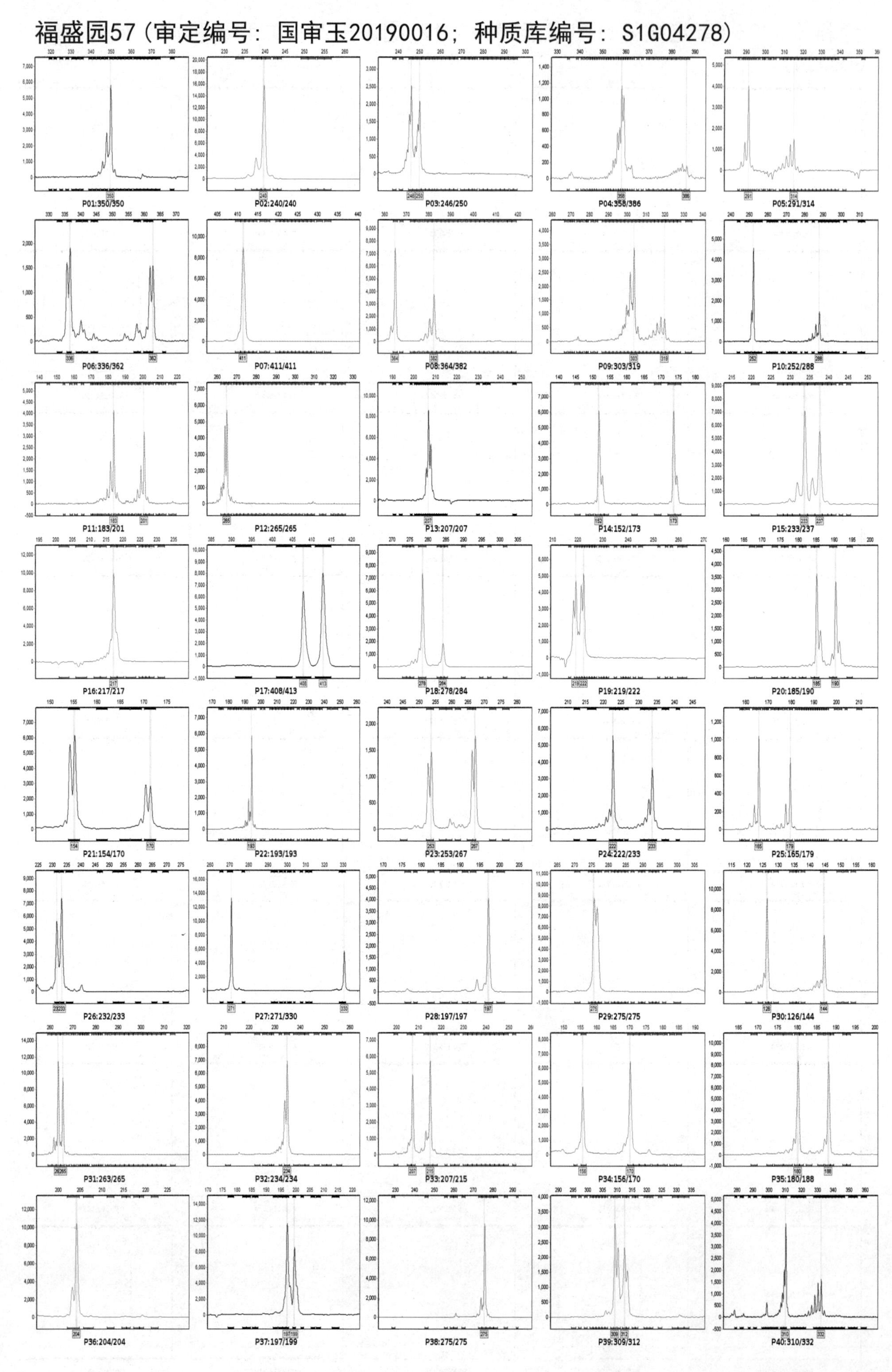
P01:350/350
P02:240/240
P03:246/250
P04:358/386
P05:291/314
P06:336/362
P07:411/411
P08:364/382
P09:303/319
P10:252/288
P11:183/201
P12:265/265
P13:207/207
P14:152/173
P15:233/237
P16:217/217
P17:408/413
P18:278/284
P19:219/222
P20:185/190
P21:154/170
P22:193/193
P23:253/267
P24:222/233
P25:165/179
P26:232/233
P27:271/330
P28:197/197
P29:275/275
P30:126/144
P31:263/265
P32:234/234
P33:207/215
P34:156/170
P35:180/188
P36:204/204
P37:197/199
P38:275/275
P39:309/312
P40:310/332

强硕168（审定编号：国审玉20190018，国审玉20180087；种质库编号：XIN28037）

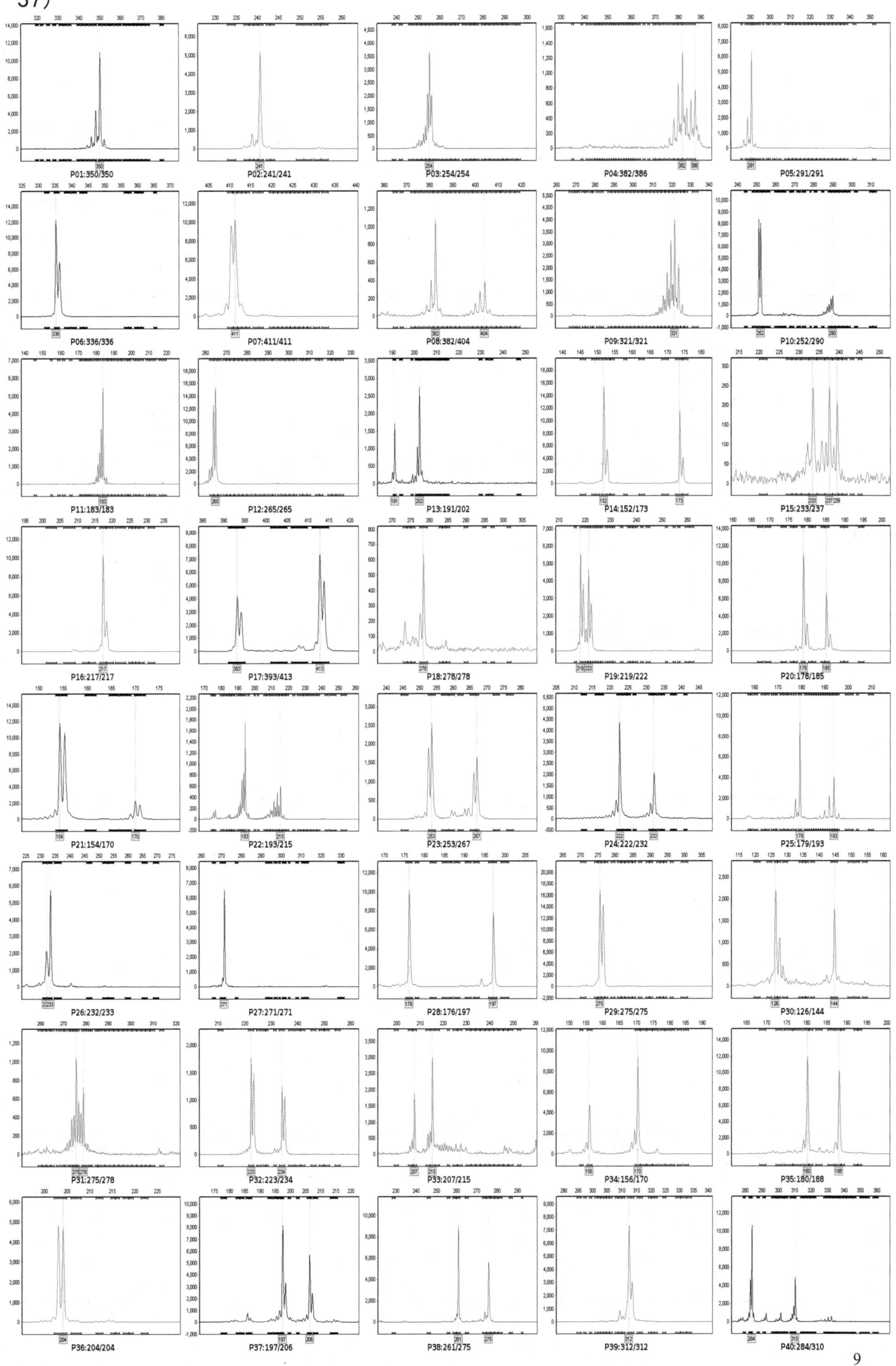

京科665（审定编号：国审玉20190028；种质库编号：S1G04224）

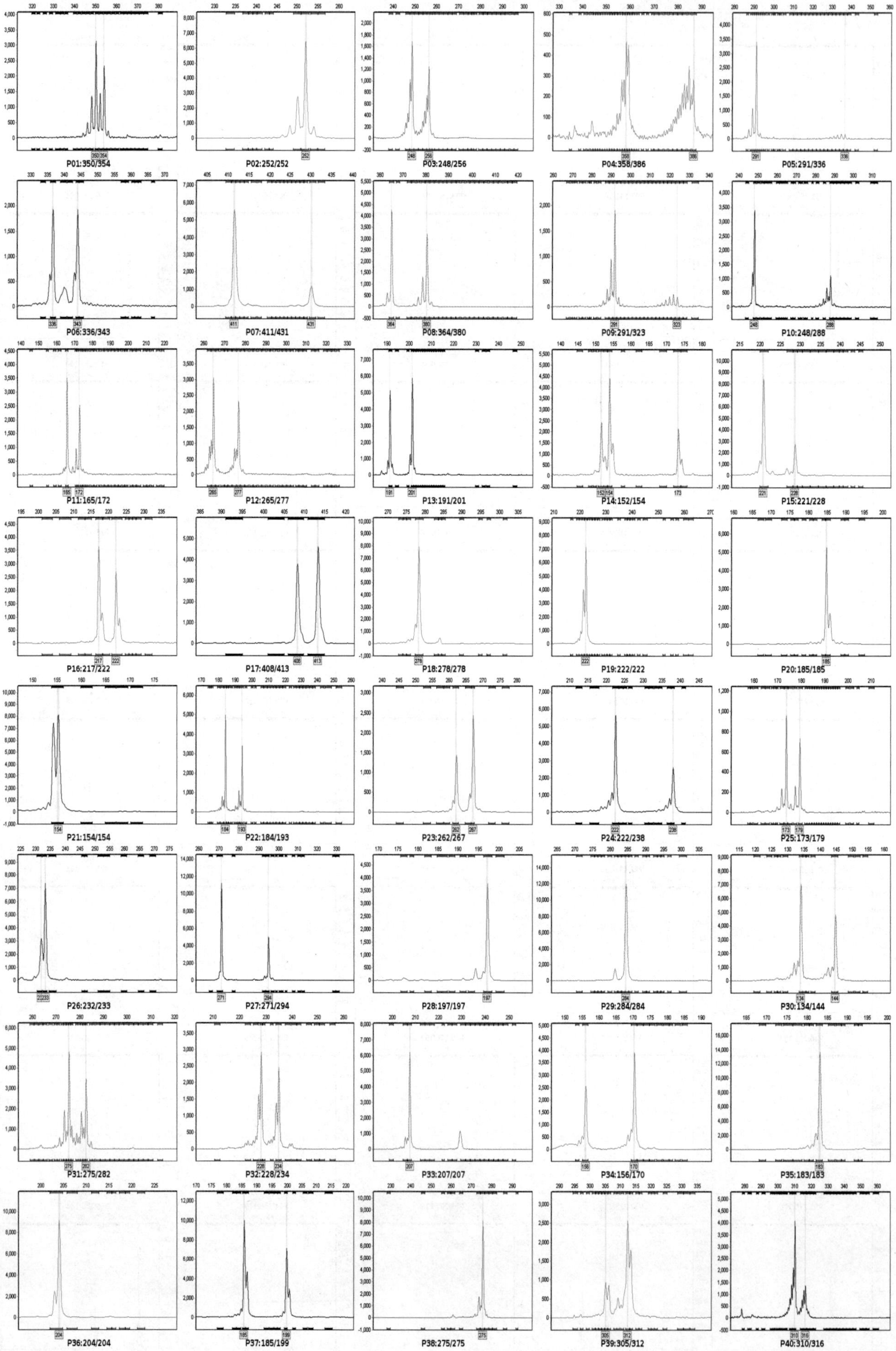

P01:350/354 P02:252/252 P03:248/256 P04:358/386 P05:291/336

P06:336/343 P07:411/431 P08:364/380 P09:291/323 P10:248/288

P11:165/172 P12:265/277 P13:191/201 P14:152/154 P15:221/228

P16:217/222 P17:408/413 P18:278/278 P19:222/222 P20:185/185

P21:154/154 P22:184/193 P23:262/267 P24:222/238 P25:173/179

P26:232/233 P27:271/294 P28:197/197 P29:284/284 P30:134/144

P31:275/282 P32:228/234 P33:207/207 P34:156/170 P35:183/183

P36:204/204 P37:185/199 P38:275/275 P39:305/312 P40:310/316

MC278（审定编号：国审玉20190030；种质库编号：S1G04594）

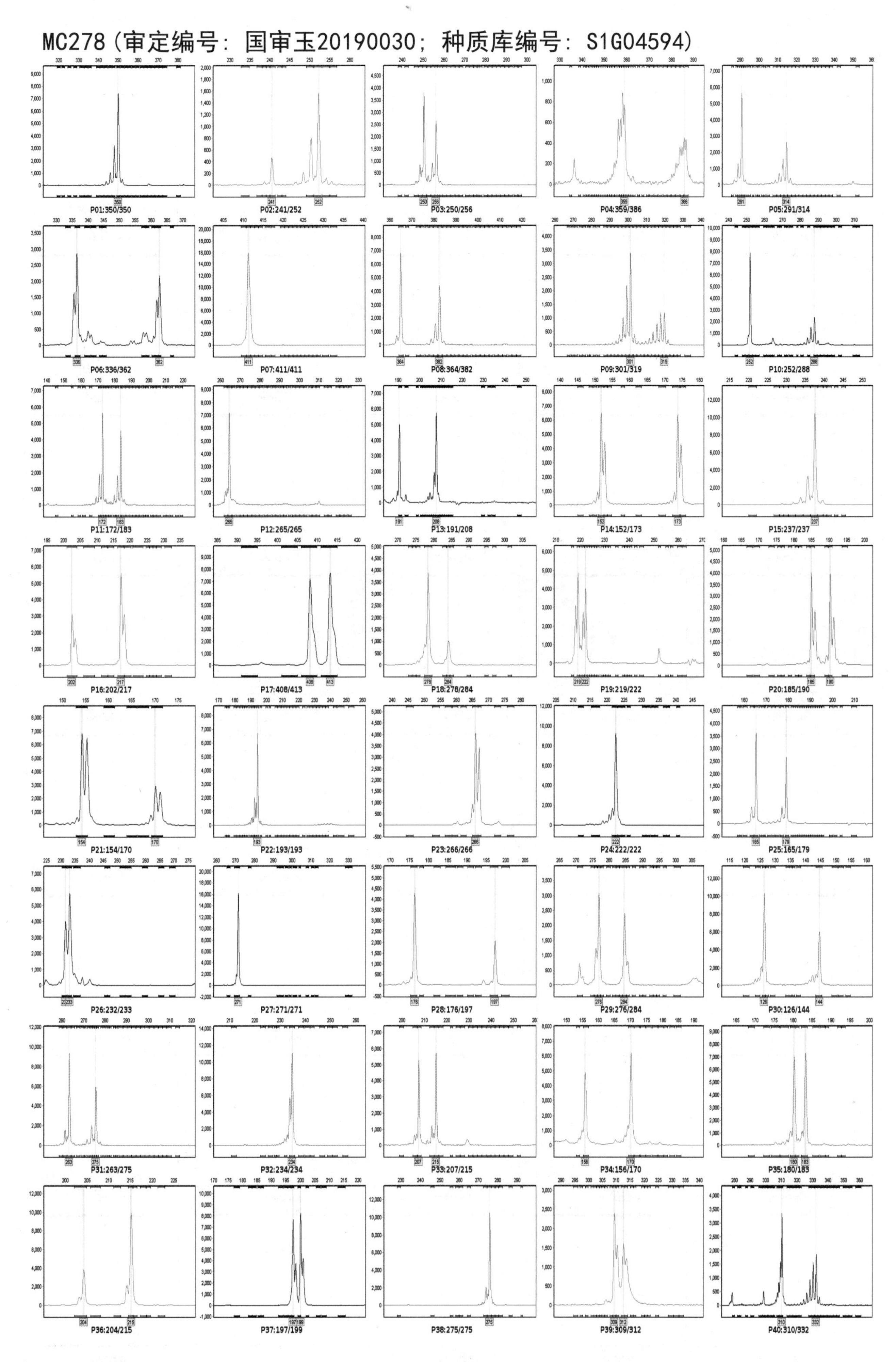
P01:350/350
P02:241/252
P03:250/256
P04:359/386
P05:291/314
P06:336/362
P07:411/411
P08:364/382
P09:301/319
P10:252/288
P11:172/183
P12:265/265
P13:191/208
P14:152/173
P15:237/237
P16:202/217
P17:408/413
P18:278/284
P19:219/222
P20:185/190
P21:154/170
P22:193/193
P23:266/266
P24:222/222
P25:165/179
P26:232/233
P27:271/271
P28:176/197
P29:276/284
P30:126/144
P31:263/275
P32:234/234
P33:207/215
P34:156/170
P35:180/183
P36:204/215
P37:197/199
P38:275/275
P39:309/312
P40:310/332

京科968（审定编号：国审玉20190031，国审玉20180314；种质库编号：S1G03747）

P01:350/354 P02:252/252 P03:248/256 P04:361/384 P05:314/336

P06:336/343 P07:411/431 P08:364/380 P09:291/323 P10:248/288

P11:165/172 P12:265/277 P13:191/201 P14:152/154 P15:221/237

P16:217/222 P17:408/413 P18:278/278 P19:222/222 P20:184/184

P21:154/154 P22:184/193 P23:262/267 P24:222/238 P25:173/179

P26:232/233 P27:271/294 P28:176/197 P29:284/284 P30:134/144

P31:275/282 P32:228/234 P33:207/207 P34:156/170 P35:183/183

P36:204/215 P37:185/199 P38:261/275 P39:309/312 P40:310/310

MC738（审定编号：国审玉20190033；种质库编号：S1G05520）

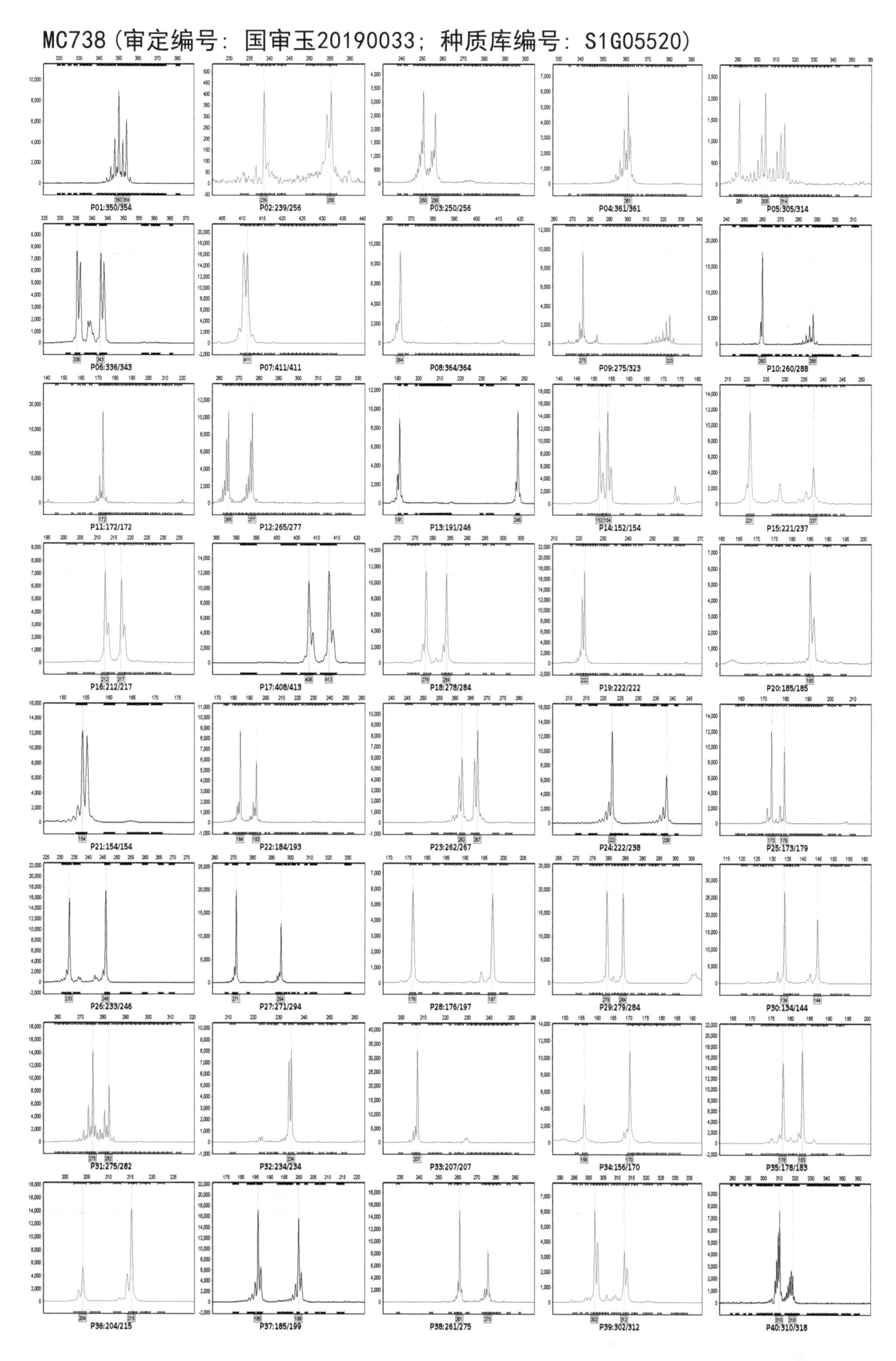
P01:350/354
P02:239/256
P03:250/256
P04:361/361
P05:305/314
P06:336/343
P07:411/411
P08:364/364
P09:275/323
P10:260/288
P11:172/172
P12:265/277
P13:191/246
P14:152/154
P15:221/237
P16:212/217
P17:408/413
P18:278/284
P19:222/222
P20:185/185
P21:154/154
P22:184/193
P23:262/267
P24:222/238
P25:173/179
P26:233/246
P27:271/294
P28:176/197
P29:279/284
P30:134/144
P31:275/282
P32:234/234
P33:207/207
P34:156/170
P35:178/183
P36:204/215
P37:185/199
P38:261/275
P39:302/312
P40:310/318

京科青贮932（审定编号：国审玉20190043，国审玉20180174；种质库编号：S1G05081）

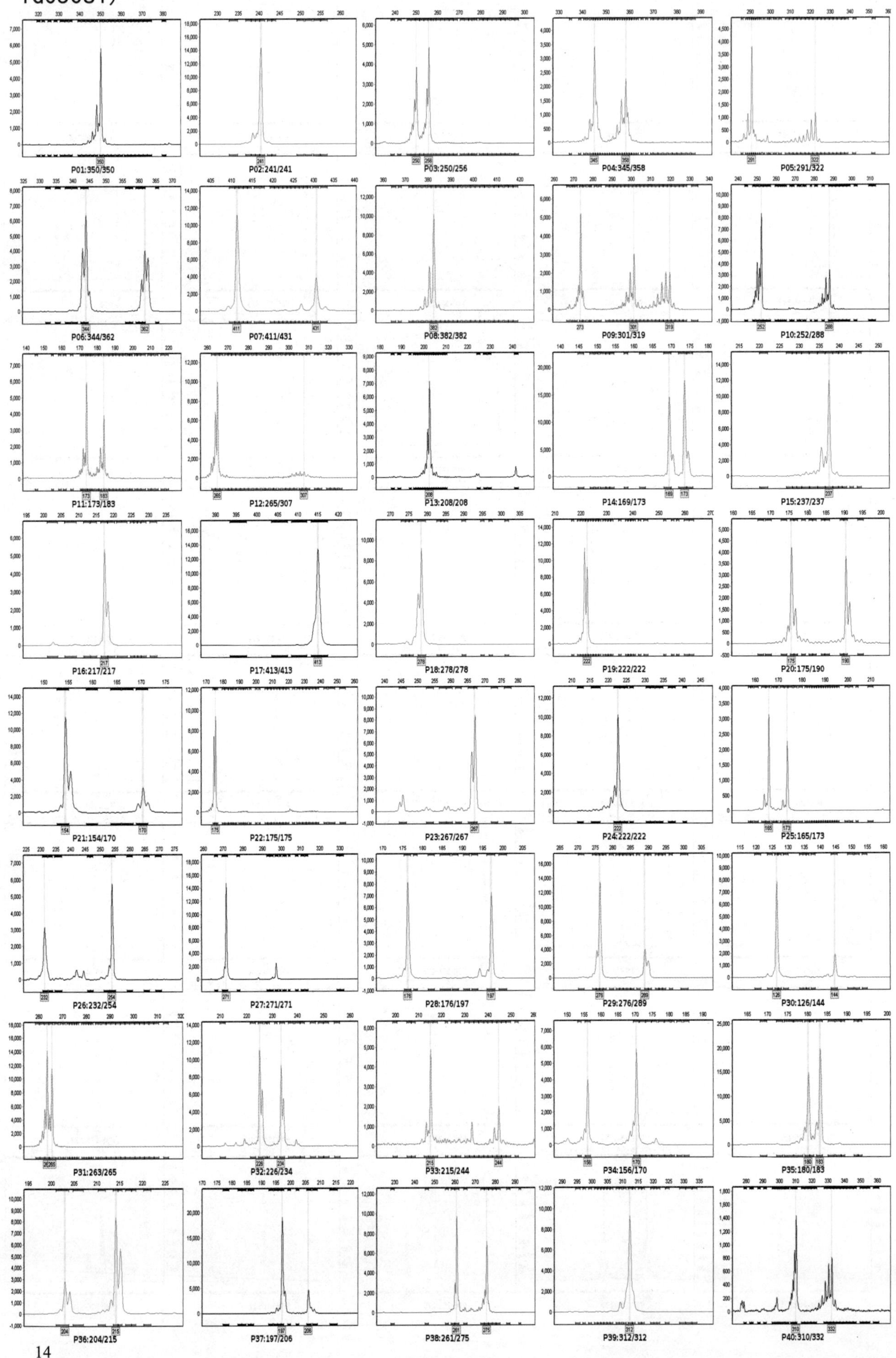

斯达205（审定编号：国审玉20190046；种质库编号：S1G03094）

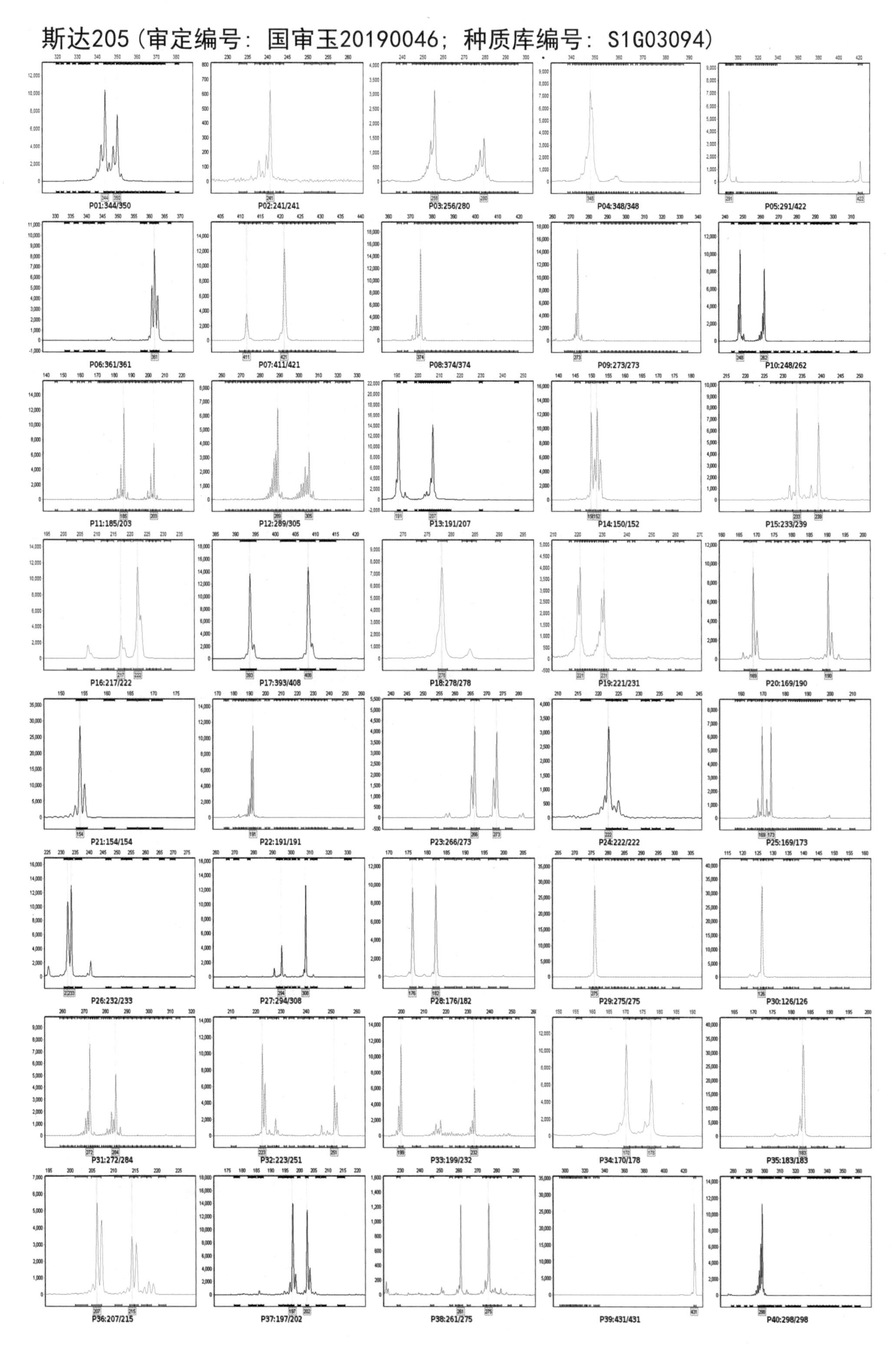
P01:344/350
P02:241/241
P03:256/280
P04:348/348
P05:291/422
P06:361/361
P07:411/421
P08:374/374
P09:273/273
P10:248/262
P11:185/203
P12:289/305
P13:191/207
P14:150/152
P15:233/239
P16:217/222
P17:393/408
P18:278/278
P19:221/231
P20:169/190
P21:154/154
P22:191/191
P23:266/273
P24:222/222
P25:169/173
P26:232/233
P27:294/308
P28:176/182
P29:275/275
P30:126/126
P31:272/284
P32:223/251
P33:199/232
P34:170/178
P35:183/183
P36:207/215
P37:197/202
P38:261/275
P39:431/431
P40:298/298

泽尔沣99（审定编号：国审玉20190056；种质库编号：S1G05020）

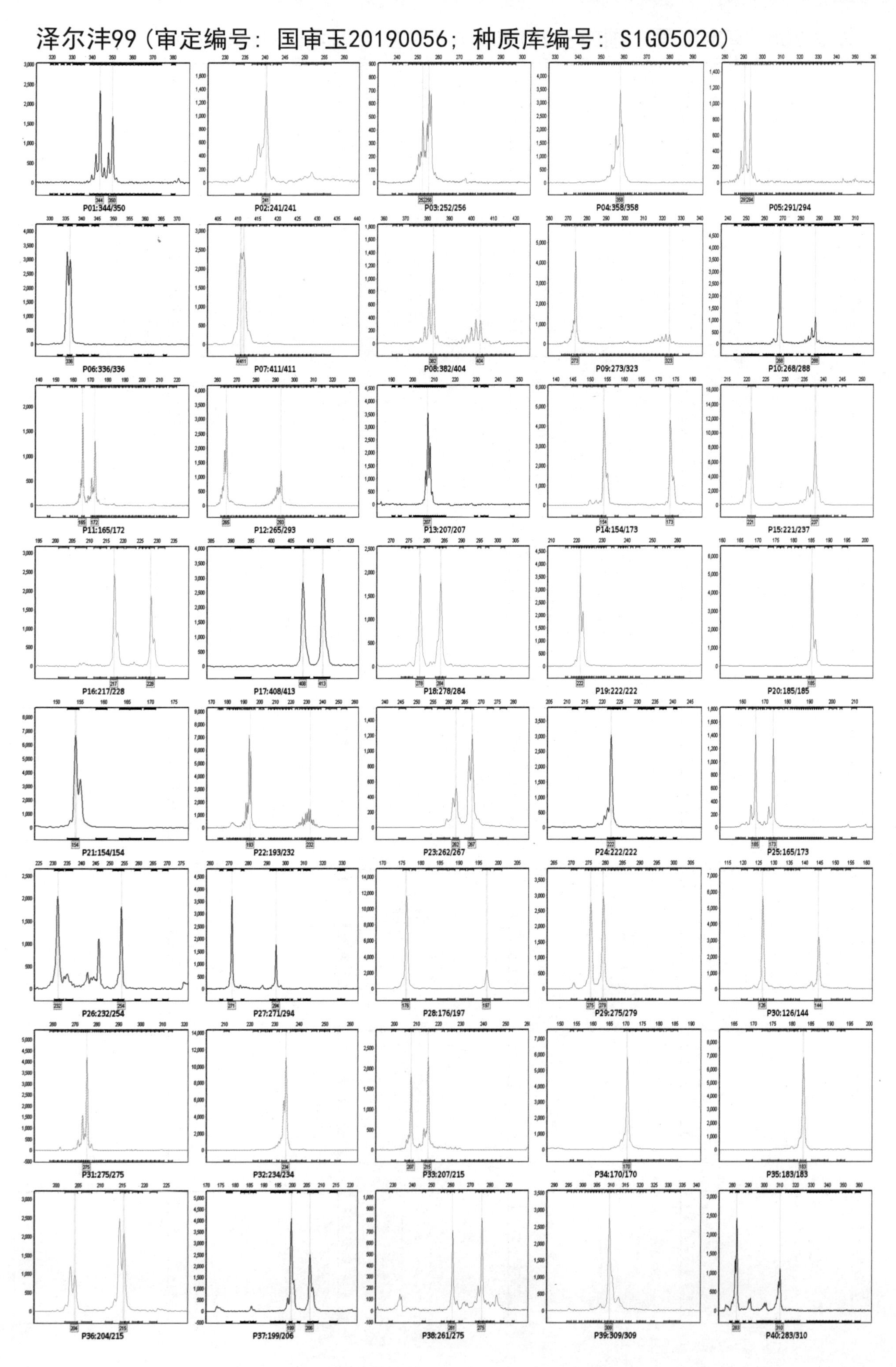
P01:344/350
P02:241/241
P03:252/256
P04:358/358
P05:291/294
P06:336/336
P07:411/411
P08:382/404
P09:273/323
P10:268/288
P11:165/172
P12:265/293
P13:207/207
P14:154/173
P15:221/237
P16:217/228
P17:408/413
P18:278/284
P19:222/222
P20:185/185
P21:154/154
P22:193/232
P23:262/267
P24:222/222
P25:165/173
P26:232/254
P27:271/294
P28:176/197
P29:275/279
P30:126/144
P31:275/275
P32:234/234
P33:207/215
P34:170/170
P35:183/183
P36:204/215
P37:199/206
P38:261/275
P39:309/309
P40:283/310

富民985（审定编号：国审玉20190111；种质库编号：S1G05708）

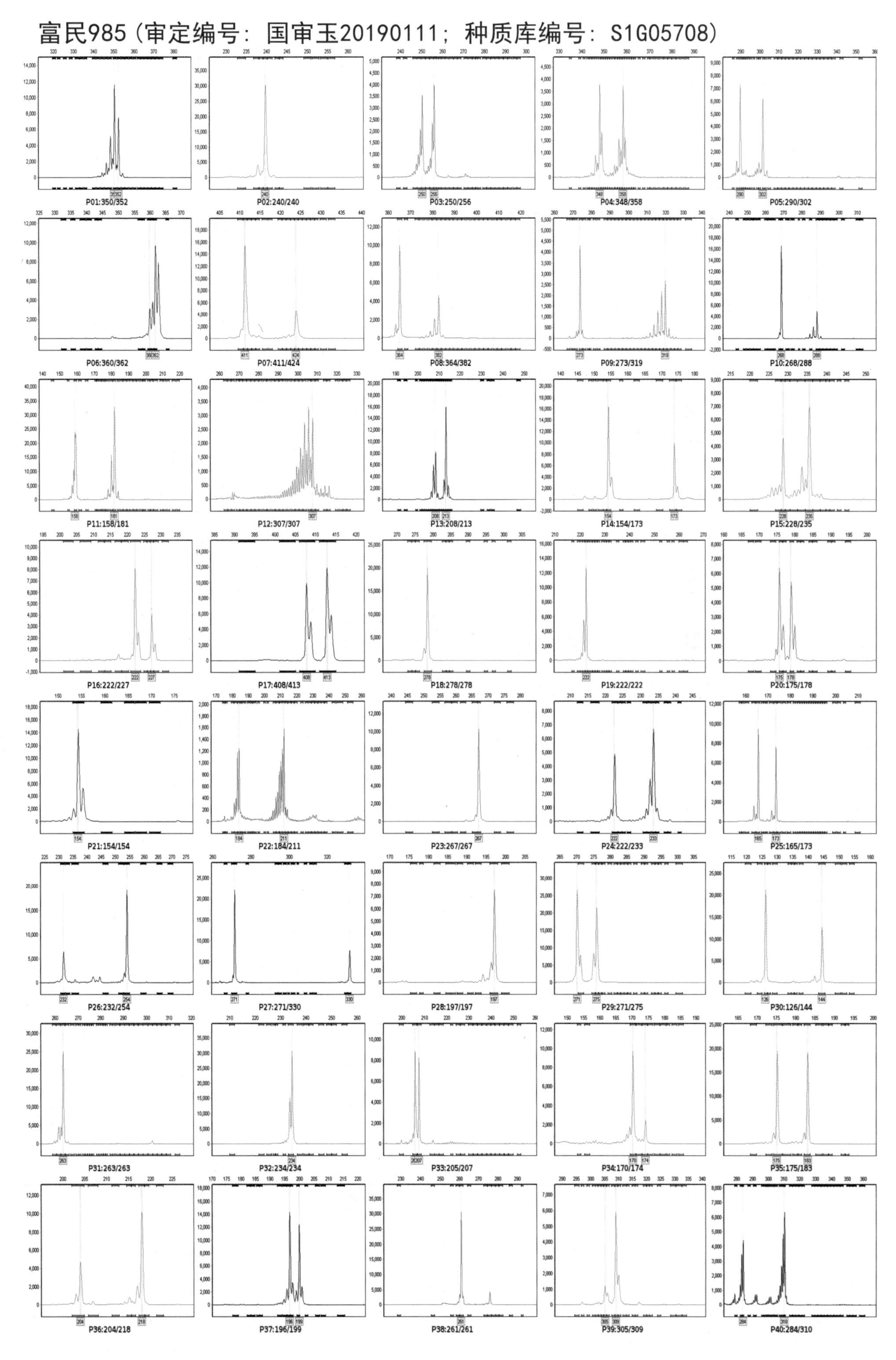

P01:350/352
P02:240/240
P03:250/256
P04:348/358
P05:290/302
P06:360/362
P07:411/424
P08:364/382
P09:273/319
P10:268/288
P11:158/181
P12:307/307
P13:208/213
P14:154/173
P15:228/235
P16:222/227
P17:408/413
P18:278/278
P19:222/222
P20:175/178
P21:154/154
P22:184/211
P23:267/267
P24:222/233
P25:165/173
P26:232/254
P27:271/330
P28:197/197
P29:271/275
P30:126/144
P31:263/263
P32:234/234
P33:205/207
P34:170/174
P35:175/183
P36:204/218
P37:196/199
P38:261/261
P39:305/309
P40:284/310

宁玉468（审定编号：国审玉20190115；种质库编号：XIN22080）

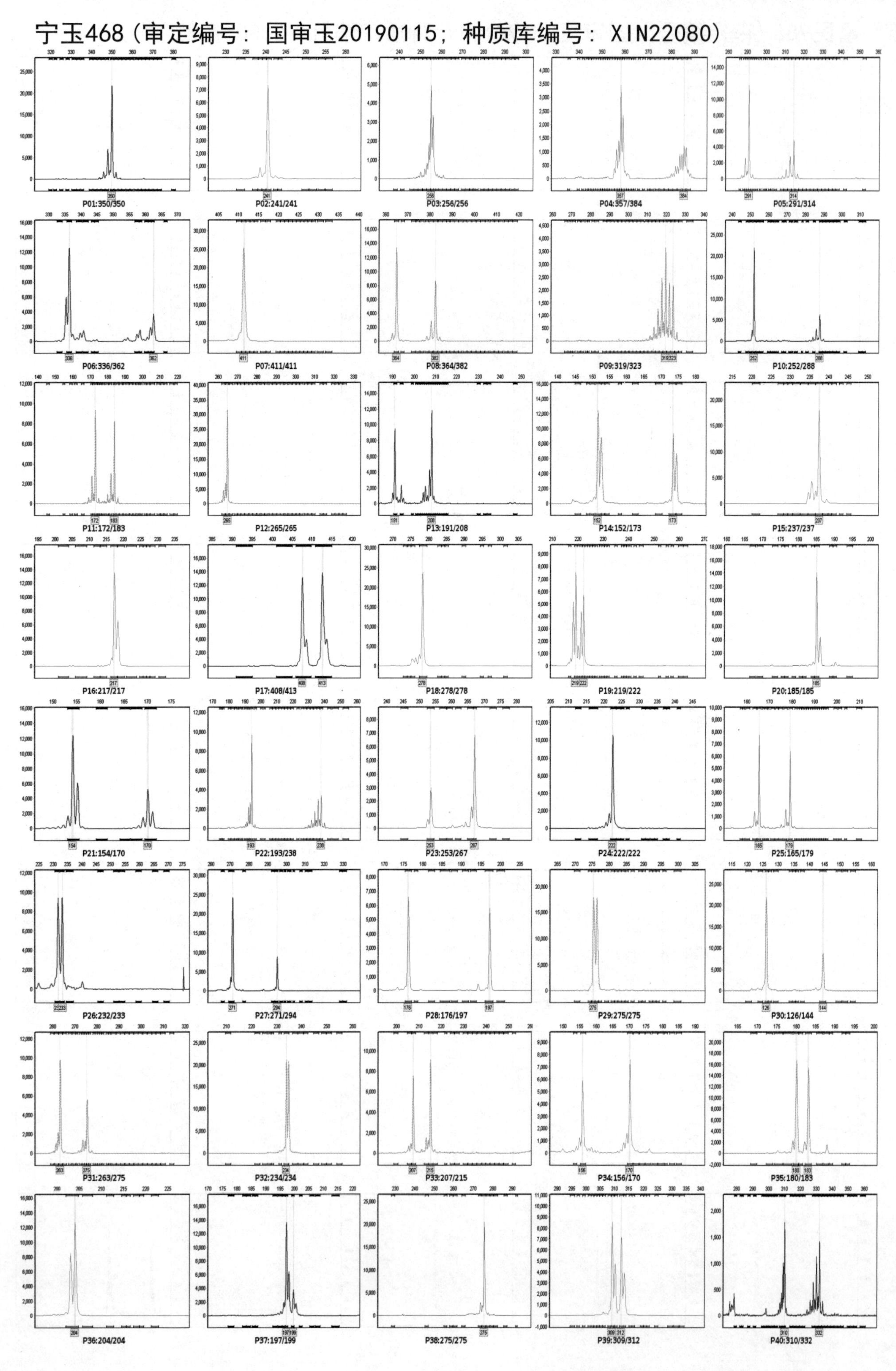
P01:350/350
P02:241/241
P03:256/256
P04:357/384
P05:291/314
P06:336/362
P07:411/411
P08:364/382
P09:319/323
P10:252/288
P11:172/183
P12:265/265
P13:191/208
P14:152/173
P15:237/237
P16:217/217
P17:408/413
P18:278/278
P19:219/222
P20:185/185
P21:154/170
P22:193/238
P23:253/267
P24:222/222
P25:165/179
P26:232/233
P27:271/294
P28:176/197
P29:275/275
P30:126/144
P31:263/275
P32:234/234
P33:207/215
P34:156/170
P35:180/183
P36:204/204
P37:197/199
P38:275/275
P39:309/312
P40:310/332

天塔8318（审定编号：国审玉20190130；种质库编号：XIN21279）

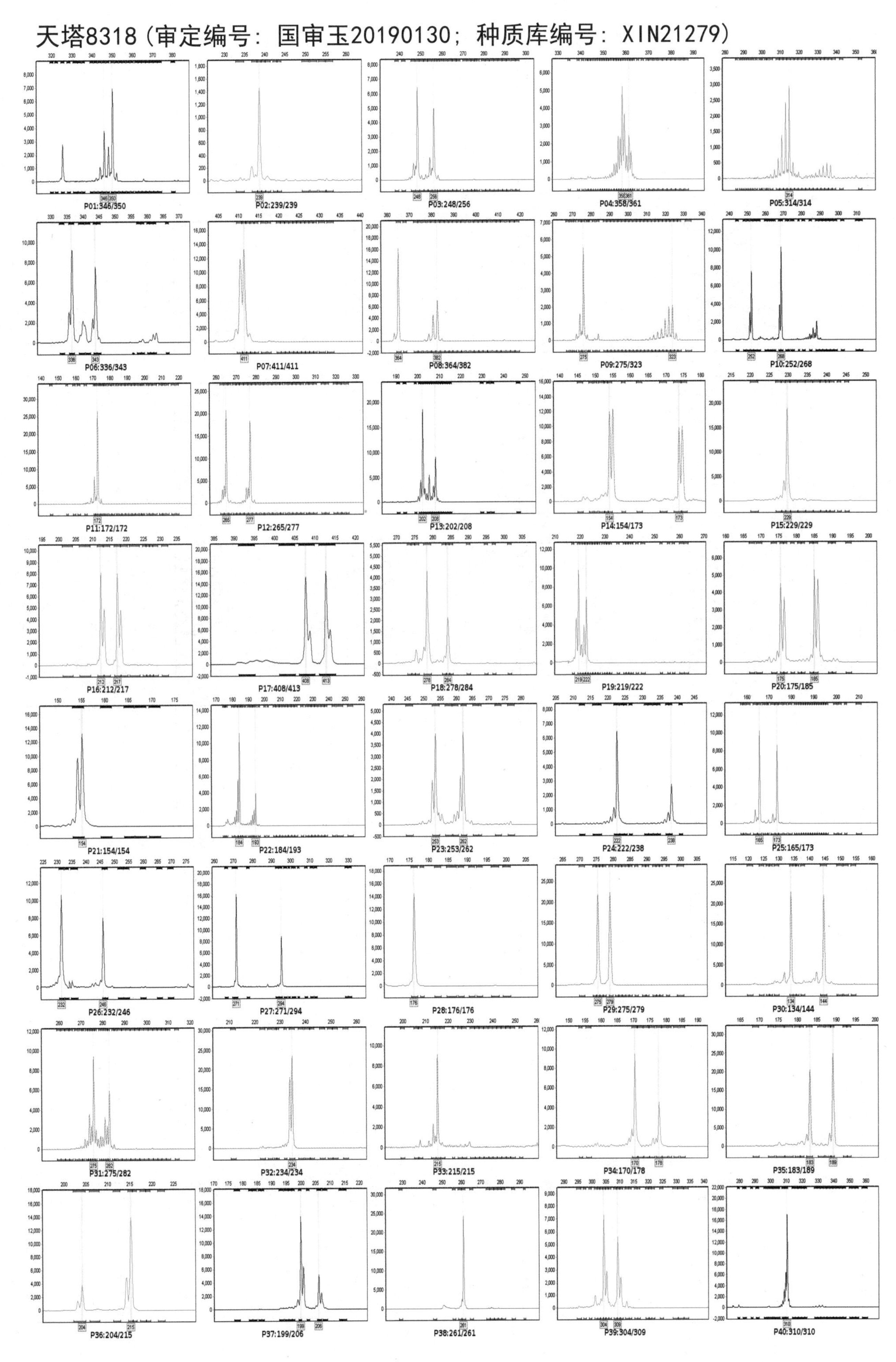

P01:346/350
P02:239/239
P03:248/256
P04:358/361
P05:314/314
P06:336/343
P07:411/411
P08:364/382
P09:275/323
P10:252/268
P11:172/172
P12:265/277
P13:202/208
P14:154/173
P15:229/229
P16:212/217
P17:408/413
P18:278/284
P19:219/222
P20:175/185
P21:154/154
P22:184/193
P23:253/262
P24:222/238
P25:165/173
P26:232/246
P27:271/294
P28:176/176
P29:275/279
P30:134/144
P31:275/282
P32:234/234
P33:215/215
P34:170/178
P35:183/189
P36:204/215
P37:199/206
P38:261/261
P39:304/309
P40:310/310

五谷631（审定编号：国审玉20190141；种质库编号：S1G05223）

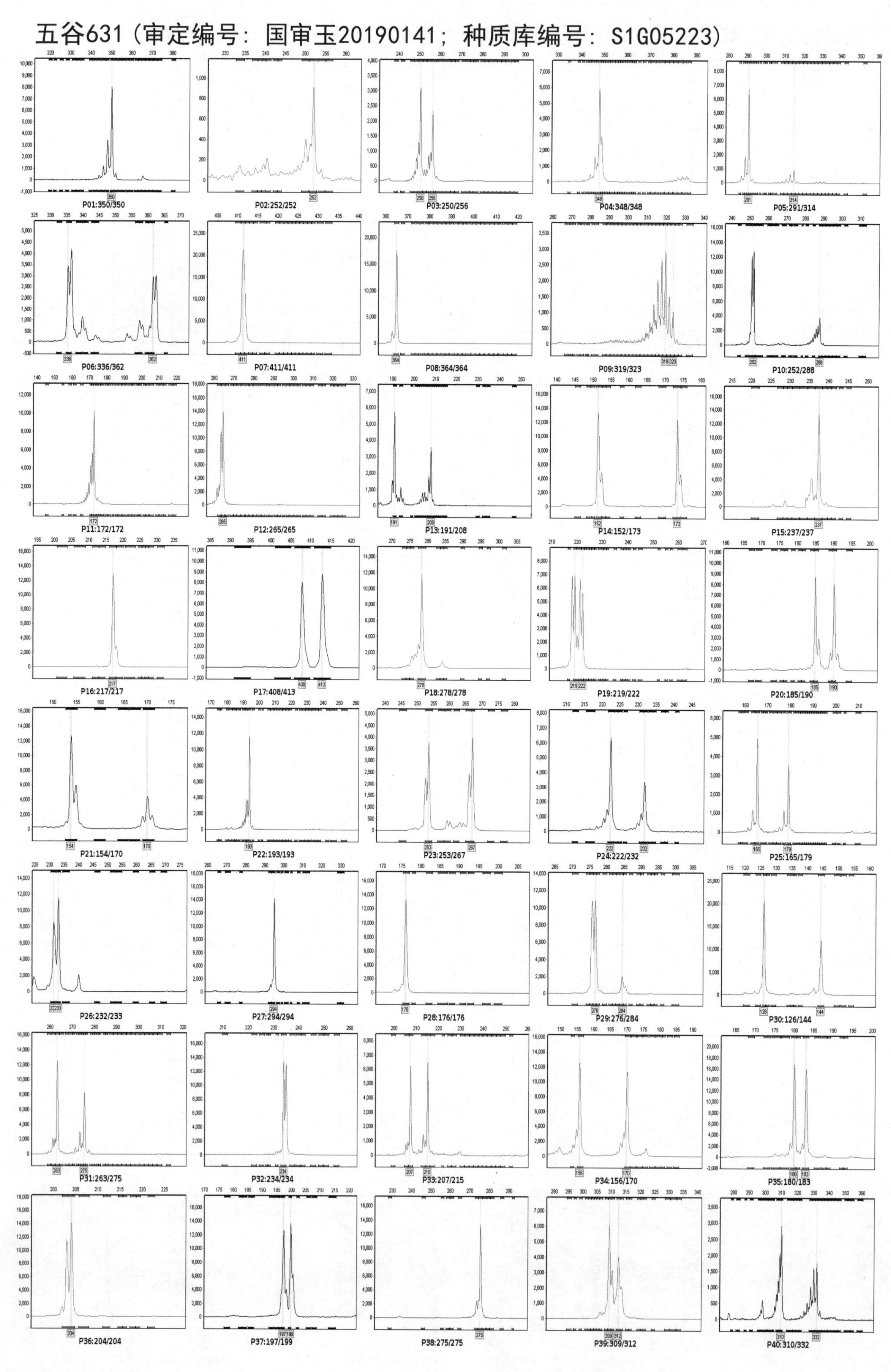
P01:350/350
P02:252/252
P03:250/256
P04:348/348
P05:291/314
P06:336/362
P07:411/411
P08:364/364
P09:319/323
P10:252/288
P11:172/172
P12:265/265
P13:191/208
P14:152/173
P15:237/237
P16:217/217
P17:408/413
P18:278/278
P19:219/222
P20:185/190
P21:154/170
P22:193/193
P23:253/267
P24:222/232
P25:165/179
P26:232/233
P27:294/294
P28:176/176
P29:276/284
P30:126/144
P31:263/275
P32:234/234
P33:207/215
P34:156/170
P35:180/183
P36:204/204
P37:197/199
P38:275/275
P39:309/312
P40:310/332

先玉1420（审定编号：国审玉20190160；种质库编号：XIN26953）

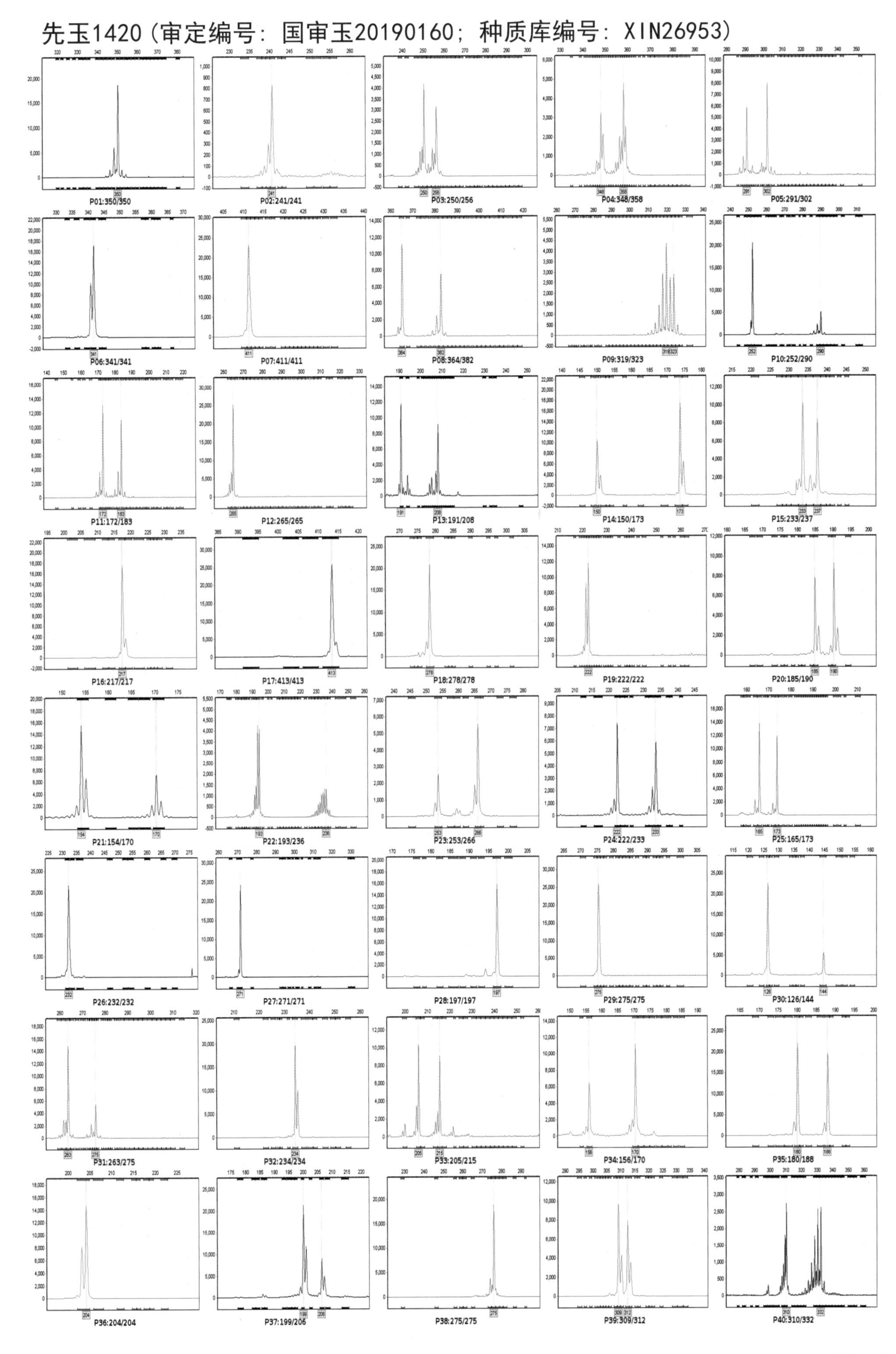
P01:350/350
P02:241/241
P03:250/256
P04:348/358
P05:291/302
P06:341/341
P07:411/411
P08:364/382
P09:319/323
P10:252/290
P11:172/183
P12:265/265
P13:191/208
P14:150/173
P15:233/237
P16:217/217
P17:413/413
P18:278/278
P19:222/222
P20:185/190
P21:154/170
P22:193/236
P23:253/266
P24:222/233
P25:165/173
P26:232/232
P27:271/271
P28:197/197
P29:275/275
P30:126/144
P31:263/275
P32:234/234
P33:205/215
P34:156/170
P35:180/188
P36:204/204
P37:199/206
P38:275/275
P39:309/312
P40:310/332

沐玉105（审定编号：国审玉20190166；种质库编号：XIN27989）

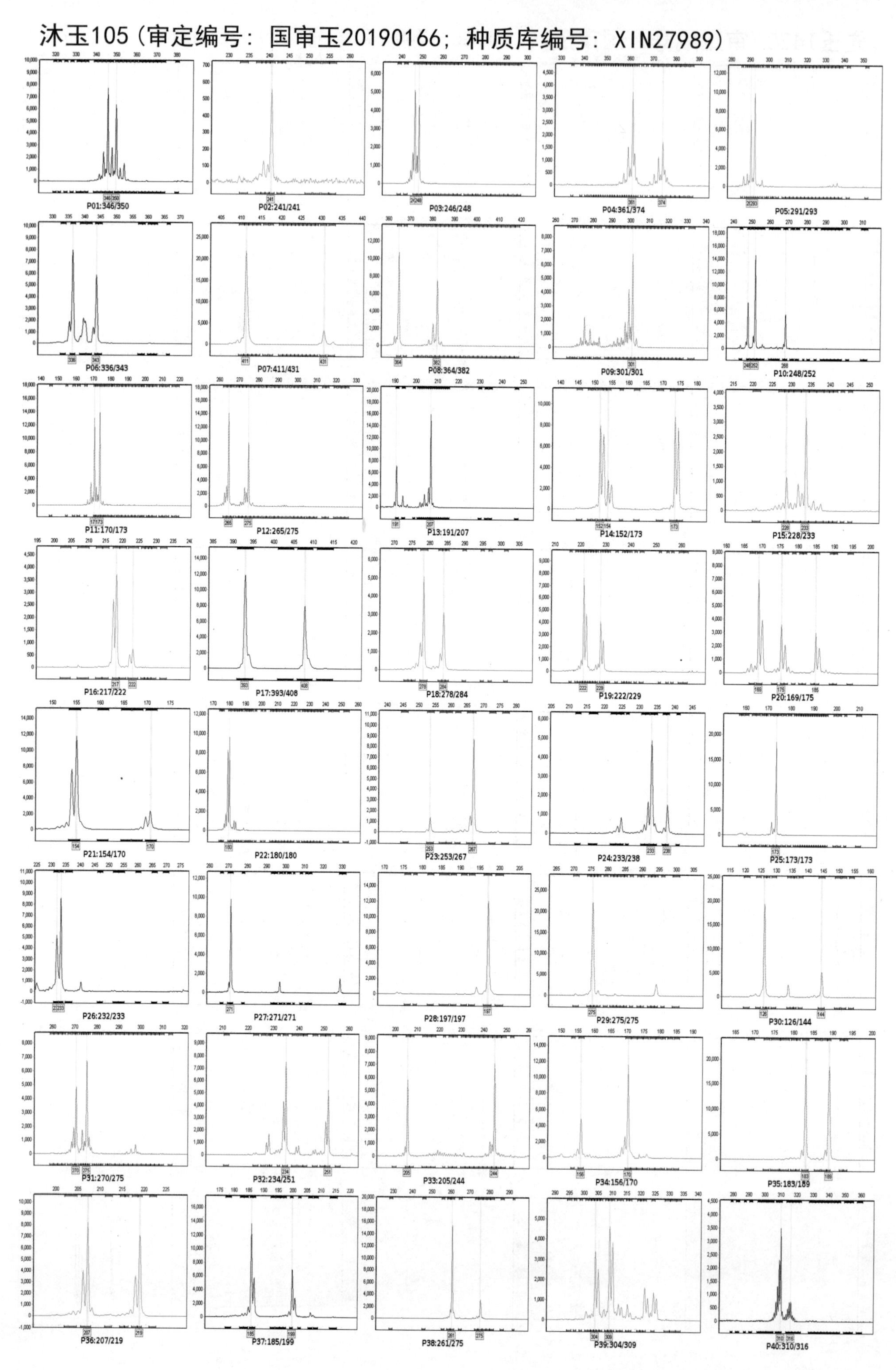

P01:346/350
P02:241/241
P03:246/248
P04:361/374
P05:291/293
P06:336/343
P07:411/431
P08:364/382
P09:301/301
P10:248/252
P11:170/173
P12:265/275
P13:191/207
P14:152/173
P15:228/233
P16:217/222
P17:393/408
P18:278/284
P19:222/229
P20:169/175
P21:154/170
P22:180/180
P23:253/267
P24:233/238
P25:173/173
P26:232/233
P27:271/271
P28:197/197
P29:275/275
P30:126/144
P31:270/275
P32:234/251
P33:205/244
P34:156/170
P35:183/189
P36:207/219
P37:185/199
P38:261/275
P39:304/309
P40:310/316

鲁单9088（审定编号：国审玉20190174；种质库编号：S1G03763）

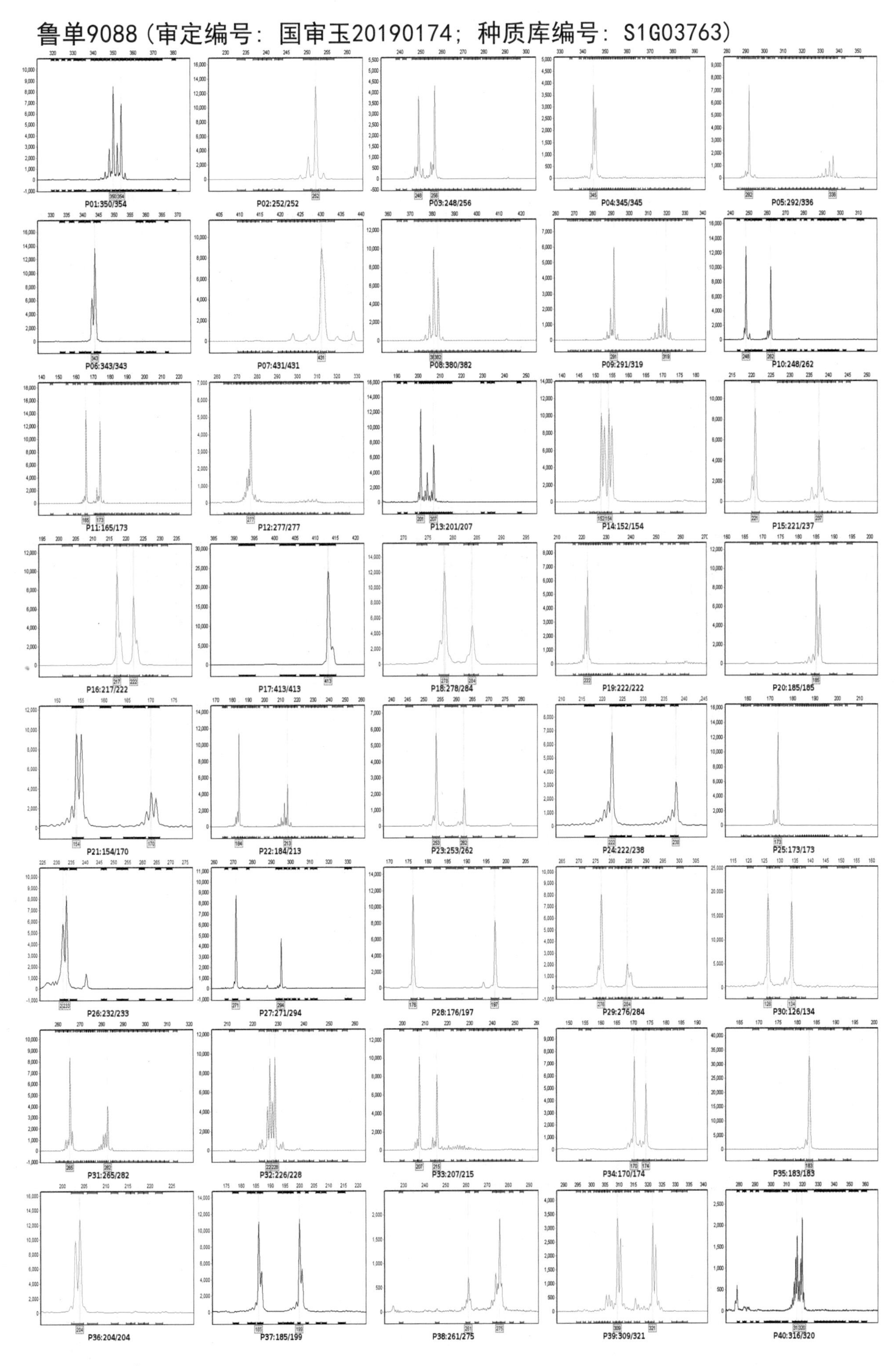
P01:350/354
P02:252/252
P03:248/256
P04:345/345
P05:292/336
P06:343/343
P07:431/431
P08:380/382
P09:291/319
P10:248/262
P11:165/173
P12:277/277
P13:201/207
P14:152/154
P15:221/237
P16:217/222
P17:413/413
P18:278/284
P19:222/222
P20:185/185
P21:154/170
P22:184/213
P23:253/262
P24:222/238
P25:173/173
P26:232/233
P27:271/294
P28:176/197
P29:276/284
P30:126/134
P31:265/282
P32:226/228
P33:207/215
P34:170/174
P35:183/183
P36:204/204
P37:185/199
P38:261/275
P39:309/321
P40:316/320

禾育9（审定编号：国审玉20190178；种质库编号：S1G05271）

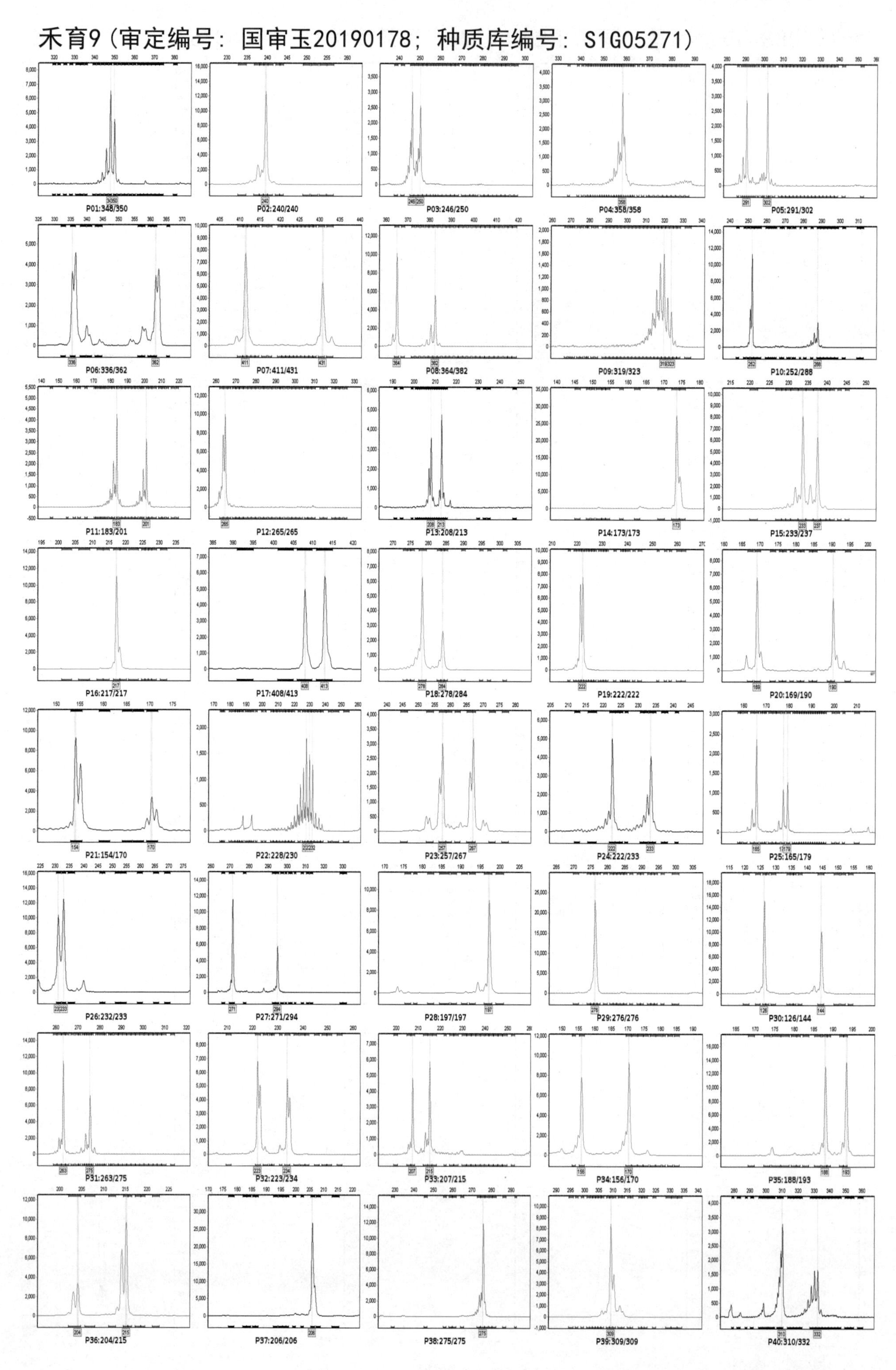
P01:348/350
P02:240/240
P03:246/250
P04:358/358
P05:291/302
P06:336/362
P07:411/431
P08:364/382
P09:319/323
P10:252/288
P11:183/201
P12:265/265
P13:208/213
P14:173/173
P15:233/237
P16:217/217
P17:408/413
P18:278/284
P19:222/222
P20:169/190
P21:154/170
P22:228/230
P23:257/267
P24:222/233
P25:165/179
P26:232/233
P27:271/294
P28:197/197
P29:276/276
P30:126/144
P31:263/275
P32:223/234
P33:207/215
P34:156/170
P35:188/193
P36:204/215
P37:206/206
P38:275/275
P39:309/309
P40:310/332

太玉339（审定编号：国审玉20190201，国审玉20180288；种质库编号：S1G05059）

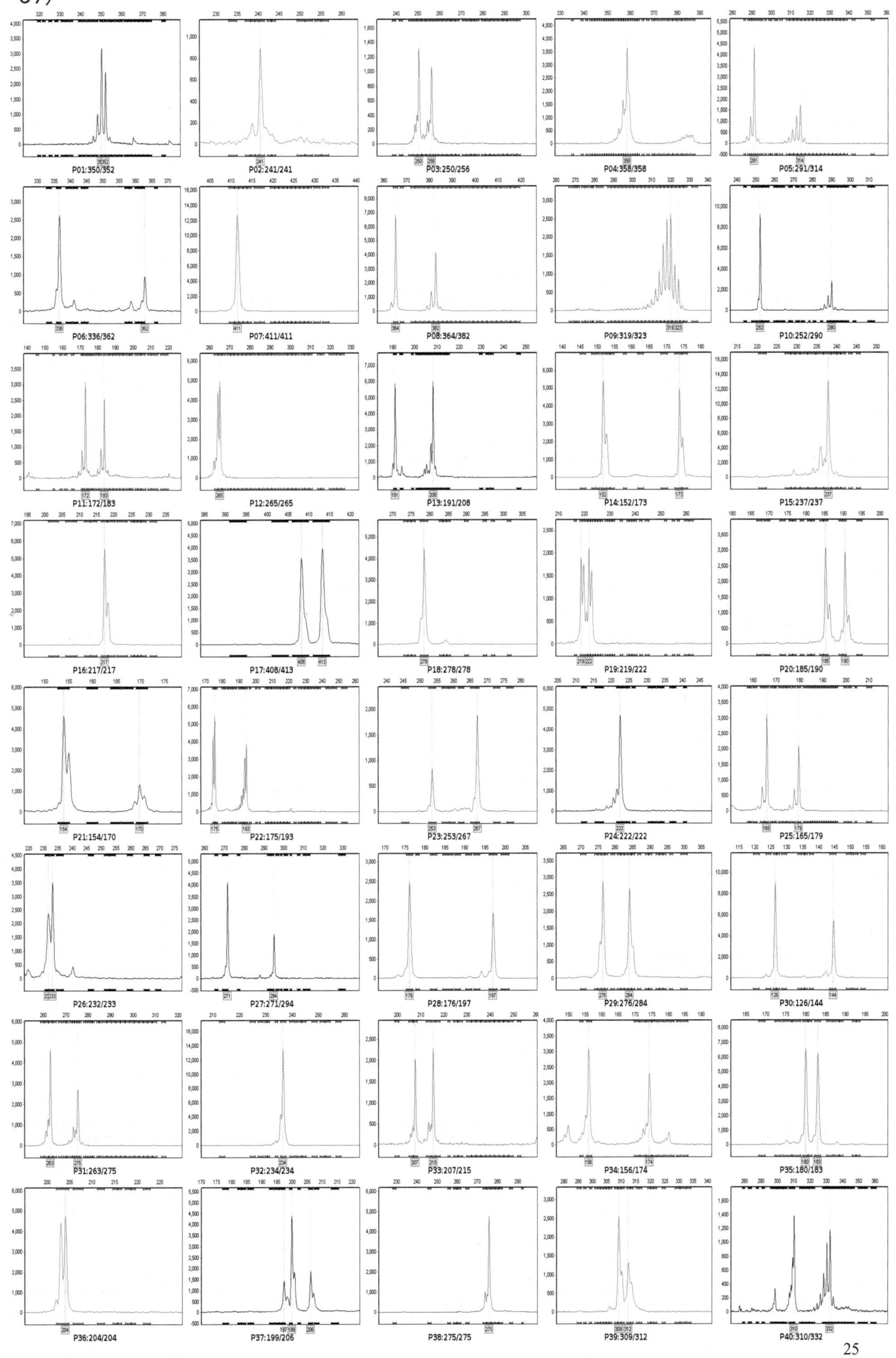

明天695(审定编号: 国审玉20190204; 种质库编号: XIN21262)

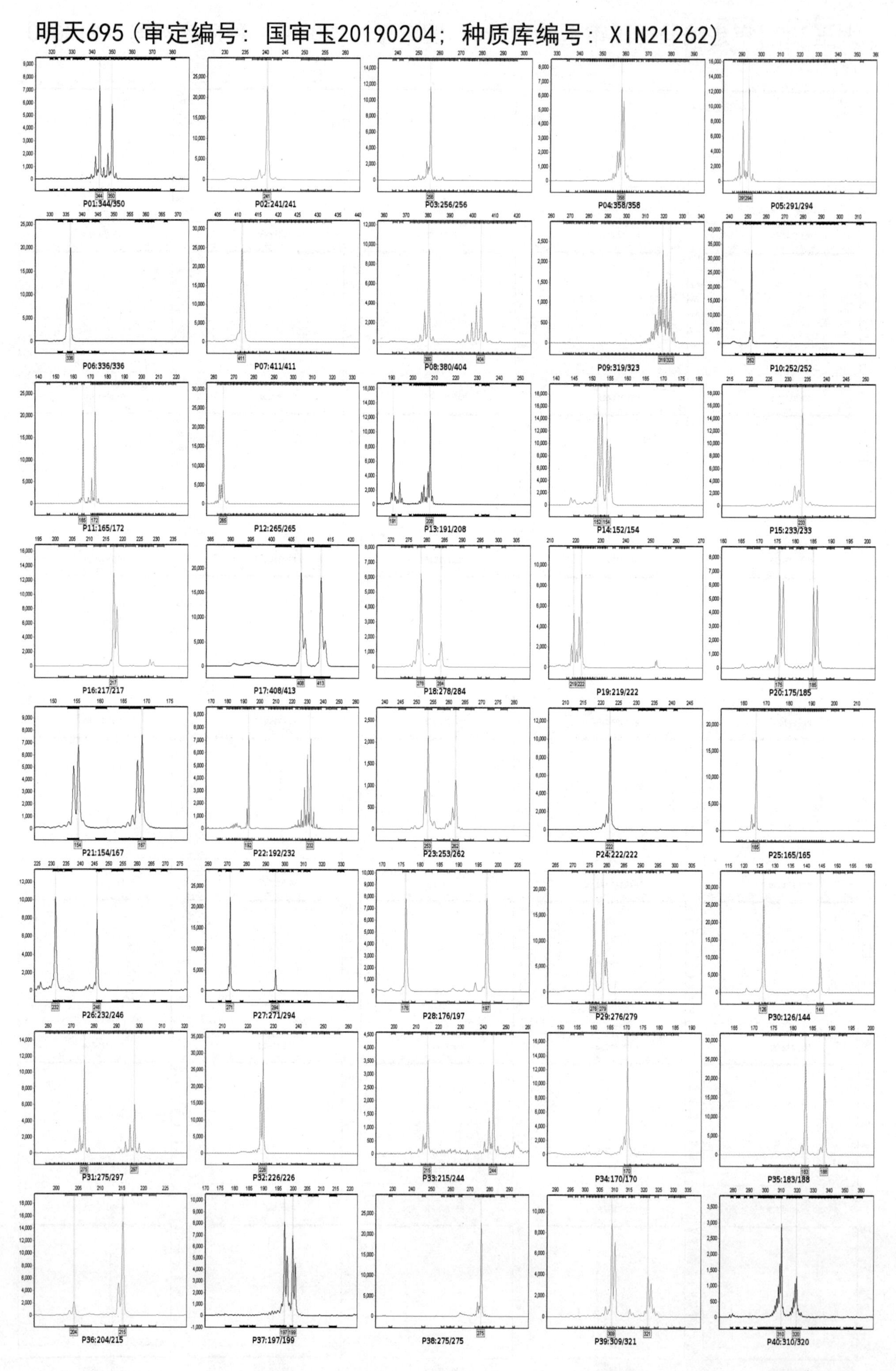
P01:344/350
P02:241/241
P03:256/256
P04:358/358
P05:291/294
P06:336/336
P07:411/411
P08:380/404
P09:319/323
P10:252/252
P11:165/172
P12:265/265
P13:191/208
P14:152/154
P15:233/233
P16:217/217
P17:408/413
P18:278/284
P19:219/222
P20:175/185
P21:154/167
P22:192/232
P23:253/262
P24:222/222
P25:165/165
P26:232/246
P27:271/294
P28:176/197
P29:276/279
P30:126/144
P31:275/297
P32:226/226
P33:215/244
P34:170/170
P35:183/188
P36:204/215
P37:197/199
P38:275/275
P39:309/321
P40:310/320

瑞普908（审定编号：国审玉20190207；种质库编号：S1G05222）

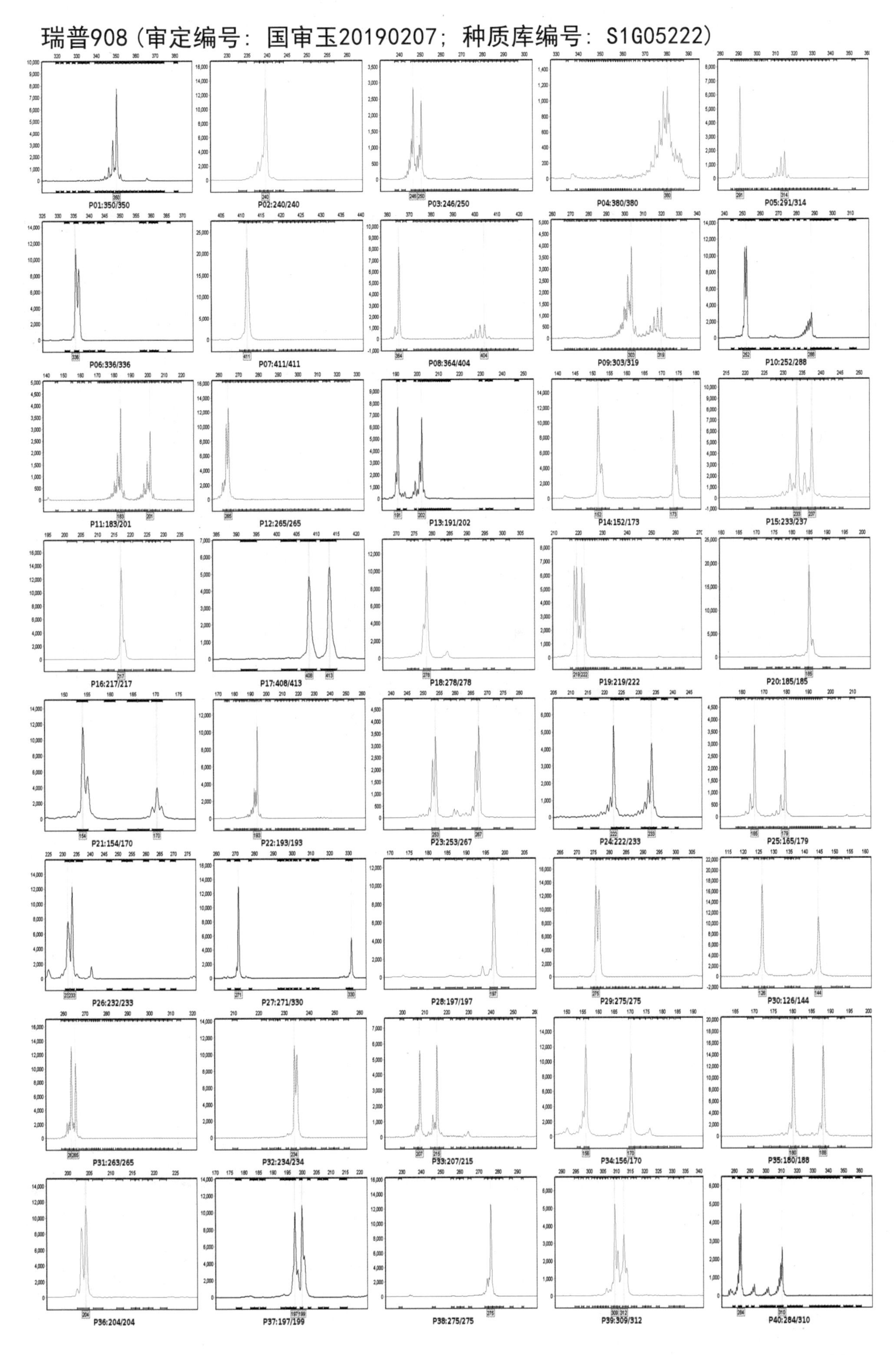
P01:350/350
P02:240/240
P03:246/250
P04:380/380
P05:291/314
P06:336/336
P07:411/411
P08:364/404
P09:303/319
P10:252/288
P11:183/201
P12:265/265
P13:191/202
P14:152/173
P15:233/237
P16:217/217
P17:408/413
P18:278/278
P19:219/222
P20:185/185
P21:154/170
P22:193/193
P23:253/267
P24:222/233
P25:165/179
P26:232/233
P27:271/330
P28:197/197
P29:275/275
P30:126/144
P31:263/265
P32:234/234
P33:207/215
P34:156/170
P35:180/188
P36:204/204
P37:197/199
P38:275/275
P39:309/312
P40:284/310

五谷310（审定编号：国审玉20190243；种质库编号：S1G04622）

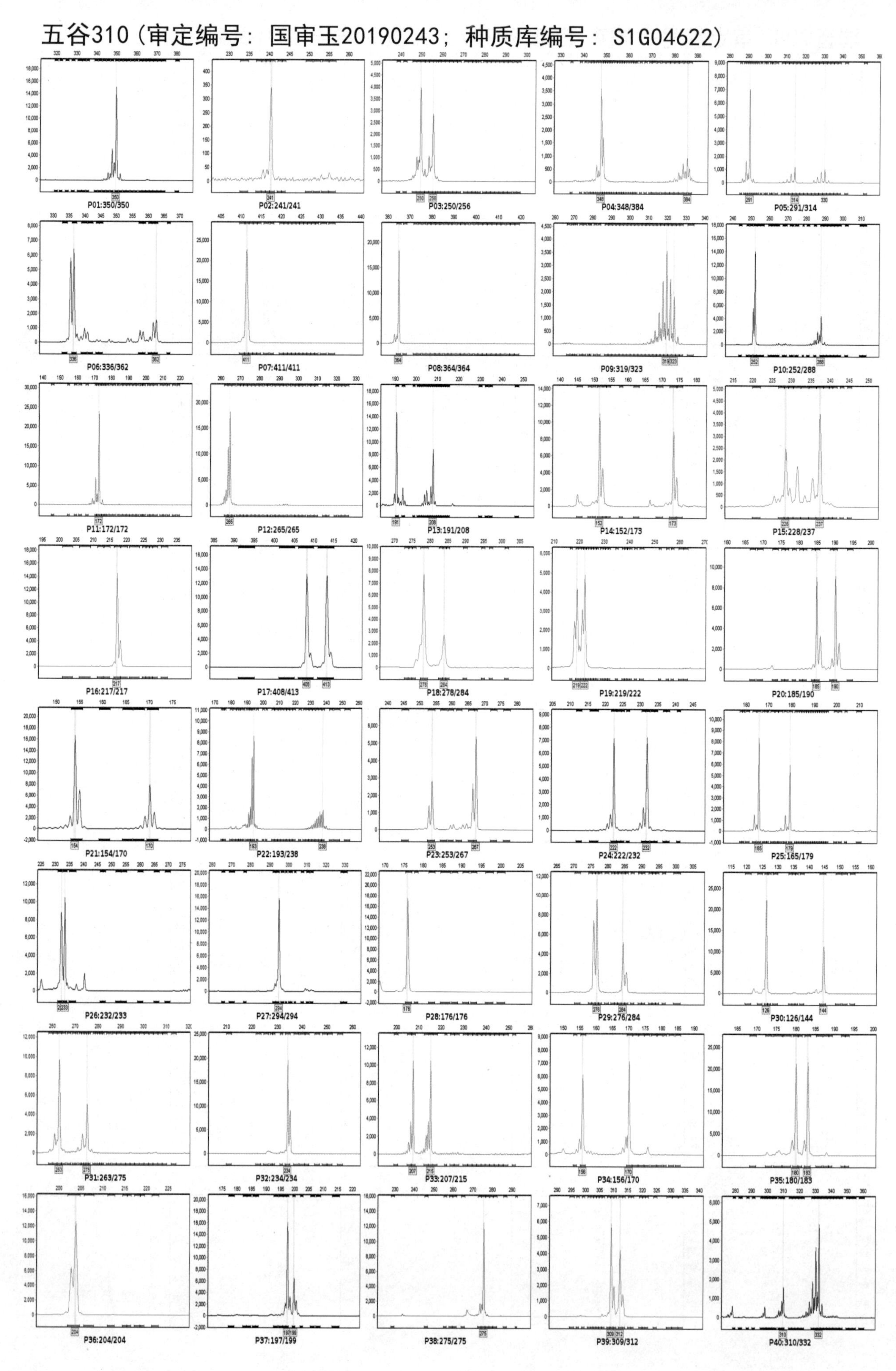
P01:350/350
P02:241/241
P03:250/256
P04:348/384
P05:291/314
P06:336/362
P07:411/411
P08:364/364
P09:319/323
P10:252/288
P11:172/172
P12:265/265
P13:191/208
P14:152/173
P15:228/237
P16:217/217
P17:408/413
P18:278/284
P19:219/222
P20:185/190
P21:154/170
P22:193/238
P23:253/267
P24:222/232
P25:165/179
P26:232/233
P27:294/294
P28:176/176
P29:276/284
P30:126/144
P31:263/275
P32:234/234
P33:207/215
P34:156/170
P35:180/183
P36:204/204
P37:197/199
P38:275/275
P39:309/312
P40:310/332

邯玉398（审定编号：国审玉20190260；种质库编号：XIN21277）

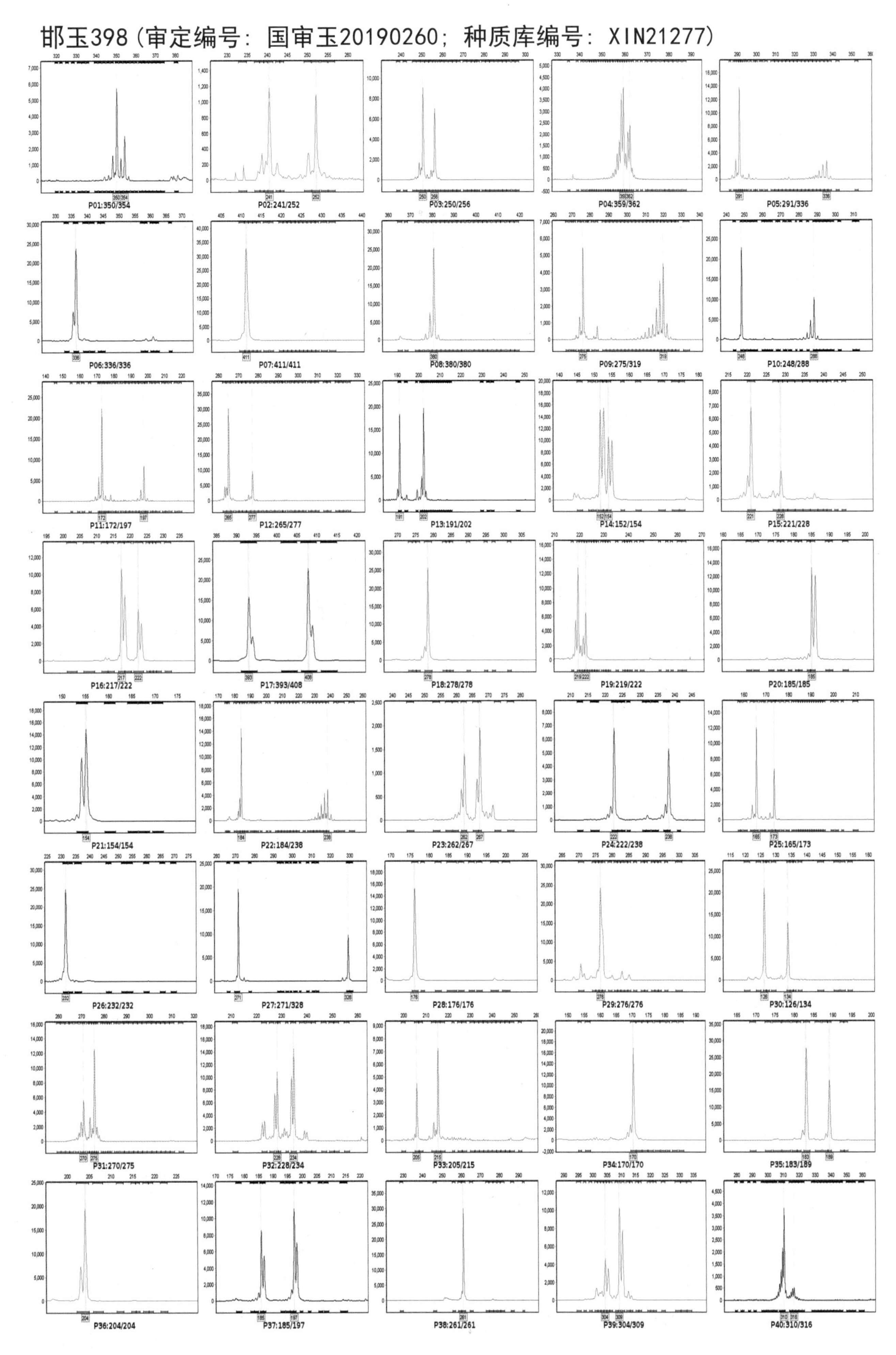
P01:350/354
P02:241/252
P03:250/256
P04:359/362
P05:291/336
P06:336/336
P07:411/411
P08:380/380
P09:275/319
P10:248/288
P11:172/197
P12:265/277
P13:191/202
P14:152/154
P15:221/228
P16:217/222
P17:393/408
P18:278/278
P19:219/222
P20:185/185
P21:154/154
P22:184/238
P23:262/267
P24:222/238
P25:165/173
P26:232/232
P27:271/328
P28:176/176
P29:276/276
P30:126/134
P31:270/275
P32:228/234
P33:205/215
P34:170/170
P35:183/189
P36:204/204
P37:185/197
P38:261/261
P39:304/309
P40:310/316

正泰3号（审定编号：国审玉20190277；种质库编号：S1G05265）

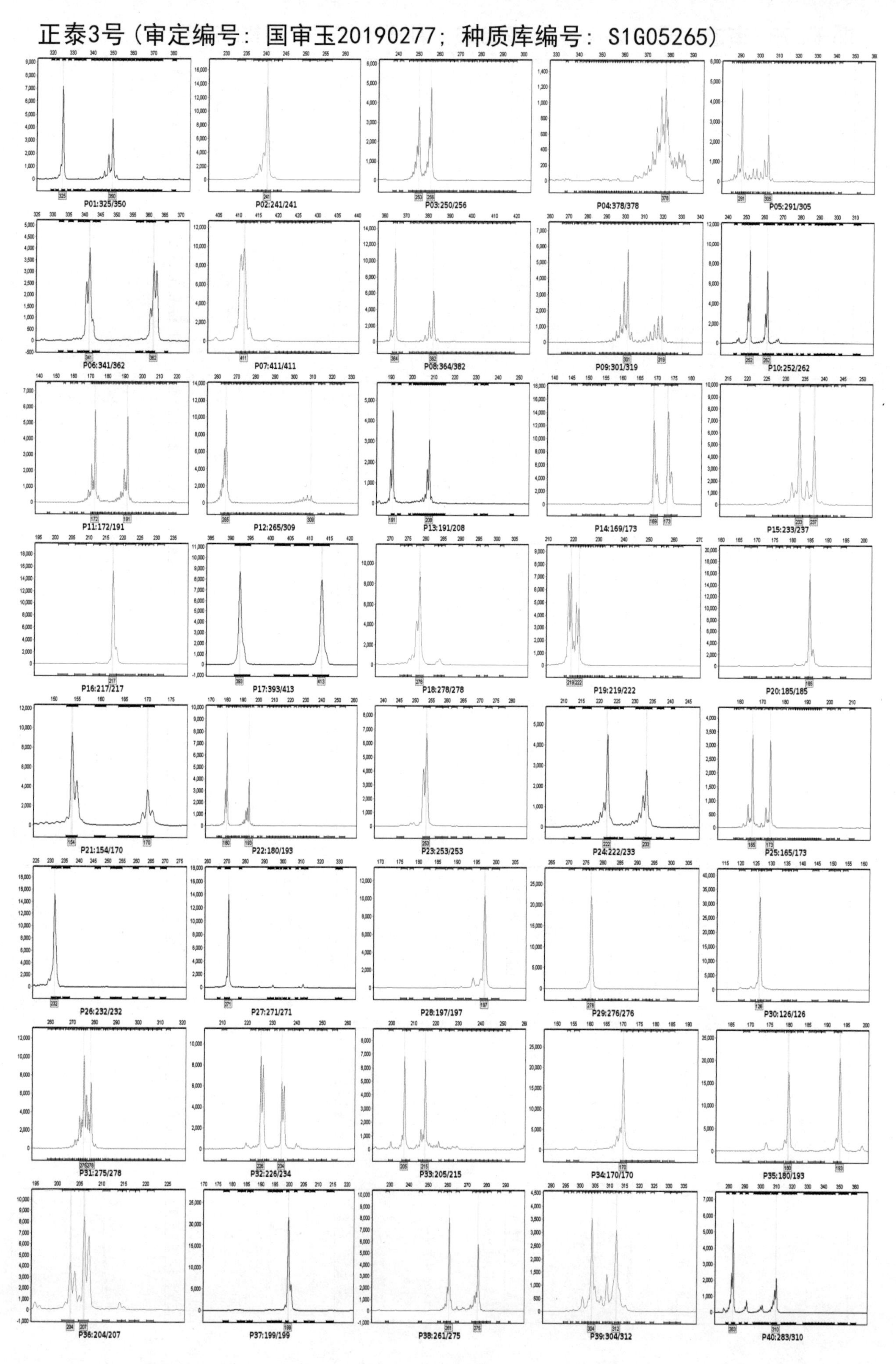
P01:325/350
P02:241/241
P03:250/256
P04:378/378
P05:291/305
P06:341/362
P07:411/411
P08:364/382
P09:301/319
P10:252/262
P11:172/191
P12:265/309
P13:191/208
P14:169/173
P15:233/237
P16:217/217
P17:393/413
P18:278/278
P19:219/222
P20:185/185
P21:154/170
P22:180/193
P23:253/253
P24:222/233
P25:165/173
P26:232/232
P27:271/271
P28:197/197
P29:276/276
P30:126/126
P31:275/278
P32:226/234
P33:205/215
P34:170/170
P35:180/193
P36:204/207
P37:199/199
P38:261/275
P39:304/312
P40:283/310

和育185（审定编号：国审玉20190281；种质库编号：S1G05517）

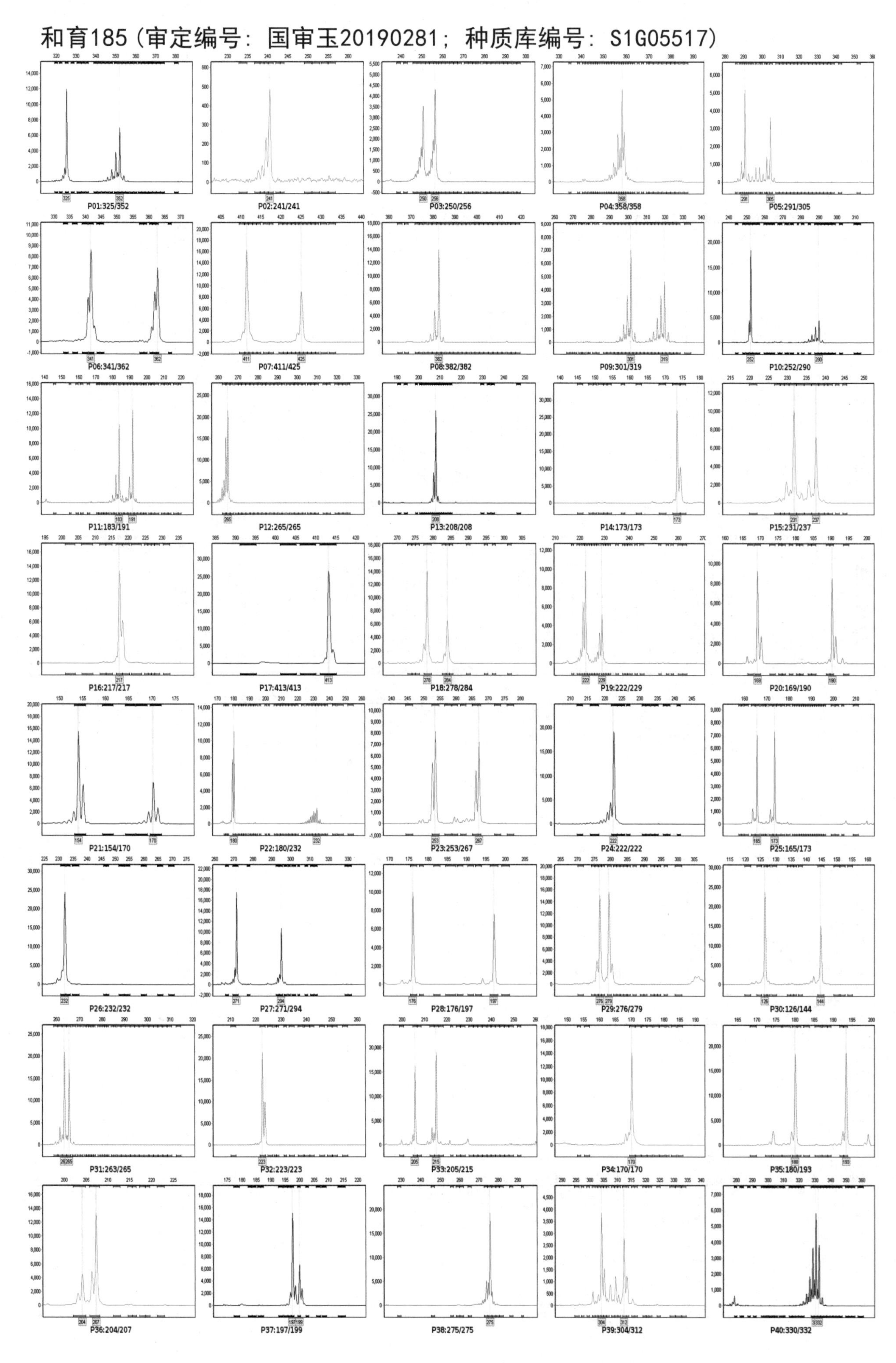
P01:325/352
P02:241/241
P03:250/256
P04:358/358
P05:291/305
P06:341/362
P07:411/425
P08:382/382
P09:301/319
P10:252/290
P11:183/191
P12:265/265
P13:208/208
P14:173/173
P15:231/237
P16:217/217
P17:413/413
P18:278/284
P19:222/229
P20:169/190
P21:154/170
P22:180/232
P23:253/267
P24:222/222
P25:165/173
P26:232/232
P27:271/294
P28:176/197
P29:276/279
P30:126/144
P31:263/265
P32:223/223
P33:205/215
P34:170/170
P35:180/193
P36:204/207
P37:197/199
P38:275/275
P39:304/312
P40:330/332

和育189（审定编号：国审玉20190282；种质库编号：S1G05261）

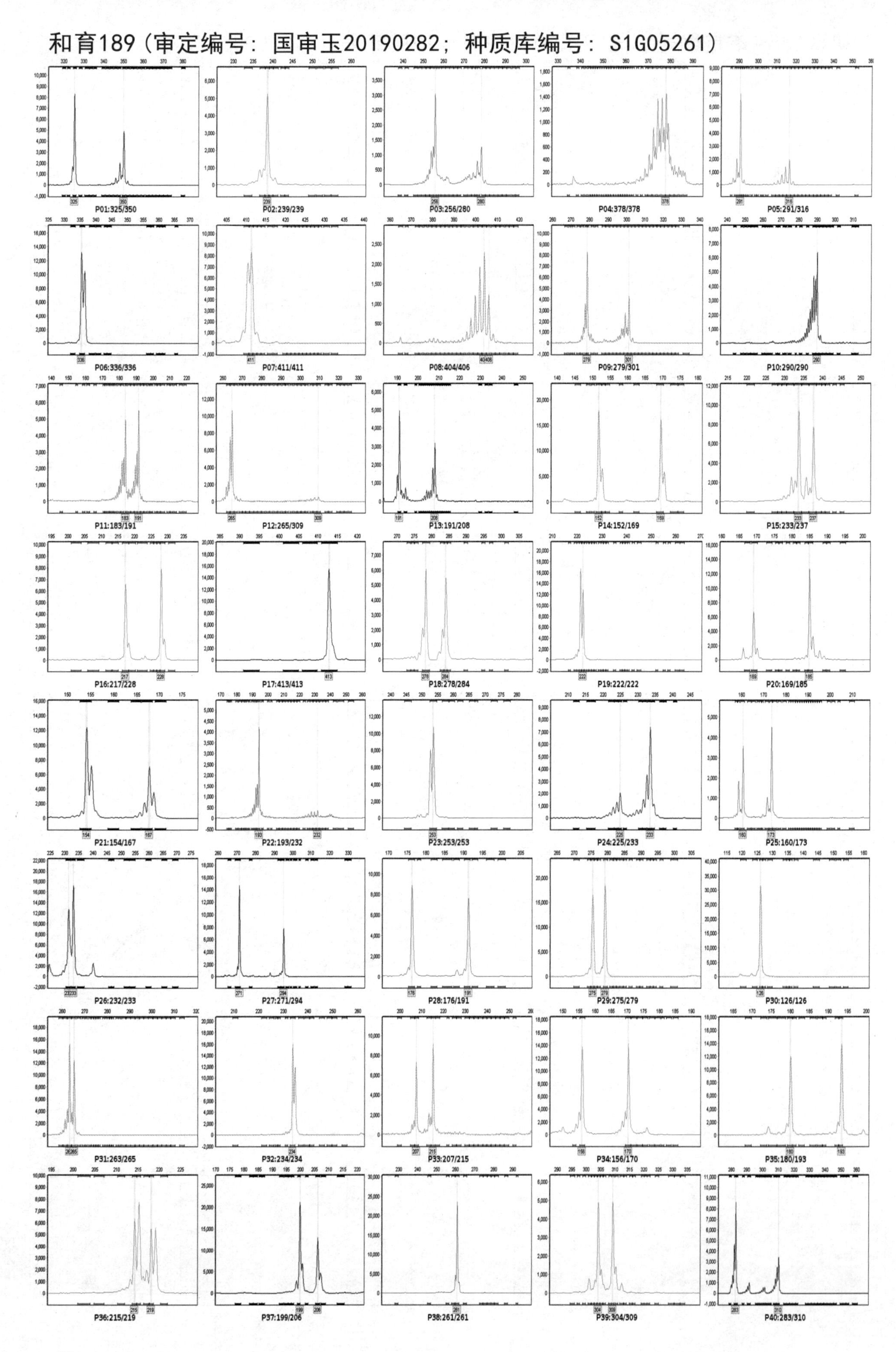
P01:325/350
P02:239/239
P03:256/280
P04:378/378
P05:291/316
P06:336/336
P07:411/411
P08:404/406
P09:279/301
P10:290/290
P11:183/191
P12:265/309
P13:191/208
P14:152/169
P15:233/237
P16:217/228
P17:413/413
P18:278/284
P19:222/222
P20:169/185
P21:154/167
P22:193/232
P23:253/253
P24:225/233
P25:160/173
P26:232/233
P27:271/294
P28:176/191
P29:275/279
P30:126/126
P31:263/265
P32:234/234
P33:207/215
P34:156/170
P35:180/193
P36:215/219
P37:199/206
P38:261/261
P39:304/309
P40:283/310

MC812（审定编号：国审玉20190284；种质库编号：S1G05076）

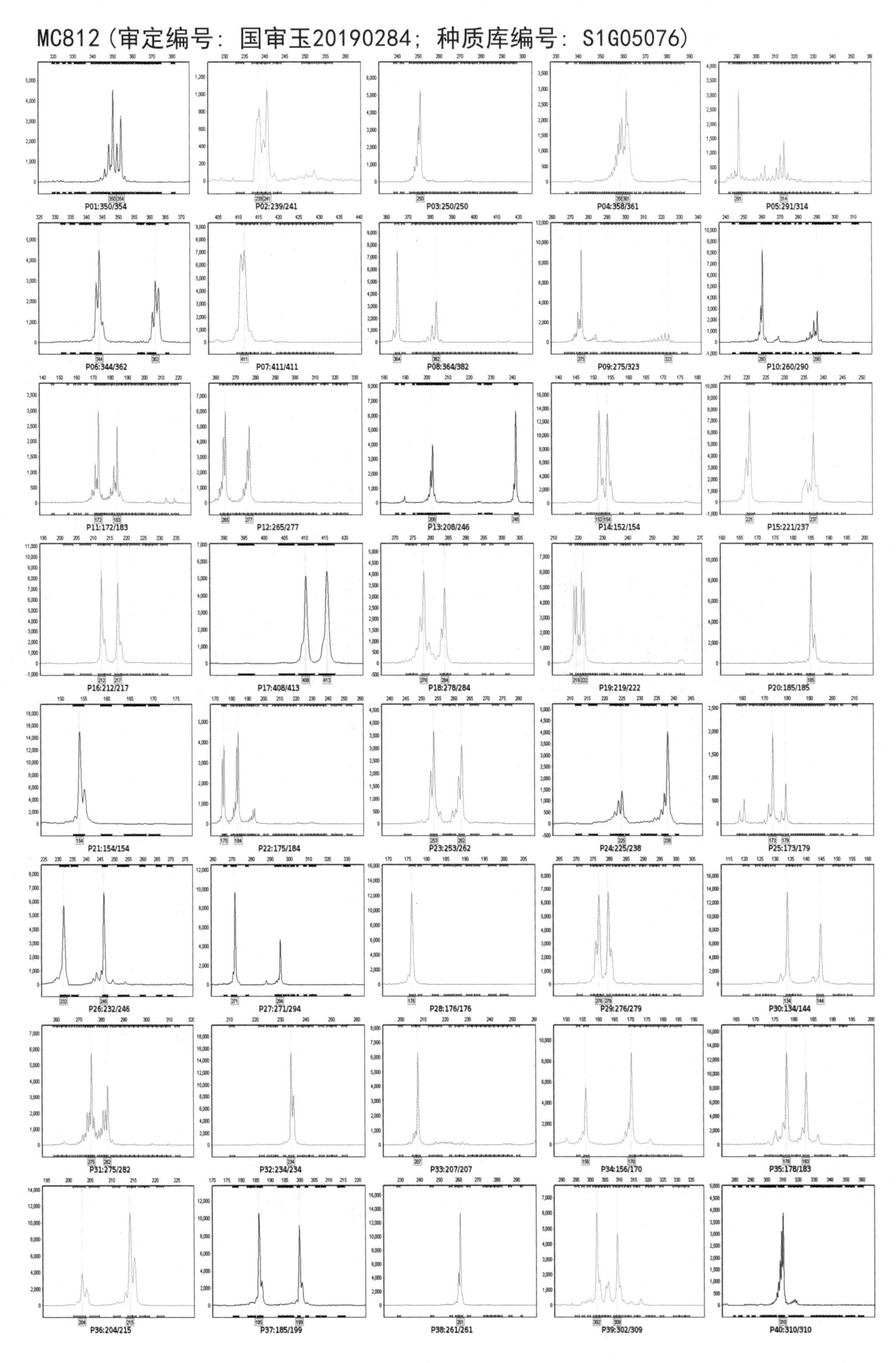
P01:350/354
P02:239/241
P03:250/250
P04:358/361
P05:291/314
P06:344/362
P07:411/411
P08:364/382
P09:275/323
P10:260/290
P11:172/183
P12:265/277
P13:208/246
P14:152/154
P15:221/237
P16:212/217
P17:408/413
P18:278/284
P19:219/222
P20:185/185
P21:154/154
P22:175/184
P23:253/262
P24:225/238
P25:173/179
P26:232/246
P27:271/294
P28:176/176
P29:276/279
P30:134/144
P31:275/282
P32:234/234
P33:207/207
P34:156/170
P35:178/183
P36:204/215
P37:185/199
P38:261/261
P39:302/309
P40:310/310

新单66（审定编号：国审玉20190285；种质库编号：XIN26785）

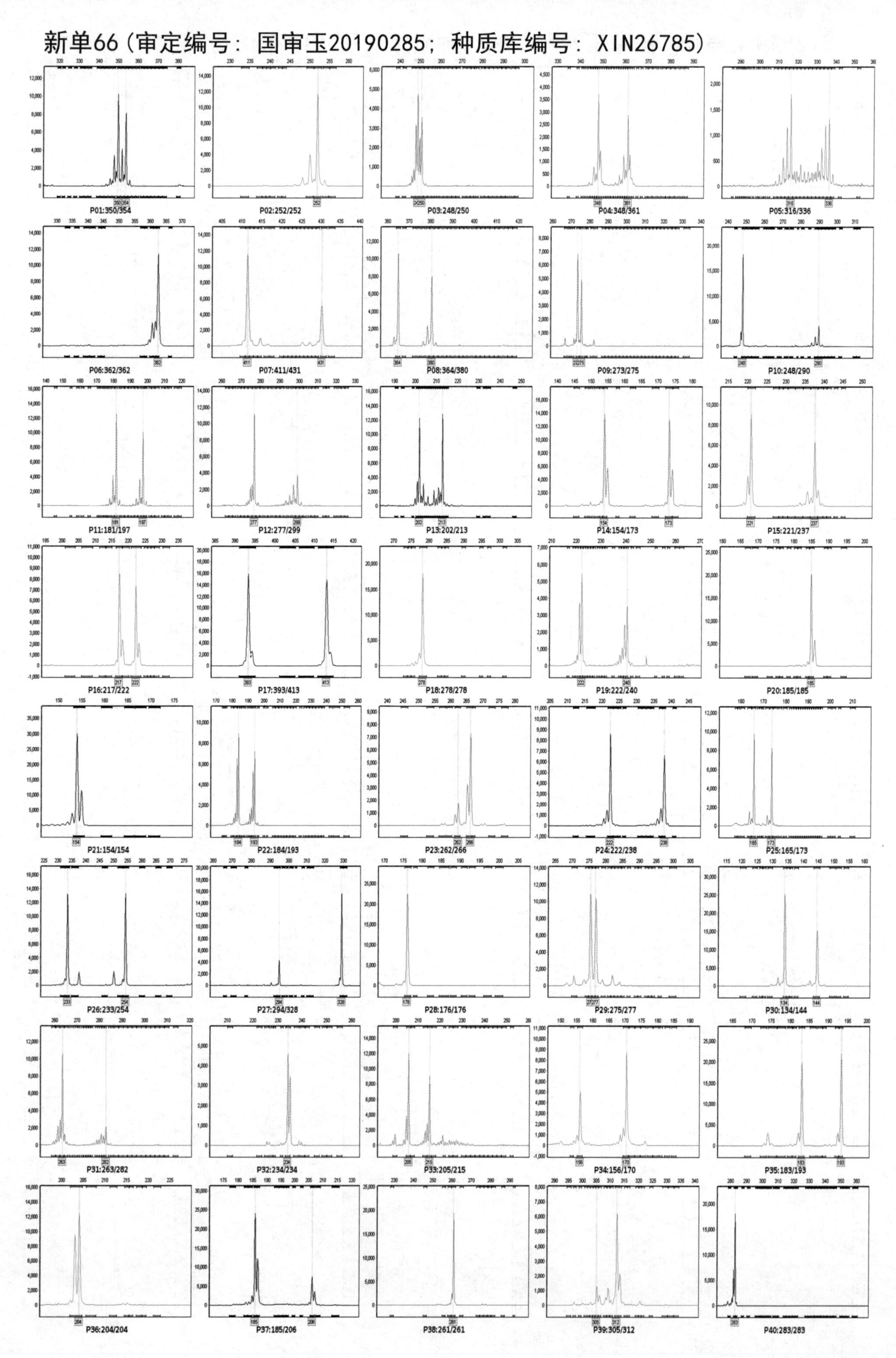

P01:350/354
P02:252/252
P03:248/250
P04:348/361
P05:316/336
P06:362/362
P07:411/431
P08:364/380
P09:273/275
P10:248/290
P11:181/197
P12:277/299
P13:202/213
P14:154/173
P15:221/237
P16:217/222
P17:393/413
P18:278/278
P19:222/240
P20:185/185
P21:154/154
P22:184/193
P23:262/266
P24:222/238
P25:165/173
P26:233/254
P27:294/328
P28:176/176
P29:275/277
P30:134/144
P31:263/282
P32:234/234
P33:205/215
P34:156/170
P35:183/193
P36:204/204
P37:185/206
P38:261/261
P39:305/312
P40:283/283

金庆202（审定编号：国审玉20190296；种质库编号：S1G04550）

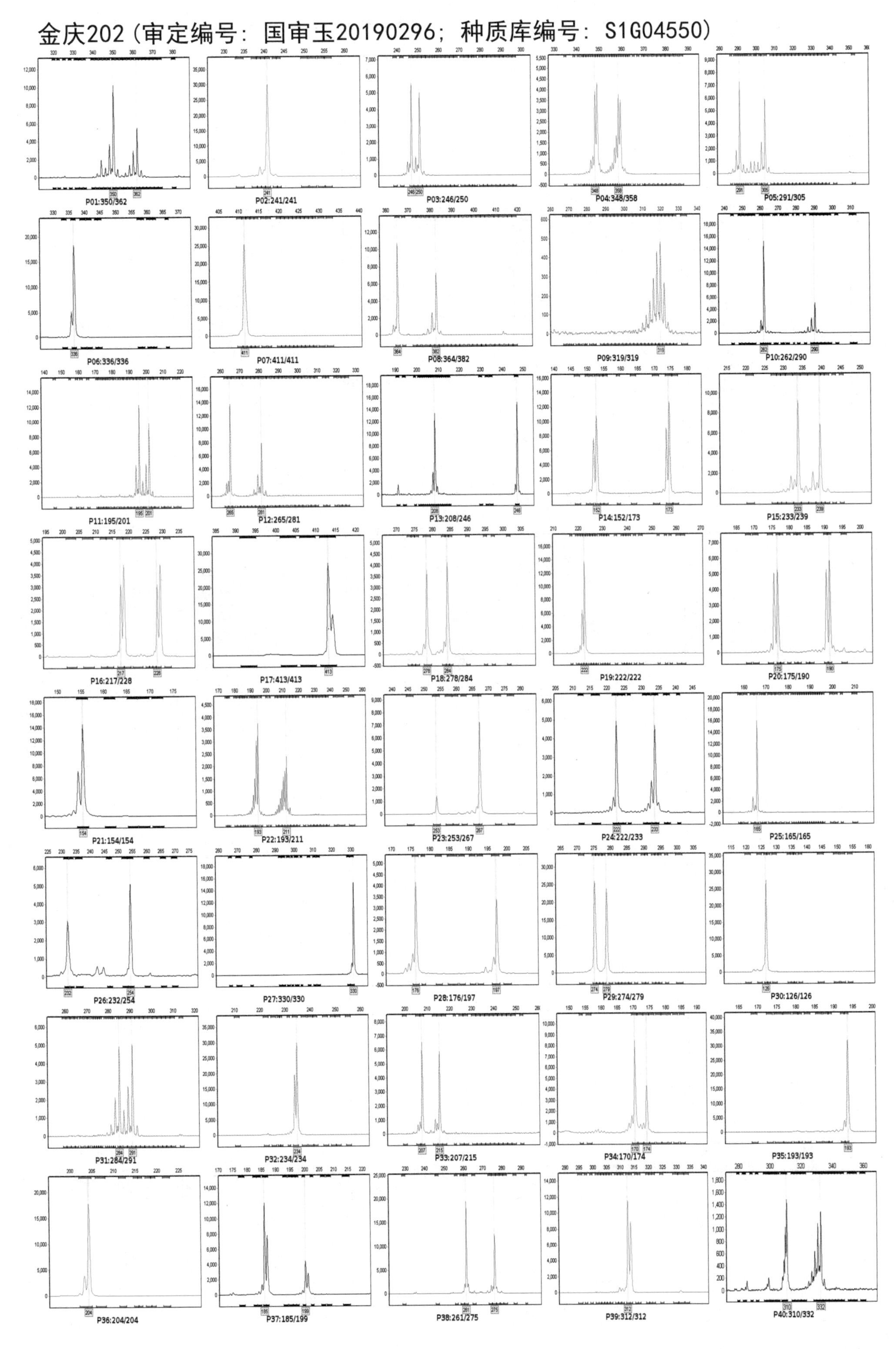
P01:350/362
P02:241/241
P03:246/250
P04:348/358
P05:291/305
P06:336/336
P07:411/411
P08:364/382
P09:319/319
P10:262/290
P11:195/201
P12:265/281
P13:208/246
P14:152/173
P15:233/239
P16:217/228
P17:413/413
P18:278/284
P19:222/222
P20:175/190
P21:154/154
P22:193/211
P23:253/267
P24:222/233
P25:165/165
P26:232/254
P27:330/330
P28:176/197
P29:274/279
P30:126/126
P31:284/291
P32:234/234
P33:207/215
P34:170/174
P35:193/193
P36:204/204
P37:185/199
P38:261/275
P39:312/312
P40:310/332

奥邦368（审定编号：国审玉20190312；种质库编号：S1G03417）

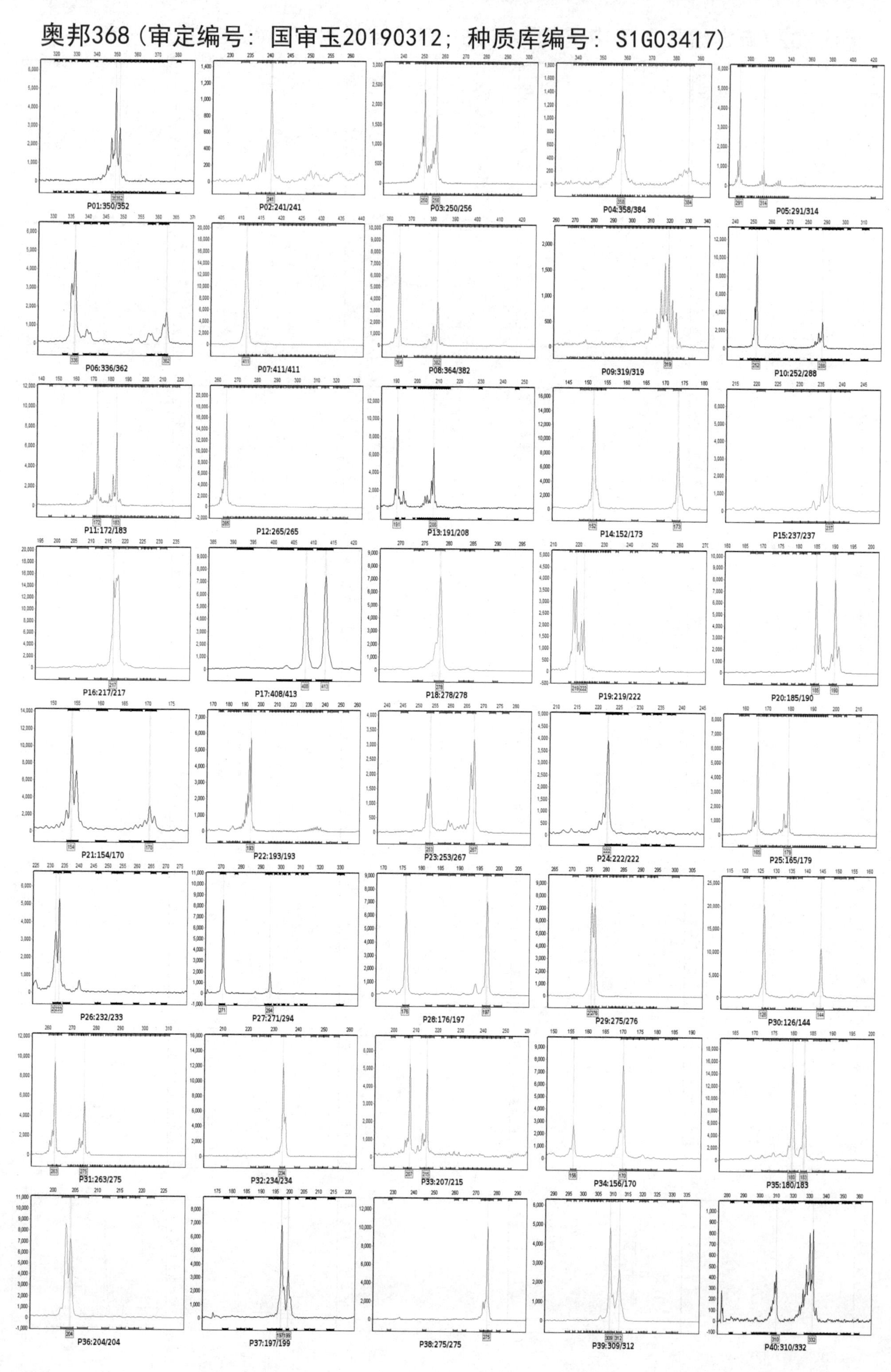
P01:350/352
P02:241/241
P03:250/256
P04:358/384
P05:291/314
P06:336/362
P07:411/411
P08:364/382
P09:319/319
P10:252/288
P11:172/183
P12:265/265
P13:191/208
P14:152/173
P15:237/237
P16:217/217
P17:408/413
P18:278/278
P19:219/222
P20:185/190
P21:154/170
P22:193/193
P23:253/267
P24:222/222
P25:165/179
P26:232/233
P27:271/294
P28:176/197
P29:275/276
P30:126/144
P31:263/275
P32:234/234
P33:207/215
P34:156/170
P35:180/183
P36:204/204
P37:197/199
P38:275/275
P39:309/312
P40:310/332

正泰1号（审定编号：国审玉20190319；种质库编号：S1G04750）

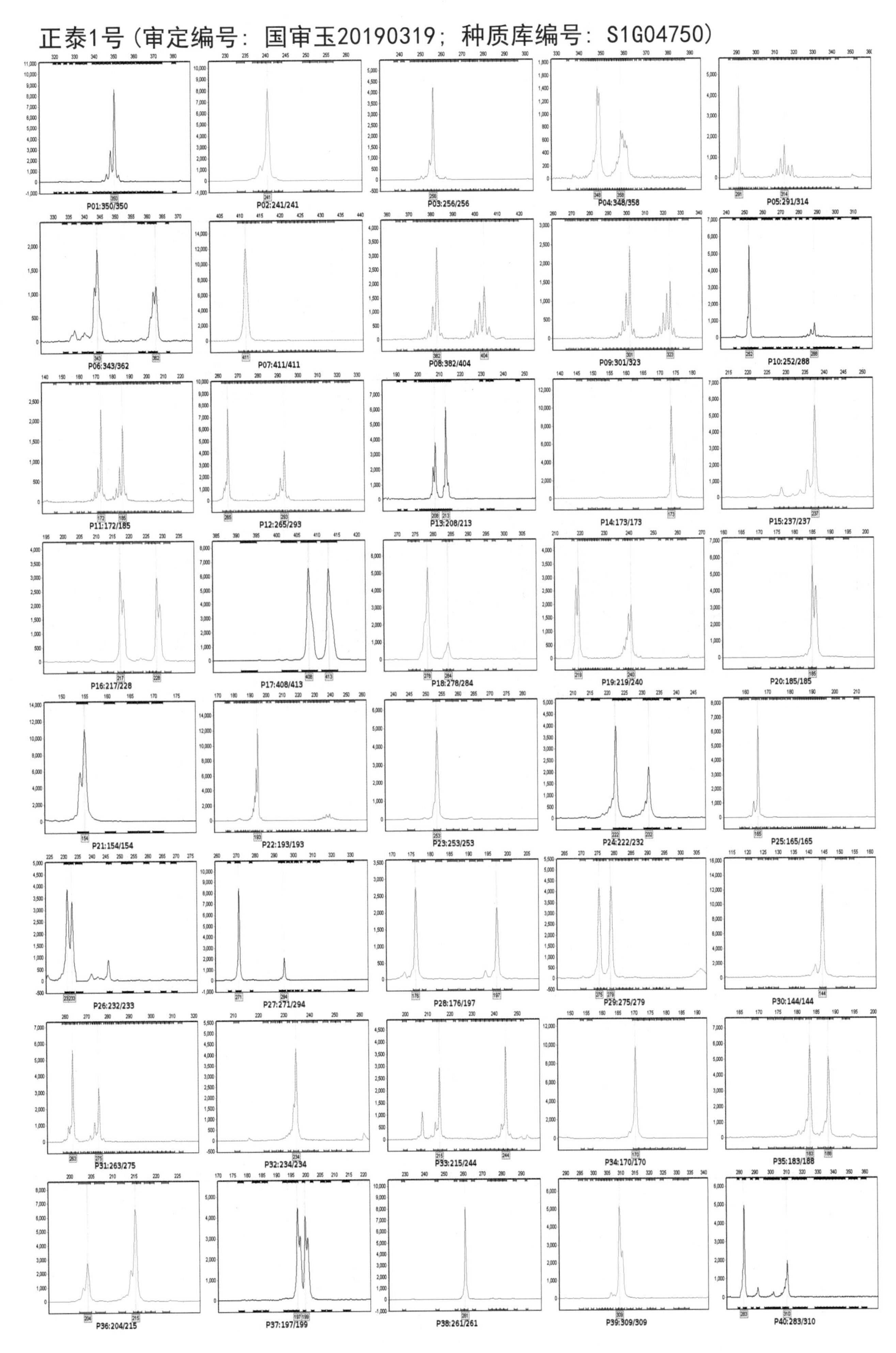
P01:350/350
P02:241/241
P03:256/256
P04:348/358
P05:291/314
P06:343/362
P07:411/411
P08:382/404
P09:301/323
P10:252/288
P11:172/185
P12:265/293
P13:208/213
P14:173/173
P15:237/237
P16:217/228
P17:408/413
P18:278/284
P19:219/240
P20:185/185
P21:154/154
P22:193/193
P23:253/253
P24:222/232
P25:165/165
P26:232/233
P27:271/294
P28:176/197
P29:275/279
P30:144/144
P31:263/275
P32:234/234
P33:215/244
P34:170/170
P35:183/188
P36:204/215
P37:197/199
P38:261/261
P39:309/309
P40:283/310

吉龙2号（审定编号：国审玉20190323；种质库编号：S1G04333）

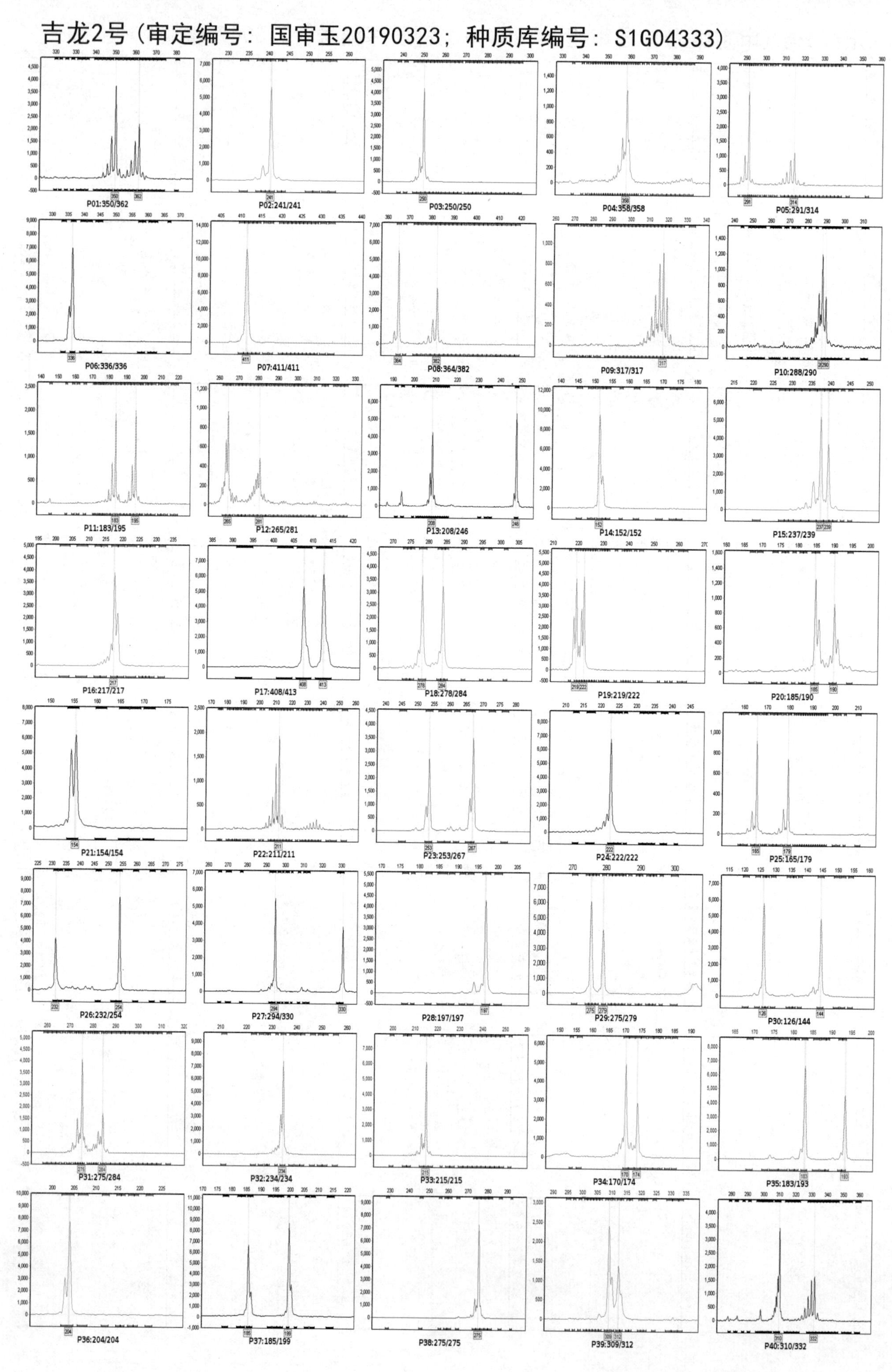
P01:350/362
P02:241/241
P03:250/250
P04:358/358
P05:291/314
P06:336/336
P07:411/411
P08:364/382
P09:317/317
P10:288/290
P11:183/195
P12:265/281
P13:208/246
P14:152/152
P15:237/239
P16:217/217
P17:408/413
P18:278/284
P19:219/222
P20:185/190
P21:154/154
P22:211/211
P23:253/267
P24:222/222
P25:165/179
P26:232/254
P27:294/330
P28:197/197
P29:275/279
P30:126/144
P31:275/284
P32:234/234
P33:215/215
P34:170/174
P35:183/193
P36:204/204
P37:185/199
P38:275/275
P39:309/312
P40:310/332

金园15（审定编号：国审玉20190329，国审玉20180124；种质库编号：S1G04542）

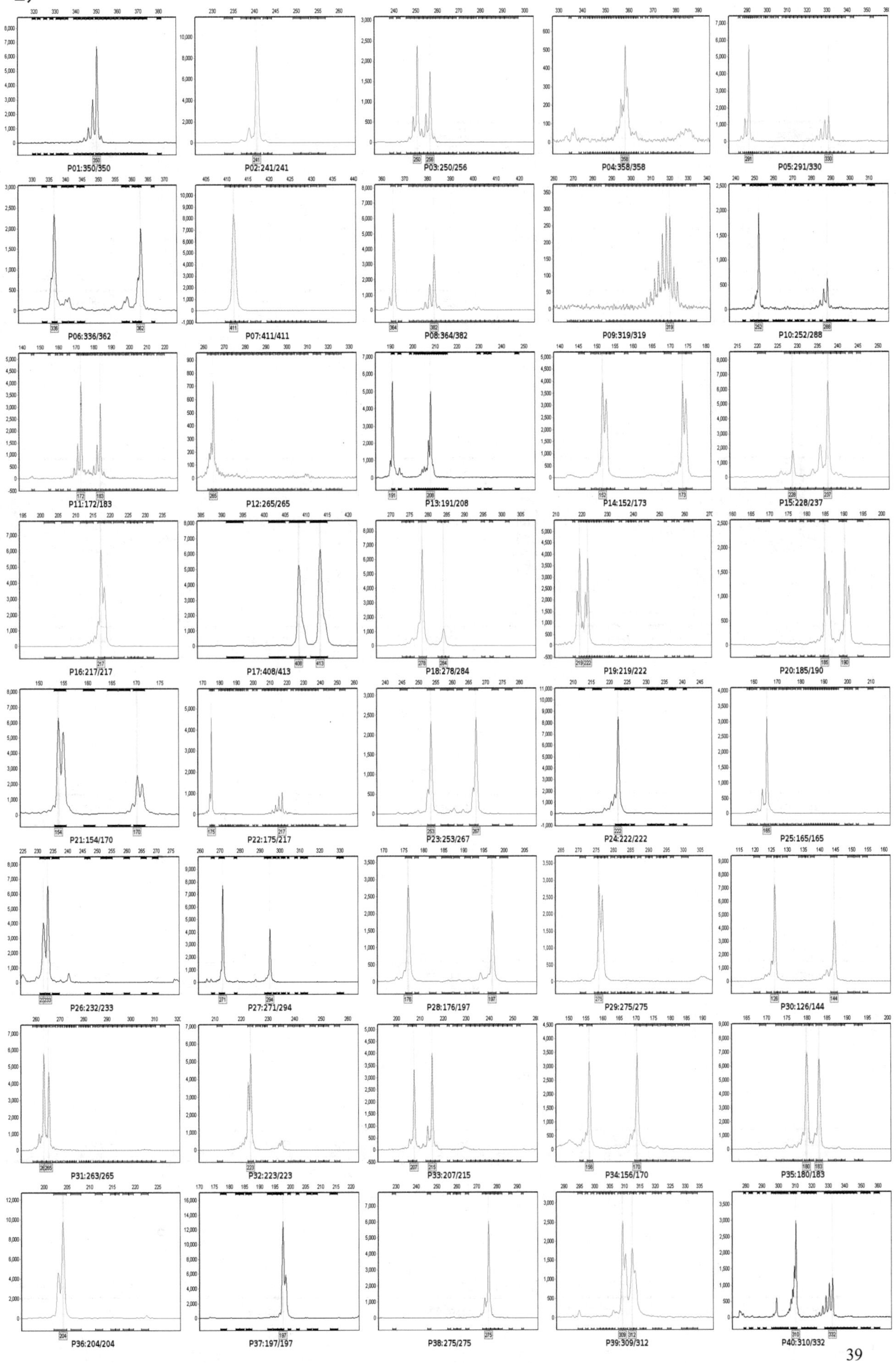

新玉1822（审定编号：国审玉20190336；种质库编号：XIN24462）

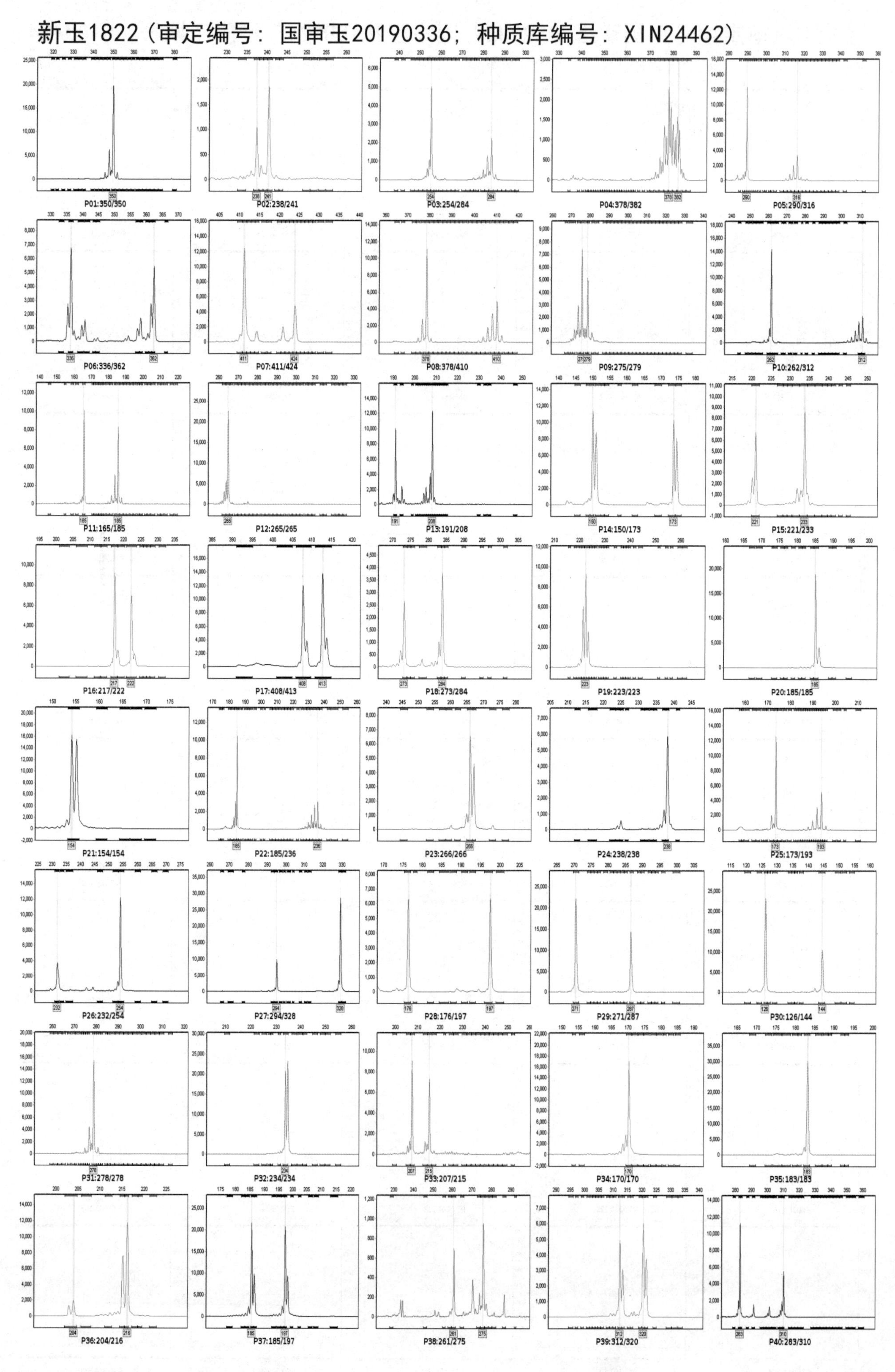
P01:350/350
P02:238/241
P03:254/284
P04:378/382
P05:290/316
P06:336/362
P07:411/424
P08:378/410
P09:275/279
P10:262/312
P11:165/185
P12:265/265
P13:191/208
P14:150/173
P15:221/233
P16:217/222
P17:408/413
P18:273/284
P19:223/223
P20:185/185
P21:154/154
P22:185/236
P23:266/266
P24:238/238
P25:173/193
P26:232/254
P27:294/328
P28:176/197
P29:271/287
P30:126/144
P31:278/278
P32:234/234
P33:207/215
P34:170/170
P35:183/183
P36:204/216
P37:185/197
P38:261/275
P39:312/320
P40:283/310

北玉1521（审定编号：国审玉20190371；种质库编号：S1G05899）

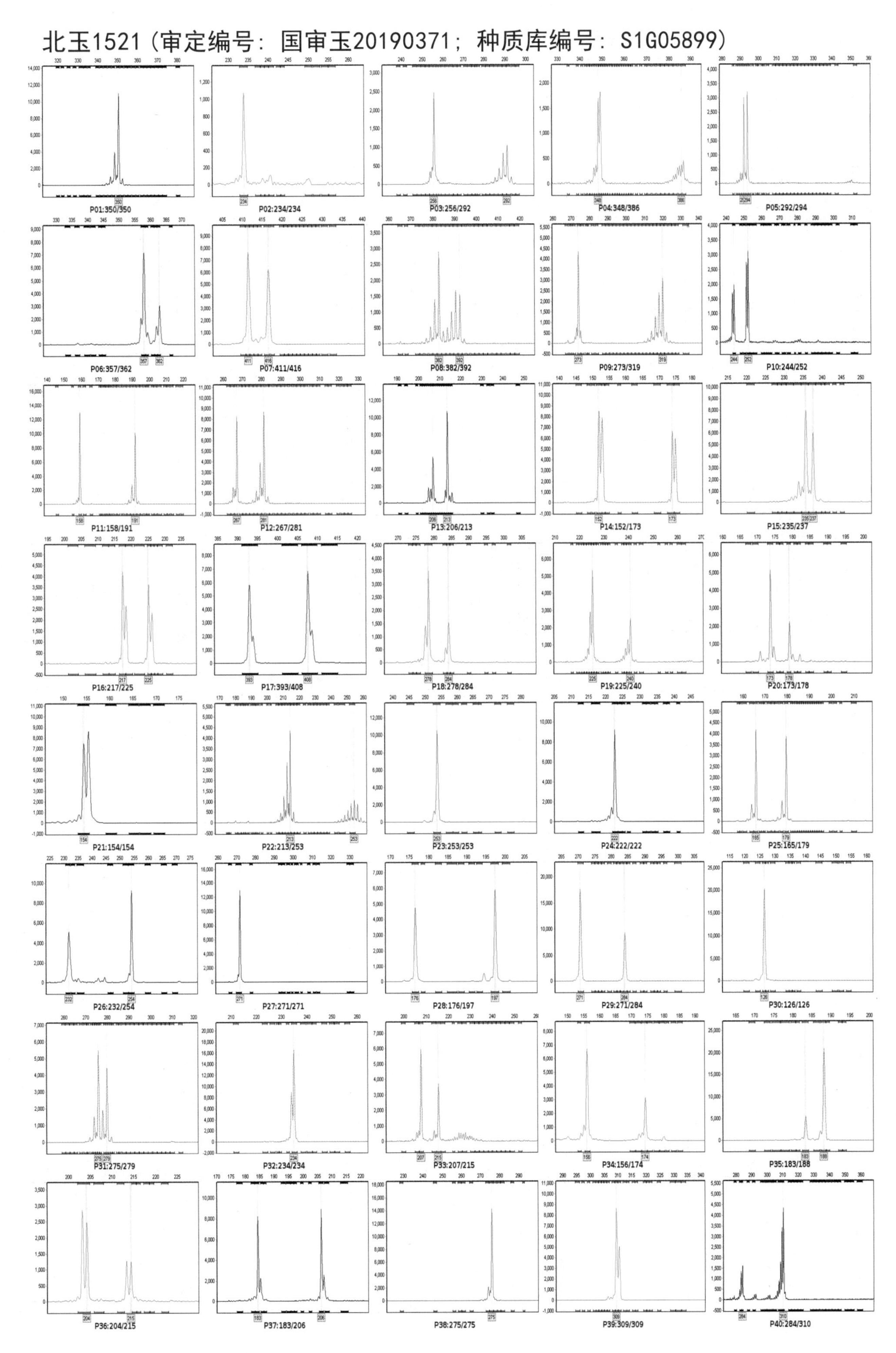
P01:350/350
P02:234/234
P03:256/292
P04:348/386
P05:292/294
P06:357/362
P07:411/416
P08:382/392
P09:273/319
P10:244/252
P11:158/191
P12:267/281
P13:206/213
P14:152/173
P15:235/237
P16:217/225
P17:393/408
P18:278/284
P19:225/240
P20:173/178
P21:154/154
P22:213/253
P23:253/253
P24:222/222
P25:165/179
P26:232/254
P27:271/271
P28:176/197
P29:271/284
P30:126/126
P31:275/279
P32:234/234
P33:207/215
P34:156/174
P35:183/188
P36:204/215
P37:183/206
P38:275/275
P39:309/309
P40:284/310

惠玉990（审定编号：国审玉20190377；种质库编号：S1G05901）

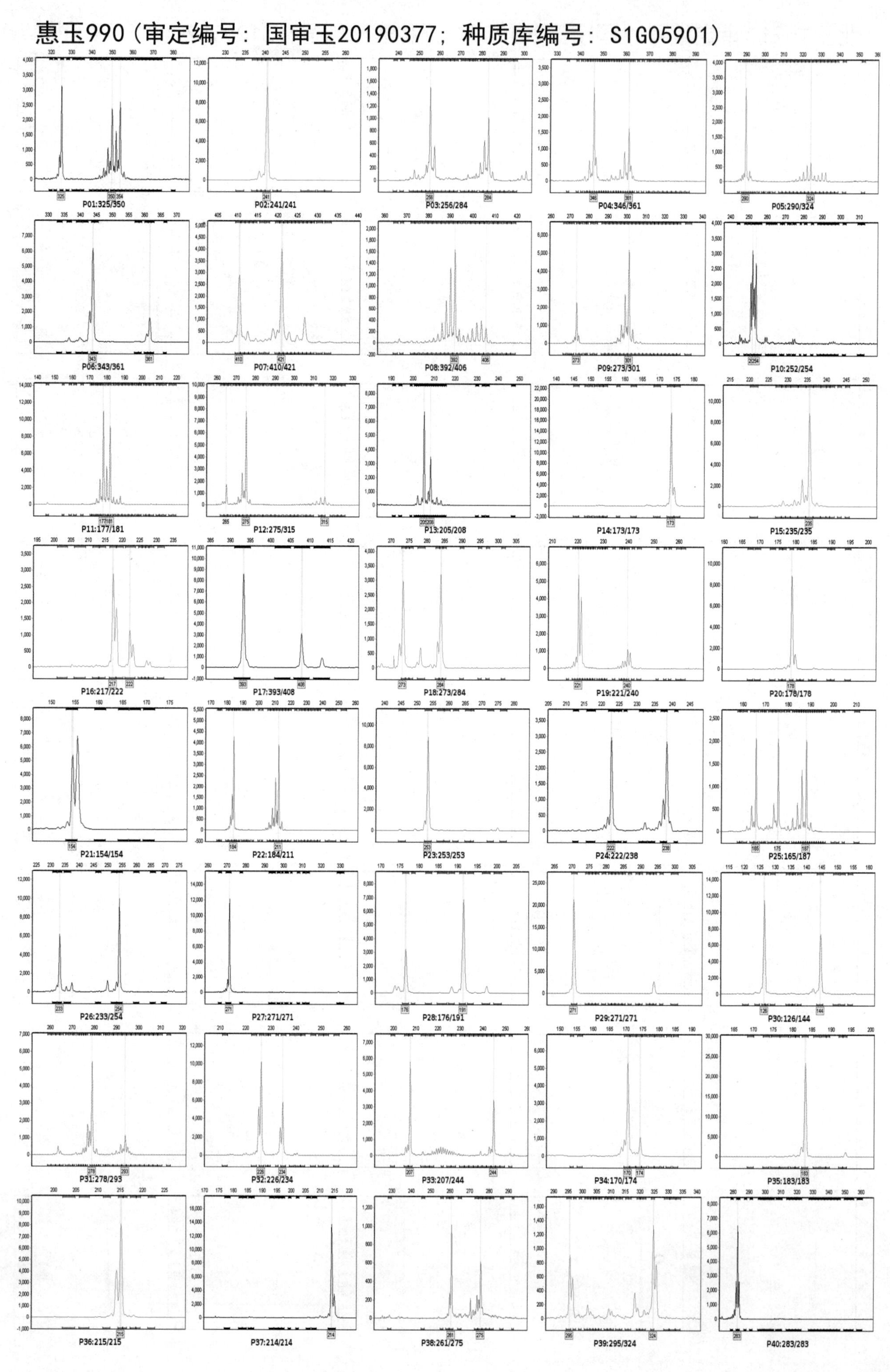
P01:325/350
P02:241/241
P03:256/284
P04:346/361
P05:290/324
P06:343/361
P07:410/421
P08:392/406
P09:273/301
P10:252/254
P11:177/181
P12:275/315
P13:205/208
P14:173/173
P15:235/235
P16:217/222
P17:393/408
P18:273/284
P19:221/240
P20:178/178
P21:154/154
P22:184/211
P23:253/253
P24:222/238
P25:165/187
P26:233/254
P27:271/271
P28:176/191
P29:271/271
P30:126/144
P31:278/293
P32:226/234
P33:207/244
P34:170/174
P35:183/183
P36:215/215
P37:214/214
P38:261/275
P39:295/324
P40:283/283

斯达甜221（审定编号：国审玉20190379；种质库编号：S1G06214）

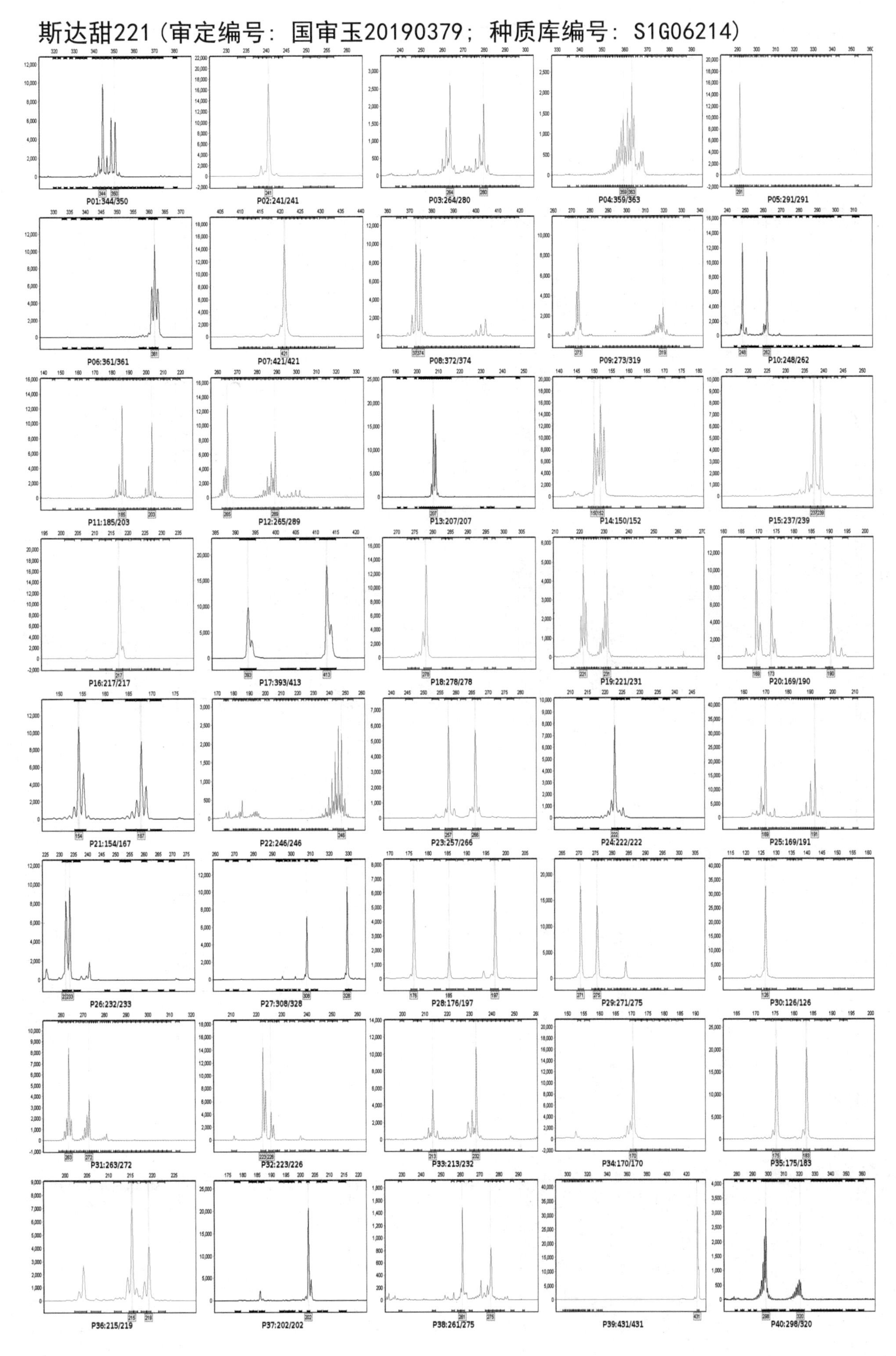
P01:344/350
P02:241/241
P03:264/280
P04:359/363
P05:291/291
P06:361/361
P07:421/421
P08:372/374
P09:273/319
P10:248/262
P11:185/203
P12:265/289
P13:207/207
P14:150/152
P15:237/239
P16:217/217
P17:393/413
P18:278/278
P19:221/231
P20:169/190
P21:154/167
P22:246/246
P23:257/266
P24:222/222
P25:169/191
P26:232/233
P27:308/328
P28:176/197
P29:271/275
P30:126/126
P31:263/272
P32:223/226
P33:213/232
P34:170/170
P35:175/183
P36:215/219
P37:202/202
P38:261/275
P39:431/431
P40:298/320

申糯8号（审定编号：国审玉20190395；种质库编号：S1G03449）

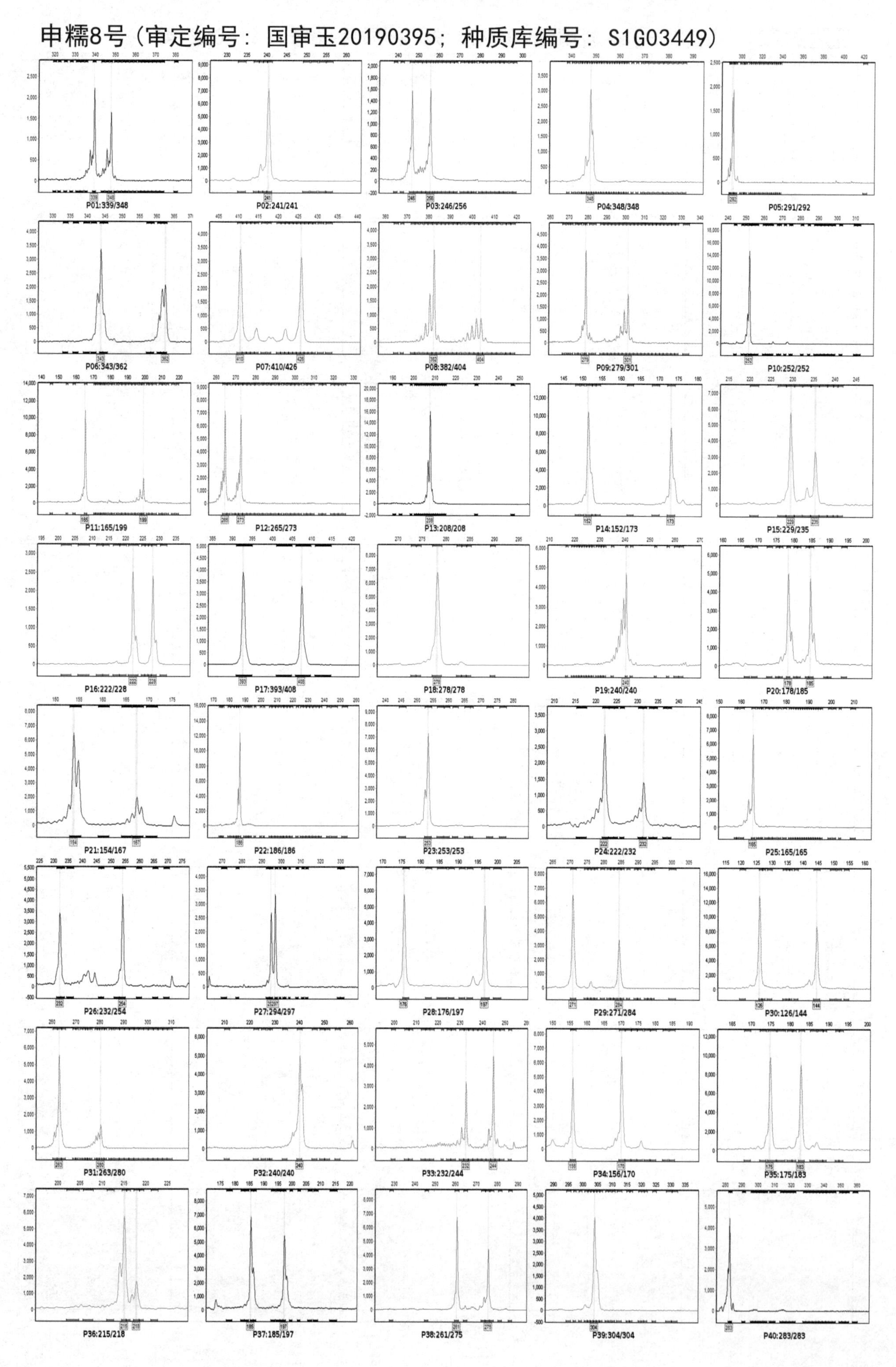
P01:339/348
P02:241/241
P03:246/256
P04:348/348
P05:291/292
P06:343/362
P07:410/426
P08:382/404
P09:279/301
P10:252/252
P11:165/199
P12:265/273
P13:208/208
P14:152/173
P15:229/235
P16:222/228
P17:393/408
P18:278/278
P19:240/240
P20:178/185
P21:154/167
P22:186/186
P23:253/253
P24:222/232
P25:165/165
P26:232/254
P27:294/297
P28:176/197
P29:271/284
P30:126/144
P31:263/280
P32:240/240
P33:232/244
P34:156/170
P35:175/183
P36:215/218
P37:185/197
P38:261/275
P39:304/304
P40:283/283

京九青贮16（审定编号：国审玉20190400；种质库编号：XIN24762）

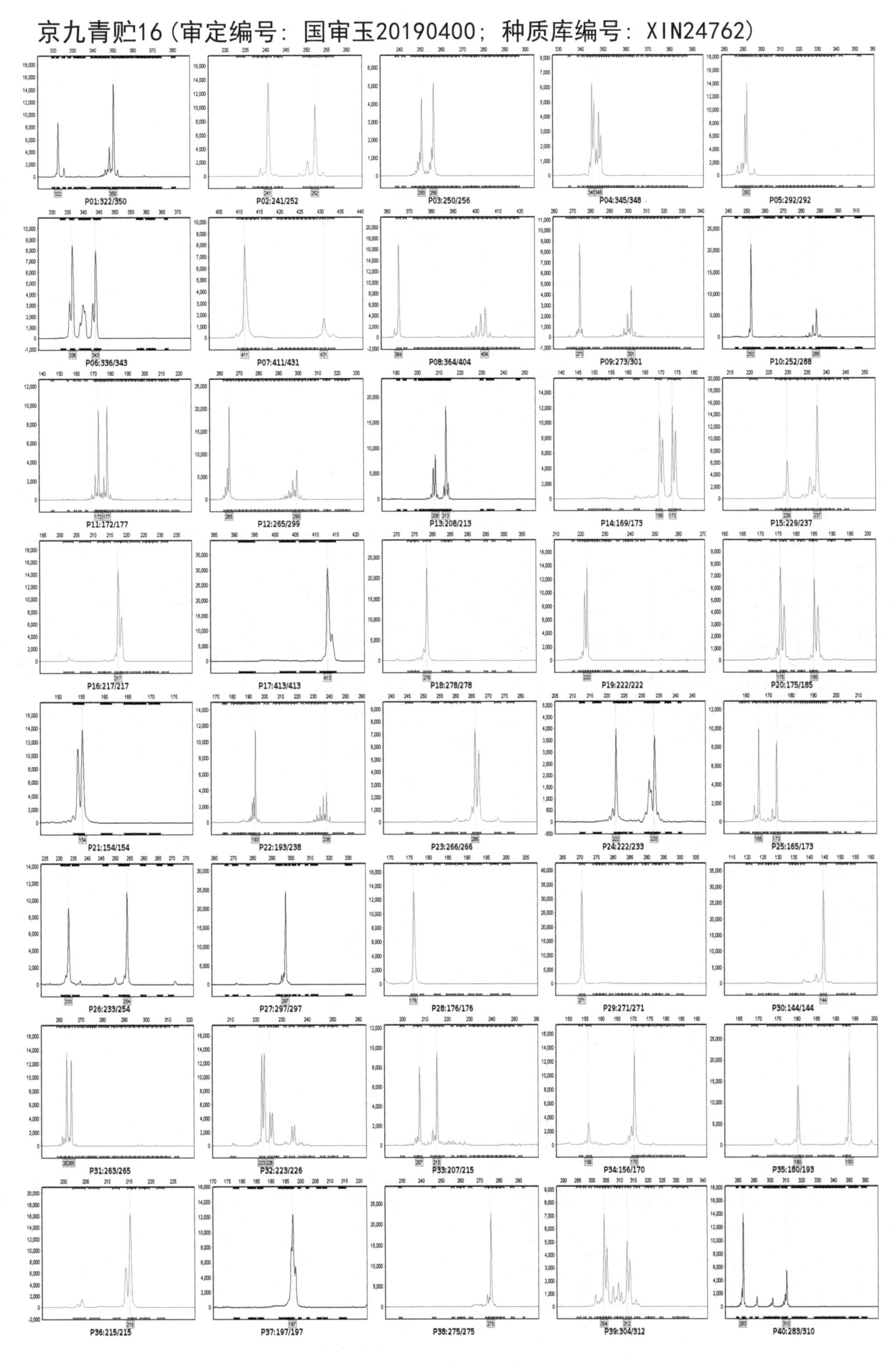
P01:322/350
P02:241/252
P03:250/256
P04:345/348
P05:292/292
P06:336/343
P07:411/431
P08:364/404
P09:273/301
P10:252/288
P11:172/177
P12:265/299
P13:208/213
P14:169/173
P15:229/237
P16:217/217
P17:413/413
P18:278/278
P19:222/222
P20:175/185
P21:154/154
P22:193/238
P23:266/266
P24:222/233
P25:165/173
P26:233/254
P27:297/297
P28:176/176
P29:271/271
P30:144/144
P31:263/265
P32:223/226
P33:207/215
P34:156/170
P35:180/193
P36:215/215
P37:197/197
P38:275/275
P39:304/312
P40:283/310

华玉11（审定编号：国审玉20190403；种质库编号：S1G05729）

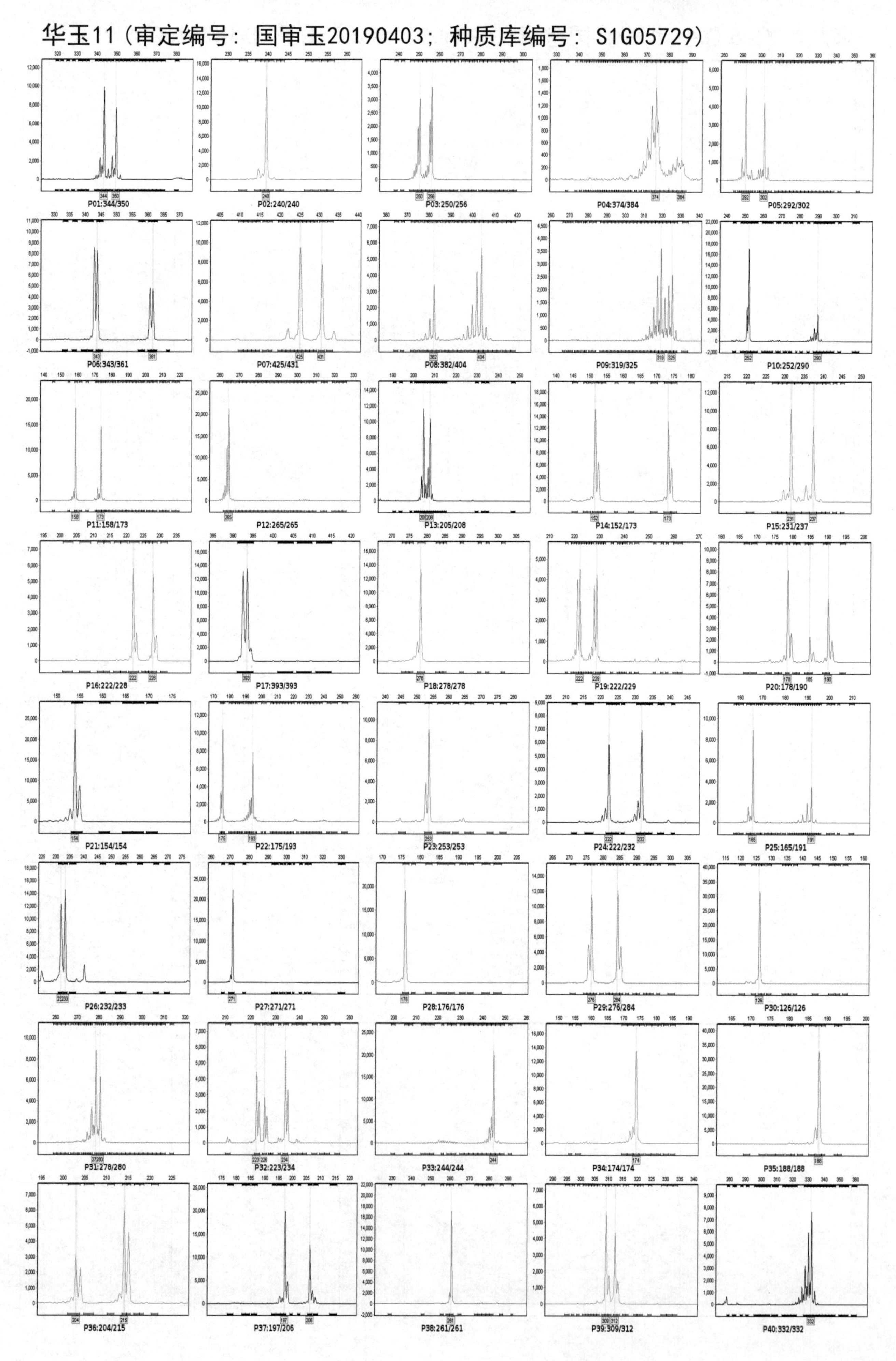
P01:344/350
P02:240/240
P03:250/256
P04:374/384
P05:292/302
P06:343/361
P07:425/431
P08:382/404
P09:319/325
P10:252/290
P11:158/173
P12:265/265
P13:205/208
P14:152/173
P15:231/237
P16:222/228
P17:393/393
P18:278/278
P19:222/229
P20:178/190
P21:154/154
P22:175/193
P23:253/253
P24:222/232
P25:165/191
P26:232/233
P27:271/271
P28:176/176
P29:276/284
P30:126/126
P31:278/280
P32:223/234
P33:244/244
P34:174/174
P35:188/188
P36:204/215
P37:197/206
P38:261/261
P39:309/312
P40:332/332

天泰316（审定编号：国审玉20196005，国审玉20196114；种质库编号：XIN23934）

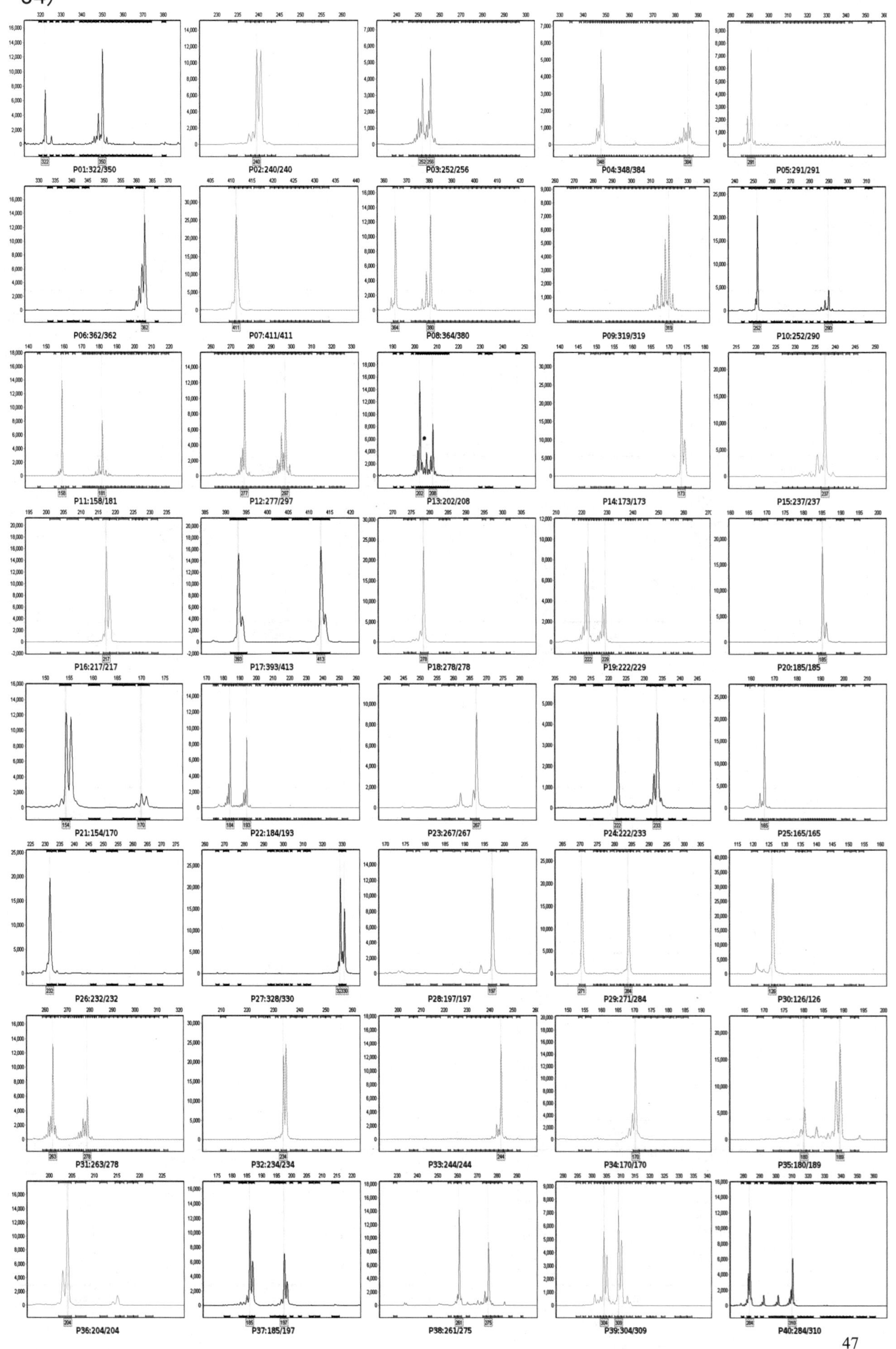

锦华202（审定编号：国审玉20196019；种质库编号：XIN19906）

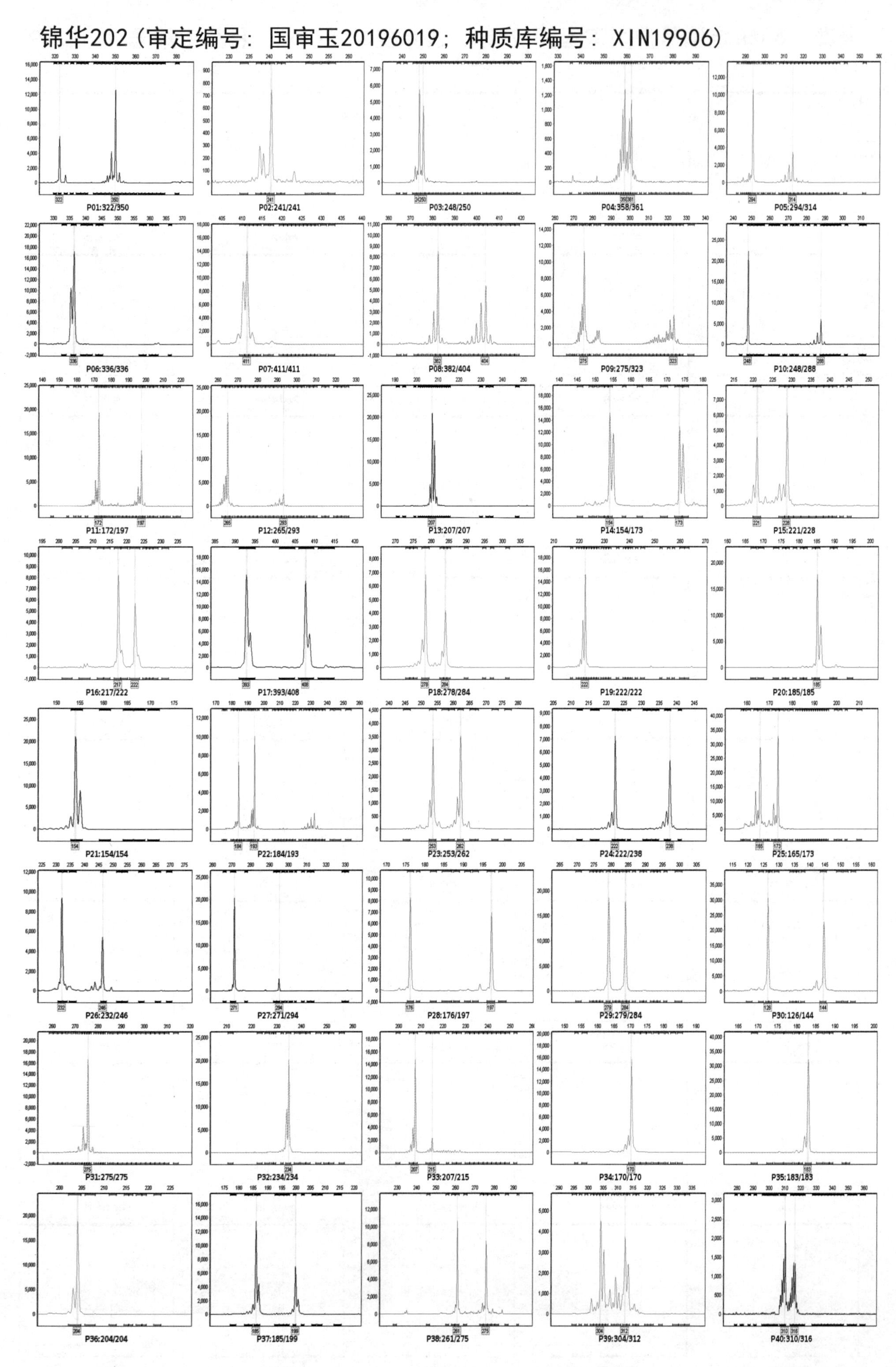

P01:322/350
P02:241/241
P03:248/250
P04:358/361
P05:294/314
P06:336/336
P07:411/411
P08:382/404
P09:275/323
P10:248/288
P11:172/197
P12:265/293
P13:207/207
P14:154/173
P15:221/228
P16:217/222
P17:393/408
P18:278/284
P19:222/222
P20:185/185
P21:154/154
P22:184/193
P23:253/262
P24:222/238
P25:165/173
P26:232/246
P27:271/294
P28:176/197
P29:279/284
P30:126/144
P31:275/275
P32:234/234
P33:207/215
P34:170/170
P35:183/183
P36:204/204
P37:185/199
P38:261/275
P39:304/312
P40:310/316

吉农玉387（审定编号：国审玉20196050；种质库编号：S1G05270）

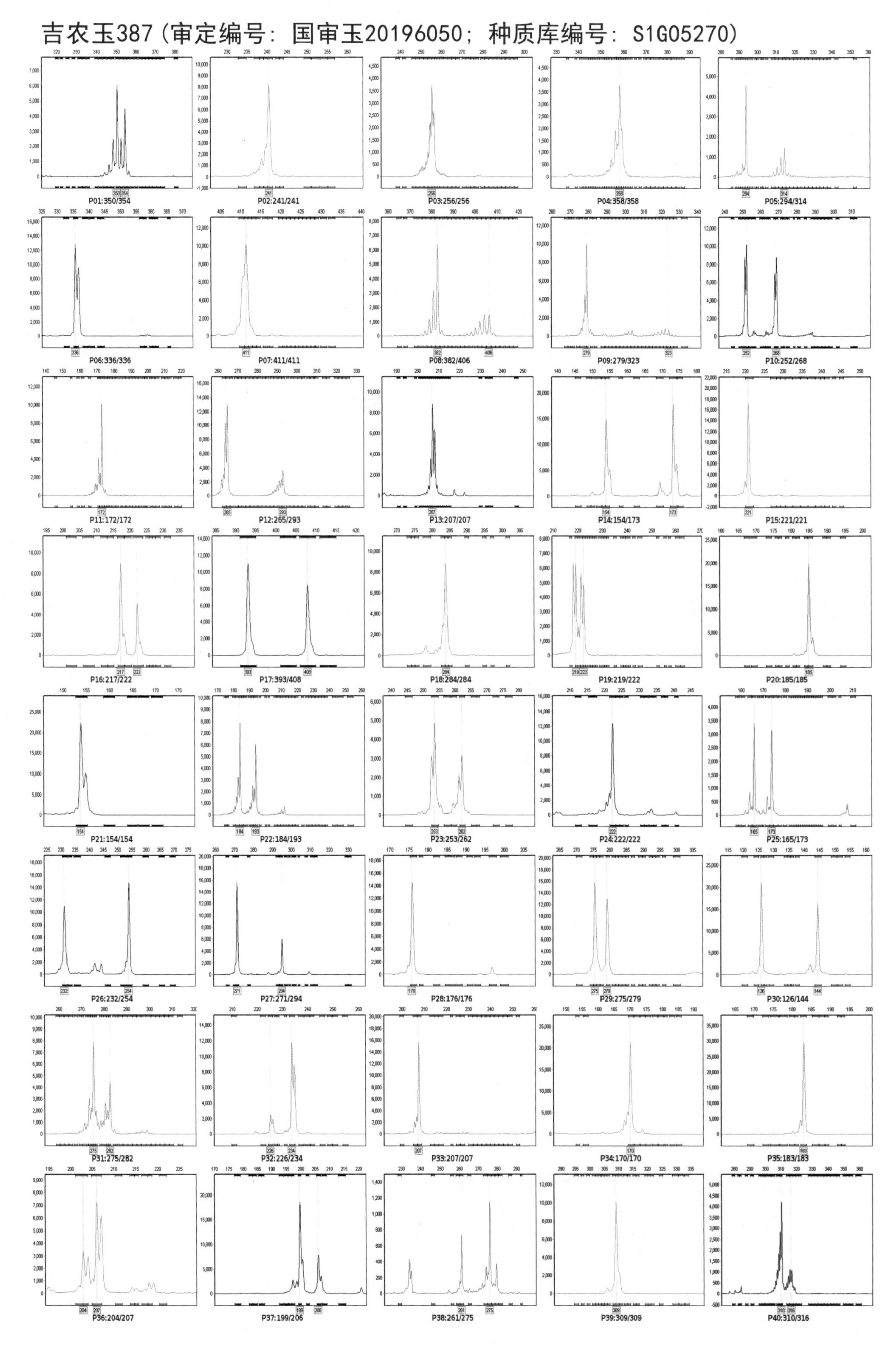

P01:350/354
P02:241/241
P03:256/256
P04:358/358
P05:294/314
P06:336/336
P07:411/411
P08:382/406
P09:279/323
P10:252/268
P11:172/172
P12:265/293
P13:207/207
P14:154/173
P15:221/221
P16:217/222
P17:393/408
P18:284/284
P19:219/222
P20:185/185
P21:154/154
P22:184/193
P23:253/262
P24:222/222
P25:165/173
P26:232/254
P27:271/294
P28:176/176
P29:275/279
P30:126/144
P31:275/282
P32:226/234
P33:207/207
P34:170/170
P35:183/183
P36:204/207
P37:199/206
P38:261/275
P39:309/309
P40:310/316

吉农玉309（审定编号：国审玉20196053；种质库编号：S1G00947）

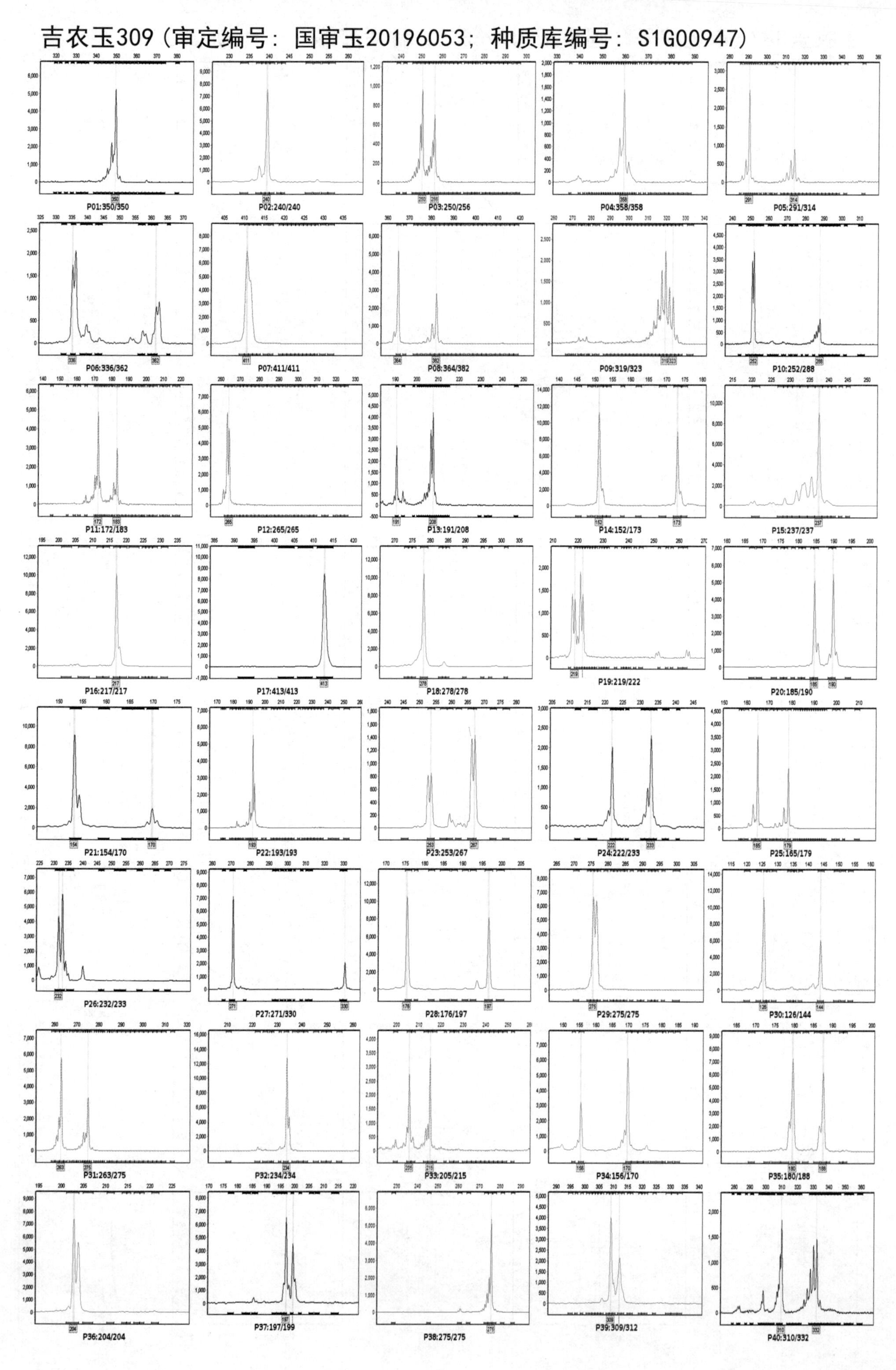
P01:350/350
P02:240/240
P03:250/256
P04:358/358
P05:291/314
P06:336/362
P07:411/411
P08:364/382
P09:319/323
P10:252/288
P11:172/183
P12:265/265
P13:191/208
P14:152/173
P15:237/237
P16:217/217
P17:413/413
P18:278/278
P19:219/222
P20:185/190
P21:154/170
P22:193/193
P23:253/267
P24:222/233
P25:165/179
P26:232/233
P27:271/330
P28:176/197
P29:275/275
P30:126/144
P31:263/275
P32:234/234
P33:205/215
P34:156/170
P35:180/188
P36:204/204
P37:197/199
P38:275/275
P39:309/312
P40:310/332

隆平259（审定编号：国审玉20196060；种质库编号：XIN23973）

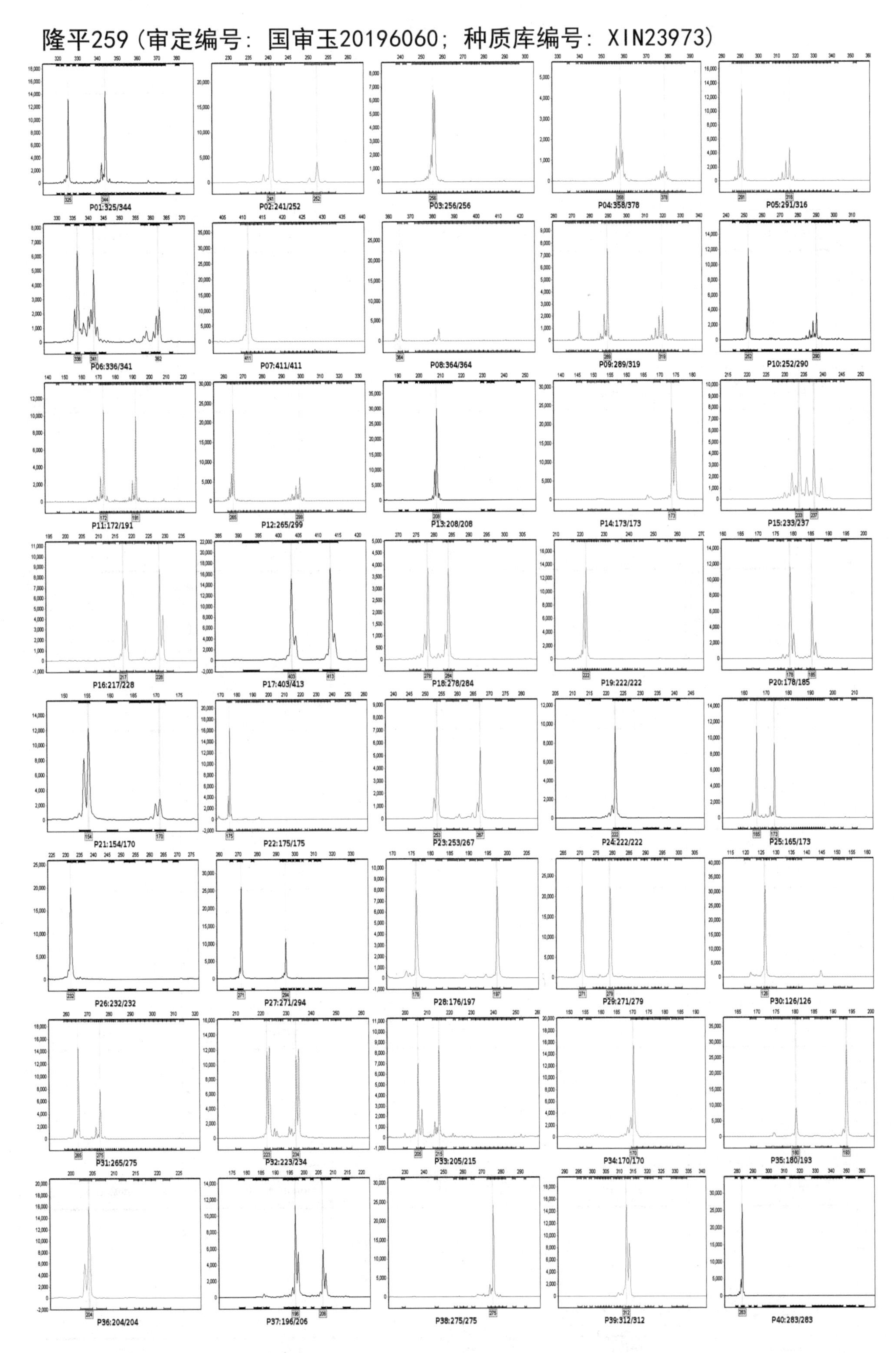
P01:325/344
P02:241/252
P03:256/256
P04:358/378
P05:291/316
P06:336/341
P07:411/411
P08:364/364
P09:289/319
P10:252/290
P11:172/191
P12:265/299
P13:208/208
P14:173/173
P15:233/237
P16:217/228
P17:403/413
P18:278/284
P19:222/222
P20:178/185
P21:154/170
P22:175/175
P23:253/267
P24:222/222
P25:165/173
P26:232/232
P27:271/294
P28:176/197
P29:271/279
P30:126/126
P31:265/275
P32:223/234
P33:205/215
P34:170/170
P35:180/193
P36:204/204
P37:196/206
P38:275/275
P39:312/312
P40:283/283

优迪919（审定编号：国审玉20196063，国审玉20180068；种质库编号：S1G04453）

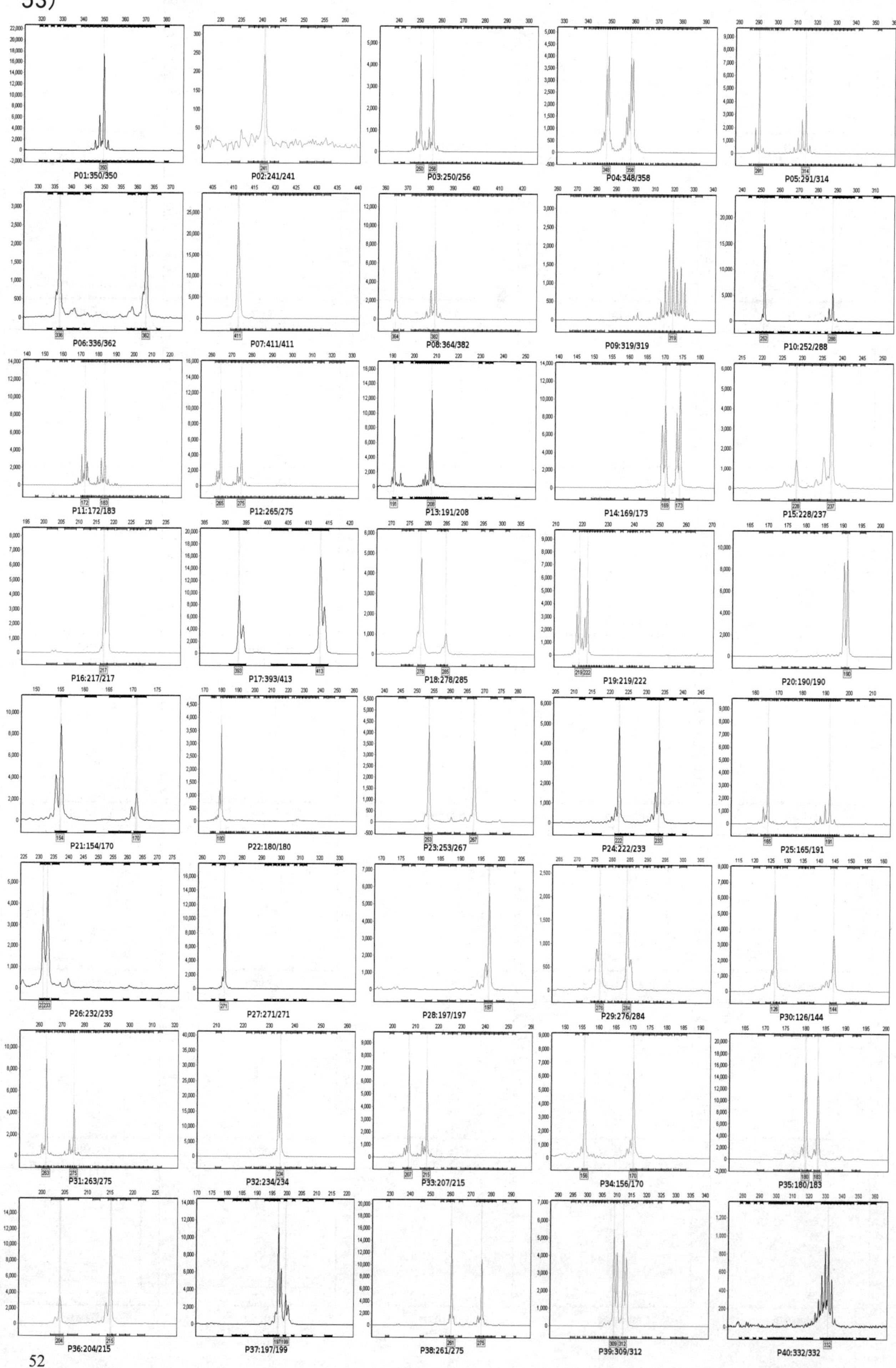

宽玉188（审定编号：国审玉20196068；种质库编号：S1G05647）

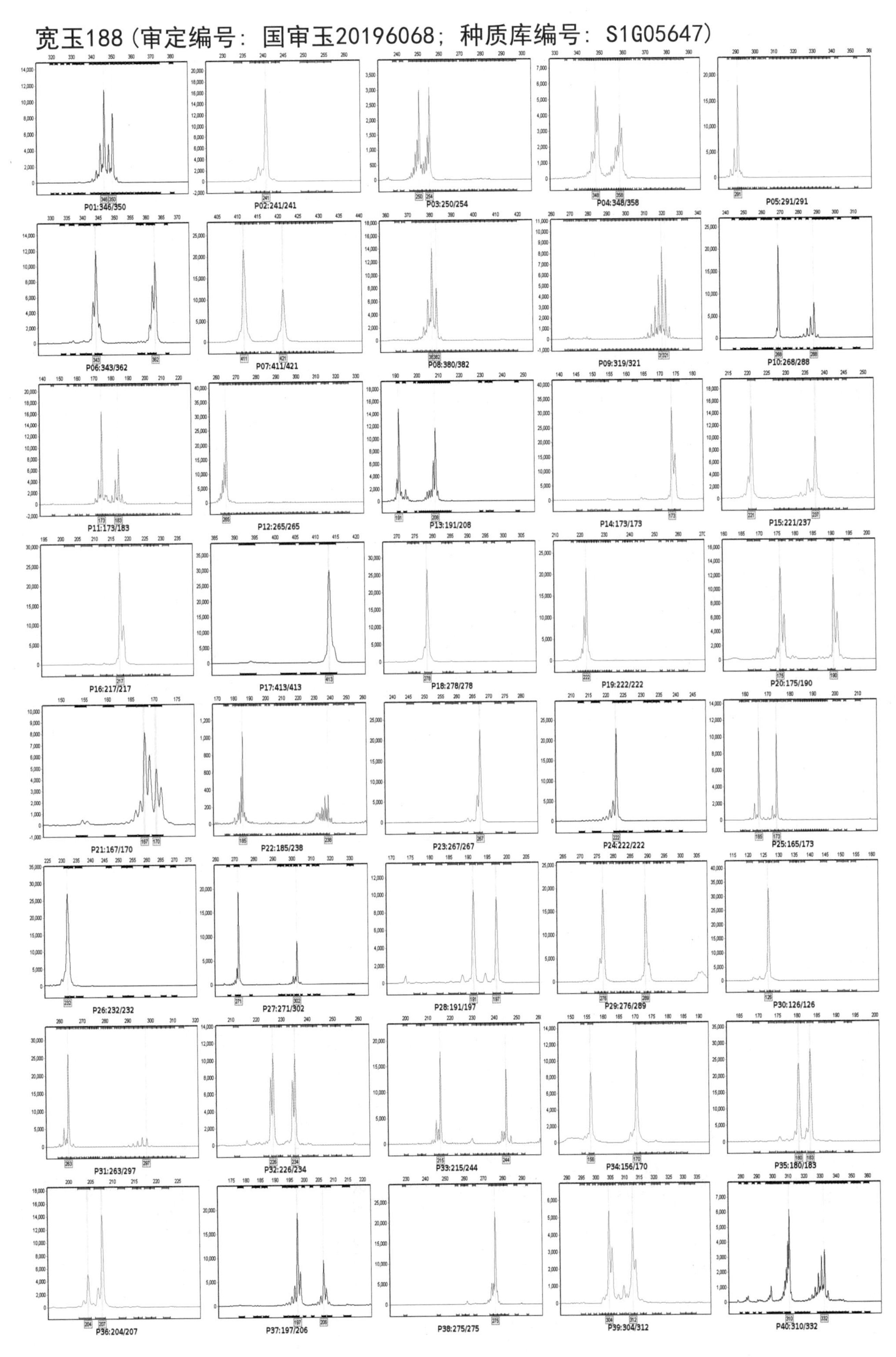
P01:346/350
P02:241/241
P03:250/254
P04:348/358
P05:291/291
P06:343/362
P07:411/421
P08:380/382
P09:319/321
P10:268/288
P11:173/183
P12:265/265
P13:191/208
P14:173/173
P15:221/237
P16:217/217
P17:413/413
P18:278/278
P19:222/222
P20:175/190
P21:167/170
P22:185/238
P23:267/267
P24:222/222
P25:165/173
P26:232/232
P27:271/302
P28:191/197
P29:276/289
P30:126/126
P31:263/297
P32:226/234
P33:215/244
P34:156/170
P35:180/183
P36:204/207
P37:197/206
P38:275/275
P39:304/312
P40:310/332

中科玉501（审定编号：国审玉20196096；种质库编号：XIN19917）

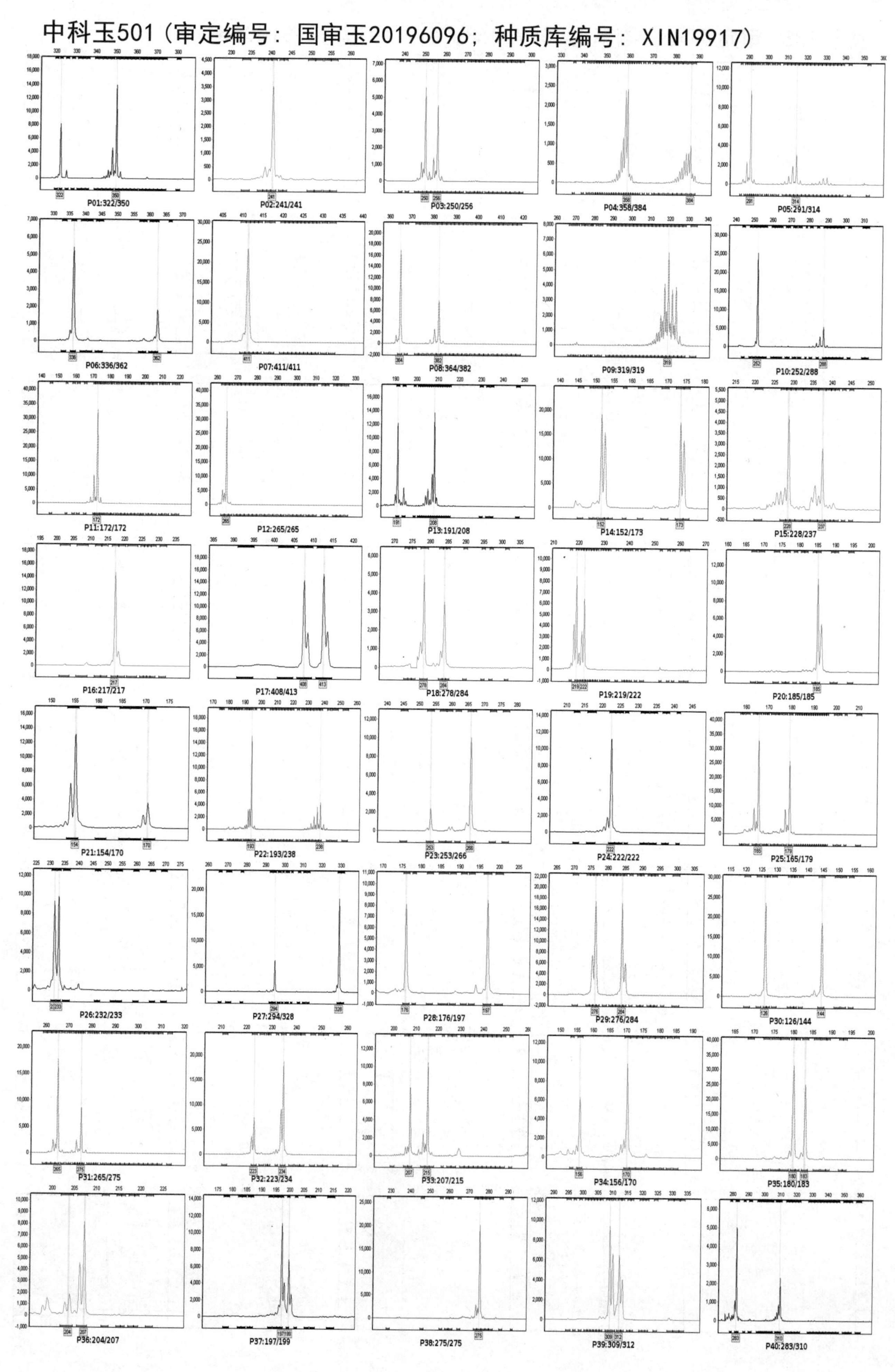

P01:322/350
P02:241/241
P03:250/256
P04:358/384
P05:291/314
P06:336/362
P07:411/411
P08:364/382
P09:319/319
P10:252/288
P11:172/172
P12:265/265
P13:191/208
P14:152/173
P15:228/237
P16:217/217
P17:408/413
P18:278/284
P19:219/222
P20:185/185
P21:154/170
P22:193/238
P23:253/266
P24:222/222
P25:165/179
P26:232/233
P27:294/328
P28:176/197
P29:276/284
P30:126/144
P31:265/275
P32:223/234
P33:207/215
P34:156/170
P35:180/183
P36:204/207
P37:197/199
P38:275/275
P39:309/312
P40:283/310

隆平275（审定编号：国审玉20196121；种质库编号：XIN23977）

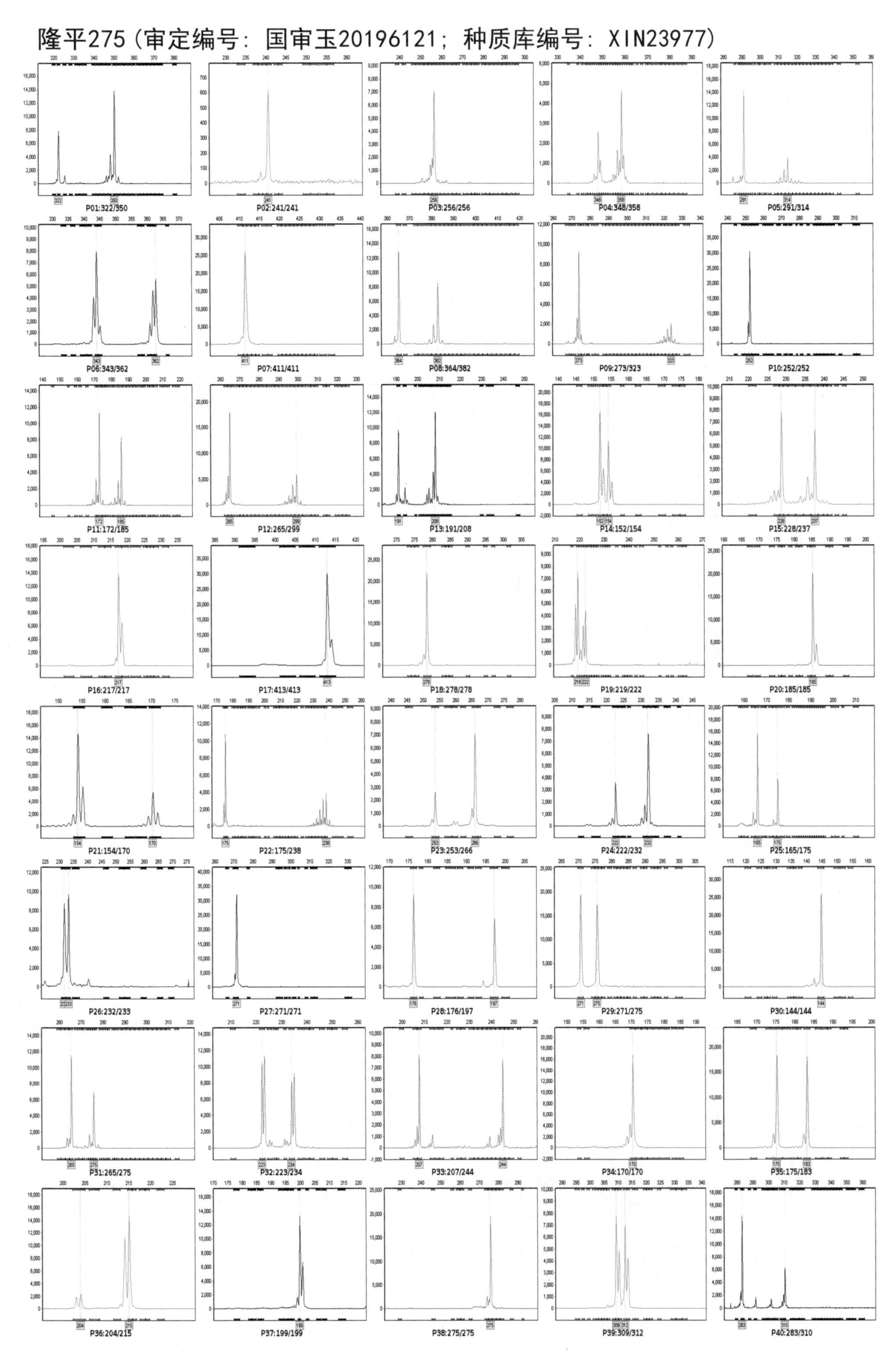
P01:322/350
P02:241/241
P03:256/256
P04:348/358
P05:291/314
P06:343/362
P07:411/411
P08:364/382
P09:273/323
P10:252/252
P11:172/185
P12:265/299
P13:191/208
P14:152/154
P15:228/237
P16:217/217
P17:413/413
P18:278/278
P19:219/222
P20:185/185
P21:154/170
P22:175/238
P23:253/266
P24:222/232
P25:165/175
P26:232/233
P27:271/271
P28:176/197
P29:271/275
P30:144/144
P31:265/275
P32:223/234
P33:207/244
P34:170/170
P35:175/183
P36:204/215
P37:199/199
P38:275/275
P39:309/312
P40:283/310

丰乐303（审定编号：国审玉20196148；种质库编号：XIN19911）

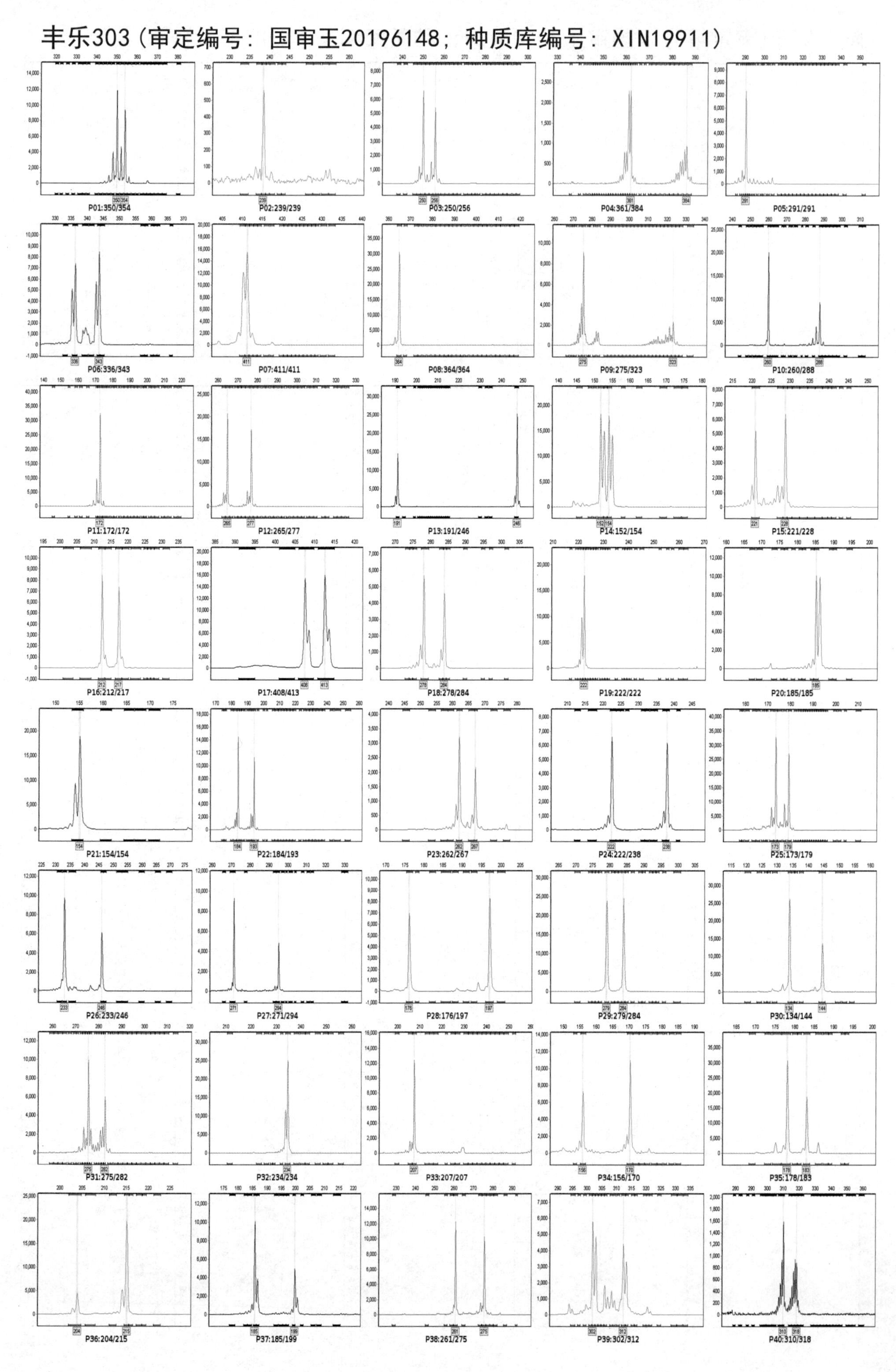

P01:350/354
P02:239/239
P03:250/256
P04:361/384
P05:291/291
P06:336/343
P07:411/411
P08:364/364
P09:275/323
P10:260/288
P11:172/172
P12:265/277
P13:191/246
P14:152/154
P15:221/228
P16:212/217
P17:408/413
P18:278/284
P19:222/222
P20:185/185
P21:154/154
P22:184/193
P23:262/267
P24:222/238
P25:173/179
P26:233/246
P27:271/294
P28:176/197
P29:279/284
P30:134/144
P31:275/282
P32:234/234
P33:207/207
P34:156/170
P35:178/183
P36:204/215
P37:185/199
P38:261/275
P39:302/312
P40:310/318

联创832（审定编号：国审玉20196165；种质库编号：XIN23521）

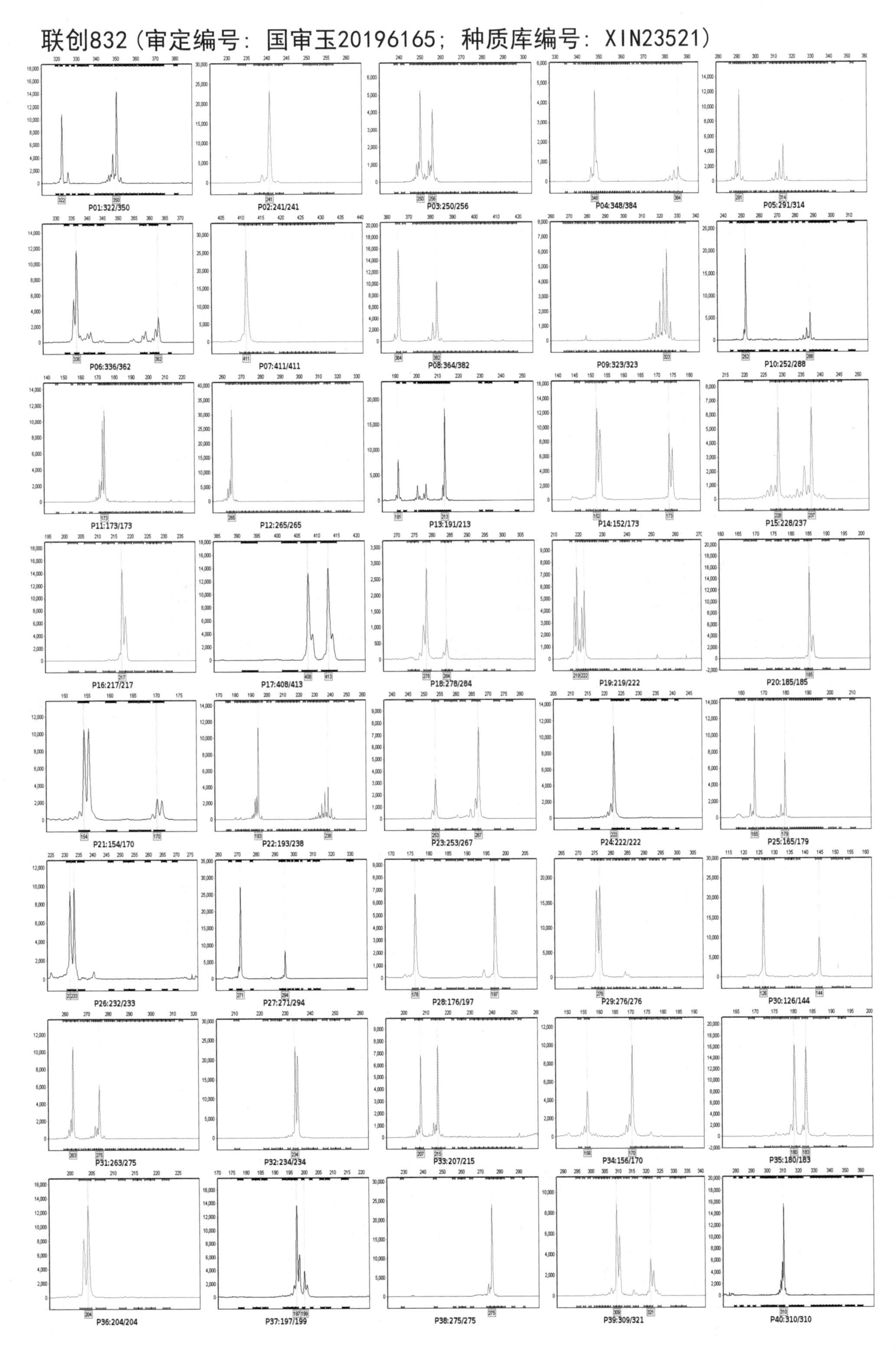

P01:322/350
P02:241/241
P03:250/256
P04:348/384
P05:291/314
P06:336/362
P07:411/411
P08:364/382
P09:323/323
P10:252/288
P11:173/173
P12:265/265
P13:191/213
P14:152/173
P15:228/237
P16:217/217
P17:408/413
P18:278/284
P19:219/222
P20:185/185
P21:154/170
P22:193/238
P23:253/267
P24:222/222
P25:165/179
P26:232/233
P27:271/294
P28:176/197
P29:276/276
P30:126/144
P31:263/275
P32:234/234
P33:207/215
P34:156/170
P35:180/183
P36:204/204
P37:197/199
P38:275/275
P39:309/321
P40:310/310

大京九4703（审定编号：国审玉20196166；种质库编号：S1G06105）

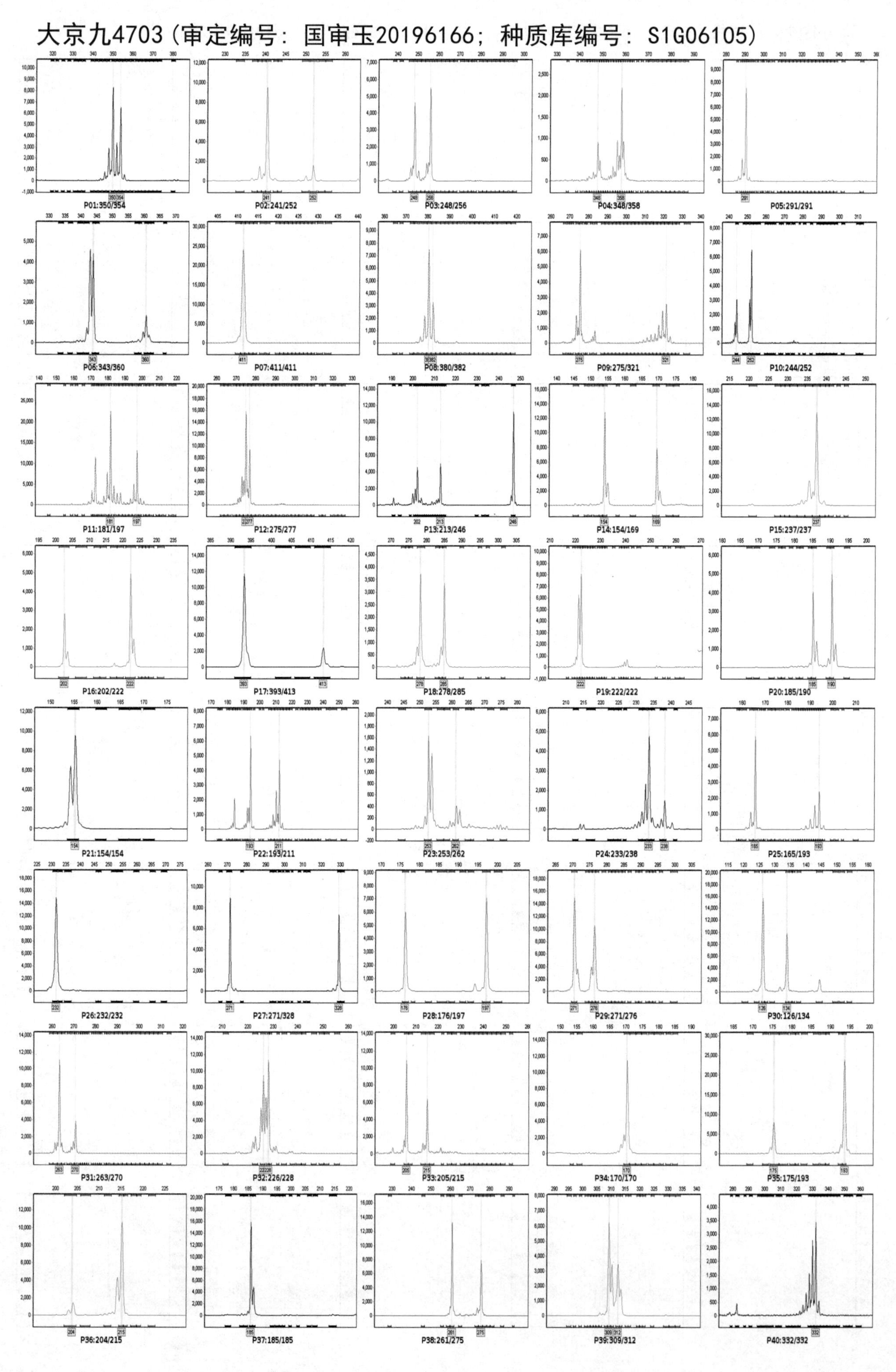

P01:350/354
P02:241/252
P03:248/256
P04:348/358
P05:291/291
P06:343/360
P07:411/411
P08:380/382
P09:275/321
P10:244/252
P11:181/197
P12:275/277
P13:213/246
P14:154/169
P15:237/237
P16:202/222
P17:393/413
P18:278/285
P19:222/222
P20:185/190
P21:154/154
P22:193/211
P23:253/262
P24:233/238
P25:165/193
P26:232/232
P27:271/328
P28:176/197
P29:271/276
P30:126/134
P31:263/270
P32:226/228
P33:205/215
P34:170/170
P35:175/193
P36:204/215
P37:185/185
P38:261/275
P39:309/312
P40:332/332

正成018（审定编号：国审玉20196175；种质库编号：S1G04271）

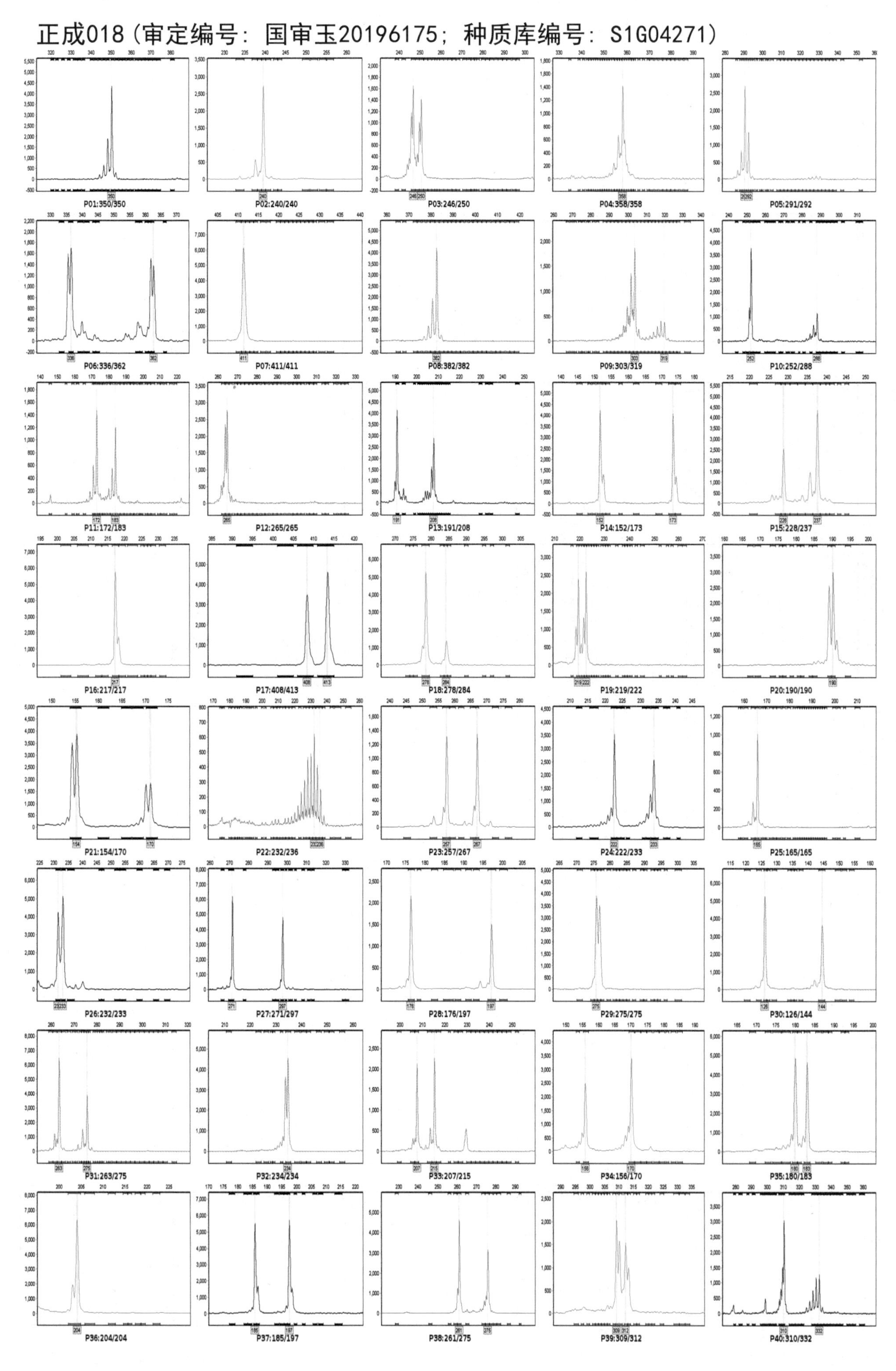
P01:350/350
P02:240/240
P03:246/250
P04:358/358
P05:291/292
P06:336/362
P07:411/411
P08:382/382
P09:303/319
P10:252/288
P11:172/183
P12:265/265
P13:191/208
P14:152/173
P15:228/237
P16:217/217
P17:408/413
P18:278/284
P19:219/222
P20:190/190
P21:154/170
P22:232/236
P23:257/267
P24:222/233
P25:165/165
P26:232/233
P27:271/297
P28:176/197
P29:275/275
P30:126/144
P31:263/275
P32:234/234
P33:207/215
P34:156/170
P35:180/183
P36:204/204
P37:185/197
P38:261/275
P39:309/312
P40:310/332

科河699（审定编号：国审玉20196180；种质库编号：XIN26960）

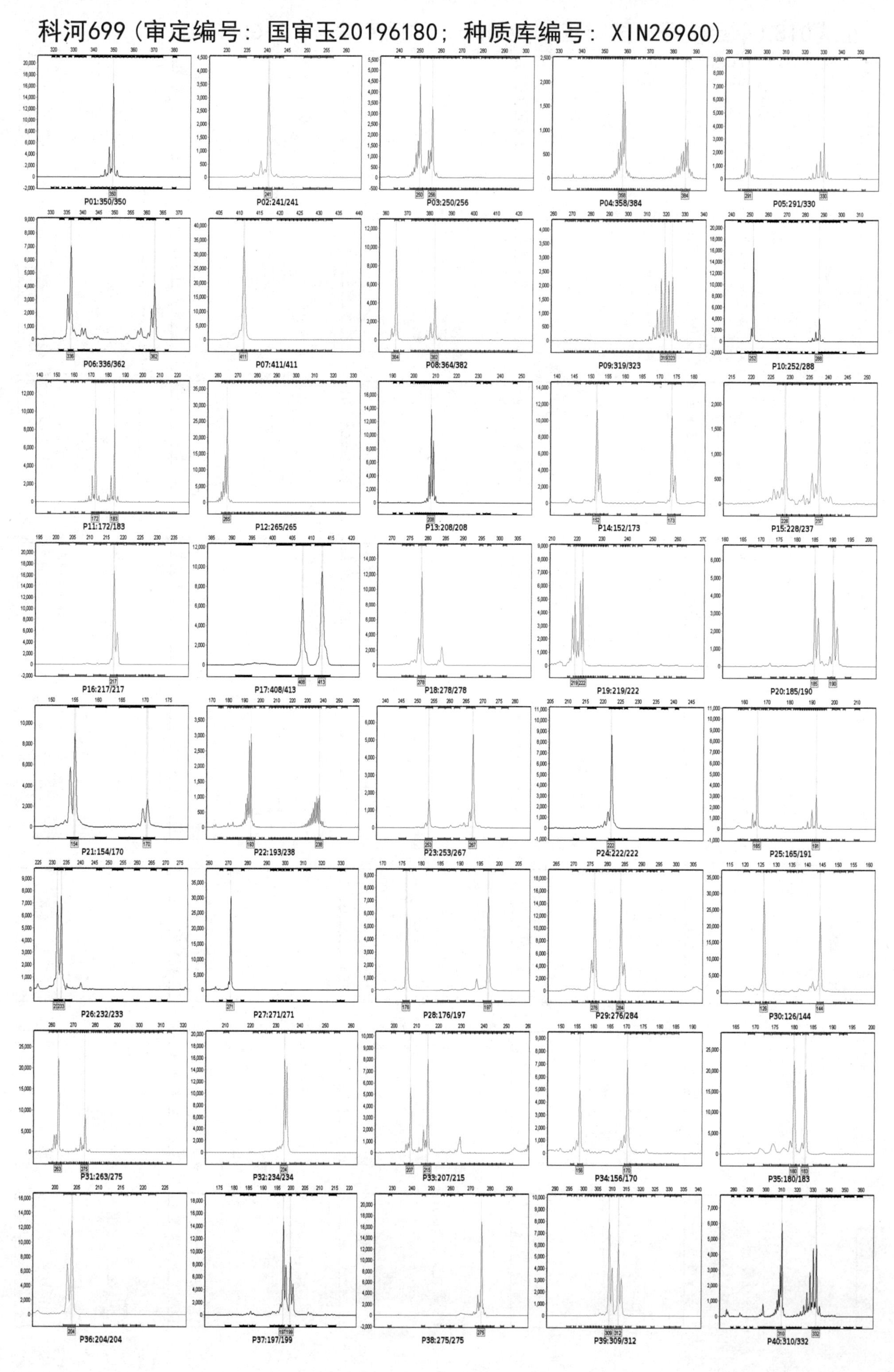
P01:350/350
P02:241/241
P03:250/256
P04:358/384
P05:291/330
P06:336/362
P07:411/411
P08:364/382
P09:319/323
P10:252/288
P11:172/183
P12:265/265
P13:208/208
P14:152/173
P15:228/237
P16:217/217
P17:408/413
P18:278/278
P19:219/222
P20:185/190
P21:154/170
P22:193/238
P23:253/267
P24:222/222
P25:165/191
P26:232/233
P27:271/271
P28:176/197
P29:276/284
P30:126/144
P31:263/275
P32:234/234
P33:207/215
P34:156/170
P35:180/183
P36:204/204
P37:197/199
P38:275/275
P39:309/312
P40:310/332

军育535（审定编号：国审玉20196189；种质库编号：S1G04187）

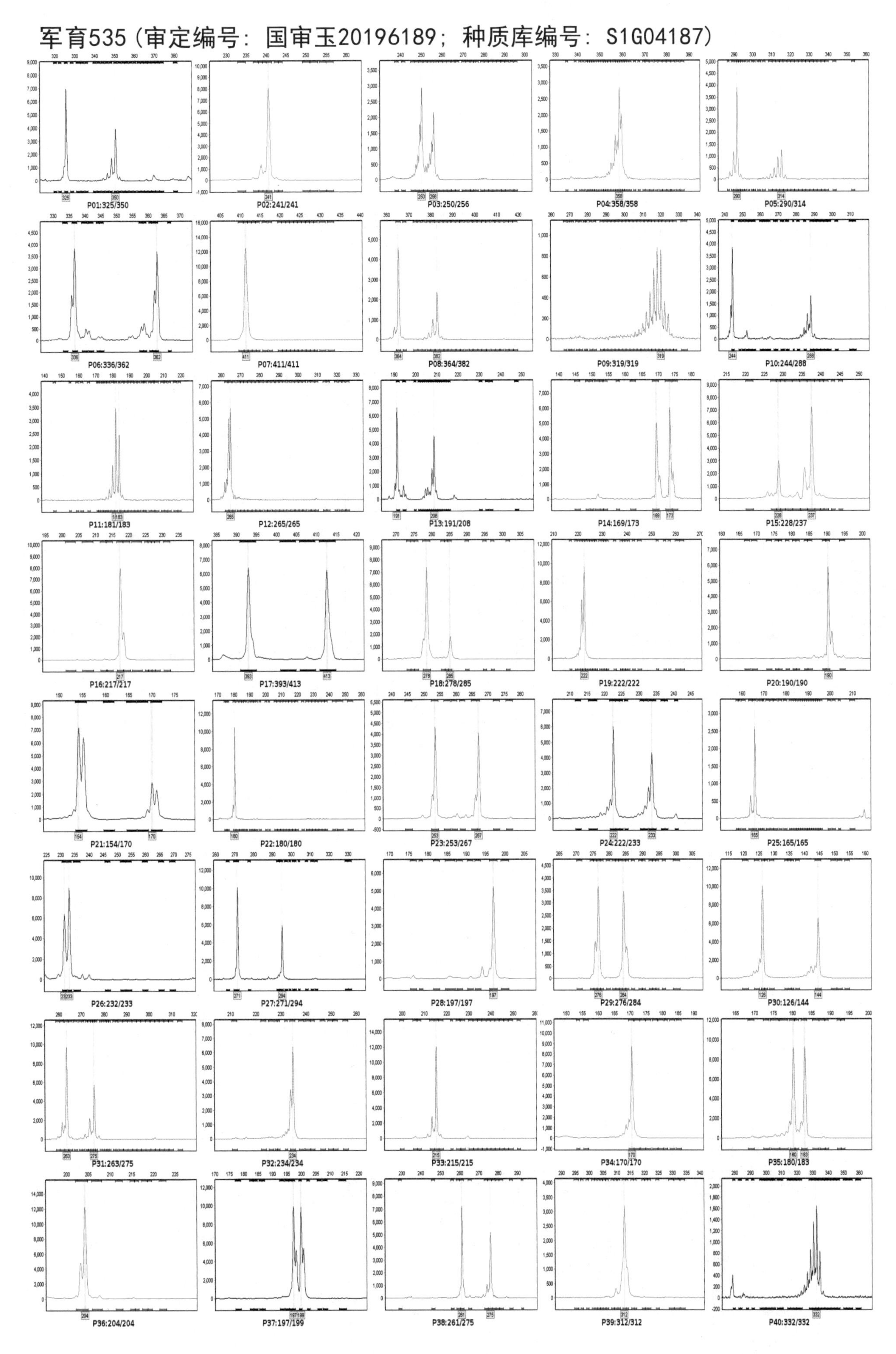
P01:325/350
P02:241/241
P03:250/256
P04:358/358
P05:290/314
P06:336/362
P07:411/411
P08:364/382
P09:319/319
P10:244/288
P11:181/183
P12:265/265
P13:191/208
P14:169/173
P15:228/237
P16:217/217
P17:393/413
P18:278/285
P19:222/222
P20:190/190
P21:154/170
P22:180/180
P23:253/267
P24:222/233
P25:165/165
P26:232/233
P27:271/294
P28:197/197
P29:276/284
P30:126/144
P31:263/275
P32:234/234
P33:215/215
P34:170/170
P35:180/183
P36:204/204
P37:197/199
P38:261/275
P39:312/312
P40:332/332

军育288（审定编号：国审玉20196190；种质库编号：S1G05259）

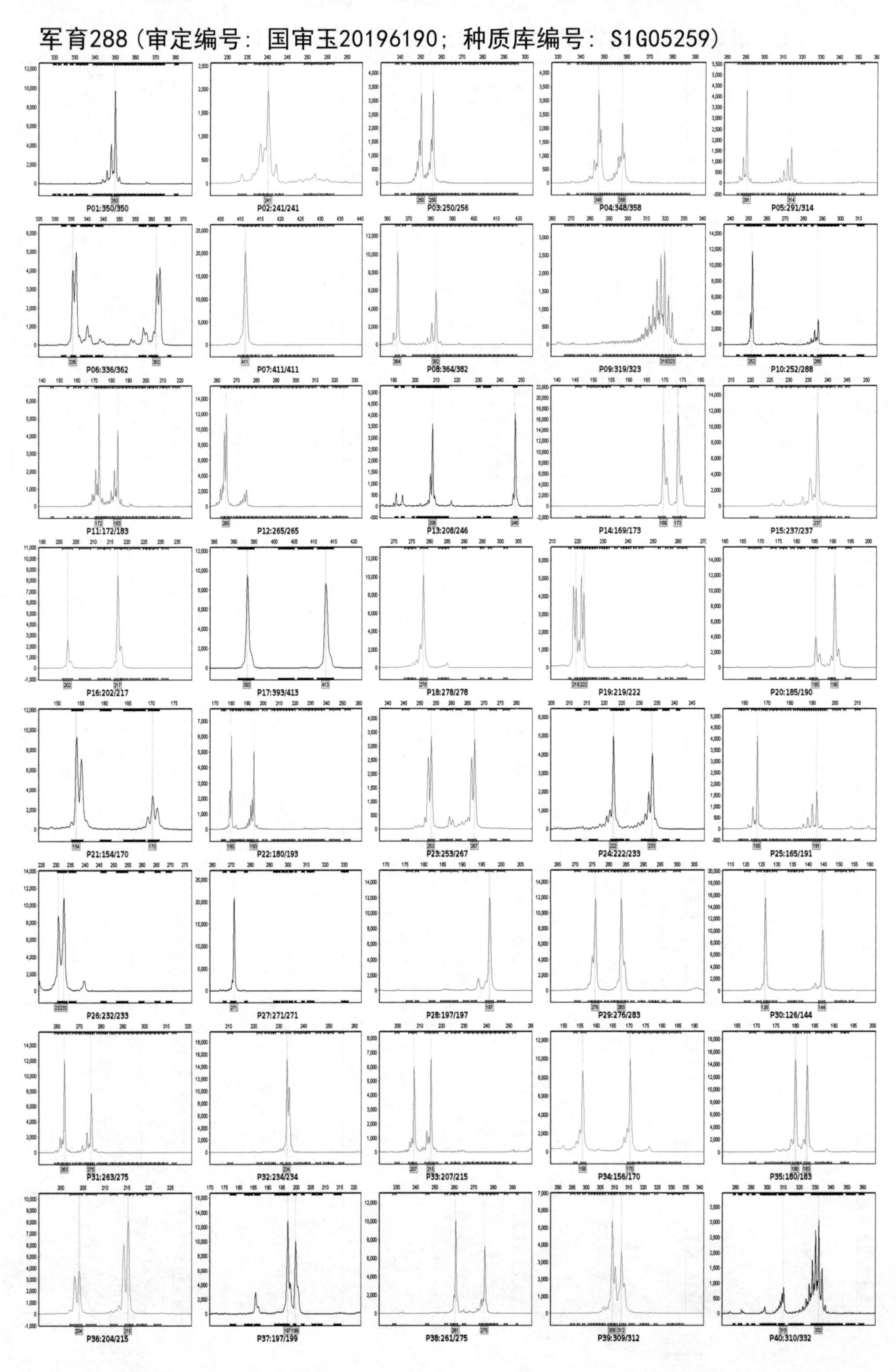

P01:350/350
P02:241/241
P03:250/256
P04:348/358
P05:291/314
P06:336/362
P07:411/411
P08:364/382
P09:319/323
P10:252/288
P11:172/183
P12:265/265
P13:208/246
P14:169/173
P15:237/237
P16:202/217
P17:393/413
P18:278/278
P19:219/222
P20:185/190
P21:154/170
P22:180/193
P23:253/267
P24:222/233
P25:165/191
P26:232/233
P27:271/271
P28:197/197
P29:276/283
P30:126/144
P31:263/275
P32:234/234
P33:207/215
P34:156/170
P35:180/183
P36:204/215
P37:197/199
P38:261/275
P39:309/312
P40:310/332

迪化1771（审定编号：国审玉20196191；种质库编号：XIN28034）

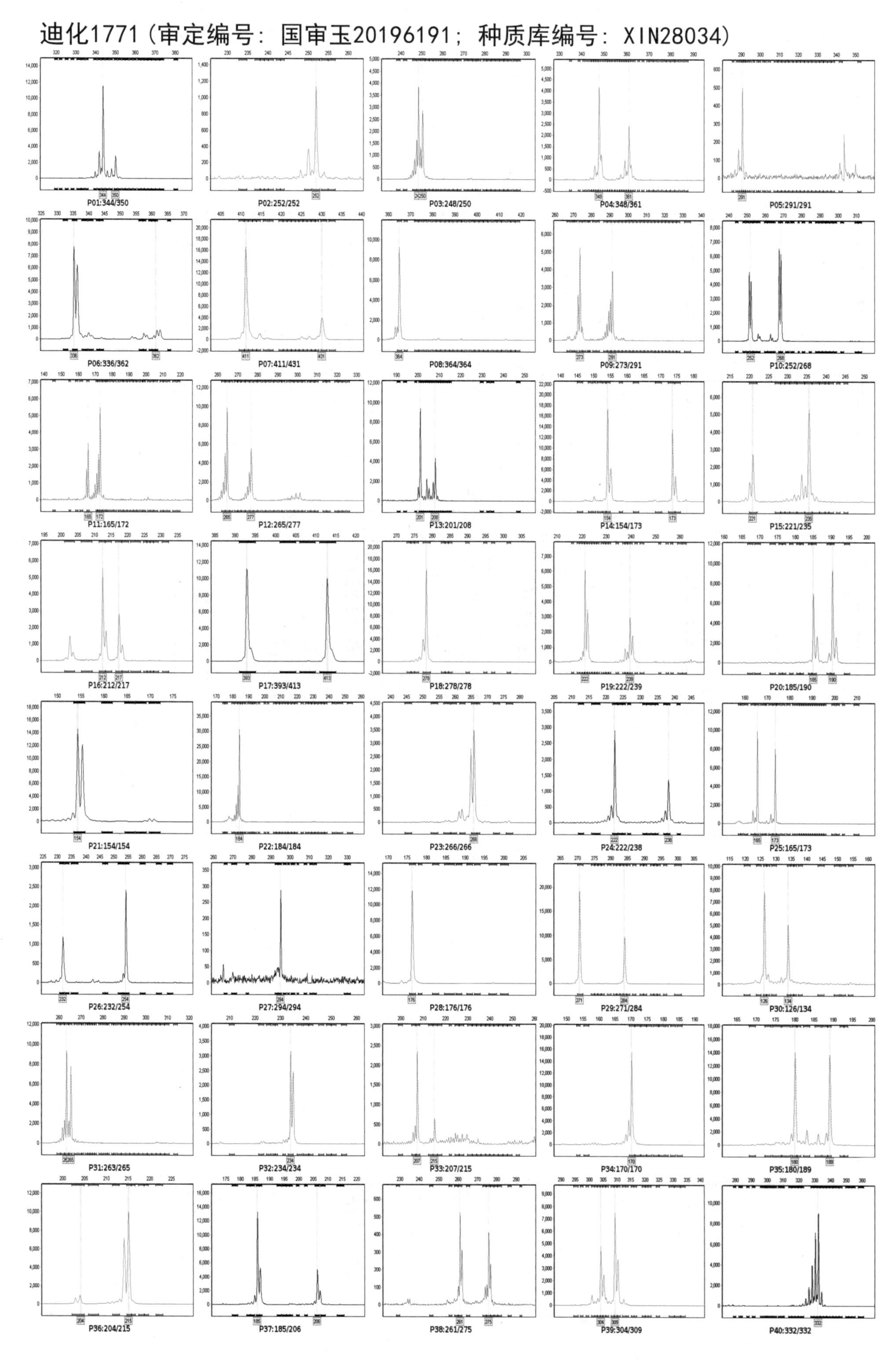
P01:344/350
P02:252/252
P03:248/250
P04:348/361
P05:291/291
P06:336/362
P07:411/431
P08:364/364
P09:273/291
P10:252/268
P11:165/172
P12:265/277
P13:201/208
P14:154/173
P15:221/235
P16:212/217
P17:393/413
P18:278/278
P19:222/239
P20:185/190
P21:154/154
P22:184/184
P23:266/266
P24:222/238
P25:165/173
P26:232/254
P27:294/294
P28:176/176
P29:271/284
P30:126/134
P31:263/265
P32:234/234
P33:207/215
P34:170/170
P35:180/189
P36:204/215
P37:185/206
P38:261/275
P39:304/309
P40:332/332

东单1316（审定编号：国审玉20196194；种质库编号：XIN28022）

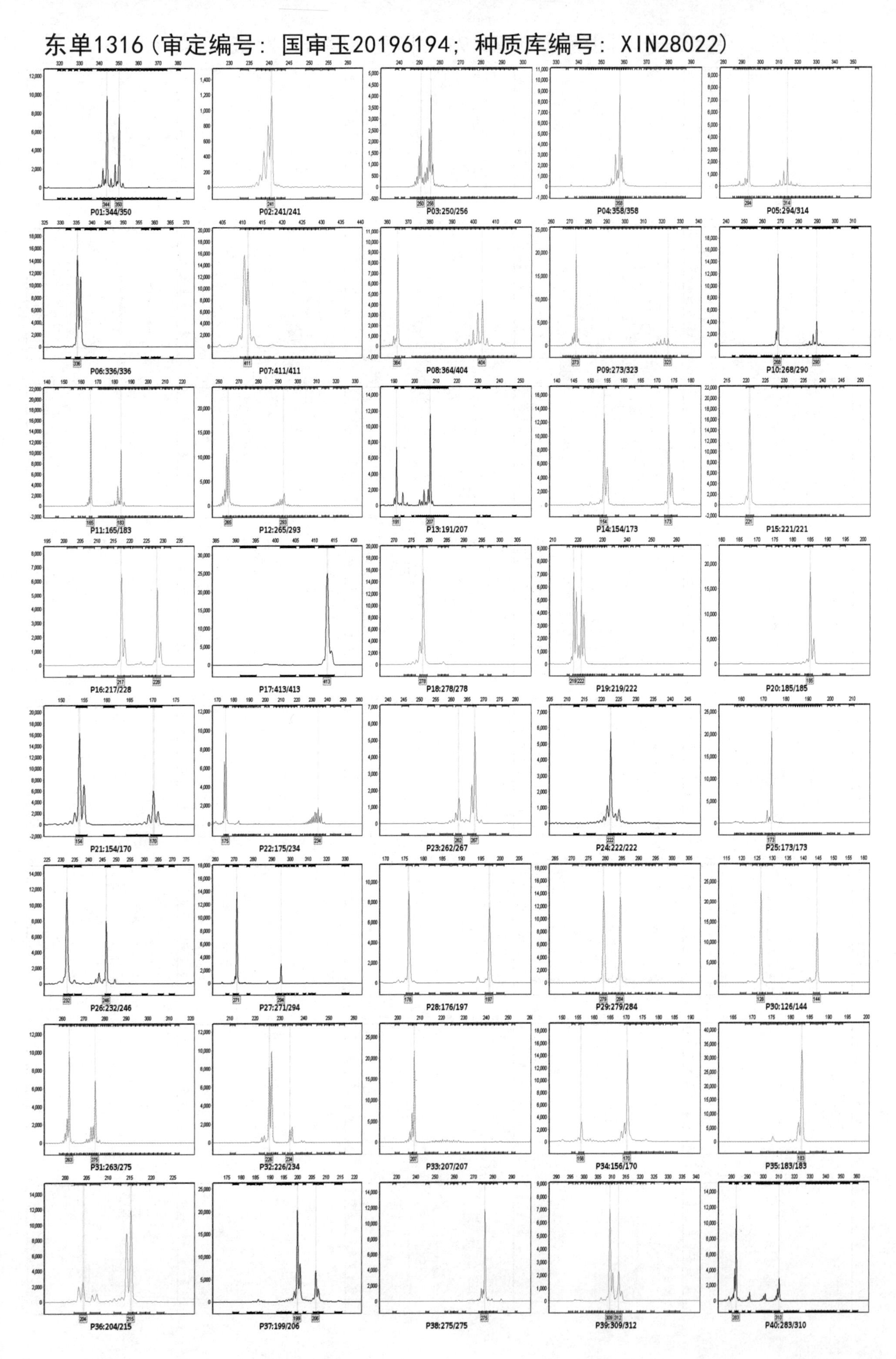
P01:344/350
P02:241/241
P03:250/256
P04:358/358
P05:294/314
P06:336/336
P07:411/411
P08:364/404
P09:273/323
P10:268/290
P11:165/183
P12:265/293
P13:191/207
P14:154/173
P15:221/221
P16:217/228
P17:413/413
P18:278/278
P19:219/222
P20:185/185
P21:154/170
P22:175/234
P23:262/267
P24:222/222
P25:173/173
P26:232/246
P27:271/294
P28:176/197
P29:279/284
P30:126/144
P31:263/275
P32:226/234
P33:207/207
P34:156/170
P35:183/183
P36:204/215
P37:199/206
P38:275/275
P39:309/312
P40:283/310

东单119（审定编号：国审玉20196196；种质库编号：S1G05507）

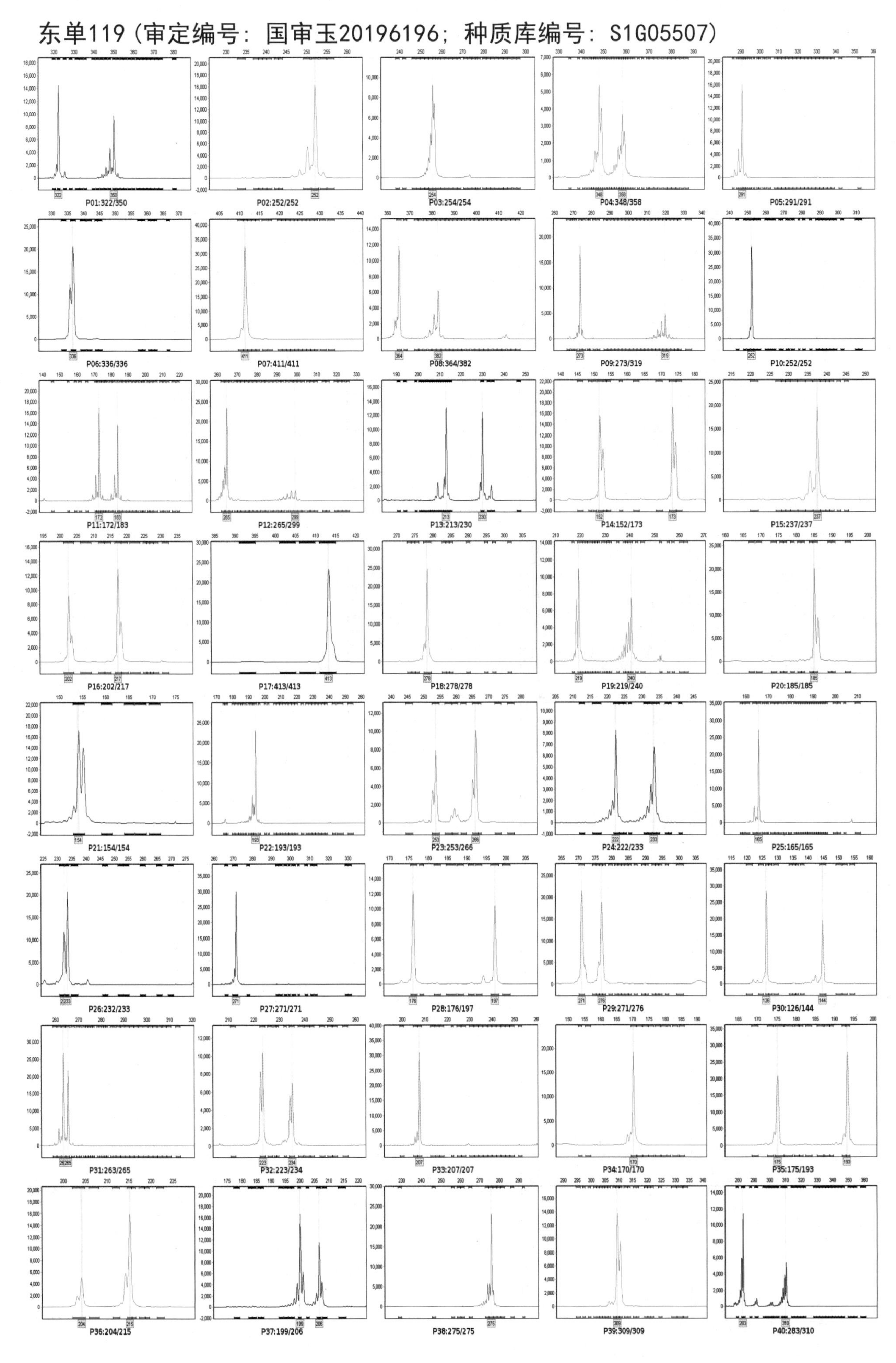
P01:322/350
P02:252/252
P03:254/254
P04:348/358
P05:291/291
P06:336/336
P07:411/411
P08:364/382
P09:273/319
P10:252/252
P11:172/183
P12:265/299
P13:213/230
P14:152/173
P15:237/237
P16:202/217
P17:413/413
P18:278/278
P19:219/240
P20:185/185
P21:154/154
P22:193/193
P23:253/266
P24:222/233
P25:165/165
P26:232/233
P27:271/271
P28:176/197
P29:271/276
P30:126/144
P31:263/265
P32:223/234
P33:207/207
P34:170/170
P35:175/193
P36:204/215
P37:199/206
P38:275/275
P39:309/309
P40:283/310

东科一号（审定编号：国审玉20196204；种质库编号：XIN27993）

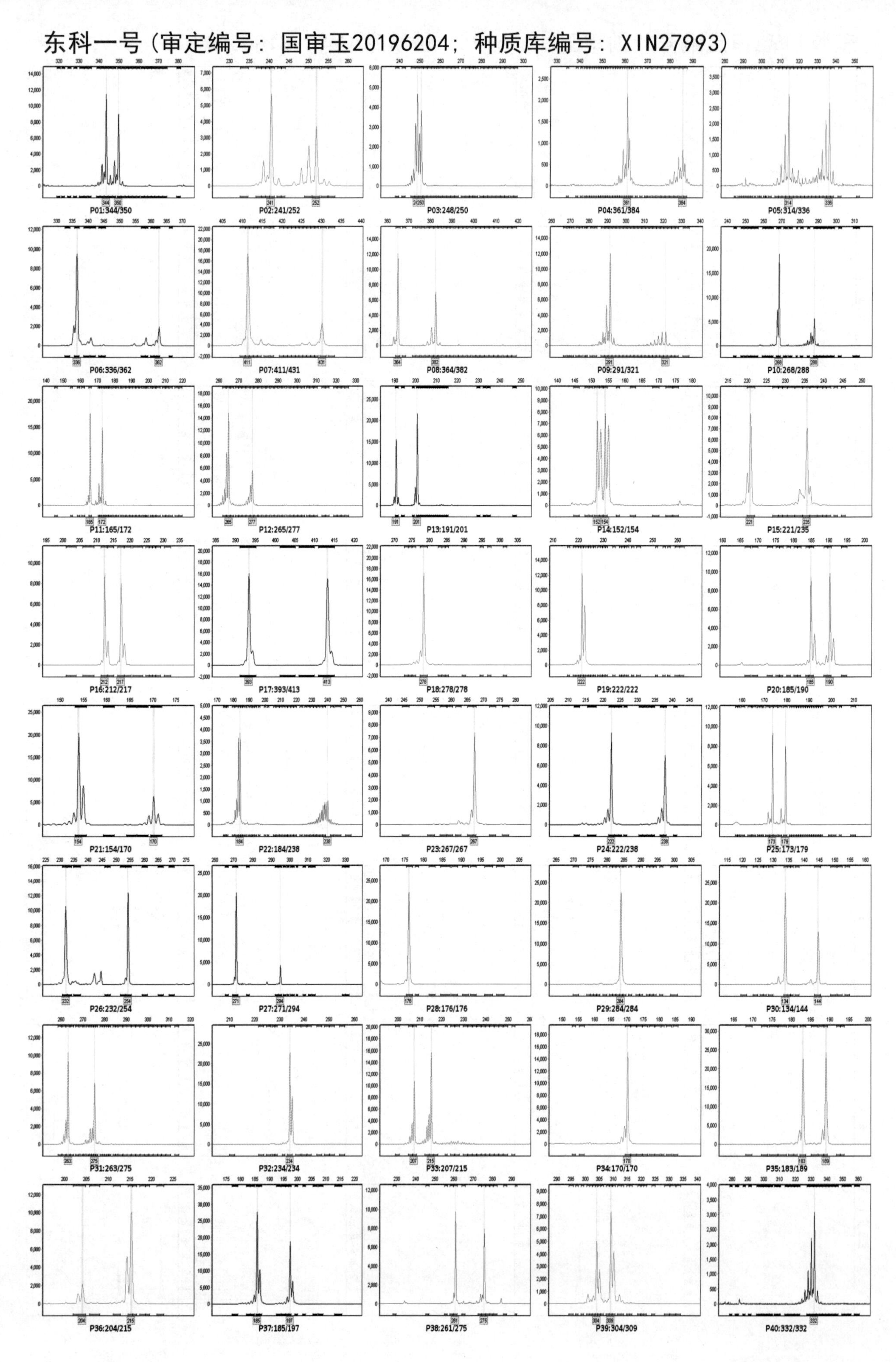

P01:344/350
P02:241/252
P03:248/250
P04:361/384
P05:314/336
P06:336/362
P07:411/431
P08:364/382
P09:291/321
P10:268/288
P11:165/172
P12:265/277
P13:191/201
P14:152/154
P15:221/235
P16:212/217
P17:393/413
P18:278/278
P19:222/222
P20:185/190
P21:154/170
P22:184/238
P23:267/267
P24:222/238
P25:173/179
P26:232/254
P27:271/294
P28:176/176
P29:284/284
P30:134/144
P31:263/275
P32:234/234
P33:207/215
P34:170/170
P35:183/189
P36:204/215
P37:185/197
P38:261/275
P39:304/309
P40:332/332

MC4592（审定编号：国审玉20196205；种质库编号：S1G04509）

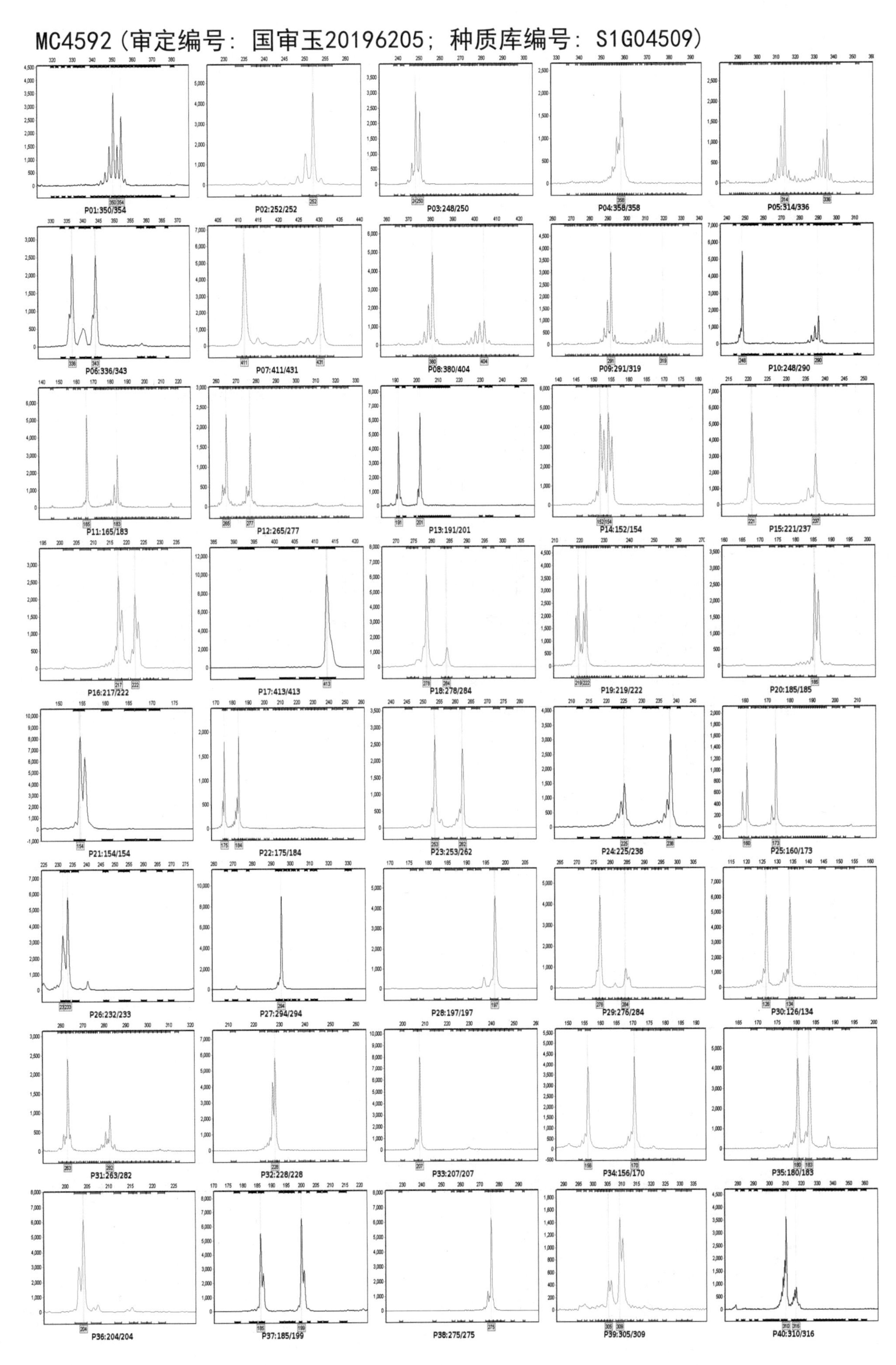
P01:350/354
P02:252/252
P03:248/250
P04:358/358
P05:314/336
P06:336/343
P07:411/431
P08:380/404
P09:291/319
P10:248/290
P11:165/183
P12:265/277
P13:191/201
P14:152/154
P15:221/237
P16:217/222
P17:413/413
P18:278/284
P19:219/222
P20:185/185
P21:154/154
P22:175/184
P23:253/262
P24:225/238
P25:160/173
P26:232/233
P27:294/294
P28:197/197
P29:276/284
P30:126/134
P31:263/282
P32:228/228
P33:207/207
P34:156/170
P35:180/183
P36:204/204
P37:185/199
P38:275/275
P39:305/309
P40:310/316

东单181（审定编号：国审玉20196206；种质库编号：S1G05919）

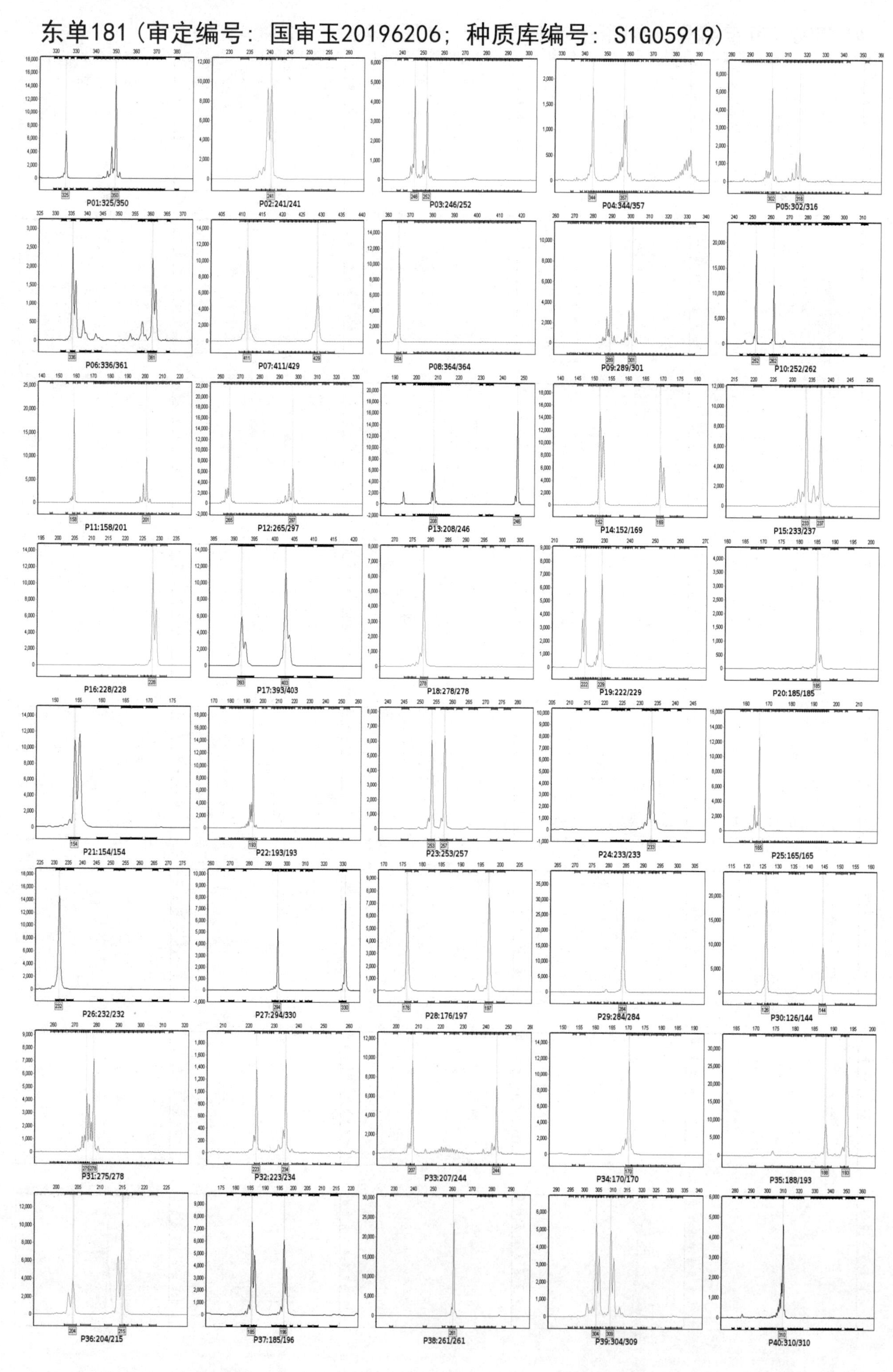
P01:325/350
P02:241/241
P03:246/252
P04:344/357
P05:302/316
P06:336/361
P07:411/429
P08:364/364
P09:289/301
P10:252/262
P11:158/201
P12:265/297
P13:208/246
P14:152/169
P15:233/237
P16:228/228
P17:393/403
P18:278/278
P19:222/229
P20:185/185
P21:154/154
P22:193/193
P23:253/257
P24:233/233
P25:165/165
P26:232/232
P27:294/330
P28:176/197
P29:284/284
P30:126/144
P31:275/278
P32:223/234
P33:207/244
P34:170/170
P35:188/193
P36:204/215
P37:185/196
P38:261/261
P39:304/309
P40:310/310

登海710（审定编号：国审玉20196208；种质库编号：S1G03598）

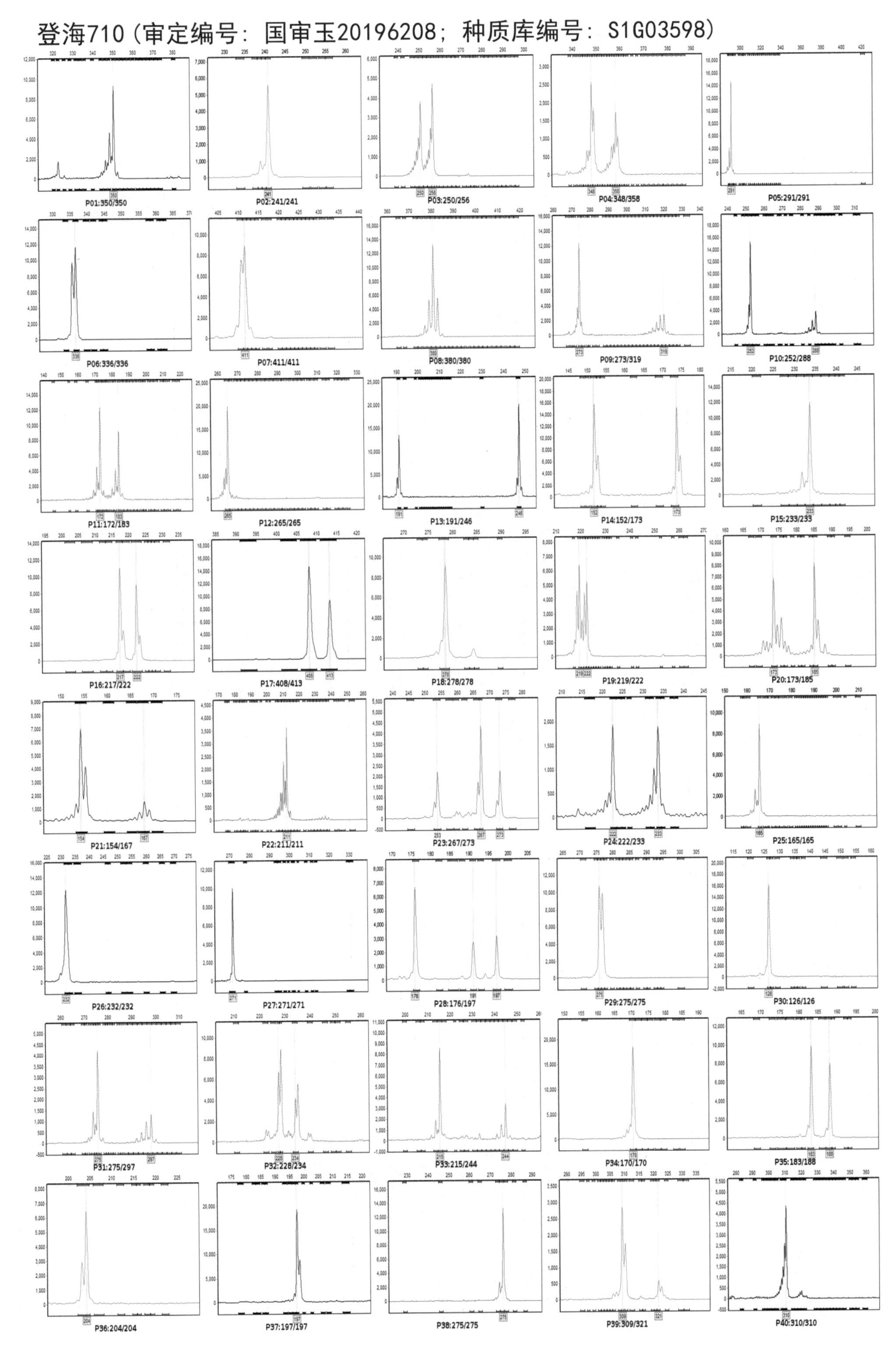
P01:350/350
P02:241/241
P03:250/256
P04:348/358
P05:291/291
P06:336/336
P07:411/411
P08:380/380
P09:273/319
P10:252/288
P11:172/183
P12:265/265
P13:191/246
P14:152/173
P15:233/233
P16:217/222
P17:408/413
P18:278/278
P19:219/222
P20:173/185
P21:154/167
P22:211/211
P23:267/273
P24:222/233
P25:165/165
P26:232/232
P27:271/271
P28:176/197
P29:275/275
P30:126/126
P31:275/297
P32:228/234
P33:215/244
P34:170/170
P35:183/188
P36:204/204
P37:197/197
P38:275/275
P39:309/321
P40:310/310

巡天969（审定编号：国审玉20196217；种质库编号：S1G00288）

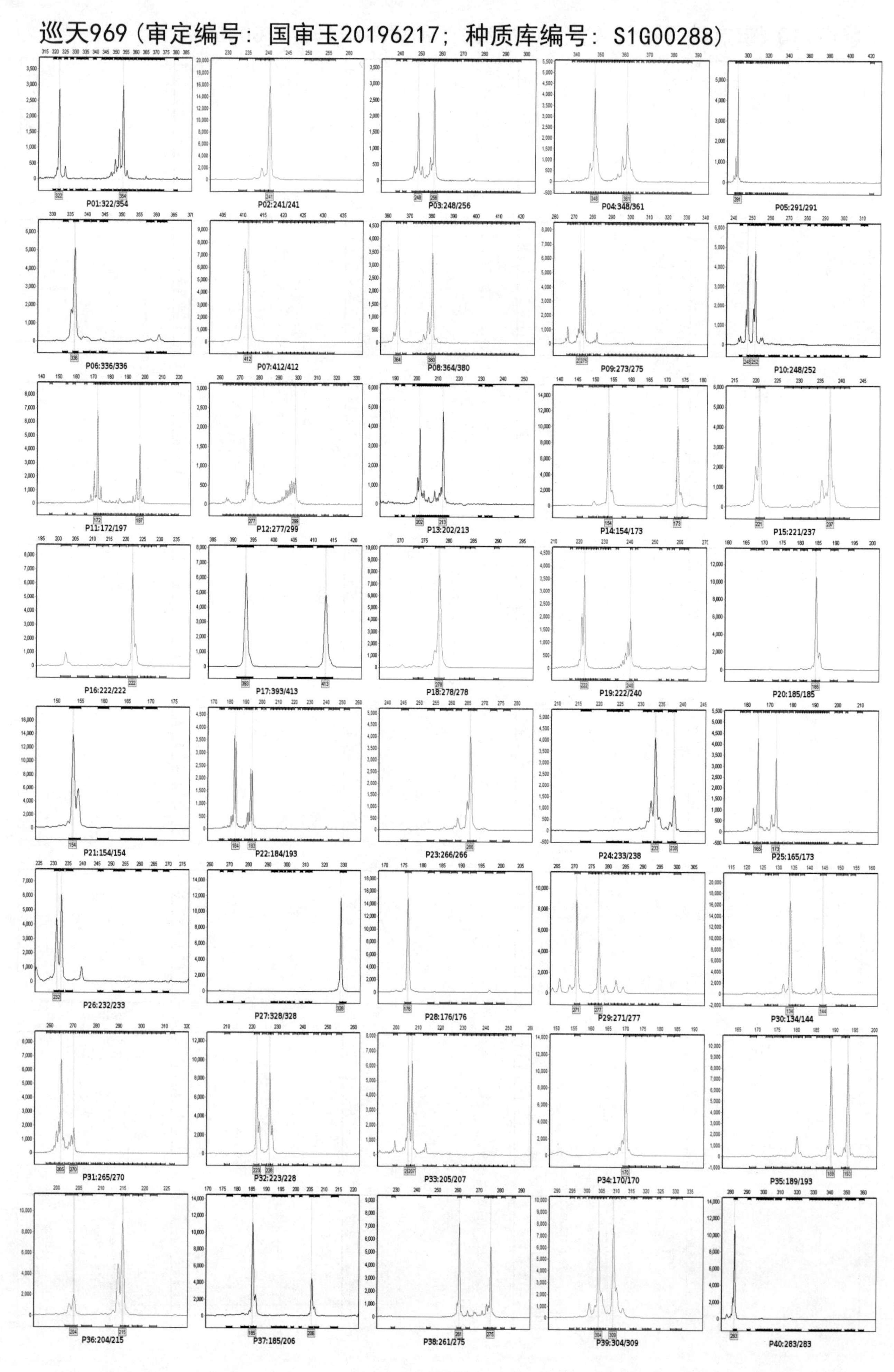

P01:322/354
P02:241/241
P03:248/256
P04:348/361
P05:291/291
P06:336/336
P07:412/412
P08:364/380
P09:273/275
P10:248/252
P11:172/197
P12:277/299
P13:202/213
P14:154/173
P15:221/237
P16:222/222
P17:393/413
P18:278/278
P19:222/240
P20:185/185
P21:154/154
P22:184/193
P23:266/266
P24:233/238
P25:165/173
P26:232/233
P27:328/328
P28:176/176
P29:271/277
P30:134/144
P31:265/270
P32:223/228
P33:205/207
P34:170/170
P35:189/193
P36:204/215
P37:185/206
P38:261/275
P39:304/309
P40:283/283

联创825（审定编号：国审玉20196225，国审玉20186079；种质库编号：XIN19916）

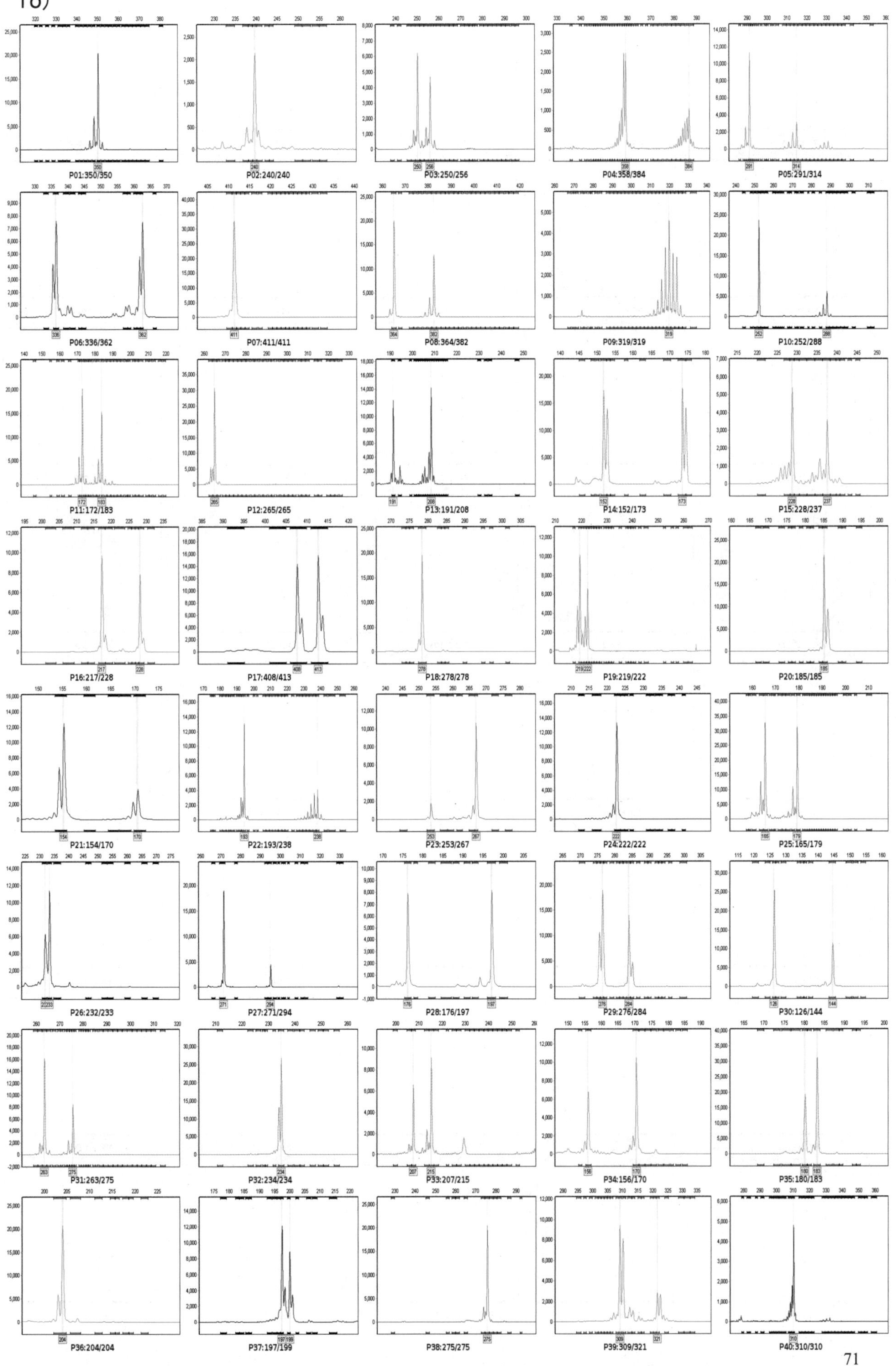

奥玉026（审定编号：国审玉20196232；种质库编号：S1G04962）

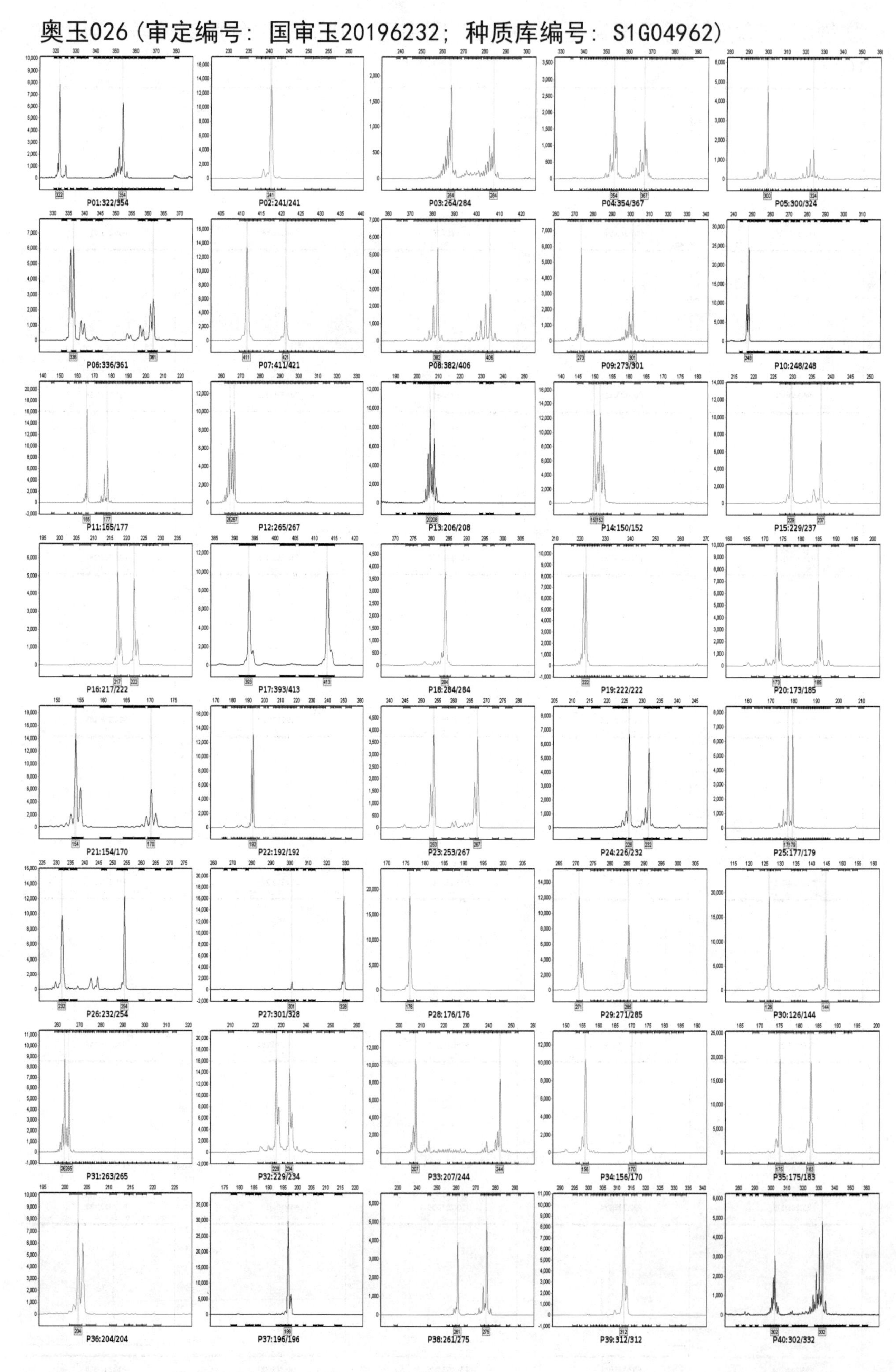

P01:322/354
P02:241/241
P03:264/284
P04:354/367
P05:300/324
P06:336/361
P07:411/421
P08:382/406
P09:273/301
P10:248/248
P11:165/177
P12:265/267
P13:206/208
P14:150/152
P15:229/237
P16:217/222
P17:393/413
P18:284/284
P19:222/222
P20:173/185
P21:154/170
P22:192/192
P23:253/267
P24:226/232
P25:177/179
P26:232/254
P27:301/328
P28:176/176
P29:271/285
P30:126/144
P31:263/265
P32:229/234
P33:207/244
P34:156/170
P35:175/183
P36:204/204
P37:196/196
P38:261/275
P39:312/312
P40:302/332

东单88（审定编号：国审玉20196250；种质库编号：S1G01833）

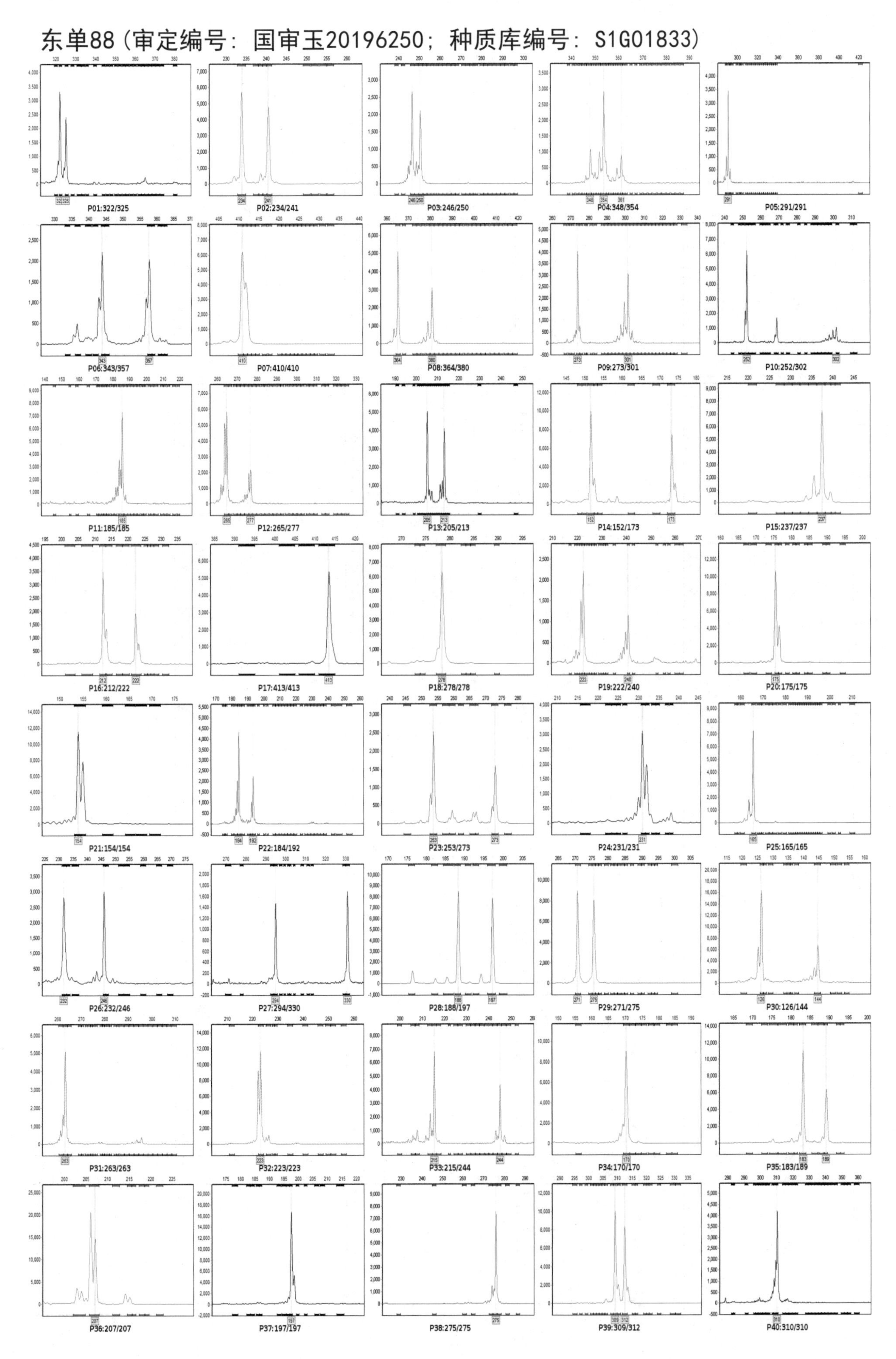
P01:322/325
P02:234/241
P03:246/250
P04:348/354
P05:291/291
P06:343/357
P07:410/410
P08:364/380
P09:273/301
P10:252/302
P11:185/185
P12:265/277
P13:205/213
P14:152/173
P15:237/237
P16:212/222
P17:413/413
P18:278/278
P19:222/240
P20:175/175
P21:154/154
P22:184/192
P23:253/273
P24:231/231
P25:165/165
P26:232/246
P27:294/330
P28:188/197
P29:271/275
P30:126/144
P31:263/263
P32:223/223
P33:215/244
P34:170/170
P35:183/189
P36:207/207
P37:197/197
P38:275/275
P39:309/312
P40:310/310

东单159（审定编号：国审玉20196251；种质库编号：S1G04811）

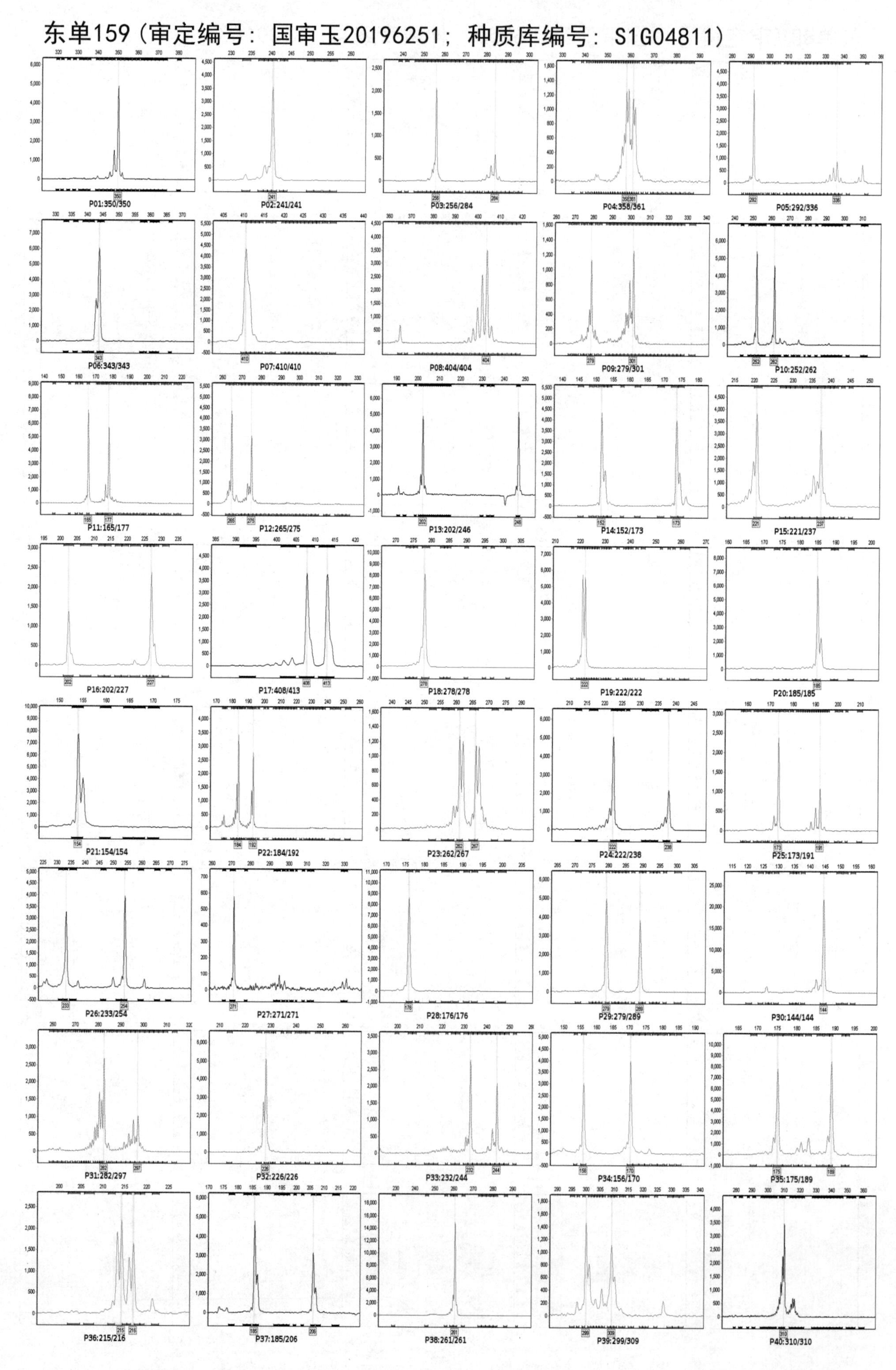
P01:350/350
P02:241/241
P03:256/284
P04:358/361
P05:292/336
P06:343/343
P07:410/410
P08:404/404
P09:279/301
P10:252/262
P11:165/177
P12:265/275
P13:202/246
P14:152/173
P15:221/237
P16:202/227
P17:408/413
P18:278/278
P19:222/222
P20:185/185
P21:154/154
P22:184/192
P23:262/267
P24:222/238
P25:173/191
P26:233/254
P27:271/271
P28:176/176
P29:279/289
P30:144/144
P31:282/297
P32:226/226
P33:232/244
P34:156/170
P35:175/189
P36:215/216
P37:185/206
P38:261/261
P39:299/309
P40:310/310

东白501（审定编号：国审玉20196252；种质库编号：S1G03071）

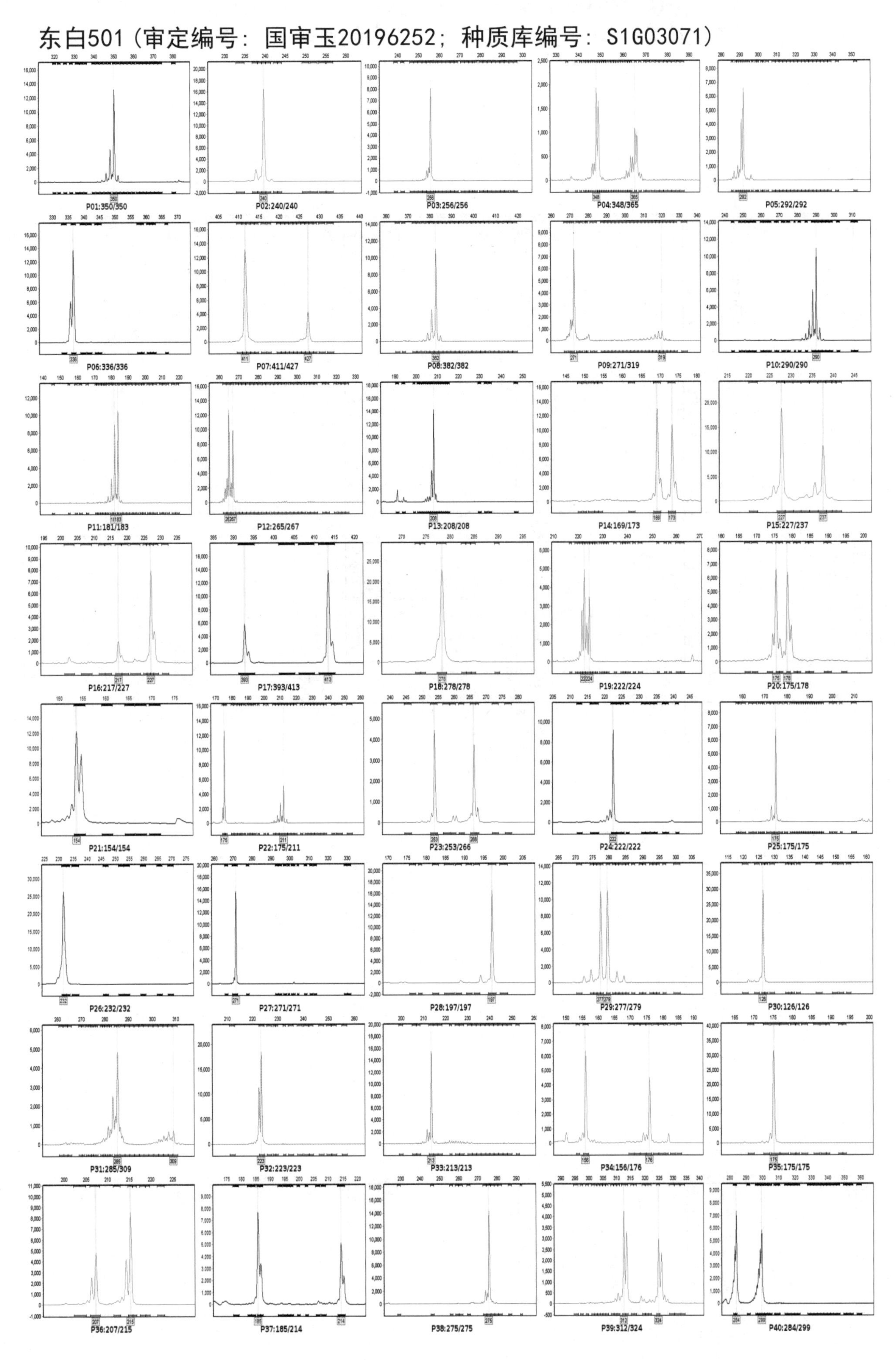
P01:350/350
P02:240/240
P03:256/256
P04:348/365
P05:292/292
P06:336/336
P07:411/427
P08:382/382
P09:271/319
P10:290/290
P11:181/183
P12:265/267
P13:208/208
P14:169/173
P15:227/237
P16:217/227
P17:393/413
P18:278/278
P19:222/224
P20:175/178
P21:154/154
P22:175/211
P23:253/266
P24:222/222
P25:175/175
P26:232/232
P27:271/271
P28:197/197
P29:277/279
P30:126/126
P31:285/309
P32:223/223
P33:213/213
P34:156/176
P35:175/175
P36:207/215
P37:185/214
P38:275/275
P39:312/324
P40:284/299

吉农大17（审定编号：国审玉20180001；种质库编号：S1G05237）

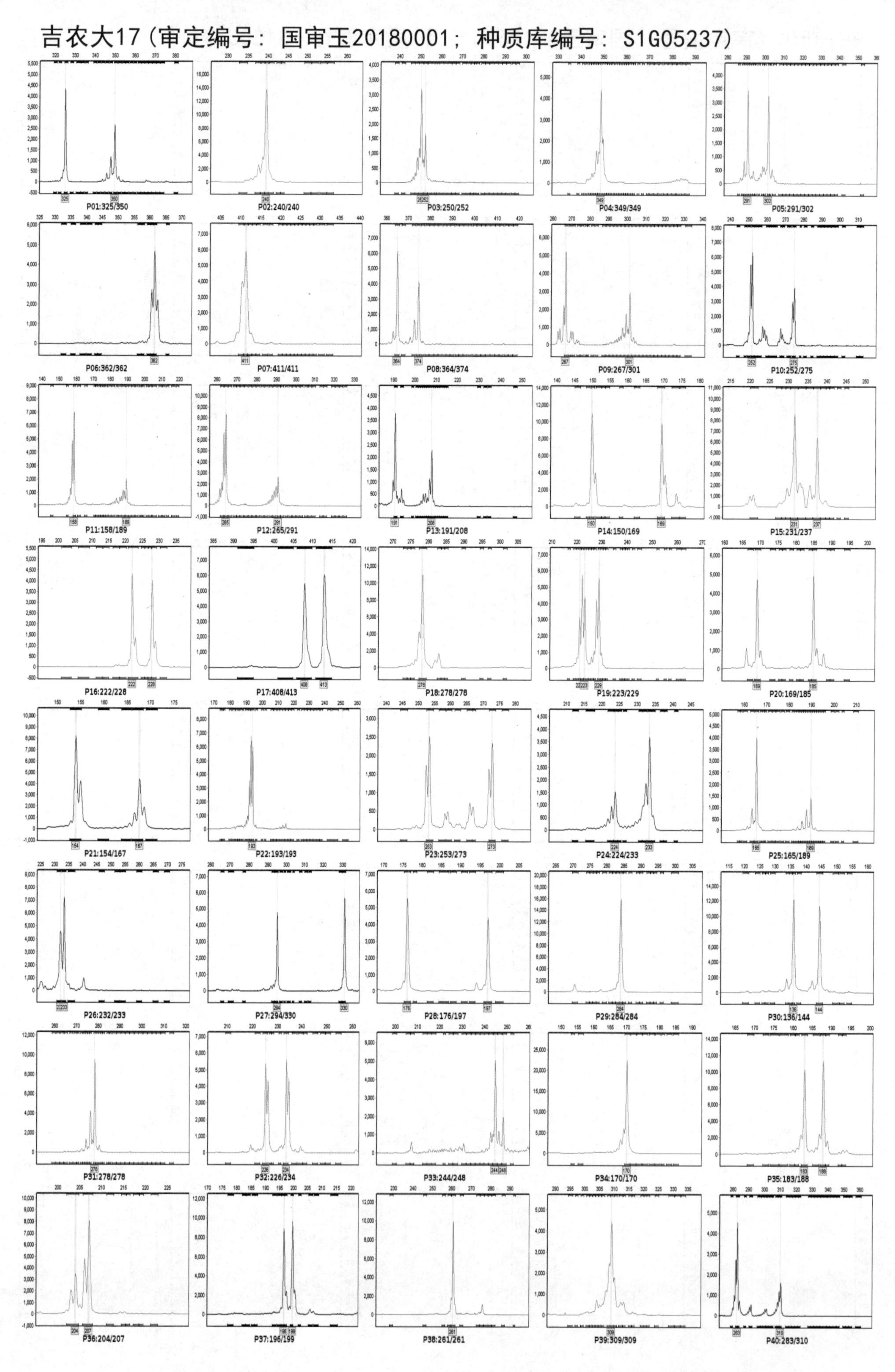
P01:325/350
P02:240/240
P03:250/252
P04:349/349
P05:291/302
P06:362/362
P07:411/411
P08:364/374
P09:267/301
P10:252/275
P11:158/189
P12:265/291
P13:191/208
P14:150/169
P15:231/237
P16:222/228
P17:408/413
P18:278/278
P19:223/229
P20:169/185
P21:154/167
P22:193/193
P23:253/273
P24:224/233
P25:165/189
P26:232/233
P27:294/330
P28:176/197
P29:284/284
P30:136/144
P31:278/278
P32:226/234
P33:244/248
P34:170/170
P35:183/188
P36:204/207
P37:196/199
P38:261/261
P39:309/309
P40:283/310

双悦8号（审定编号：国审玉20180010；种质库编号：XIN26229）

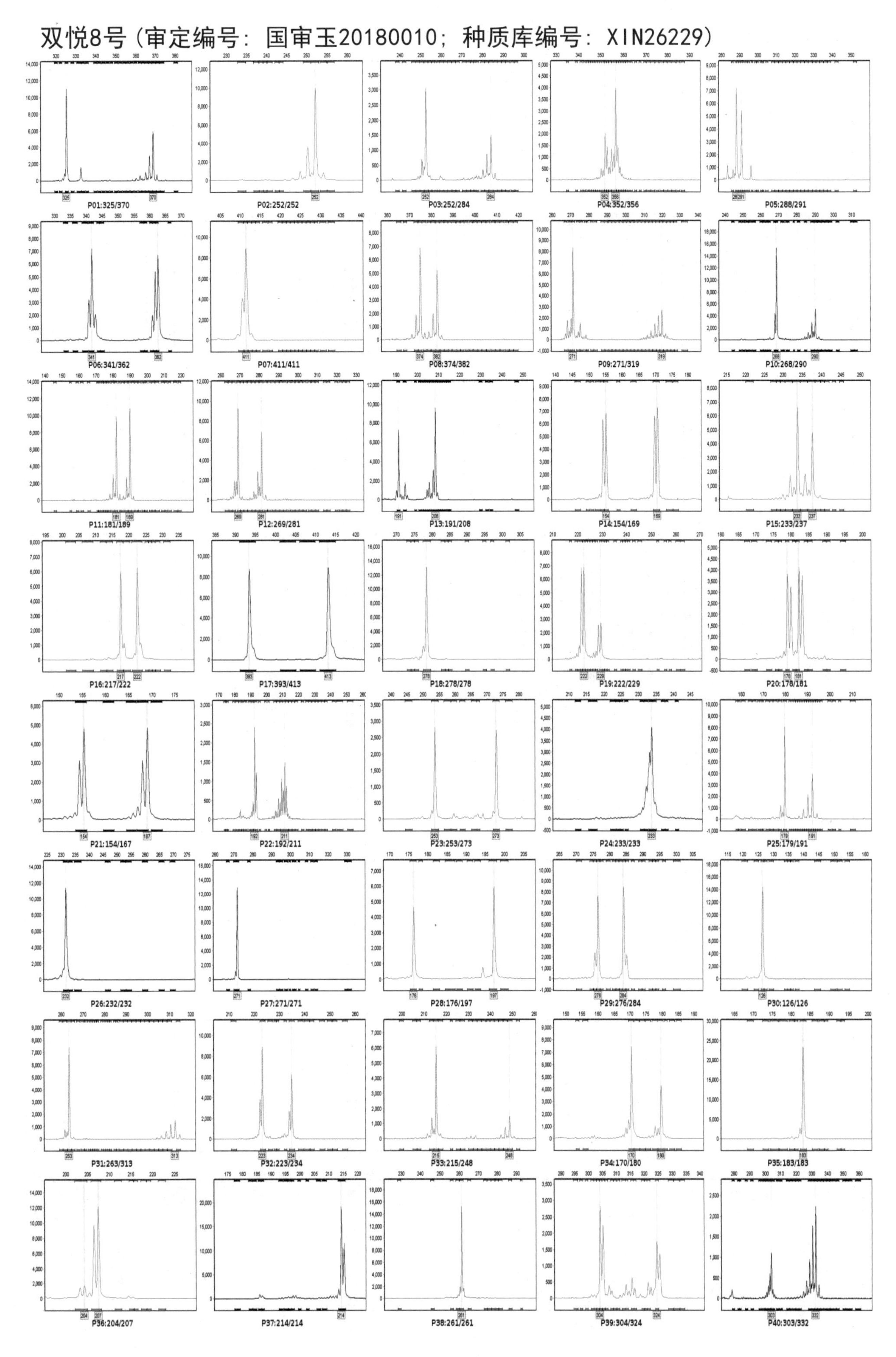
P01:325/370
P02:252/252
P03:252/284
P04:352/356
P05:288/291
P06:341/362
P07:411/411
P08:374/382
P09:271/319
P10:268/290
P11:181/189
P12:269/281
P13:191/208
P14:154/169
P15:233/237
P16:217/222
P17:393/413
P18:278/278
P19:222/229
P20:178/181
P21:154/167
P22:192/211
P23:253/273
P24:233/233
P25:179/191
P26:232/232
P27:271/271
P28:176/197
P29:276/284
P30:126/126
P31:263/313
P32:223/234
P33:215/248
P34:170/180
P35:183/183
P36:204/207
P37:214/214
P38:261/261
P39:304/324
P40:303/332

鑫科玉3号（审定编号：国审玉20180012；种质库编号：S1G05779）

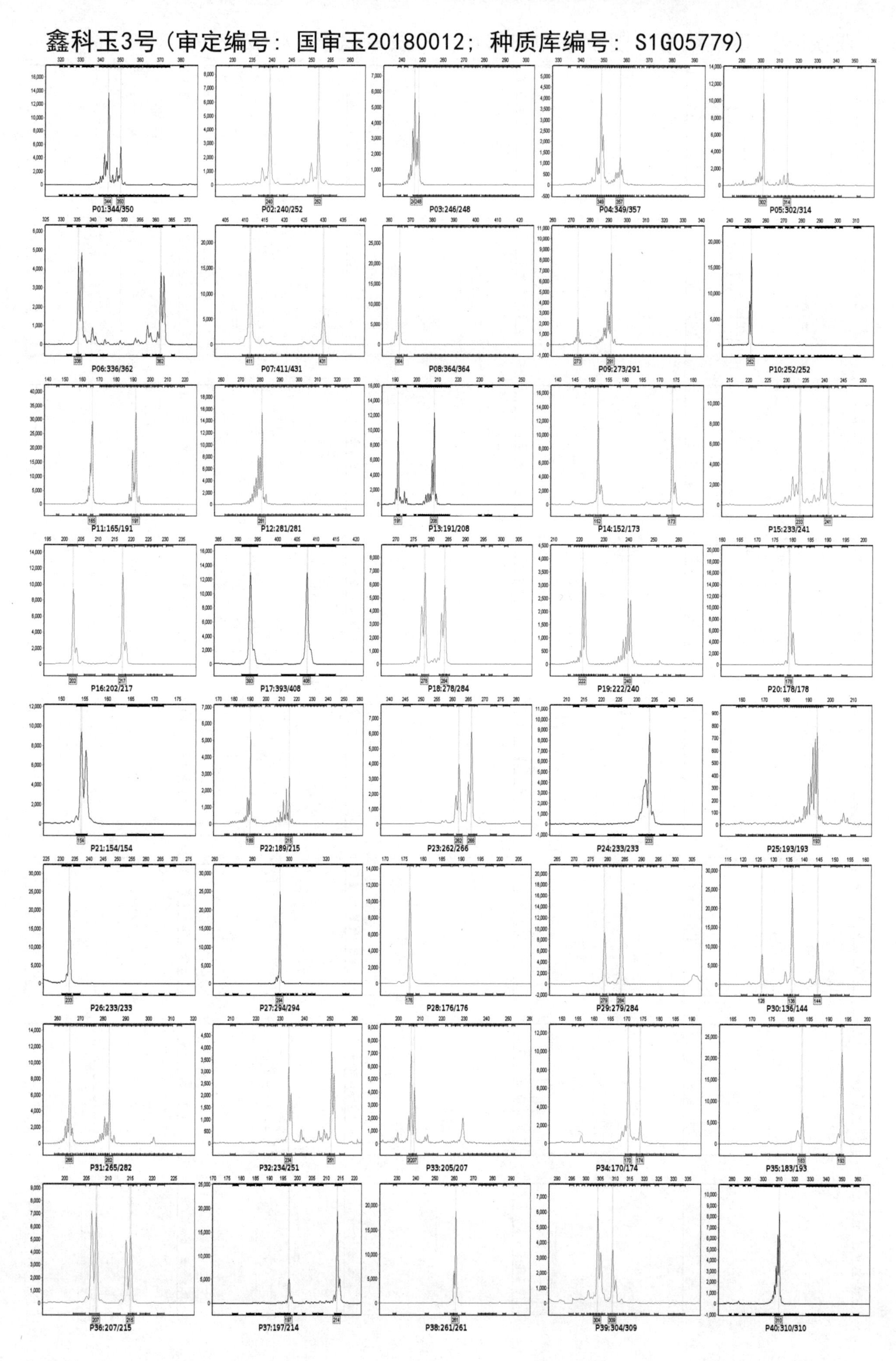

P01:344/350
P02:240/252
P03:246/248
P04:349/357
P05:302/314
P06:336/362
P07:411/431
P08:364/364
P09:273/291
P10:252/252
P11:165/191
P12:281/281
P13:191/208
P14:152/173
P15:233/241
P16:202/217
P17:393/408
P18:278/284
P19:222/240
P20:178/178
P21:154/154
P22:189/215
P23:262/266
P24:233/233
P25:193/193
P26:233/233
P27:294/294
P28:176/176
P29:279/284
P30:136/144
P31:265/282
P32:234/251
P33:205/207
P34:170/174
P35:183/193
P36:207/215
P37:197/214
P38:261/261
P39:304/309
P40:310/310

大德317（审定编号：国审玉20180017；种质库编号：S1G04765）

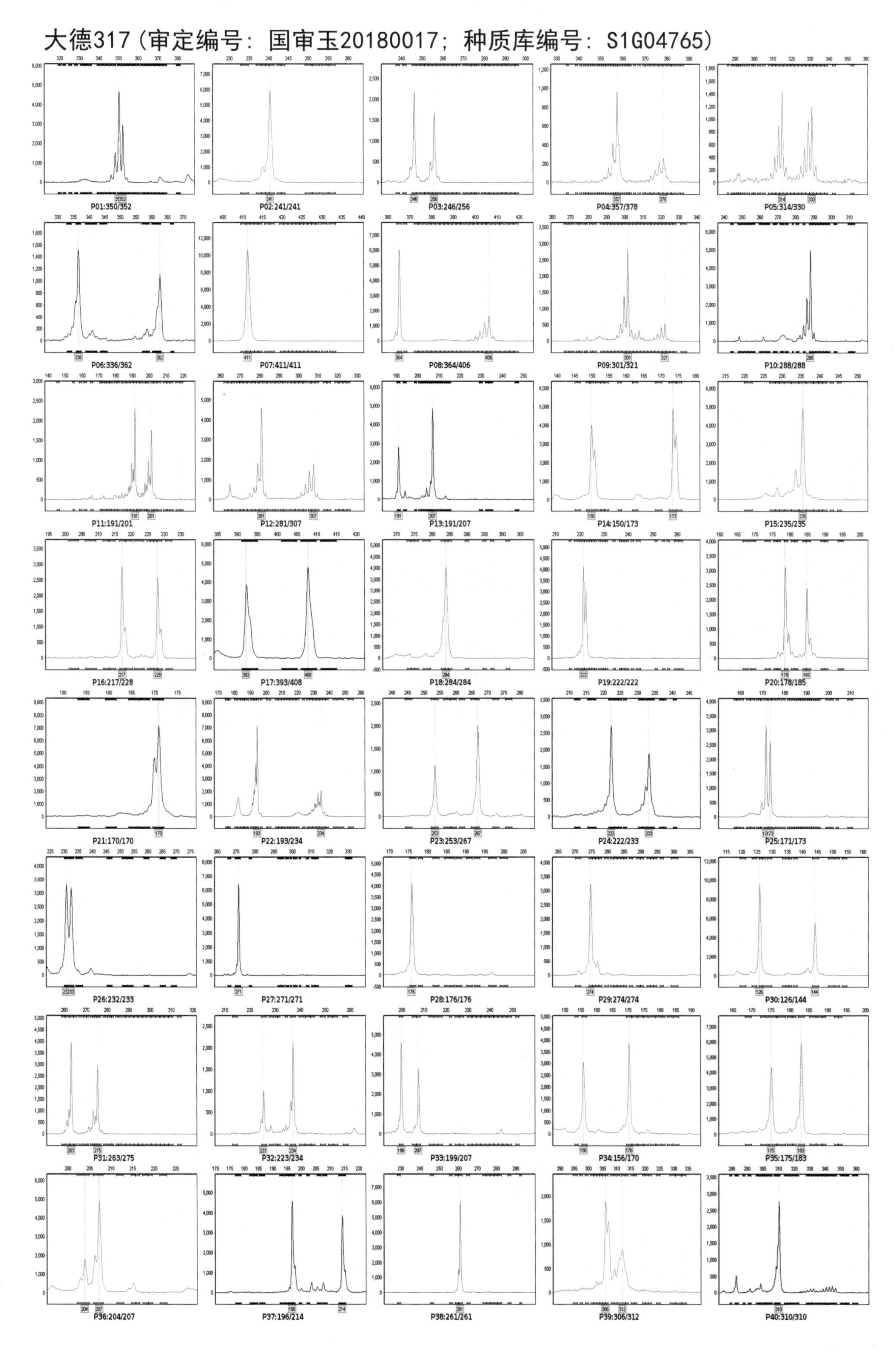

P01:350/352
P02:241/241
P03:246/256
P04:357/378
P05:314/330
P06:336/362
P07:411/411
P08:364/406
P09:301/321
P10:288/288
P11:191/201
P12:281/307
P13:191/207
P14:150/173
P15:235/235
P16:217/228
P17:393/408
P18:284/284
P19:222/222
P20:178/185
P21:170/170
P22:193/234
P23:253/267
P24:222/233
P25:171/173
P26:232/233
P27:271/271
P28:176/176
P29:274/274
P30:126/144
P31:263/275
P32:223/234
P33:199/207
P34:156/170
P35:175/183
P36:204/207
P37:196/214
P38:261/261
P39:306/312
P40:310/310

丰垦139（审定编号：国审玉20180022；种质库编号：S1G05439）

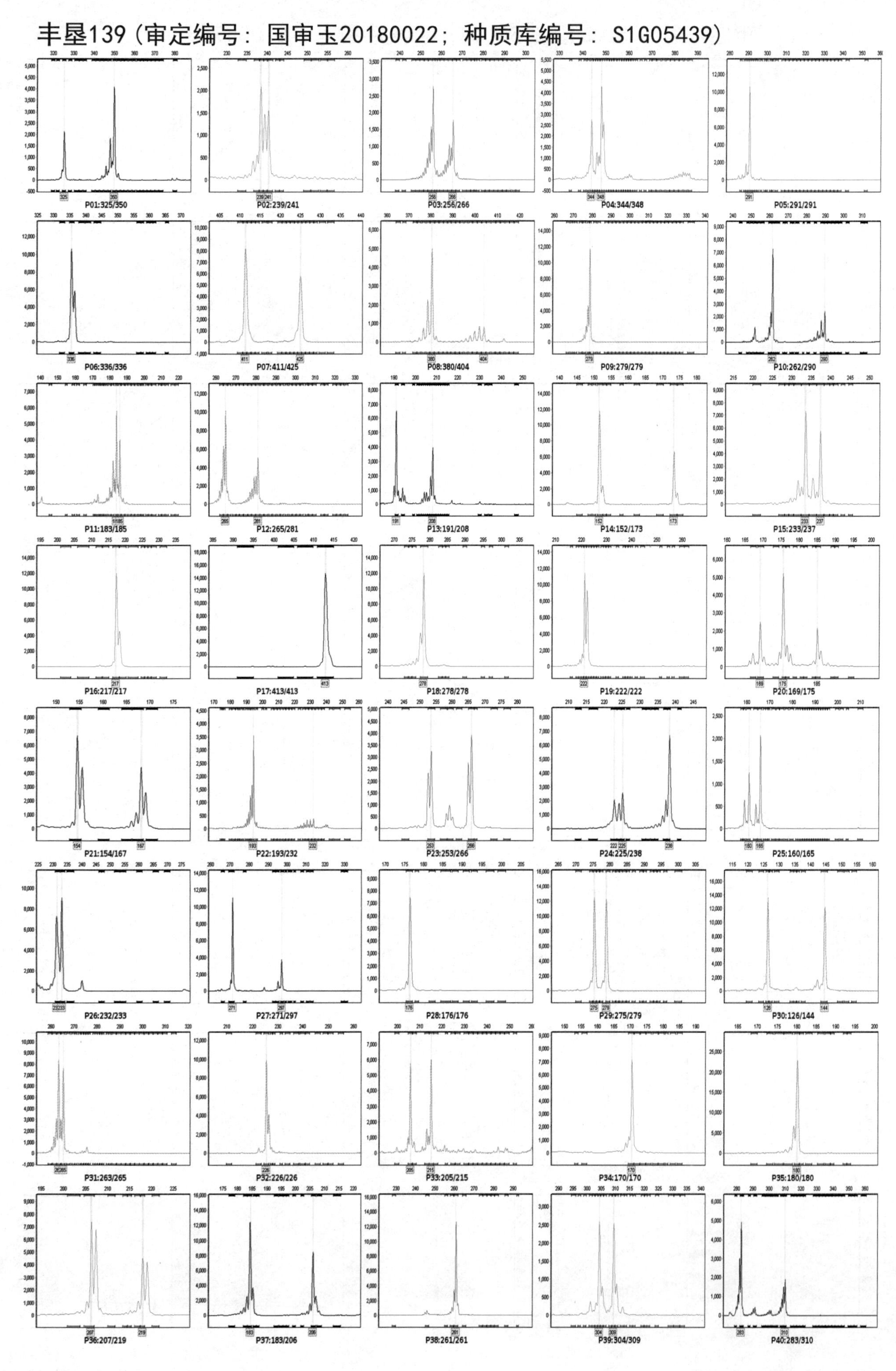

P01:325/350
P02:239/241
P03:256/266
P04:344/348
P05:291/291
P06:336/336
P07:411/425
P08:380/404
P09:279/279
P10:262/290
P11:183/185
P12:265/281
P13:191/208
P14:152/173
P15:233/237
P16:217/217
P17:413/413
P18:278/278
P19:222/222
P20:169/175
P21:154/167
P22:193/232
P23:253/266
P24:225/238
P25:160/165
P26:232/233
P27:271/297
P28:176/176
P29:275/279
P30:126/144
P31:263/265
P32:226/226
P33:205/215
P34:170/170
P35:180/180
P36:207/219
P37:183/206
P38:261/261
P39:304/309
P40:283/310

广德9（审定编号：国审玉20180023；种质库编号：S1G05555）

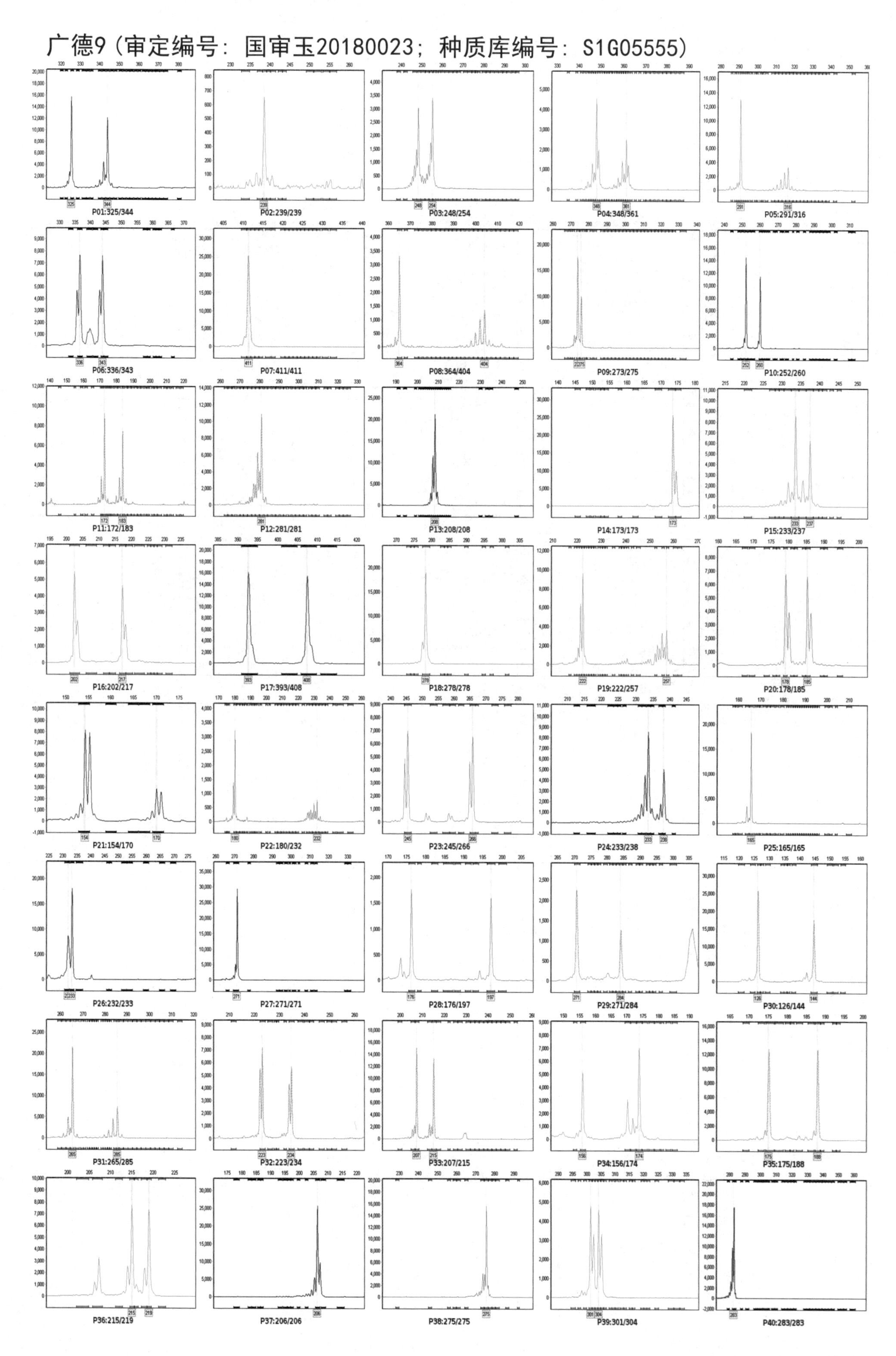

P01:325/344
P02:239/239
P03:248/254
P04:348/361
P05:291/316
P06:336/343
P07:411/411
P08:364/404
P09:273/275
P10:252/260
P11:172/183
P12:281/281
P13:208/208
P14:173/173
P15:233/237
P16:202/217
P17:393/408
P18:278/278
P19:222/257
P20:178/185
P21:154/170
P22:180/232
P23:245/266
P24:233/238
P25:165/165
P26:232/233
P27:271/271
P28:176/197
P29:271/284
P30:126/144
P31:265/285
P32:223/234
P33:207/215
P34:156/174
P35:175/188
P36:215/219
P37:206/206
P38:275/275
P39:301/304
P40:283/283

镜泊湖绿单4号（审定编号：国审玉20180029；种质库编号：S1G04755）

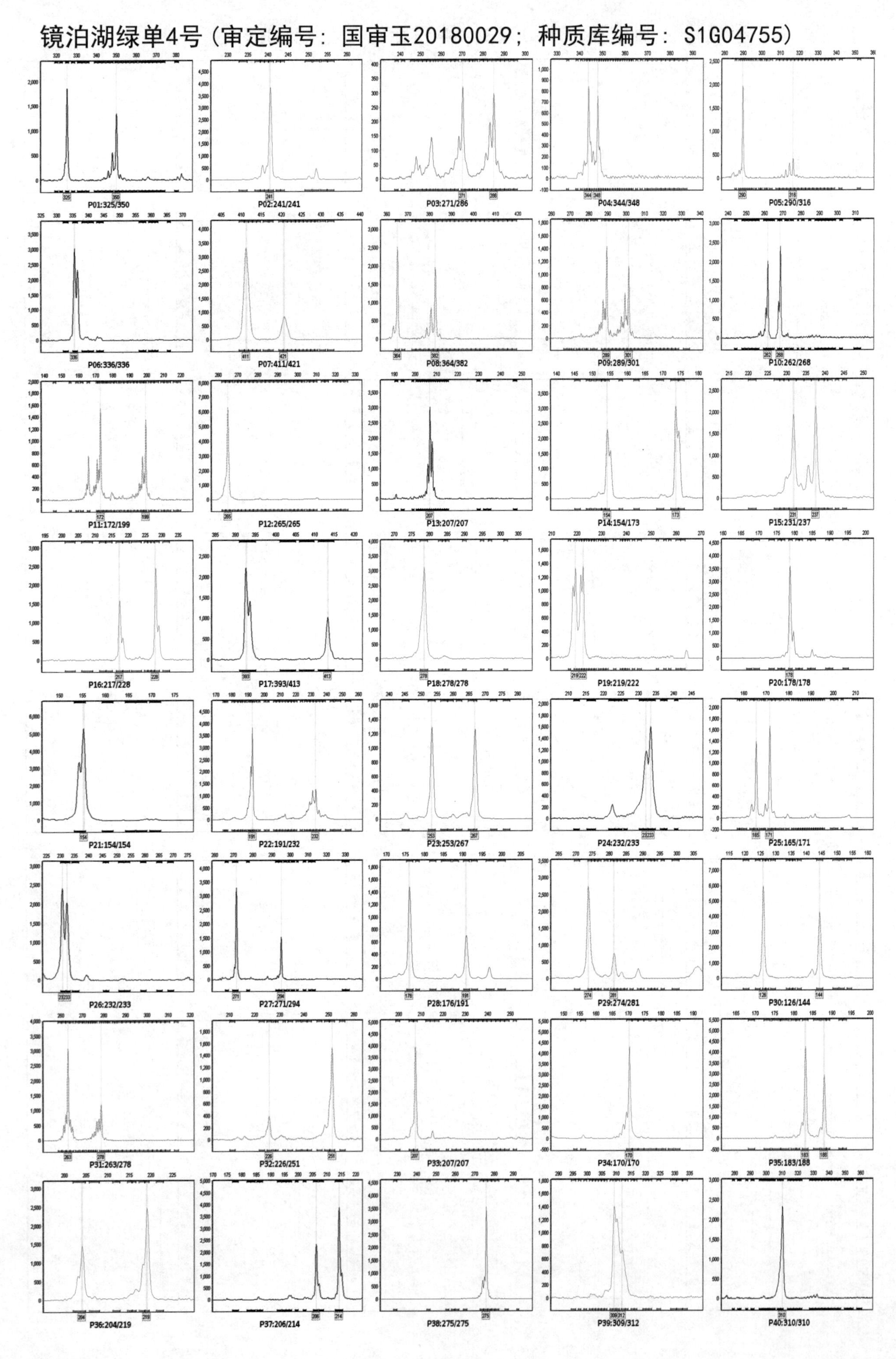
P01:325/350
P02:241/241
P03:271/286
P04:344/348
P05:290/316
P06:336/336
P07:411/421
P08:364/382
P09:289/301
P10:262/268
P11:172/199
P12:265/265
P13:207/207
P14:154/173
P15:231/237
P16:217/228
P17:393/413
P18:278/278
P19:219/222
P20:178/178
P21:154/154
P22:191/232
P23:253/267
P24:232/233
P25:165/171
P26:232/233
P27:271/294
P28:176/191
P29:274/281
P30:126/144
P31:263/278
P32:226/251
P33:207/207
P34:170/170
P35:183/188
P36:204/219
P37:206/214
P38:275/275
P39:309/312
P40:310/310

鑫鑫1号（审定编号：国审玉20180042；种质库编号：S1G01817）

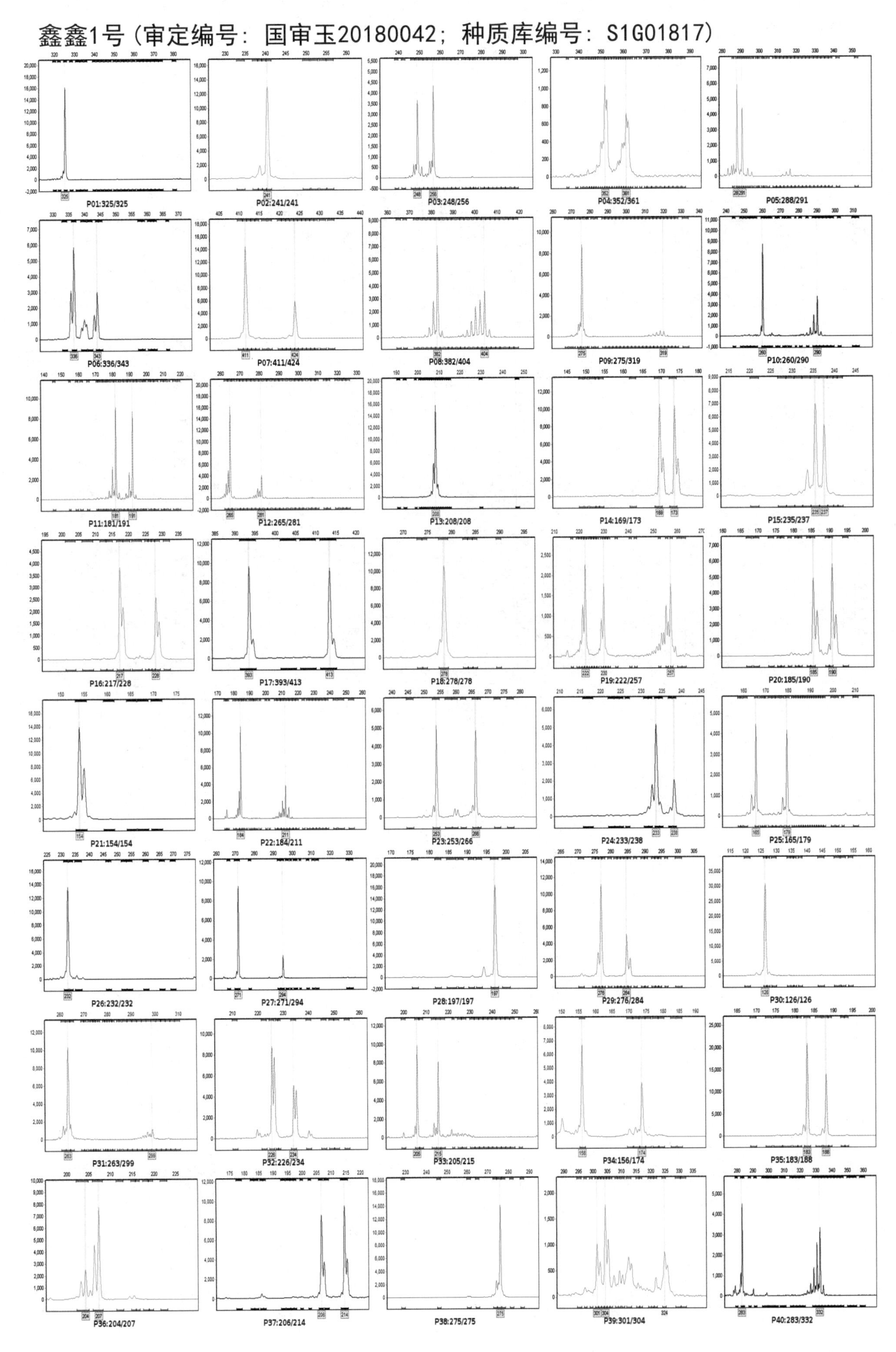
P01:325/325
P02:241/241
P03:248/256
P04:352/361
P05:288/291
P06:336/343
P07:411/424
P08:382/404
P09:275/319
P10:260/290
P11:181/191
P12:265/281
P13:208/208
P14:169/173
P15:235/237
P16:217/228
P17:393/413
P18:278/278
P19:222/257
P20:185/190
P21:154/154
P22:184/211
P23:253/266
P24:233/238
P25:165/179
P26:232/232
P27:271/294
P28:197/197
P29:276/284
P30:126/126
P31:263/299
P32:226/234
P33:205/215
P34:156/174
P35:183/188
P36:204/207
P37:206/214
P38:275/275
P39:301/304
P40:283/332

锦华299（审定编号：国审玉20180049；种质库编号：XIN26263）

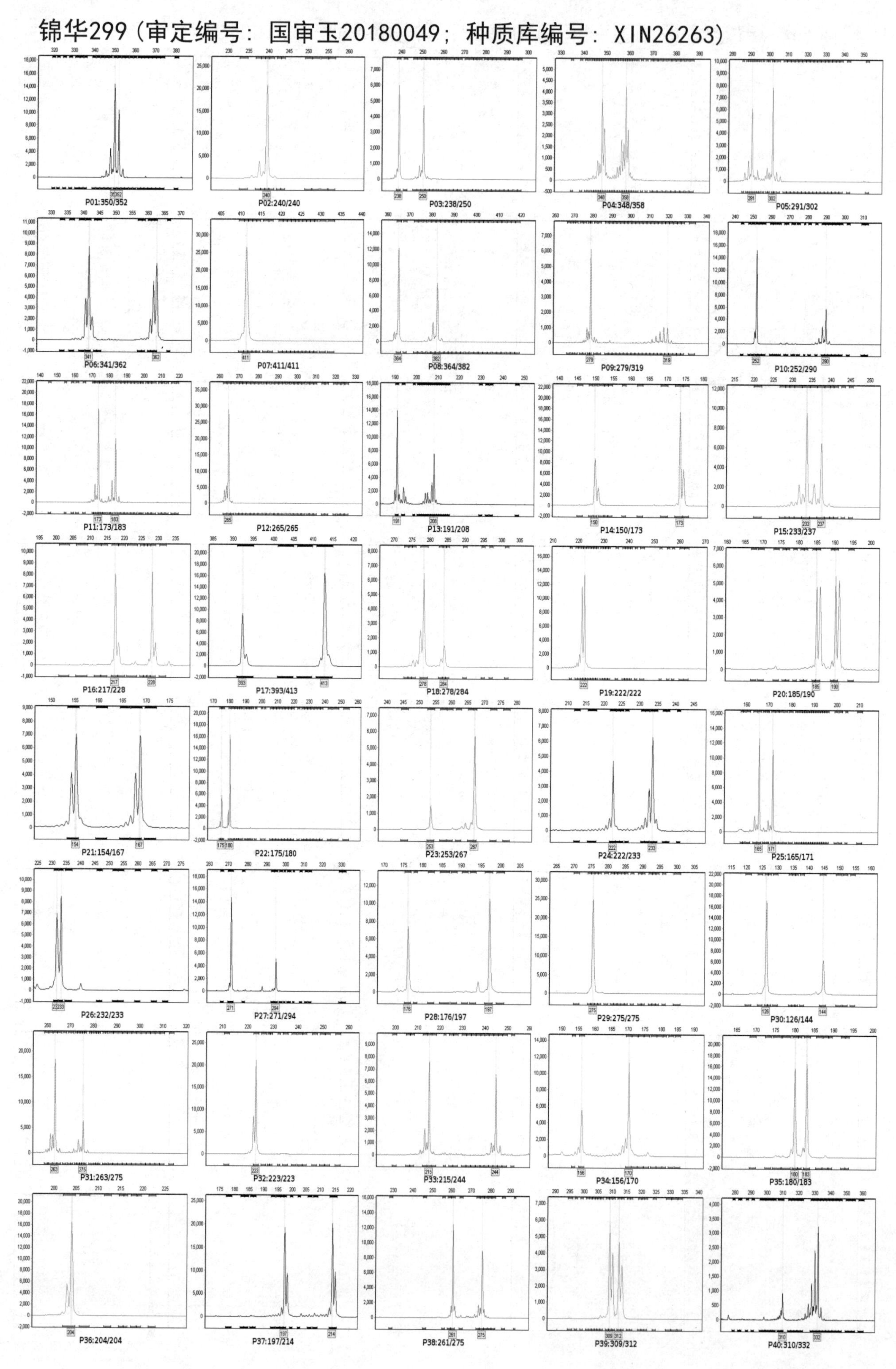

P01:350/352
P02:240/240
P03:238/250
P04:348/358
P05:291/302
P06:341/362
P07:411/411
P08:364/382
P09:279/319
P10:252/290
P11:173/183
P12:265/265
P13:191/208
P14:150/173
P15:233/237
P16:217/228
P17:393/413
P18:278/284
P19:222/222
P20:185/190
P21:154/167
P22:175/180
P23:253/267
P24:222/233
P25:165/171
P26:232/233
P27:271/294
P28:176/197
P29:275/275
P30:126/144
P31:263/275
P32:223/223
P33:215/244
P34:156/170
P35:180/183
P36:204/204
P37:197/214
P38:261/275
P39:309/312
P40:310/332

MC703（审定编号：国审玉20180050；种质库编号：S1G04879）

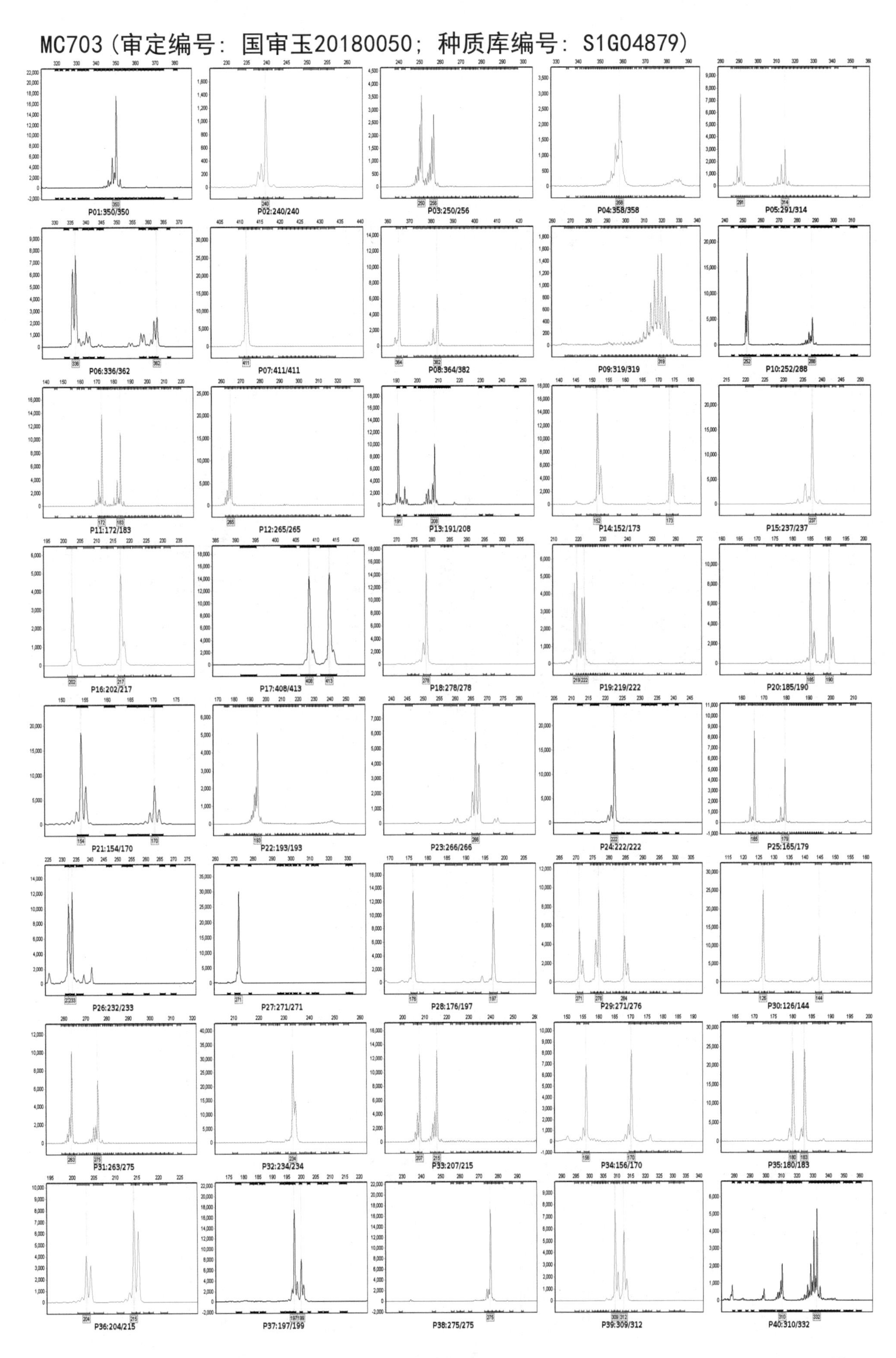
P01:350/350
P02:240/240
P03:250/256
P04:358/358
P05:291/314
P06:336/362
P07:411/411
P08:364/382
P09:319/319
P10:252/288
P11:172/183
P12:265/265
P13:191/208
P14:152/173
P15:237/237
P16:202/217
P17:408/413
P18:278/278
P19:219/222
P20:185/190
P21:154/170
P22:193/193
P23:266/266
P24:222/222
P25:165/179
P26:232/233
P27:271/271
P28:176/197
P29:271/276
P30:126/144
P31:263/275
P32:234/234
P33:207/215
P34:156/170
P35:180/183
P36:204/215
P37:197/199
P38:275/275
P39:309/312
P40:310/332

春玉101（审定编号：国审玉20180052；种质库编号：S1G06518）

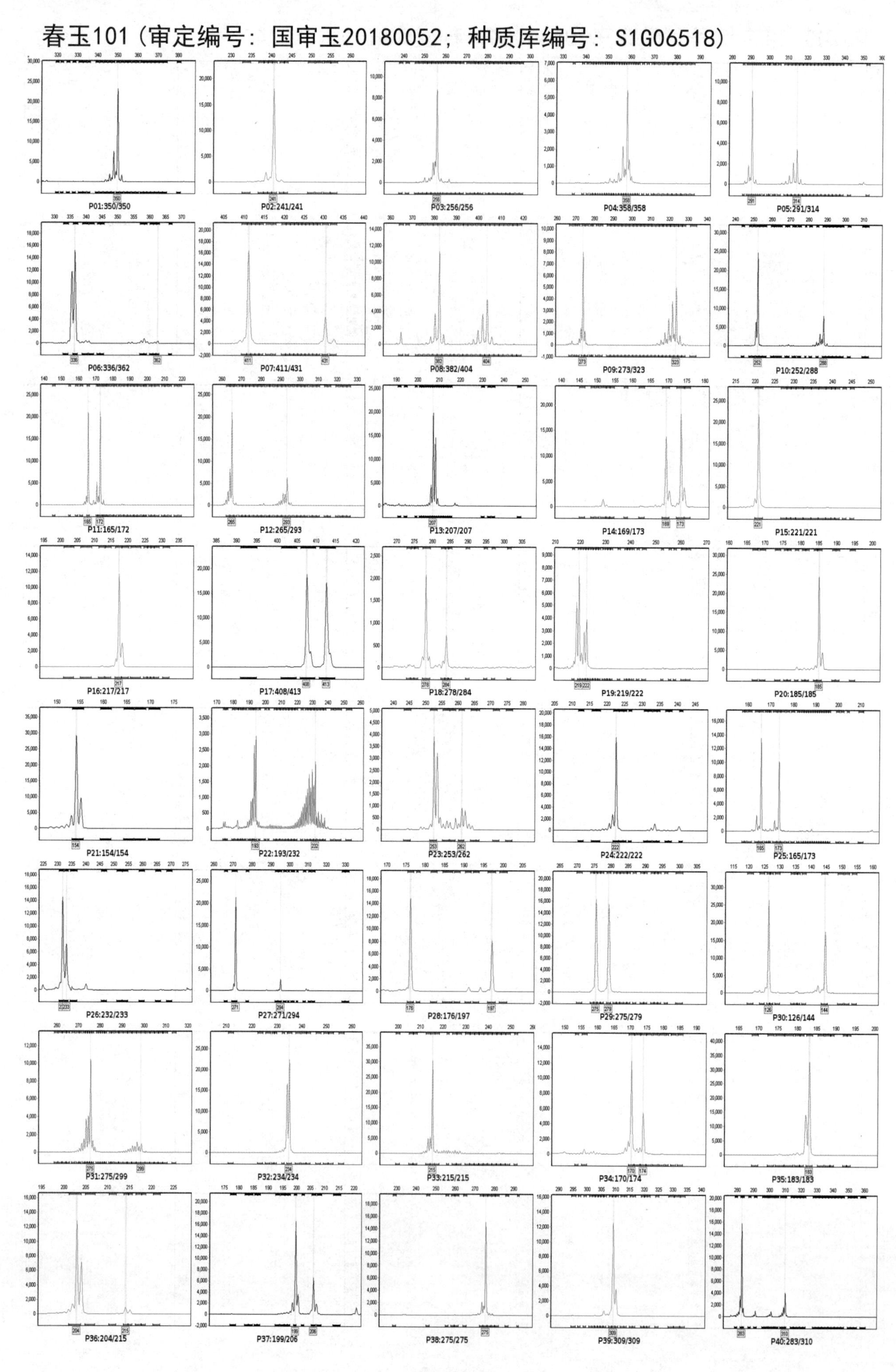
P01:350/350
P02:241/241
P03:256/256
P04:358/358
P05:291/314
P06:336/362
P07:411/431
P08:382/404
P09:273/323
P10:252/288
P11:165/172
P12:265/293
P13:207/207
P14:169/173
P15:221/221
P16:217/217
P17:408/413
P18:278/284
P19:219/222
P20:185/185
P21:154/154
P22:193/232
P23:253/262
P24:222/222
P25:165/173
P26:232/233
P27:271/294
P28:176/197
P29:275/279
P30:126/144
P31:275/299
P32:234/234
P33:215/215
P34:170/174
P35:183/183
P36:204/215
P37:199/206
P38:275/275
P39:309/309
P40:283/310

鑫鑫2号（审定编号：国审玉20180066；种质库编号：S1G01818）

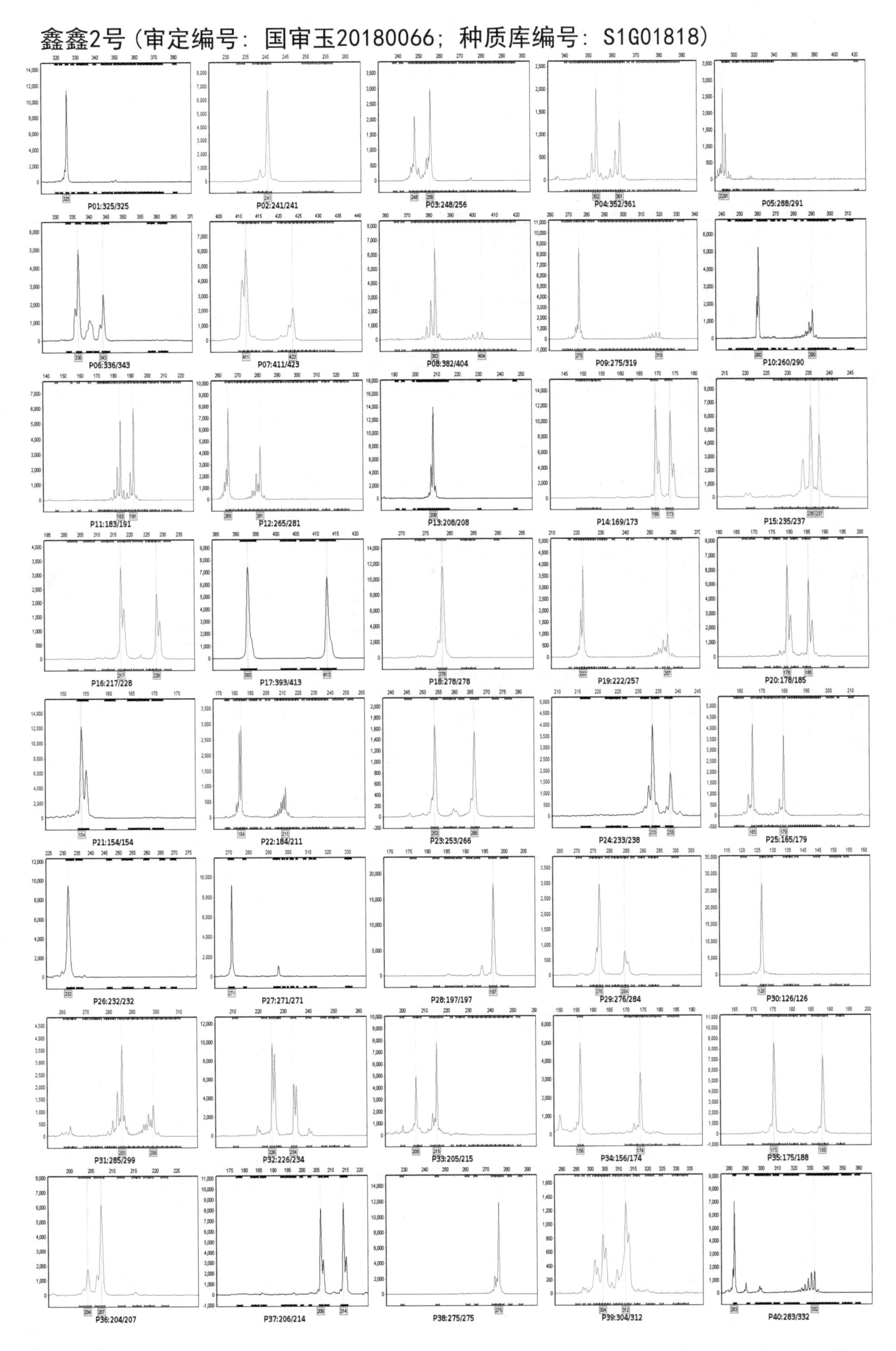
P01:325/325
P02:241/241
P03:248/256
P04:352/361
P05:288/291
P06:336/343
P07:411/423
P08:382/404
P09:275/319
P10:260/290
P11:183/191
P12:265/281
P13:208/208
P14:169/173
P15:235/237
P16:217/228
P17:393/413
P18:278/278
P19:222/257
P20:178/185
P21:154/154
P22:184/211
P23:253/266
P24:233/238
P25:165/179
P26:232/232
P27:271/271
P28:197/197
P29:276/284
P30:126/126
P31:285/299
P32:226/234
P33:205/215
P34:156/174
P35:175/188
P36:204/207
P37:206/214
P38:275/275
P39:304/312
P40:283/332

WS58（审定编号：国审玉20180072；种质库编号：S1G05937）

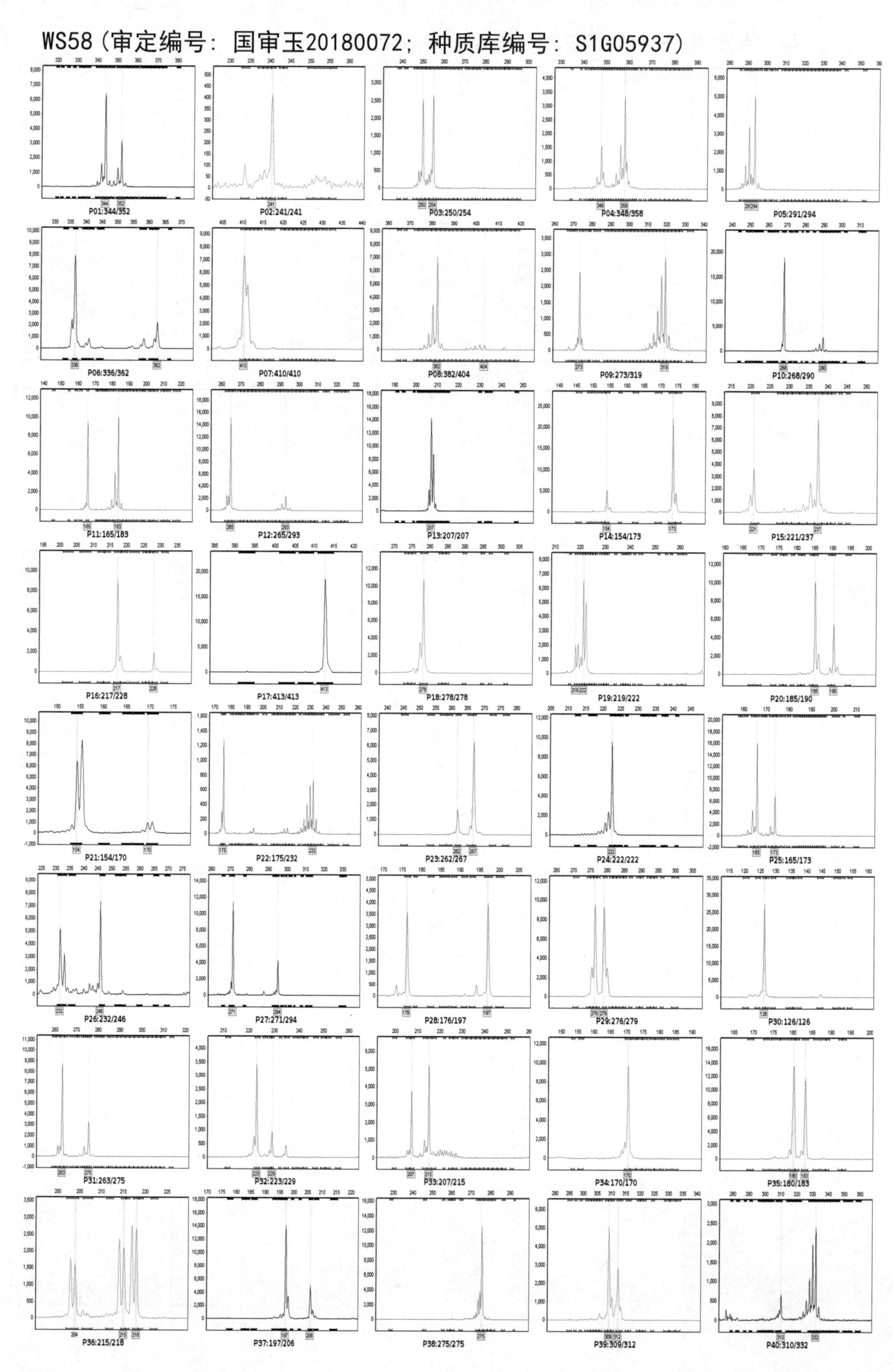
P01:344/352
P02:241/241
P03:250/254
P04:348/358
P05:291/294
P06:336/362
P07:410/410
P08:382/404
P09:273/319
P10:268/290
P11:165/183
P12:265/293
P13:207/207
P14:154/173
P15:221/237
P16:217/228
P17:413/413
P18:278/278
P19:219/222
P20:185/190
P21:154/170
P22:175/232
P23:262/267
P24:222/222
P25:165/173
P26:232/246
P27:271/294
P28:176/197
P29:276/279
P30:126/126
P31:263/275
P32:223/229
P33:207/215
P34:170/170
P35:180/183
P36:215/218
P37:197/206
P38:275/275
P39:309/312
P40:310/332

YF3240（审定编号：国审玉20180073；种质库编号：XIN22379）

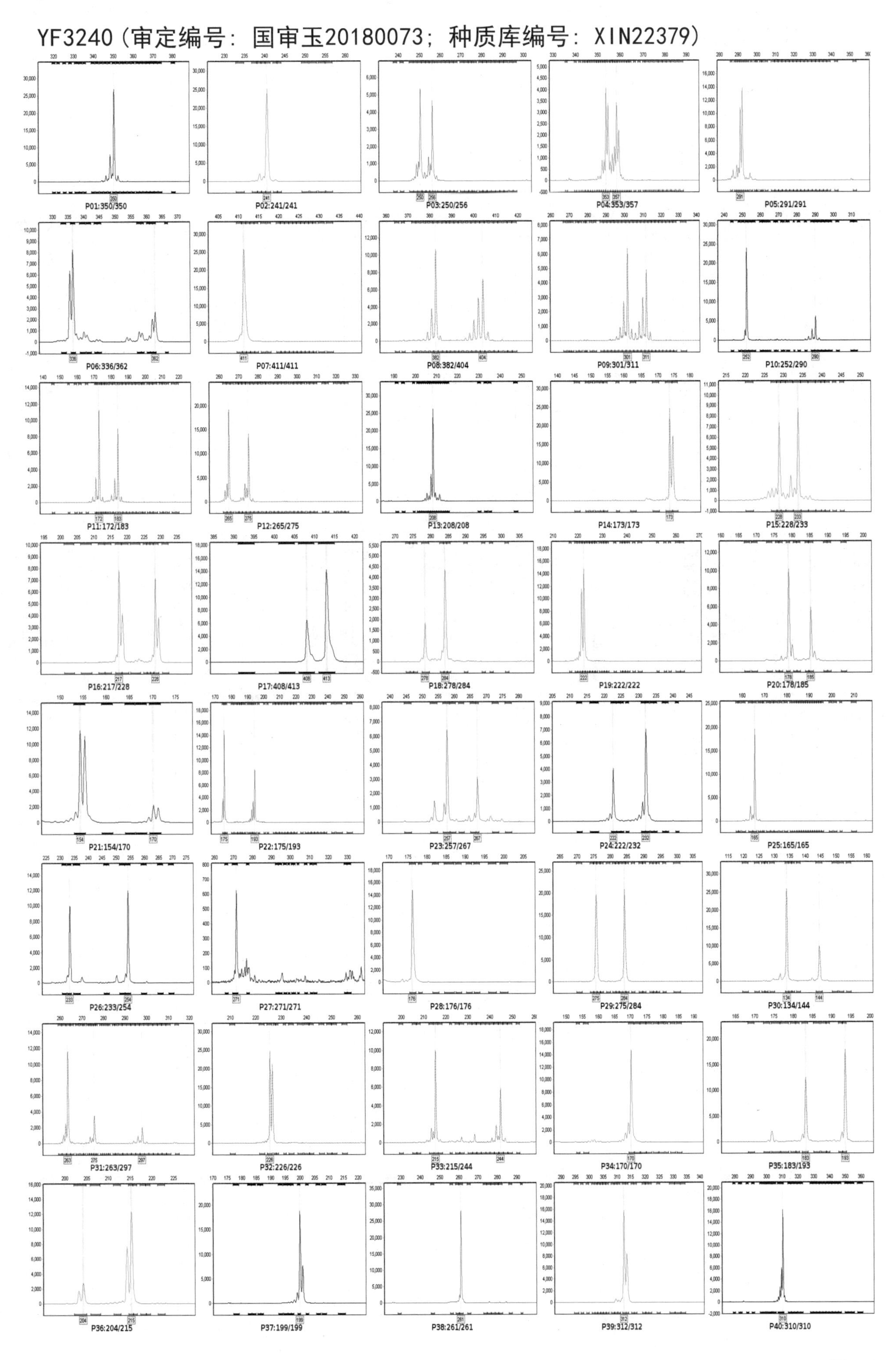

P01:350/350
P02:241/241
P03:250/256
P04:353/357
P05:291/291
P06:336/362
P07:411/411
P08:382/404
P09:301/311
P10:252/290
P11:172/183
P12:265/275
P13:208/208
P14:173/173
P15:228/233
P16:217/228
P17:408/413
P18:278/284
P19:222/222
P20:178/185
P21:154/170
P22:175/193
P23:257/267
P24:222/232
P25:165/165
P26:233/254
P27:271/271
P28:176/176
P29:275/284
P30:134/144
P31:263/297
P32:226/226
P33:215/244
P34:170/170
P35:183/193
P36:204/215
P37:199/199
P38:261/261
P39:312/312
P40:310/310

桦单18（审定编号：国审玉20180078；种质库编号：S1G06526）

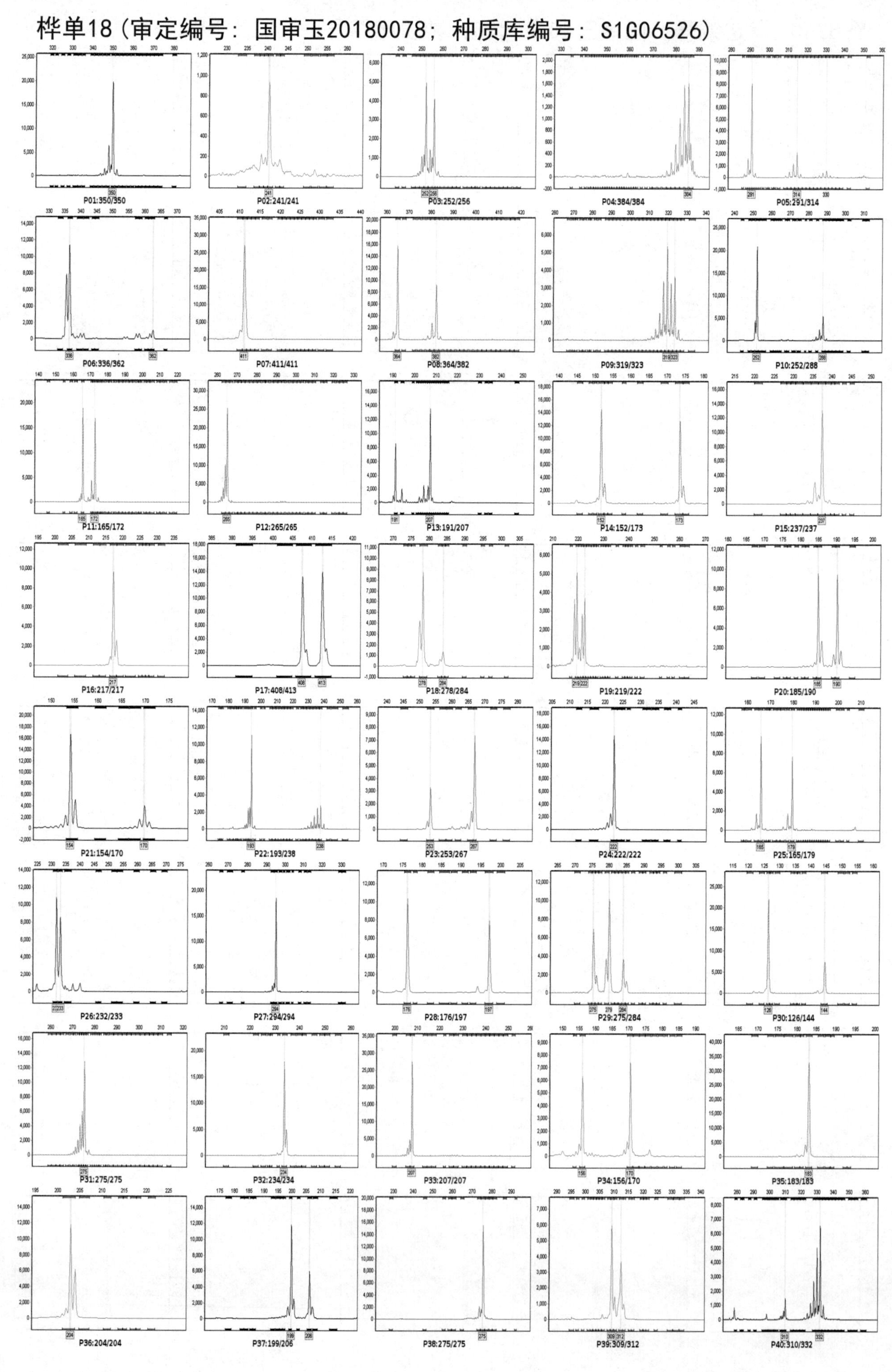

P01:350/350
P02:241/241
P03:252/256
P04:384/384
P05:291/314
P06:336/362
P07:411/411
P08:364/382
P09:319/323
P10:252/288
P11:165/172
P12:265/265
P13:191/207
P14:152/173
P15:237/237
P16:217/217
P17:408/413
P18:278/284
P19:219/222
P20:185/190
P21:154/170
P22:193/238
P23:253/267
P24:222/222
P25:165/179
P26:232/233
P27:294/294
P28:176/197
P29:275/284
P30:126/144
P31:275/275
P32:234/234
P33:207/207
P34:156/170
P35:183/183
P36:204/204
P37:199/206
P38:275/275
P39:309/312
P40:310/332

吉农大819（审定编号：国审玉20180079；种质库编号：S1G04564）

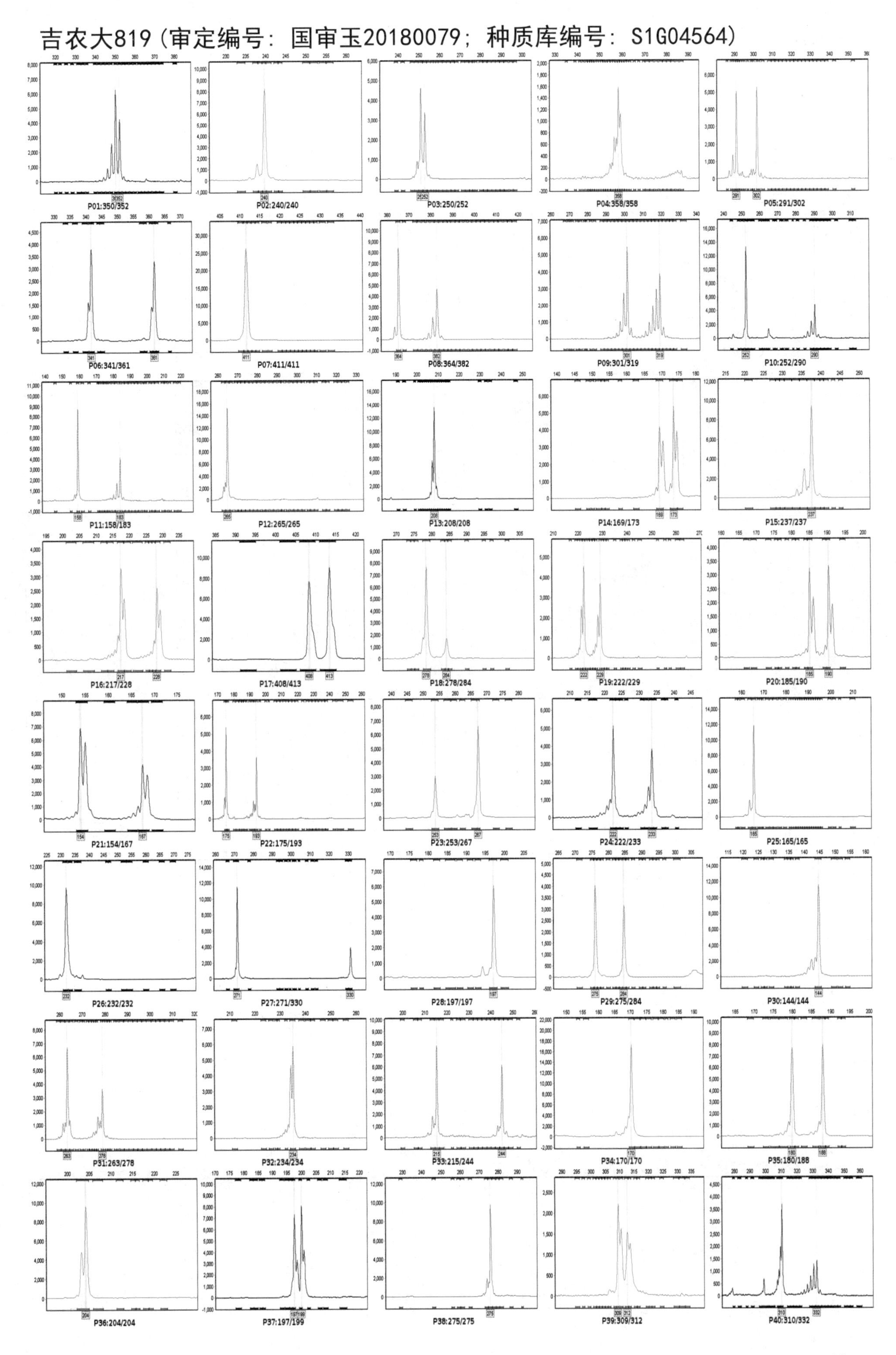
P01:350/352
P02:240/240
P03:250/252
P04:358/358
P05:291/302
P06:341/361
P07:411/411
P08:364/382
P09:301/319
P10:252/290
P11:158/183
P12:265/265
P13:208/208
P14:169/173
P15:237/237
P16:217/228
P17:408/413
P18:278/284
P19:222/229
P20:185/190
P21:154/167
P22:175/193
P23:253/267
P24:222/233
P25:165/165
P26:232/232
P27:271/330
P28:197/197
P29:275/284
P30:144/144
P31:263/278
P32:234/234
P33:215/244
P34:170/170
P35:180/188
P36:204/204
P37:197/199
P38:275/275
P39:309/312
P40:310/332

佳昌309（审定编号：国审玉20180080；种质库编号：S1G03478）

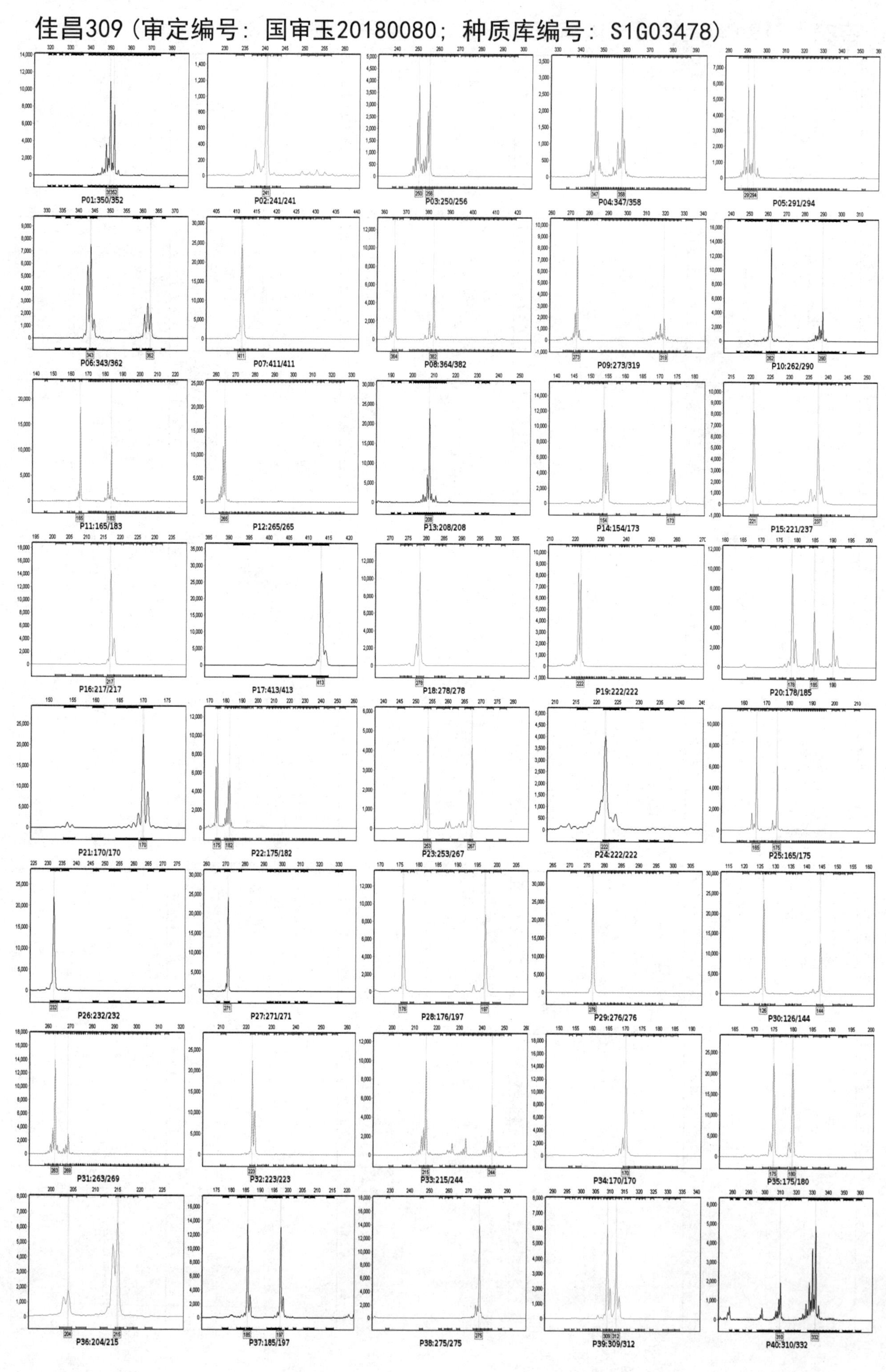
P01:350/352
P02:241/241
P03:250/256
P04:347/358
P05:291/294
P06:343/362
P07:411/411
P08:364/382
P09:273/319
P10:262/290
P11:165/183
P12:265/265
P13:208/208
P14:154/173
P15:221/237
P16:217/217
P17:413/413
P18:278/278
P19:222/222
P20:178/185
P21:170/170
P22:175/182
P23:253/267
P24:222/222
P25:165/175
P26:232/232
P27:271/271
P28:176/197
P29:276/276
P30:126/144
P31:263/269
P32:223/223
P33:215/244
P34:170/170
P35:175/180
P36:204/215
P37:185/197
P38:275/275
P39:309/312
P40:310/332

金诚12（审定编号：国审玉20180081；种质库编号：XIN20942）

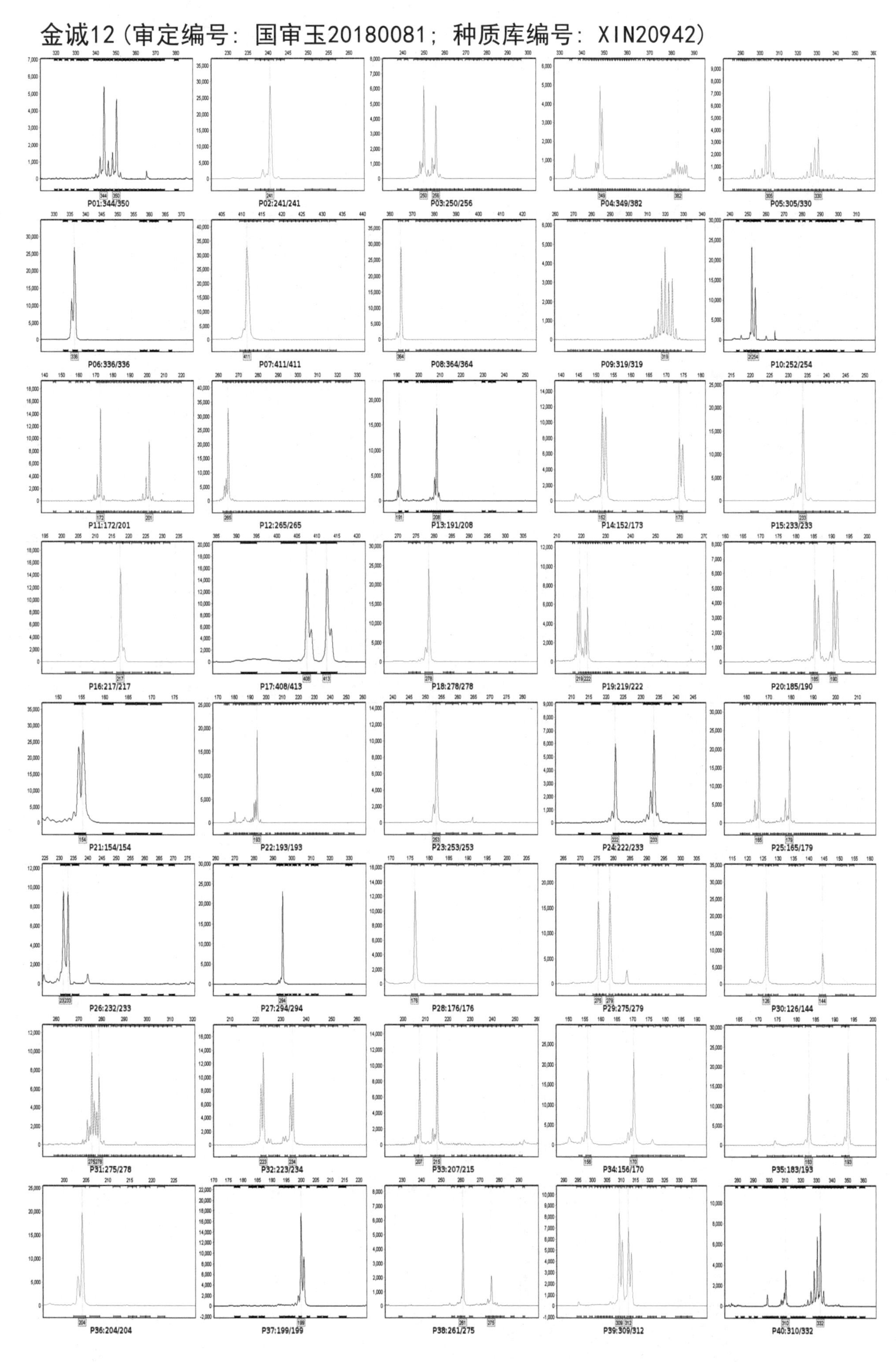
P01:344/350
P02:241/241
P03:250/256
P04:349/382
P05:305/330
P06:336/336
P07:411/411
P08:364/364
P09:319/319
P10:252/254
P11:172/201
P12:265/265
P13:191/208
P14:152/173
P15:233/233
P16:217/217
P17:408/413
P18:278/278
P19:219/222
P20:185/190
P21:154/154
P22:193/193
P23:253/253
P24:222/233
P25:165/179
P26:232/233
P27:294/294
P28:176/176
P29:275/279
P30:126/144
P31:275/278
P32:223/234
P33:207/215
P34:156/170
P35:183/193
P36:204/204
P37:199/199
P38:261/275
P39:309/312
P40:310/332

科玉15（审定编号：国审玉20180083；种质库编号：S1G05257）

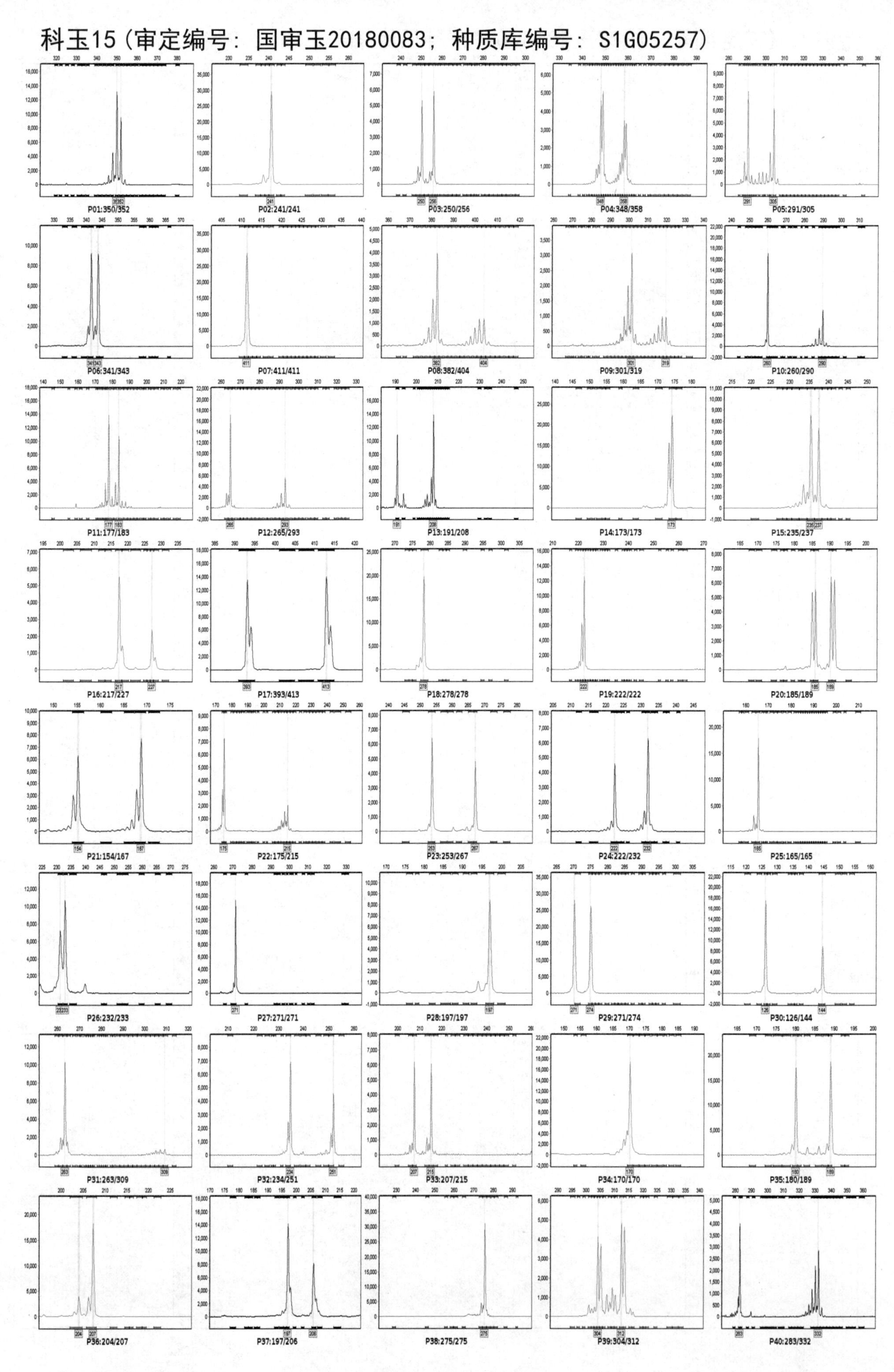
P01:350/352
P02:241/241
P03:250/256
P04:348/358
P05:291/305
P06:341/343
P07:411/411
P08:382/404
P09:301/319
P10:260/290
P11:177/183
P12:265/293
P13:191/208
P14:173/173
P15:235/237
P16:217/227
P17:393/413
P18:278/278
P19:222/222
P20:185/189
P21:154/167
P22:175/215
P23:253/267
P24:222/232
P25:165/165
P26:232/233
P27:271/271
P28:197/197
P29:271/274
P30:126/144
P31:263/309
P32:234/251
P33:207/215
P34:170/170
P35:180/189
P36:204/207
P37:197/206
P38:275/275
P39:304/312
P40:283/332

辽单575（审定编号：国审玉20180086；种质库编号：S1G06528）

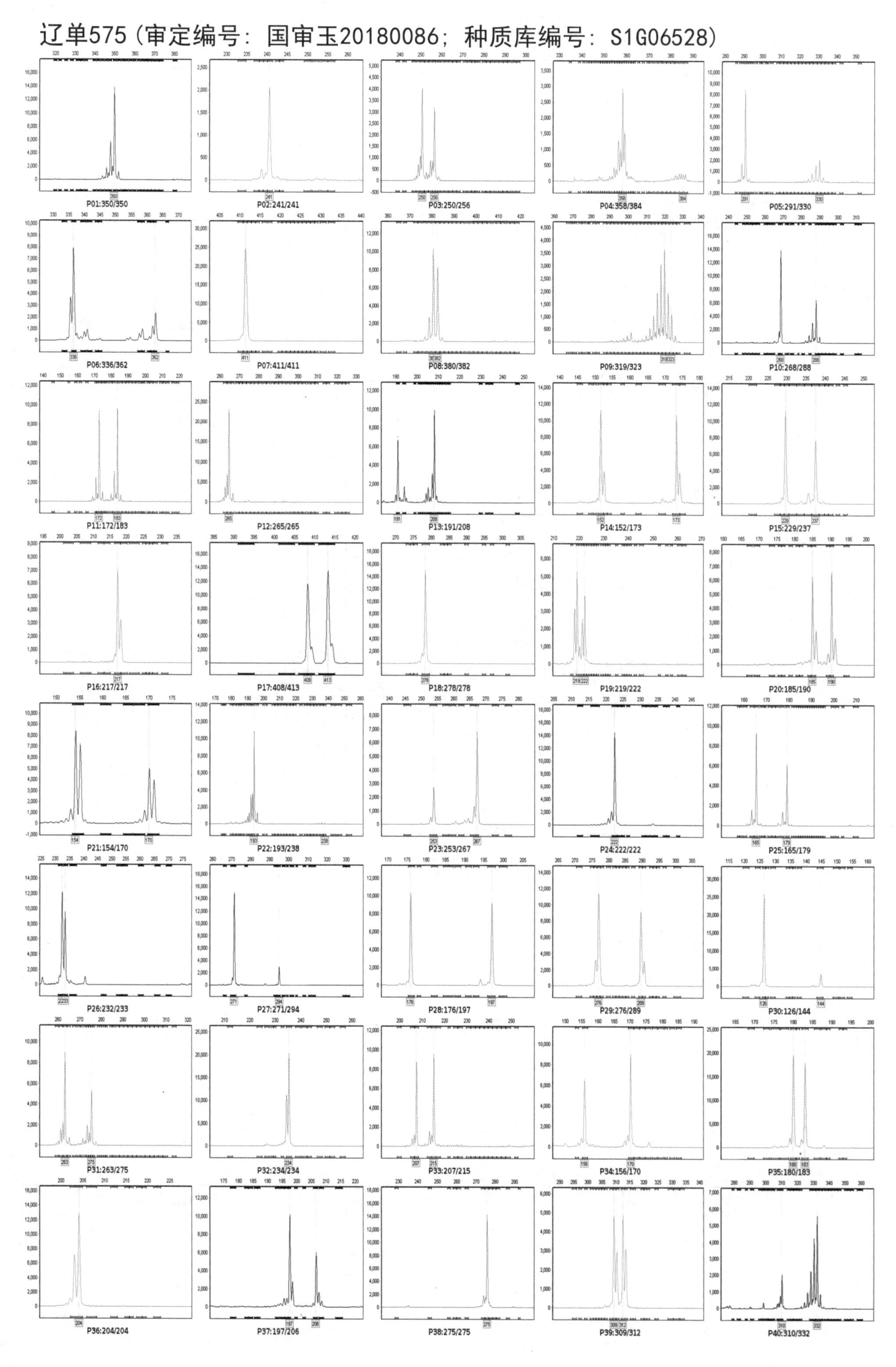
P01:350/350
P02:241/241
P03:250/256
P04:358/384
P05:291/330
P06:336/362
P07:411/411
P08:380/382
P09:319/323
P10:268/288
P11:172/183
P12:265/265
P13:191/208
P14:152/173
P15:229/237
P16:217/217
P17:408/413
P18:278/278
P19:219/222
P20:185/190
P21:154/170
P22:193/238
P23:253/267
P24:222/222
P25:165/179
P26:232/233
P27:271/294
P28:176/197
P29:276/289
P30:126/144
P31:263/275
P32:234/234
P33:207/215
P34:156/170
P35:180/183
P36:204/204
P37:197/206
P38:275/275
P39:309/312
P40:310/332

五谷635（审定编号：国审玉20180090；种质库编号：S1G04251）

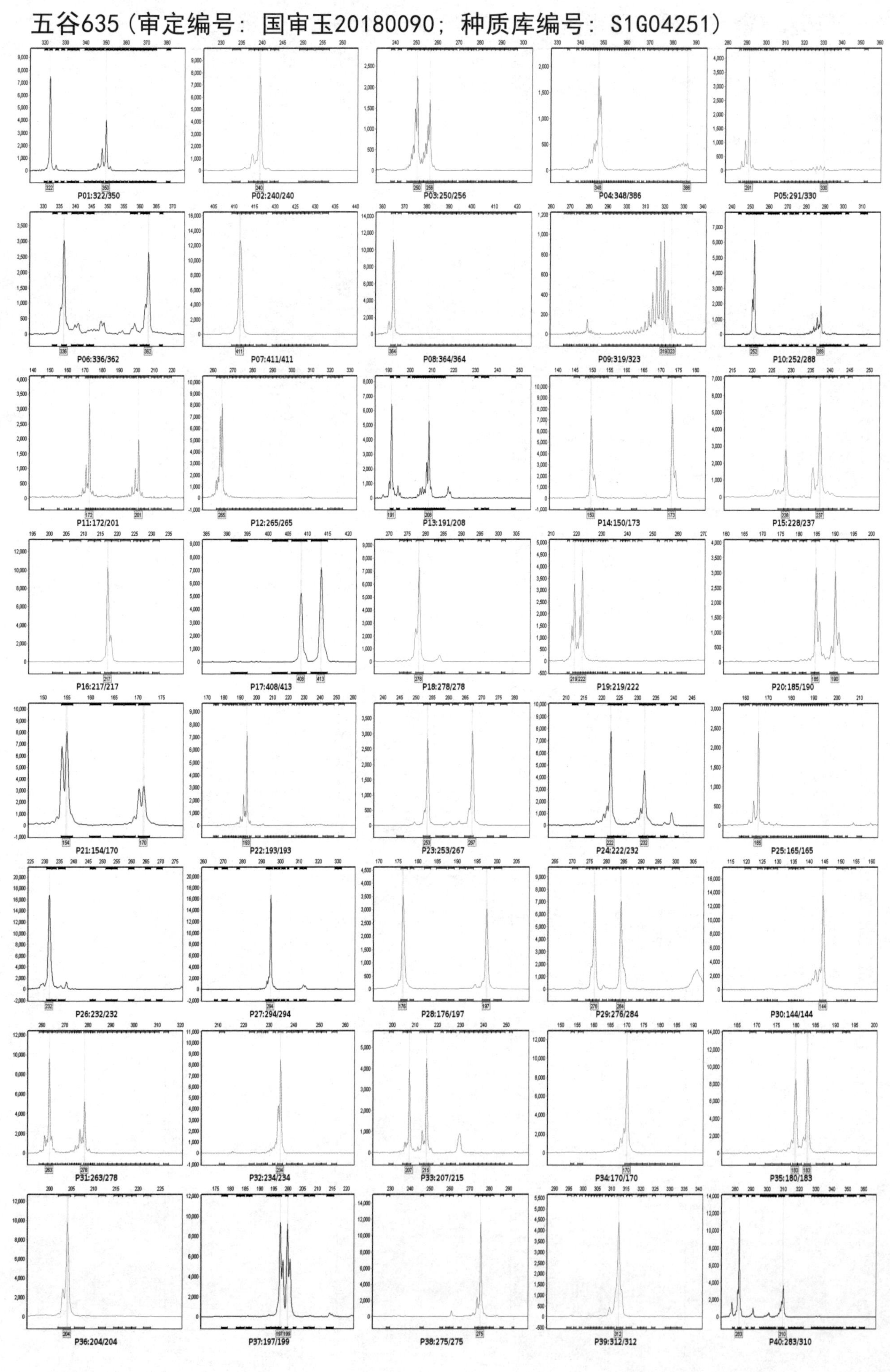

P01:322/350
P02:240/240
P03:250/256
P04:348/386
P05:291/330
P06:336/362
P07:411/411
P08:364/364
P09:319/323
P10:252/288
P11:172/201
P12:265/265
P13:191/208
P14:150/173
P15:228/237
P16:217/217
P17:408/413
P18:278/278
P19:219/222
P20:185/190
P21:154/170
P22:193/193
P23:253/267
P24:222/232
P25:165/165
P26:232/232
P27:294/294
P28:176/197
P29:276/284
P30:144/144
P31:263/278
P32:234/234
P33:207/215
P34:170/170
P35:180/183
P36:204/204
P37:197/199
P38:275/275
P39:312/312
P40:283/310

先玉1225（审定编号：国审玉20180092；种质库编号：S1G04817）

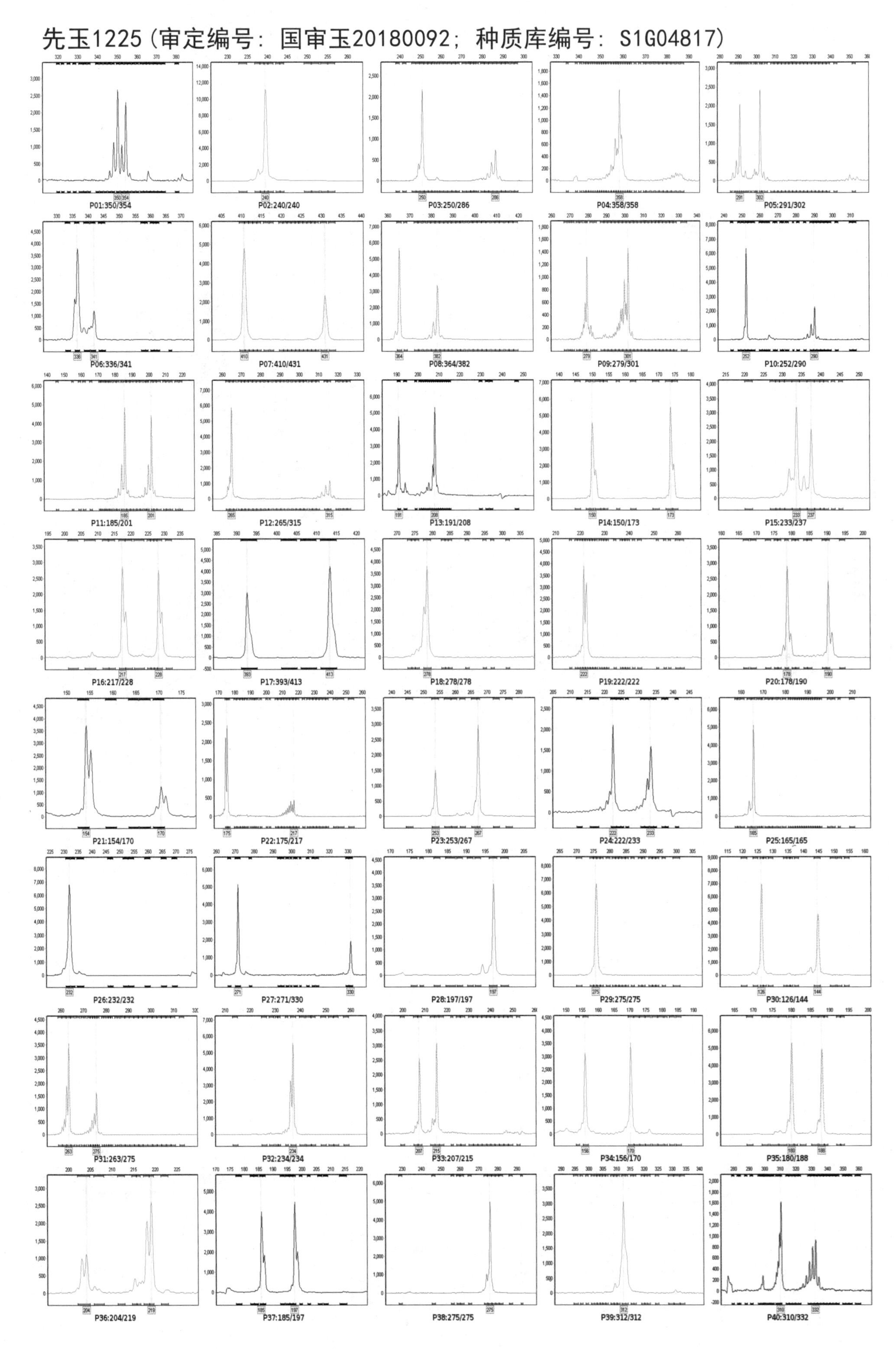
P01:350/354
P02:240/240
P03:250/286
P04:358/358
P05:291/302
P06:336/341
P07:410/431
P08:364/382
P09:279/301
P10:252/290
P11:185/201
P12:265/315
P13:191/208
P14:150/173
P15:233/237
P16:217/228
P17:393/413
P18:278/278
P19:222/222
P20:178/190
P21:154/170
P22:175/217
P23:253/267
P24:222/233
P25:165/165
P26:232/232
P27:271/330
P28:197/197
P29:275/275
P30:126/144
P31:263/275
P32:234/234
P33:207/215
P34:156/170
P35:180/188
P36:204/219
P37:185/197
P38:275/275
P39:312/312
P40:310/332

北青340（审定编号：国审玉20180106；种质库编号：XIN20940）

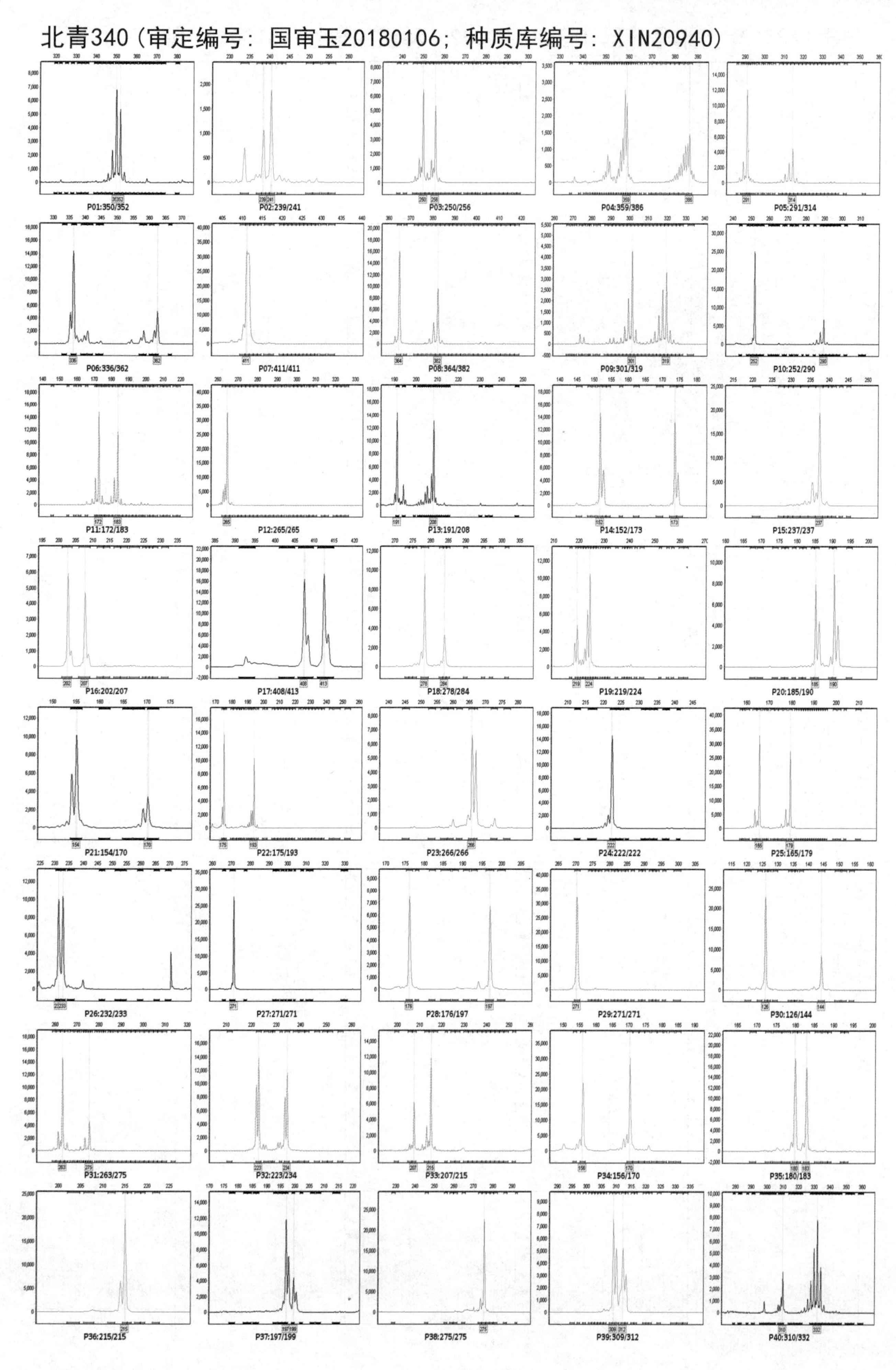

P01:350/352
P02:239/241
P03:250/256
P04:359/386
P05:291/314
P06:336/362
P07:411/411
P08:364/382
P09:301/319
P10:252/290
P11:172/183
P12:265/265
P13:191/208
P14:152/173
P15:237/237
P16:202/207
P17:408/413
P18:278/284
P19:219/224
P20:185/190
P21:154/170
P22:175/193
P23:266/266
P24:222/222
P25:165/179
P26:232/233
P27:271/271
P28:176/197
P29:271/271
P30:126/144
P31:263/275
P32:223/234
P33:207/215
P34:156/170
P35:180/183
P36:215/215
P37:197/199
P38:275/275
P39:309/312
P40:310/332

农华208（审定编号：国审玉20180114；种质库编号：XIN24456）

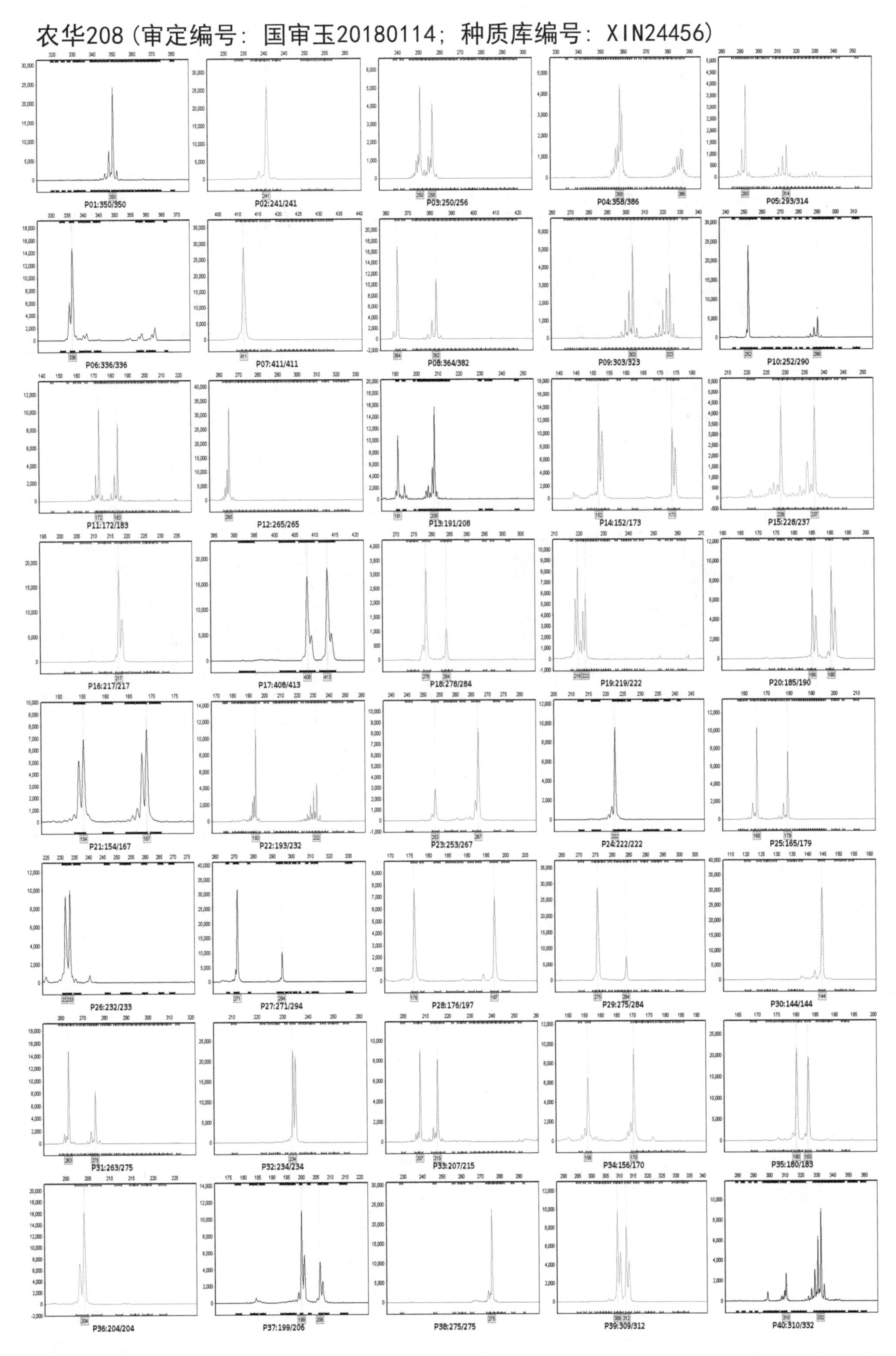

P01:350/350
P02:241/241
P03:250/256
P04:358/386
P05:293/314
P06:336/336
P07:411/411
P08:364/382
P09:303/323
P10:252/290
P11:172/183
P12:265/265
P13:191/208
P14:152/173
P15:228/237
P16:217/217
P17:408/413
P18:278/284
P19:219/222
P20:185/190
P21:154/167
P22:193/232
P23:253/267
P24:222/222
P25:165/179
P26:232/233
P27:271/294
P28:176/197
P29:275/284
P30:144/144
P31:263/275
P32:234/234
P33:207/215
P34:156/170
P35:180/183
P36:204/204
P37:199/206
P38:275/275
P39:309/312
P40:310/332

晟玉18（审定编号：国审玉20180115；种质库编号：S1G04880）

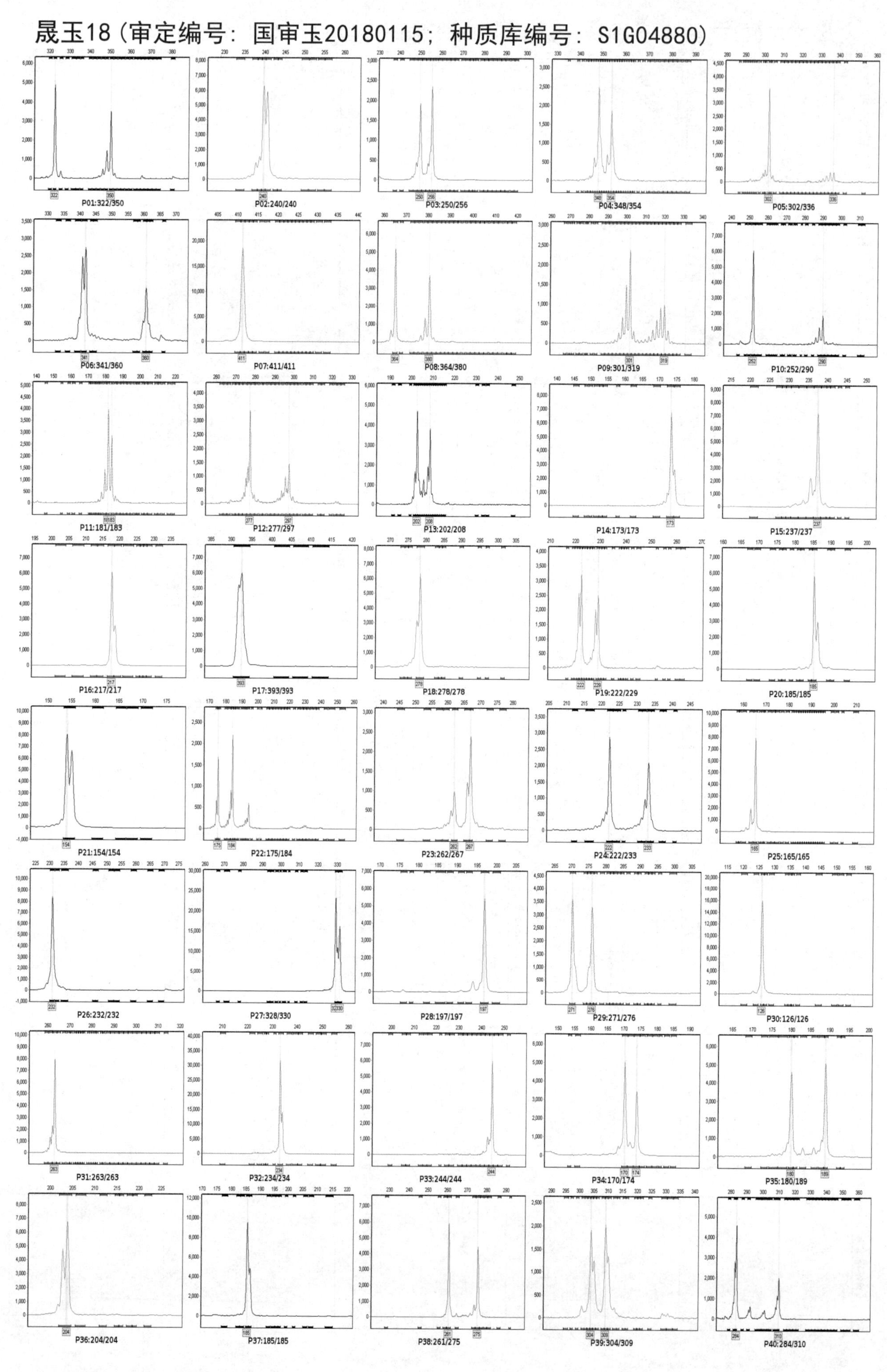
P01:322/350
P02:240/240
P03:250/256
P04:348/354
P05:302/336
P06:341/360
P07:411/411
P08:364/380
P09:301/319
P10:252/290
P11:181/183
P12:277/297
P13:202/208
P14:173/173
P15:237/237
P16:217/217
P17:393/393
P18:278/278
P19:222/229
P20:185/185
P21:154/154
P22:175/184
P23:262/267
P24:222/233
P25:165/165
P26:232/232
P27:328/330
P28:197/197
P29:271/276
P30:126/126
P31:263/263
P32:234/234
P33:244/244
P34:170/174
P35:180/189
P36:204/204
P37:185/185
P38:261/275
P39:304/309
P40:284/310

万盛69（审定编号：国审玉20180117；种质库编号：XIN21289）

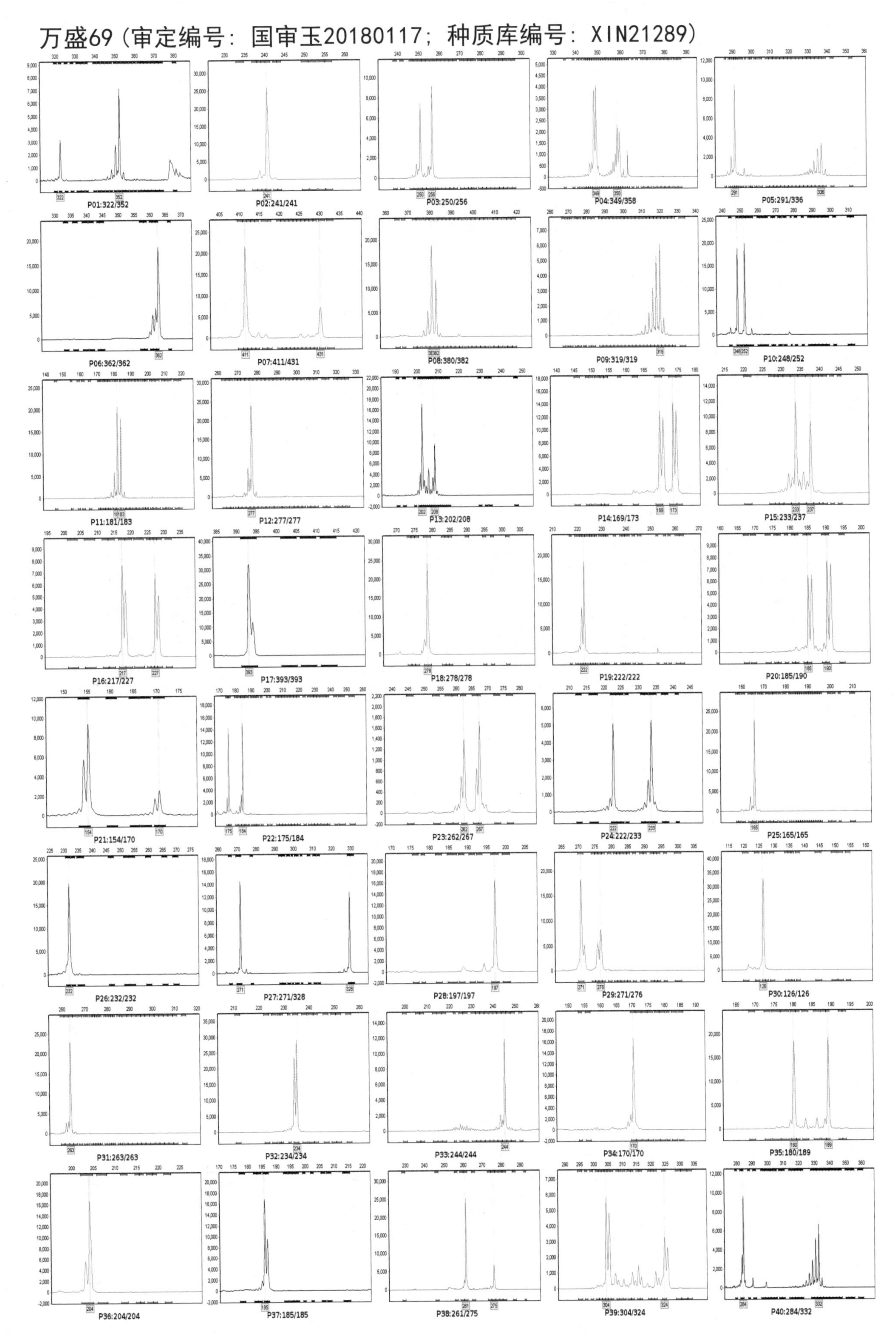
P01:322/352
P02:241/241
P03:250/256
P04:349/358
P05:291/336
P06:362/362
P07:411/431
P08:380/382
P09:319/319
P10:248/252
P11:181/183
P12:277/277
P13:202/208
P14:169/173
P15:233/237
P16:217/227
P17:393/393
P18:278/278
P19:222/222
P20:185/190
P21:154/170
P22:175/184
P23:262/267
P24:222/233
P25:165/165
P26:232/232
P27:271/328
P28:197/197
P29:271/276
P30:126/126
P31:263/263
P32:234/234
P33:244/244
P34:170/170
P35:180/189
P36:204/204
P37:185/185
P38:261/275
P39:304/324
P40:284/332

伟育2号（审定编号：国审玉20180118；种质库编号：S1G05487）

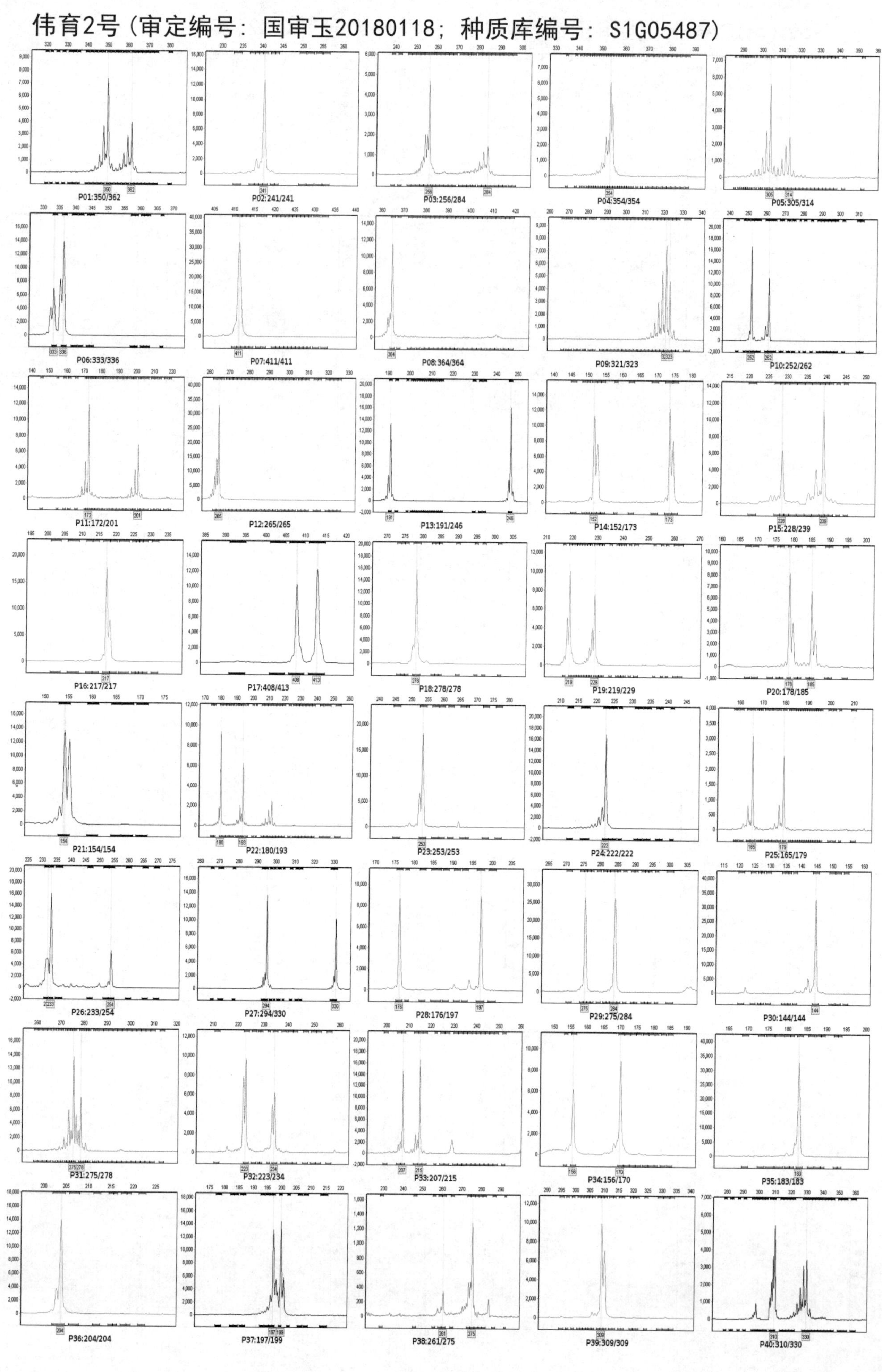
P01:350/362
P02:241/241
P03:256/284
P04:354/354
P05:305/314
P06:333/336
P07:411/411
P08:364/364
P09:321/323
P10:252/262
P11:172/201
P12:265/265
P13:191/246
P14:152/173
P15:228/239
P16:217/217
P17:408/413
P18:278/278
P19:219/229
P20:178/185
P21:154/154
P22:180/193
P23:253/253
P24:222/222
P25:165/179
P26:233/254
P27:294/330
P28:176/197
P29:275/284
P30:144/144
P31:275/278
P32:223/234
P33:207/215
P34:156/170
P35:183/183
P36:204/204
P37:197/199
P38:261/275
P39:309/309
P40:310/330

先玉1140（审定编号：国审玉20180119；种质库编号：S1G04884）

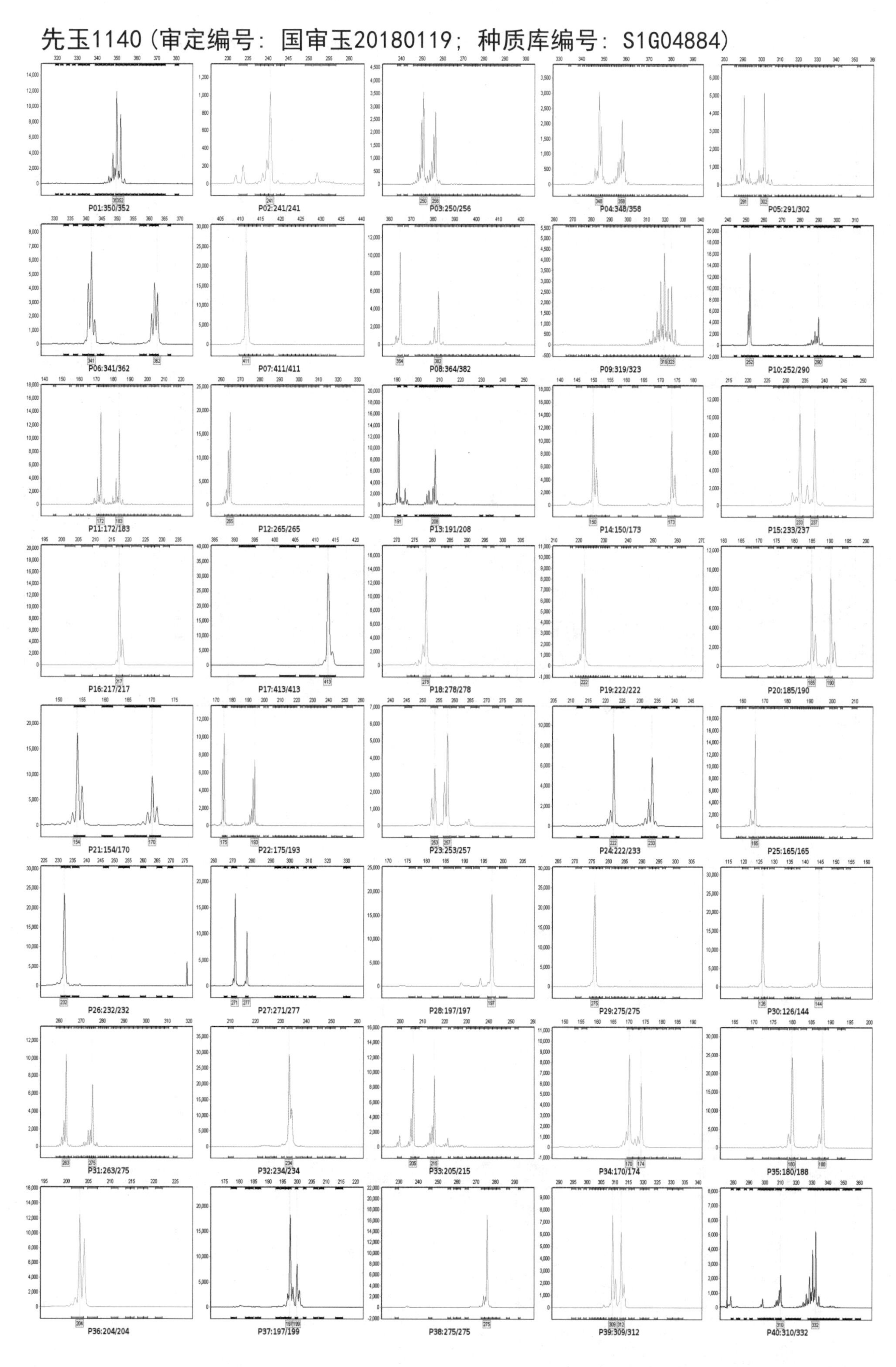

P01:350/352
P02:241/241
P03:250/256
P04:348/358
P05:291/302
P06:341/362
P07:411/411
P08:364/382
P09:319/323
P10:252/290
P11:172/183
P12:265/265
P13:191/208
P14:150/173
P15:233/237
P16:217/217
P17:413/413
P18:278/278
P19:222/222
P20:185/190
P21:154/170
P22:175/193
P23:253/257
P24:222/233
P25:165/165
P26:232/232
P27:271/277
P28:197/197
P29:275/275
P30:126/144
P31:263/275
P32:234/234
P33:205/215
P34:170/174
P35:180/188
P36:204/204
P37:197/199
P38:275/275
P39:309/312
P40:310/332

先玉1321（审定编号：国审玉20180125；种质库编号：XIN21220）

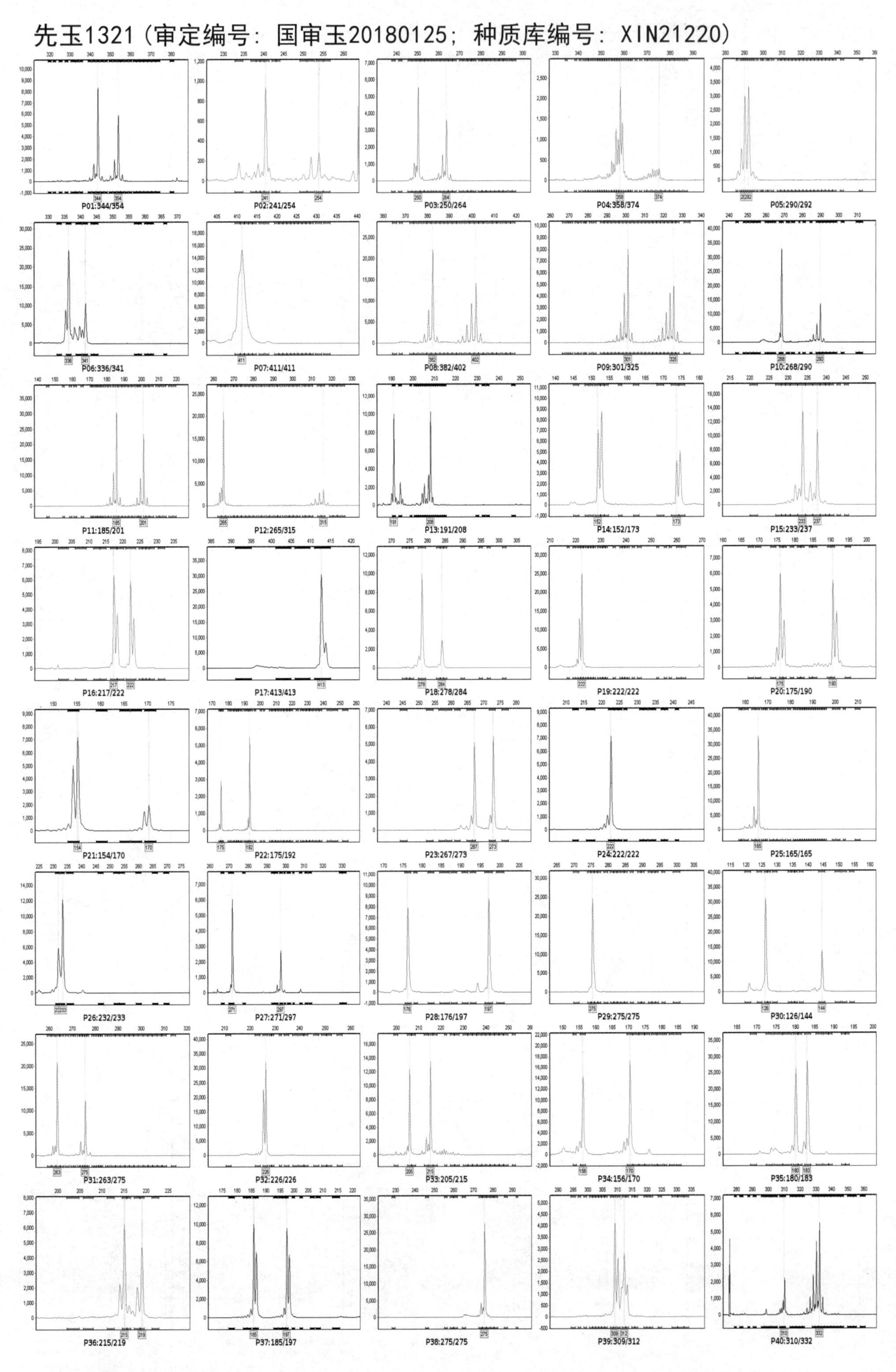

P01:344/354
P02:241/254
P03:250/264
P04:358/374
P05:290/292
P06:336/341
P07:411/411
P08:382/402
P09:301/325
P10:268/290
P11:185/201
P12:265/315
P13:191/208
P14:152/173
P15:233/237
P16:217/222
P17:413/413
P18:278/284
P19:222/222
P20:175/190
P21:154/170
P22:175/192
P23:267/273
P24:222/222
P25:165/165
P26:232/233
P27:271/297
P28:176/197
P29:275/275
P30:126/144
P31:263/275
P32:226/226
P33:205/215
P34:156/170
P35:180/183
P36:215/219
P37:185/197
P38:275/275
P39:309/312
P40:310/332

高科玉138（审定编号：国审玉20180128；种质库编号：S1G05576）

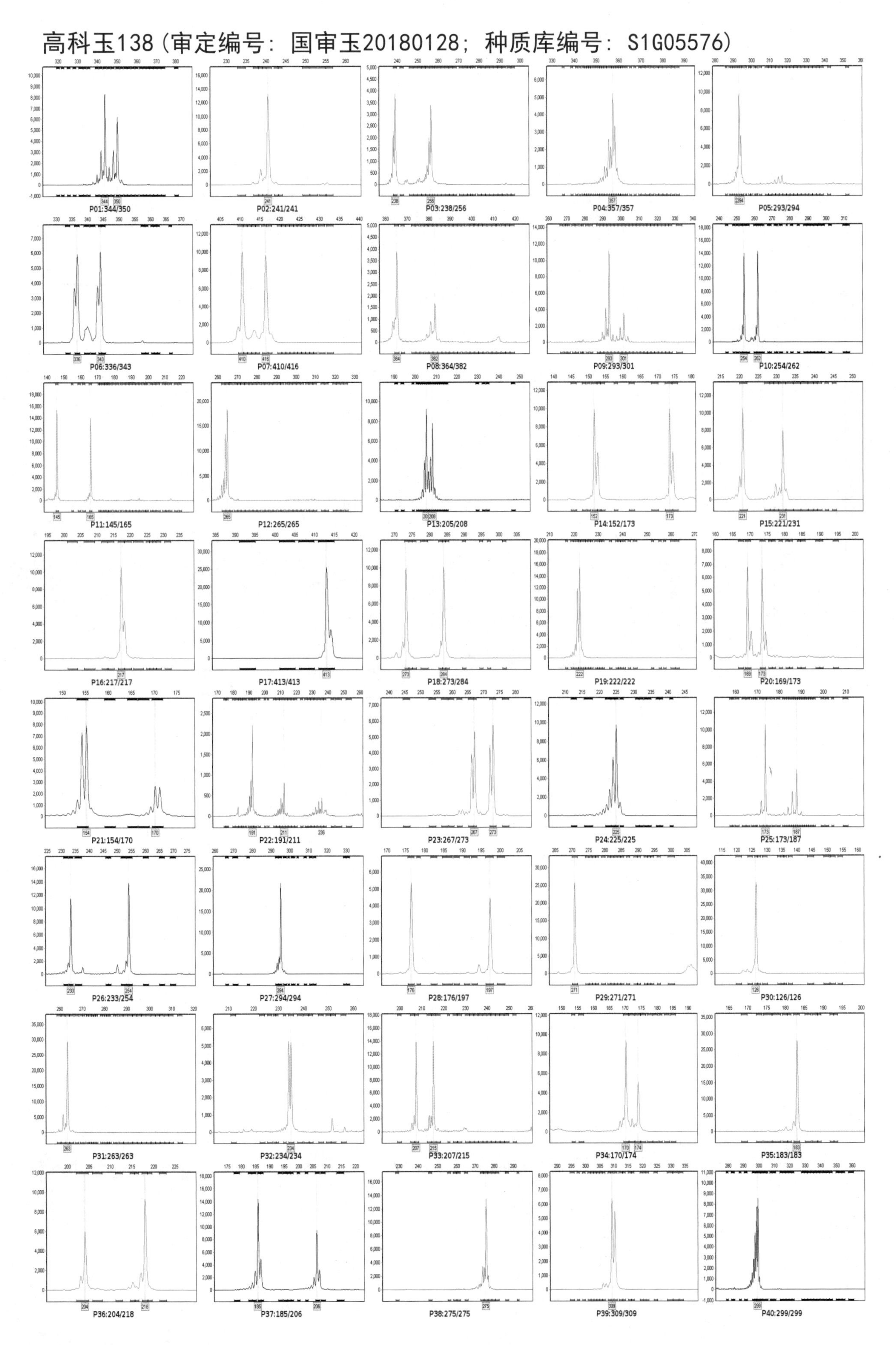
P01:344/350
P02:241/241
P03:238/256
P04:357/357
P05:293/294
P06:336/343
P07:410/416
P08:364/382
P09:293/301
P10:254/262
P11:145/165
P12:265/265
P13:205/208
P14:152/173
P15:221/231
P16:217/217
P17:413/413
P18:273/284
P19:222/222
P20:169/173
P21:154/170
P22:191/211
P23:267/273
P24:225/225
P25:173/187
P26:233/254
P27:294/294
P28:176/197
P29:271/271
P30:126/126
P31:263/263
P32:234/234
P33:207/215
P34:170/174
P35:183/183
P36:204/218
P37:185/206
P38:275/275
P39:309/309
P40:299/299

华玉12（审定编号：国审玉20180131；种质库编号：S1G03638）

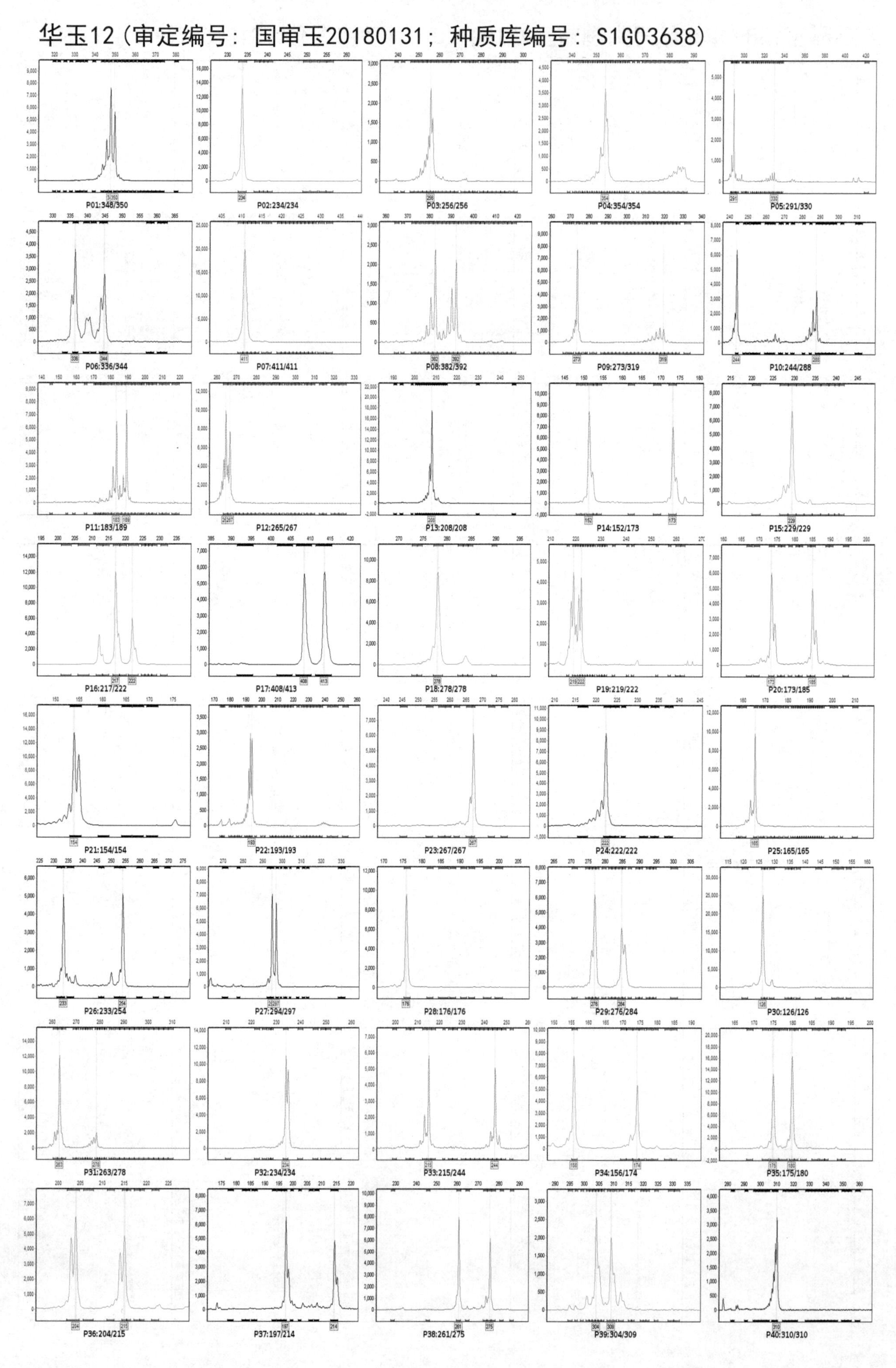
P01:348/350
P02:234/234
P03:256/256
P04:354/354
P05:291/330
P06:336/344
P07:411/411
P08:382/392
P09:273/319
P10:244/288
P11:183/189
P12:265/267
P13:208/208
P14:152/173
P15:229/229
P16:217/222
P17:408/413
P18:278/278
P19:219/222
P20:173/185
P21:154/154
P22:193/193
P23:267/267
P24:222/222
P25:165/165
P26:233/254
P27:294/297
P28:176/176
P29:276/284
P30:126/126
P31:263/278
P32:234/234
P33:215/244
P34:156/174
P35:175/180
P36:204/215
P37:197/214
P38:261/275
P39:304/309
P40:310/310

垦玉999（审定编号：国审玉20180140；种质库编号：XIN25559）

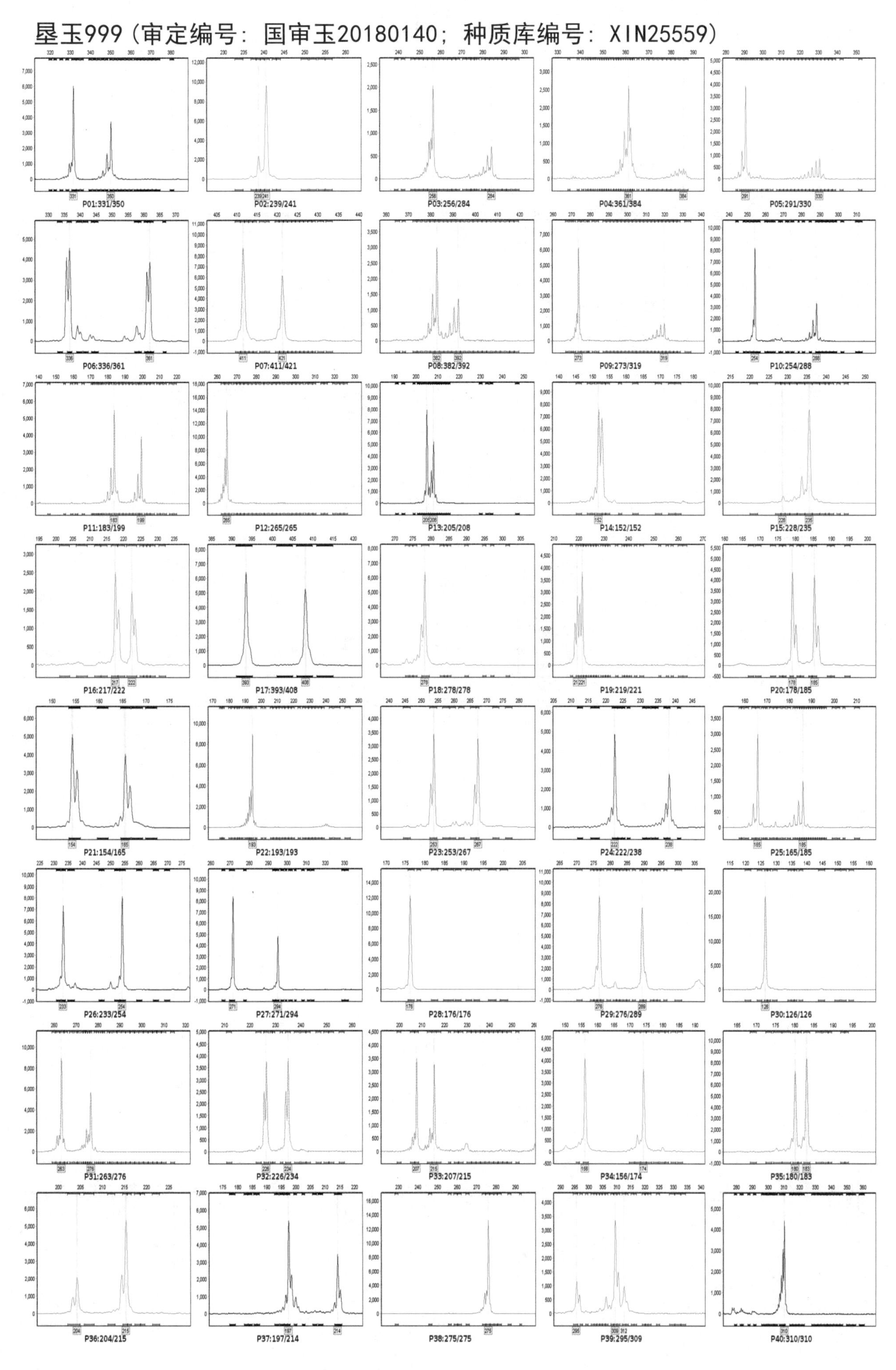
P01:331/350
P02:239/241
P03:256/284
P04:361/384
P05:291/330
P06:336/361
P07:411/421
P08:382/392
P09:273/319
P10:254/288
P11:183/199
P12:265/265
P13:205/208
P14:152/152
P15:228/235
P16:217/222
P17:393/408
P18:278/278
P19:219/221
P20:178/185
P21:154/165
P22:193/193
P23:253/267
P24:222/238
P25:165/185
P26:233/254
P27:271/294
P28:176/176
P29:276/289
P30:126/126
P31:263/276
P32:226/234
P33:207/215
P34:156/174
P35:180/183
P36:204/215
P37:197/214
P38:275/275
P39:295/309
P40:310/310

青青700（审定编号：国审玉20180143；种质库编号：S1G04788）

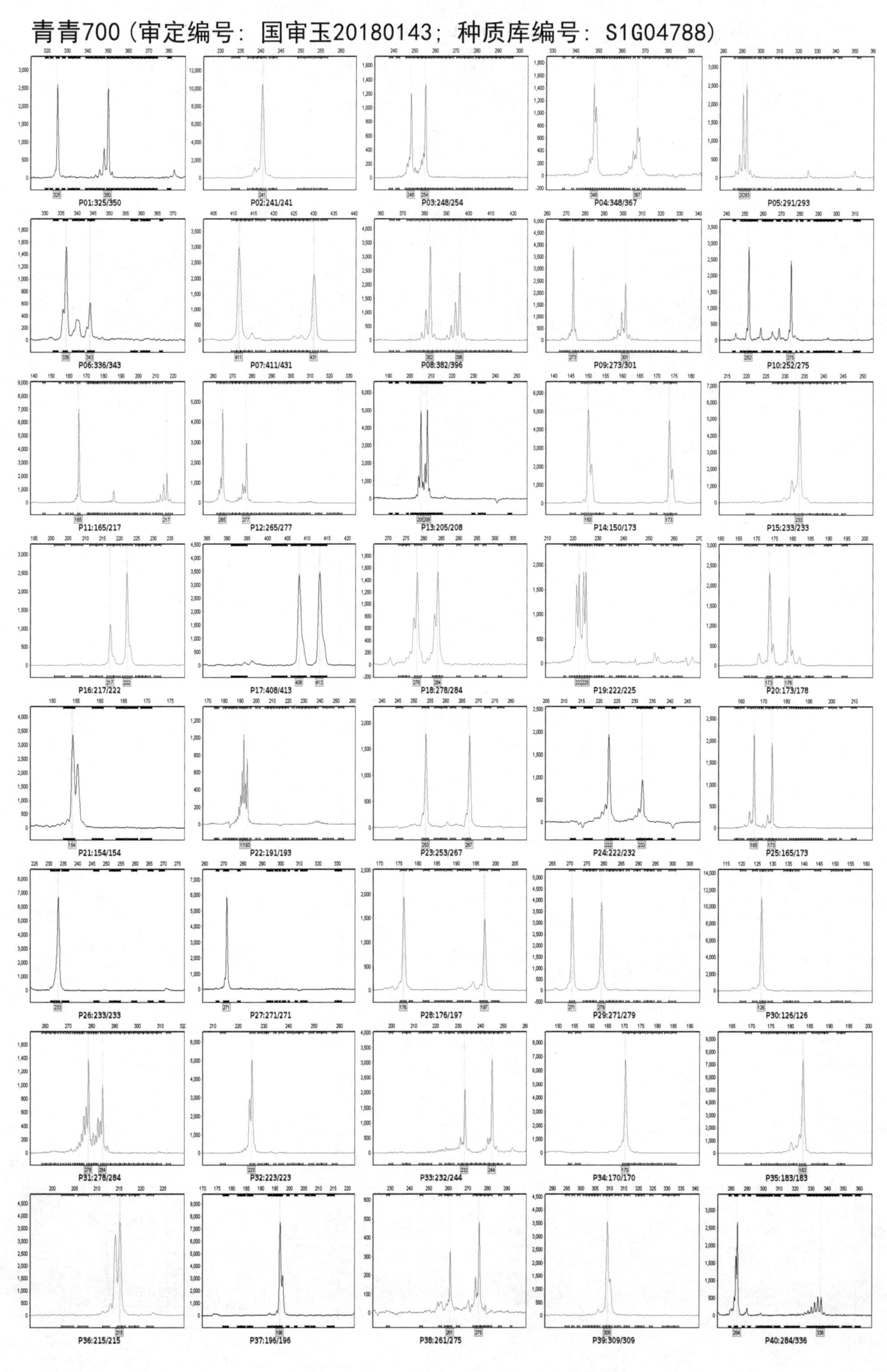
P01:325/350
P02:241/241
P03:248/254
P04:348/367
P05:291/293
P06:336/343
P07:411/431
P08:382/396
P09:273/301
P10:252/275
P11:165/217
P12:265/277
P13:205/208
P14:150/173
P15:233/233
P16:217/222
P17:408/413
P18:278/284
P19:222/225
P20:173/178
P21:154/154
P22:191/193
P23:253/267
P24:222/232
P25:165/173
P26:233/233
P27:271/271
P28:176/197
P29:271/279
P30:126/126
P31:278/284
P32:223/223
P33:232/244
P34:170/170
P35:183/183
P36:215/215
P37:196/196
P38:261/275
P39:309/309
P40:284/336

雅玉988（审定编号：国审玉20180145；种质库编号：XIN20446）

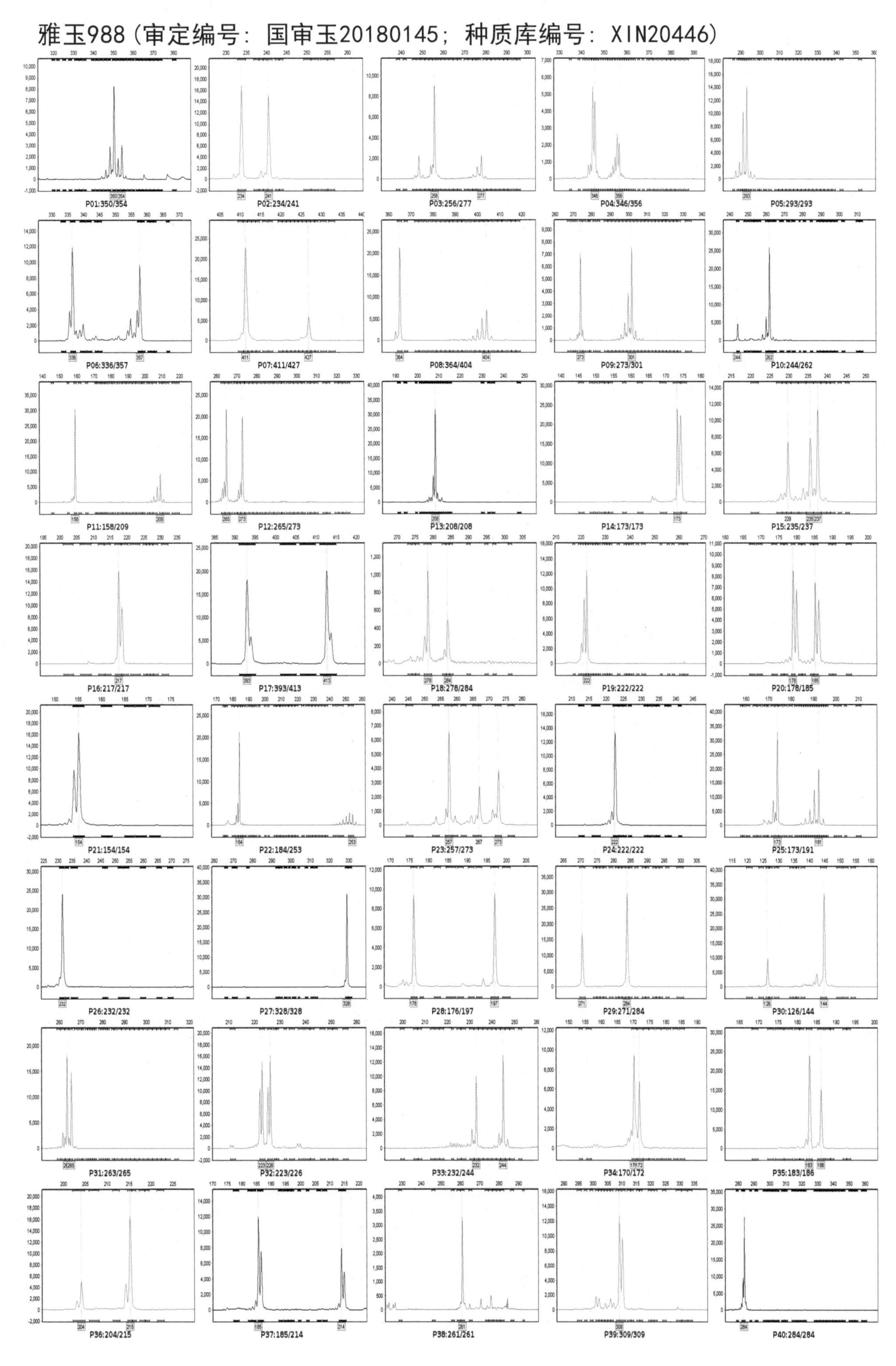

P01:350/354
P02:234/241
P03:256/277
P04:346/356
P05:293/293
P06:336/357
P07:411/427
P08:364/404
P09:273/301
P10:244/262
P11:158/209
P12:265/273
P13:208/208
P14:173/173
P15:235/237
P16:217/217
P17:393/413
P18:278/284
P19:222/222
P20:178/185
P21:154/154
P22:184/253
P23:257/273
P24:222/222
P25:173/191
P26:232/232
P27:328/328
P28:176/197
P29:271/284
P30:126/144
P31:263/265
P32:223/226
P33:232/244
P34:170/172
P35:183/186
P36:204/215
P37:185/214
P38:261/261
P39:309/309
P40:284/284

密花甜糯3号（审定编号：国审玉20180153；种质库编号：XIN20499）

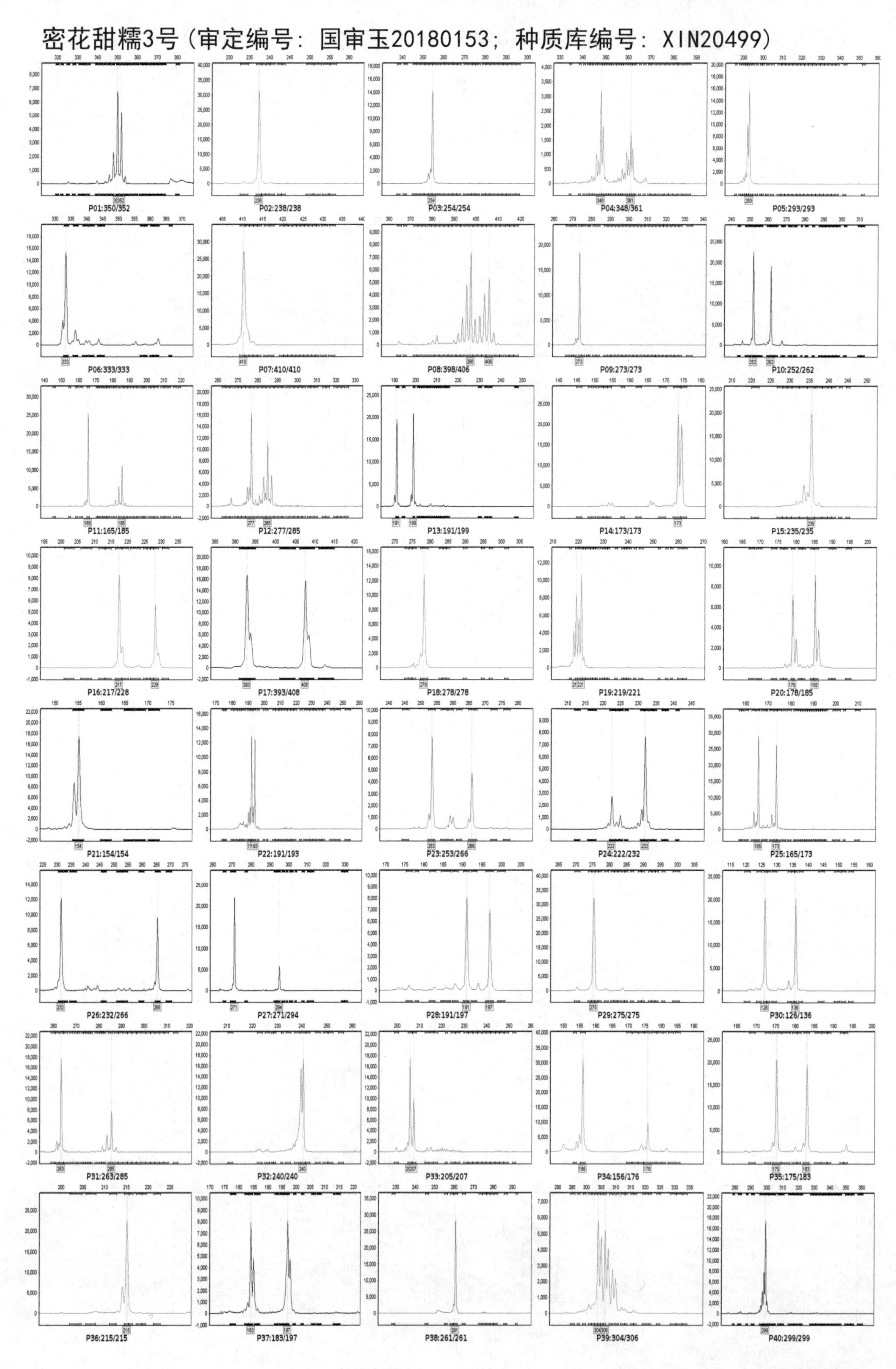
P01:350/352
P02:238/238
P03:254/254
P04:348/361
P05:293/293
P06:333/333
P07:410/410
P08:398/406
P09:273/273
P10:252/262
P11:165/185
P12:277/285
P13:191/199
P14:173/173
P15:235/235
P16:217/228
P17:393/408
P18:278/278
P19:219/221
P20:178/185
P21:154/154
P22:191/193
P23:253/266
P24:222/232
P25:165/173
P26:232/266
P27:271/294
P28:191/197
P29:275/275
P30:126/136
P31:263/285
P32:240/240
P33:205/207
P34:156/176
P35:175/183
P36:215/215
P37:183/197
P38:261/261
P39:304/306
P40:299/299

斯达糯38（审定编号：国审玉20180154；种质库编号：S1G06201）

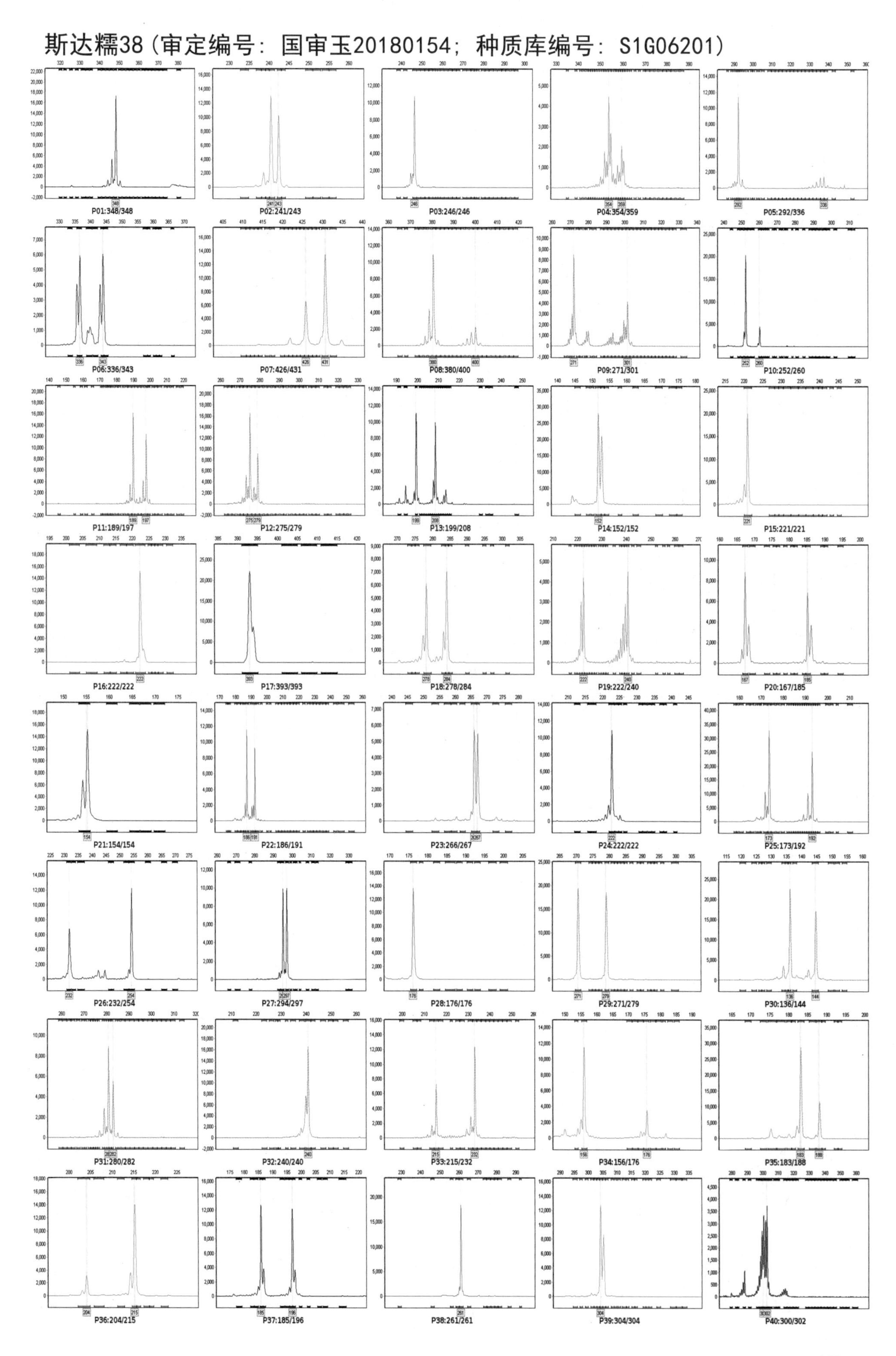
P01:348/348
P02:241/243
P03:246/246
P04:354/359
P05:292/336
P06:336/343
P07:426/431
P08:380/400
P09:271/301
P10:252/260
P11:189/197
P12:275/279
P13:199/208
P14:152/152
P15:221/221
P16:222/222
P17:393/393
P18:278/284
P19:222/240
P20:167/185
P21:154/154
P22:186/191
P23:266/267
P24:222/222
P25:173/192
P26:232/254
P27:294/297
P28:176/176
P29:271/279
P30:136/144
P31:280/282
P32:240/240
P33:215/232
P34:156/176
P35:183/188
P36:204/215
P37:185/196
P38:261/261
P39:304/304
P40:300/302

BM800（审定编号：国审玉20180156；种质库编号：S1G05459）

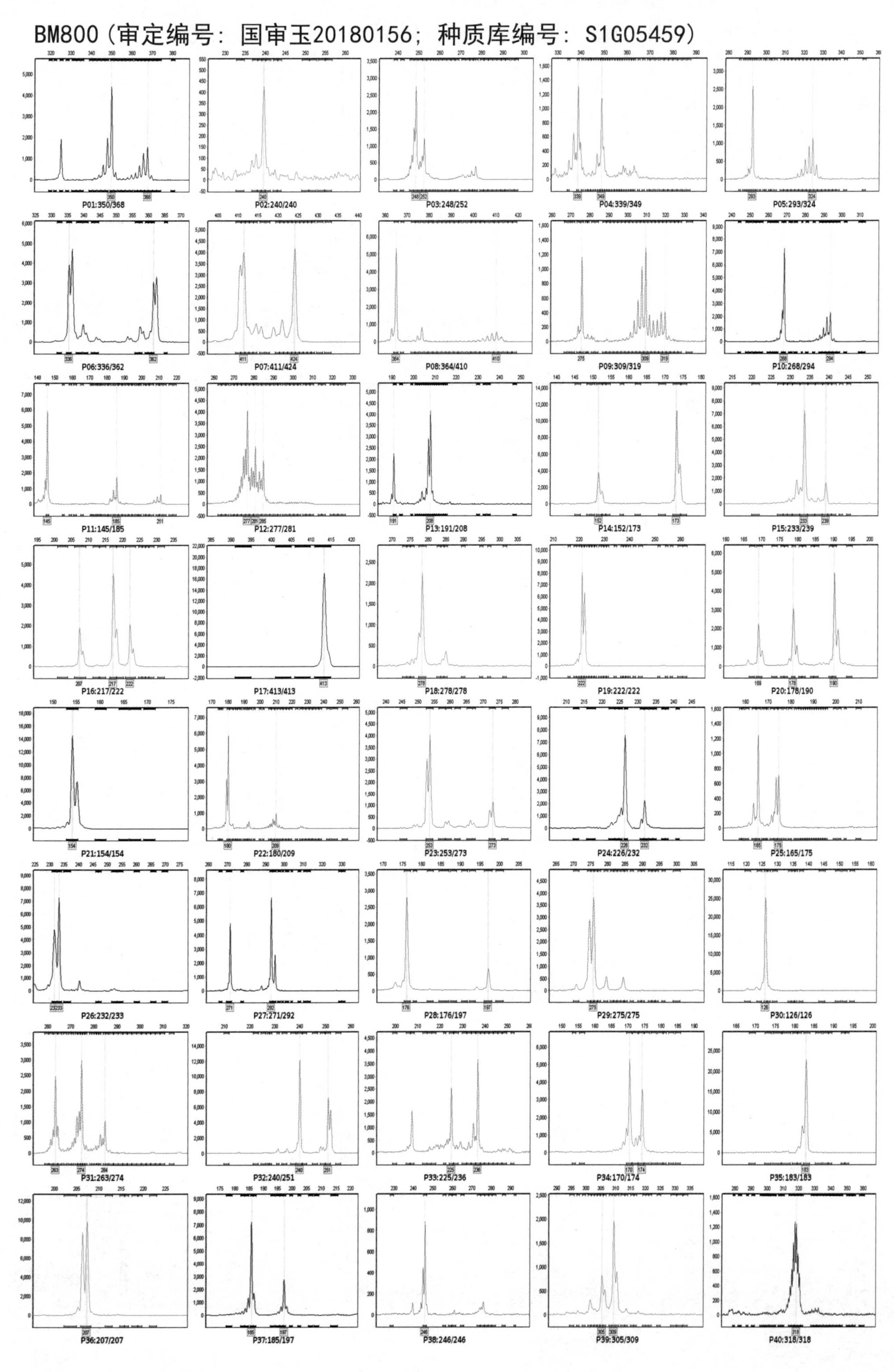

P01:350/368
P02:240/240
P03:248/252
P04:339/349
P05:293/324
P06:336/362
P07:411/424
P08:364/410
P09:309/319
P10:268/294
P11:145/185
P12:277/281
P13:191/208
P14:152/173
P15:233/239
P16:217/222
P17:413/413
P18:278/278
P19:222/222
P20:178/190
P21:154/154
P22:180/209
P23:253/273
P24:226/232
P25:165/175
P26:232/233
P27:271/292
P28:176/197
P29:275/275
P30:126/126
P31:263/274
P32:240/251
P33:225/236
P34:170/174
P35:183/183
P36:207/207
P37:185/197
P38:246/246
P39:305/309
P40:318/318

双甜318（审定编号：国审玉20180157；种质库编号：S1G05172）

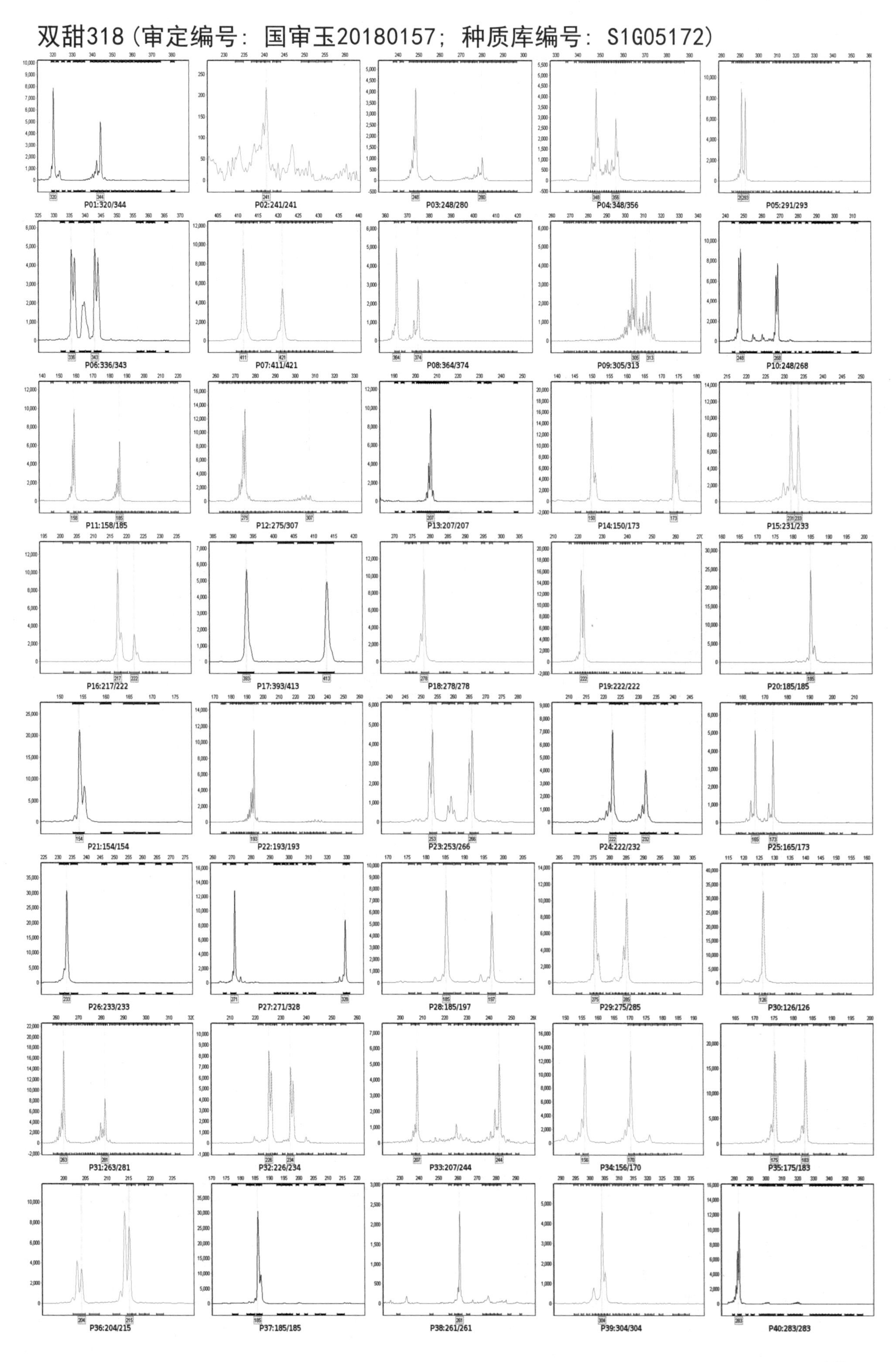
P01:320/344
P02:241/241
P03:248/280
P04:348/356
P05:291/293
P06:336/343
P07:411/421
P08:364/374
P09:305/313
P10:248/268
P11:158/185
P12:275/307
P13:207/207
P14:150/173
P15:231/233
P16:217/222
P17:393/413
P18:278/278
P19:222/222
P20:185/185
P21:154/154
P22:193/193
P23:253/266
P24:222/232
P25:165/173
P26:233/233
P27:271/328
P28:185/197
P29:275/285
P30:126/126
P31:263/281
P32:226/234
P33:207/244
P34:156/170
P35:175/183
P36:204/215
P37:185/185
P38:261/261
P39:304/304
P40:283/283

天贵糯932（审定编号：国审玉20180165；种质库编号：XIN27614）

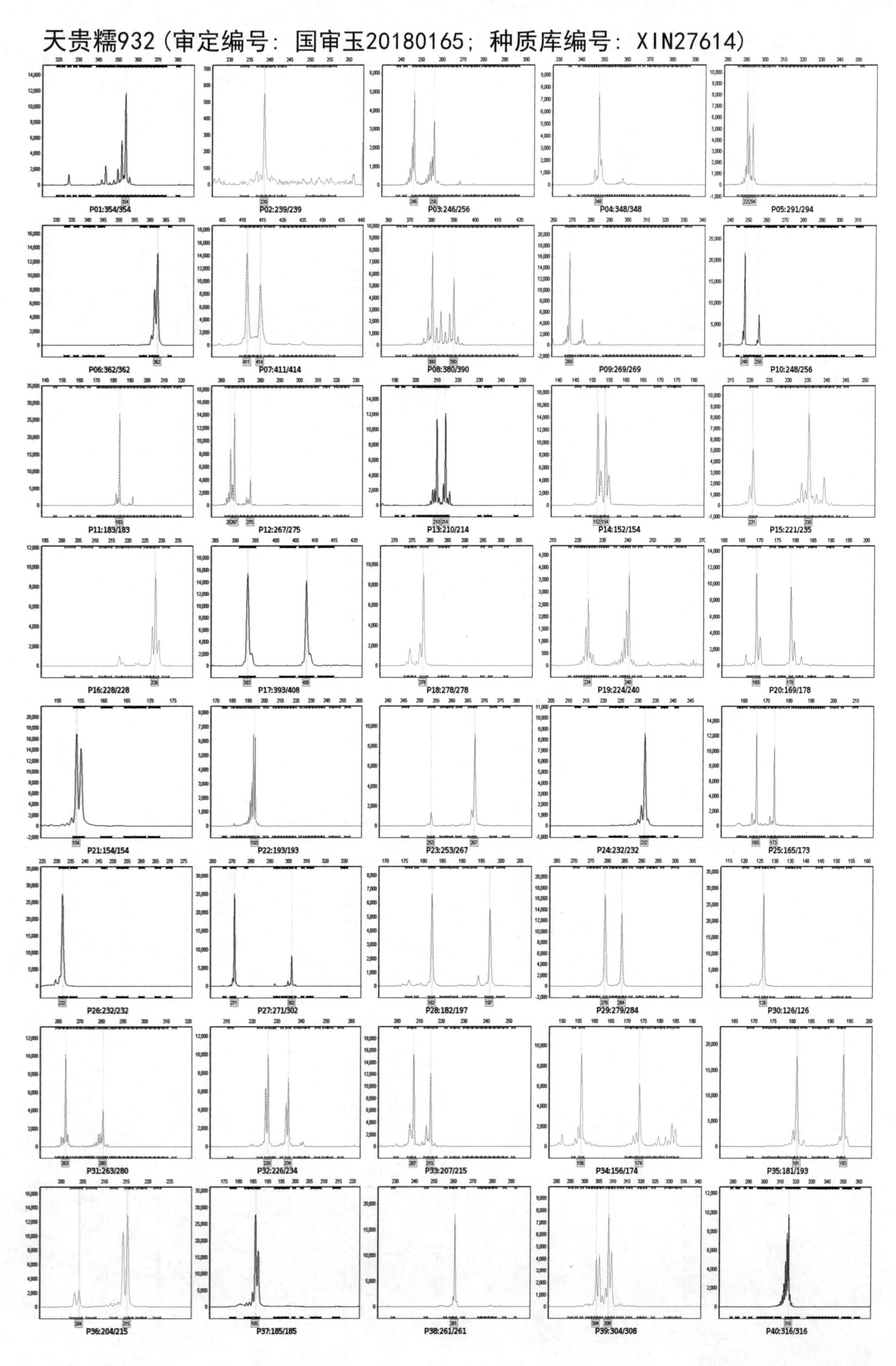

P01:354/354
P02:239/239
P03:246/256
P04:348/348
P05:291/294
P06:362/362
P07:411/414
P08:380/390
P09:269/269
P10:248/256
P11:183/183
P12:267/275
P13:210/214
P14:152/154
P15:221/235
P16:228/228
P17:393/408
P18:278/278
P19:224/240
P20:169/178
P21:154/154
P22:193/193
P23:253/267
P24:232/232
P25:165/173
P26:232/232
P27:271/302
P28:182/197
P29:279/284
P30:126/126
P31:263/280
P32:226/234
P33:207/215
P34:156/174
P35:181/193
P36:204/215
P37:185/185
P38:261/261
P39:304/308
P40:316/316

泰鲜甜1号（审定编号：国审玉20180171；种质库编号：XIN24427）

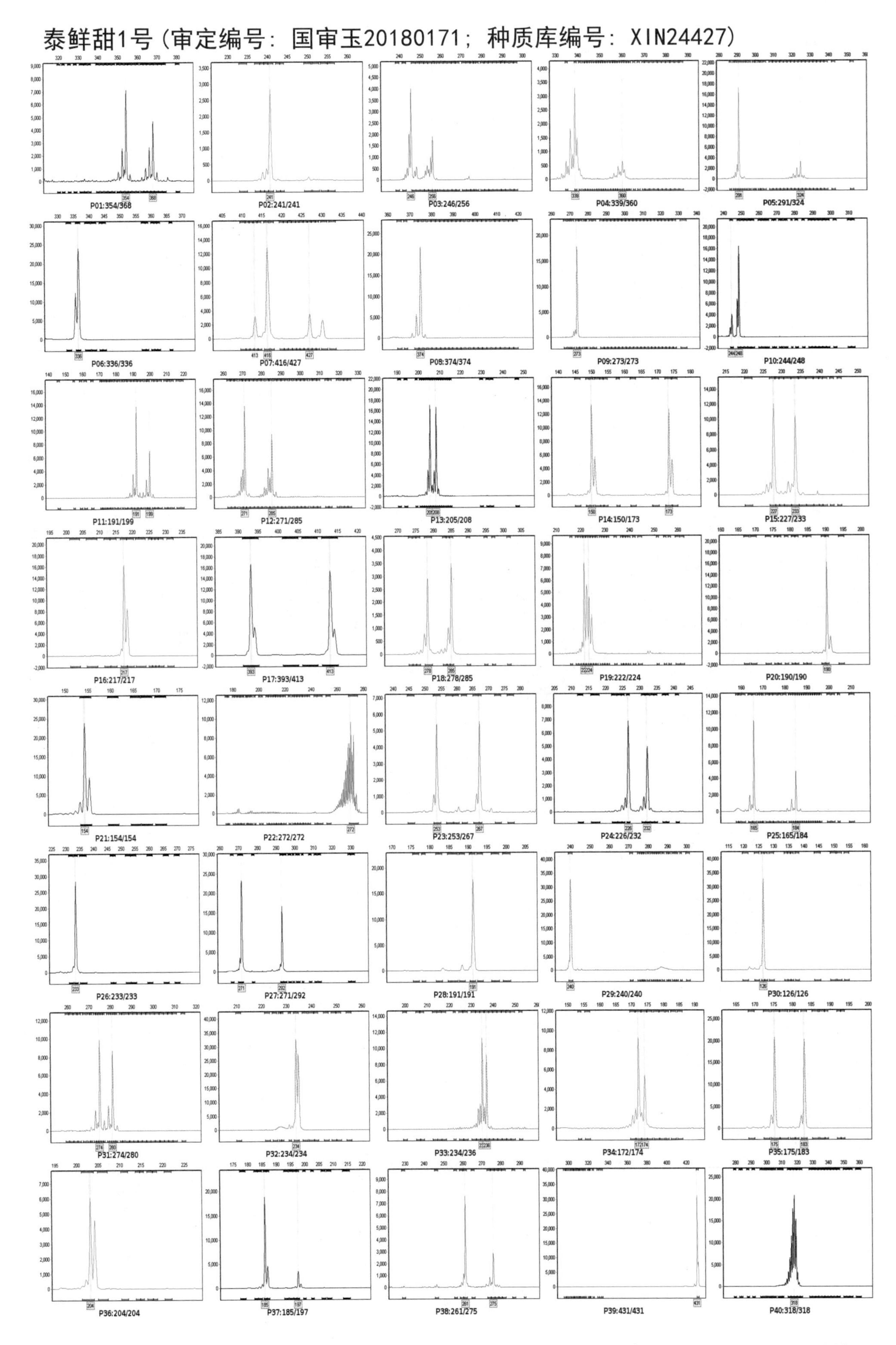
P01:354/368
P02:241/241
P03:246/256
P04:339/360
P05:291/324
P06:336/336
P07:416/427
P08:374/374
P09:273/273
P10:244/248
P11:191/199
P12:271/285
P13:205/208
P14:150/173
P15:227/233
P16:217/217
P17:393/413
P18:278/285
P19:222/224
P20:190/190
P21:154/154
P22:272/272
P23:253/267
P24:226/232
P25:165/184
P26:233/233
P27:271/292
P28:191/191
P29:240/240
P30:126/126
P31:274/280
P32:234/234
P33:234/236
P34:172/174
P35:175/183
P36:204/204
P37:185/197
P38:261/275
P39:431/431
P40:318/318

北农青贮368（审定编号：国审玉20180175；种质库编号：S1G05079）

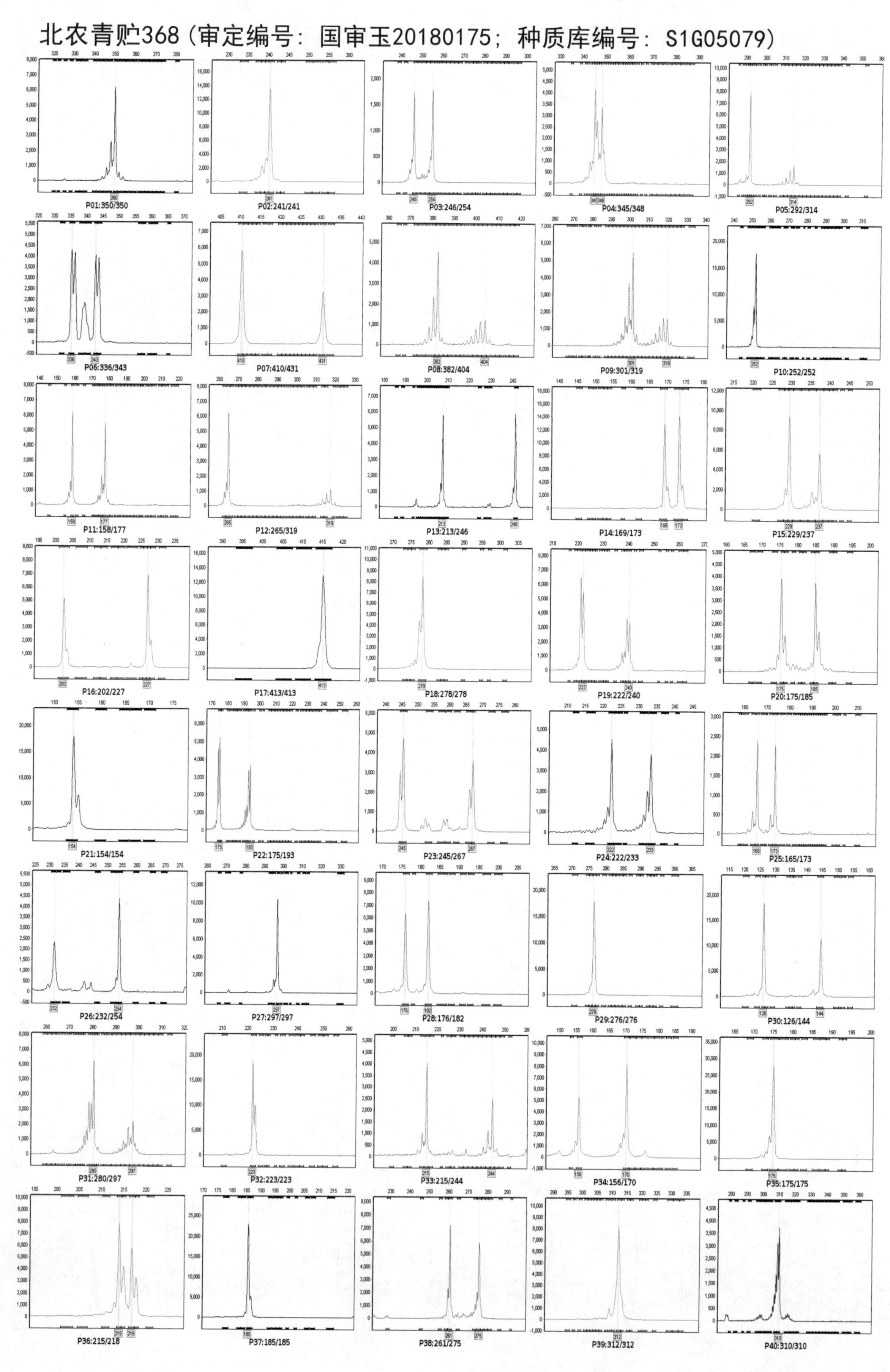
P01:350/350
P02:241/241
P03:246/254
P04:345/348
P05:292/314
P06:336/343
P07:410/431
P08:382/404
P09:301/319
P10:252/252
P11:158/177
P12:265/319
P13:213/246
P14:169/173
P15:229/237
P16:202/227
P17:413/413
P18:278/278
P19:222/240
P20:175/185
P21:154/154
P22:175/193
P23:245/267
P24:222/233
P25:165/173
P26:232/254
P27:297/297
P28:176/182
P29:276/276
P30:126/144
P31:280/297
P32:223/223
P33:215/244
P34:156/170
P35:175/175
P36:215/218
P37:185/185
P38:261/275
P39:312/312
P40:310/310

大京九26（审定编号：国审玉20180176；种质库编号：S1G05570）

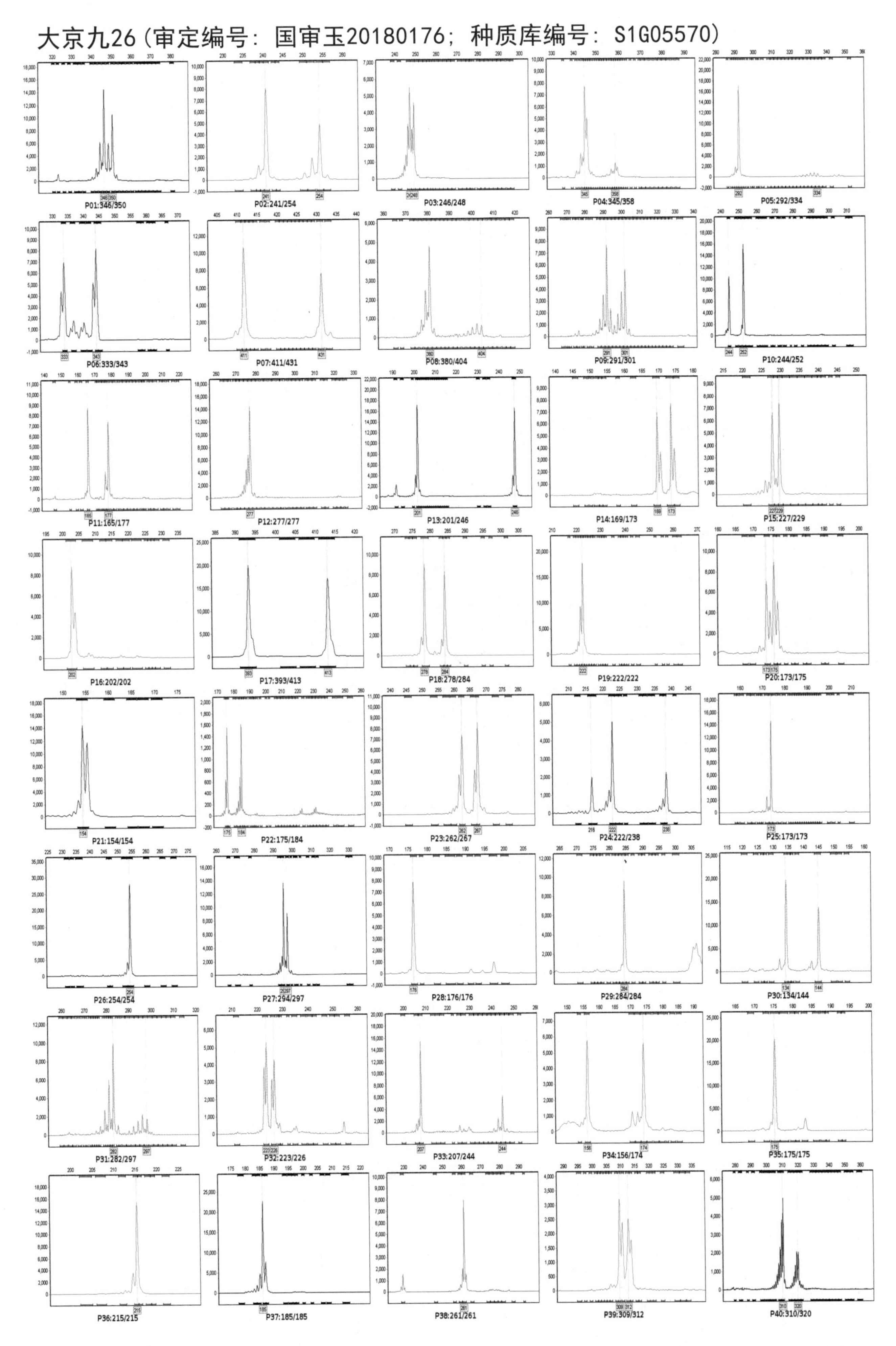
P01:346/350
P02:241/254
P03:246/248
P04:345/358
P05:292/334
P06:333/343
P07:411/431
P08:380/404
P09:291/301
P10:244/252
P11:165/177
P12:277/277
P13:201/246
P14:169/173
P15:227/229
P16:202/202
P17:393/413
P18:278/284
P19:222/222
P20:173/175
P21:154/154
P22:175/184
P23:262/267
P24:222/238
P25:173/173
P26:254/254
P27:294/297
P28:176/176
P29:284/284
P30:134/144
P31:282/297
P32:223/226
P33:207/244
P34:156/174
P35:175/175
P36:215/215
P37:185/185
P38:261/261
P39:309/312
P40:310/320

中玉335（审定编号：国审玉20180180；种质库编号：S1G04123）

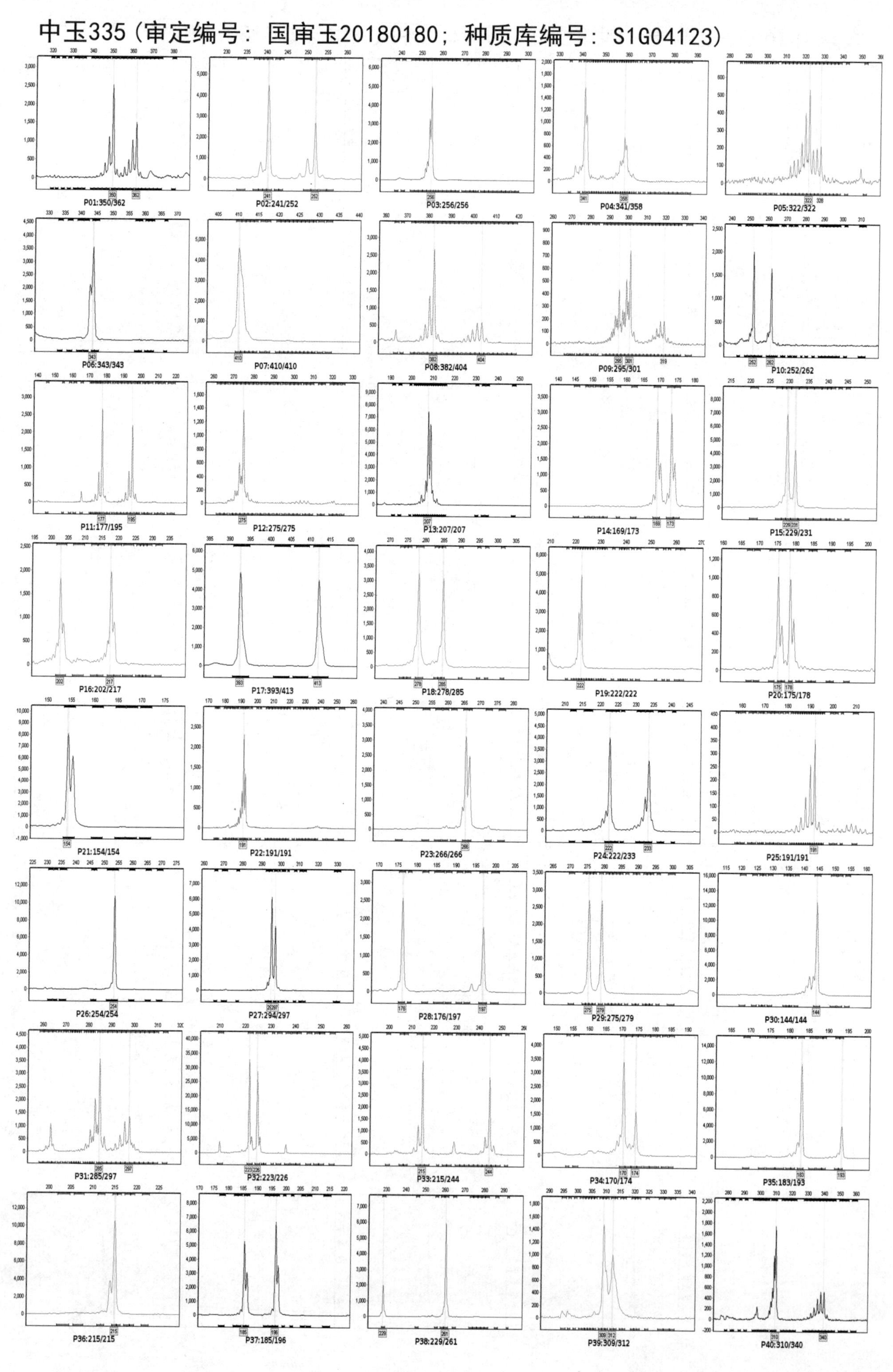
P01:350/362
P02:241/252
P03:256/256
P04:341/358
P05:322/322
P06:343/343
P07:410/410
P08:382/404
P09:295/301
P10:252/262
P11:177/195
P12:275/275
P13:207/207
P14:169/173
P15:229/231
P16:202/217
P17:393/413
P18:278/285
P19:222/222
P20:175/178
P21:154/154
P22:191/191
P23:266/266
P24:222/233
P25:191/191
P26:254/254
P27:294/297
P28:176/197
P29:275/279
P30:144/144
P31:285/297
P32:223/226
P33:215/244
P34:170/174
P35:183/193
P36:215/215
P37:185/196
P38:229/261
P39:309/312
P40:310/340

中科爆2号（审定编号：国审玉20180184；种质库编号：S1G05463）

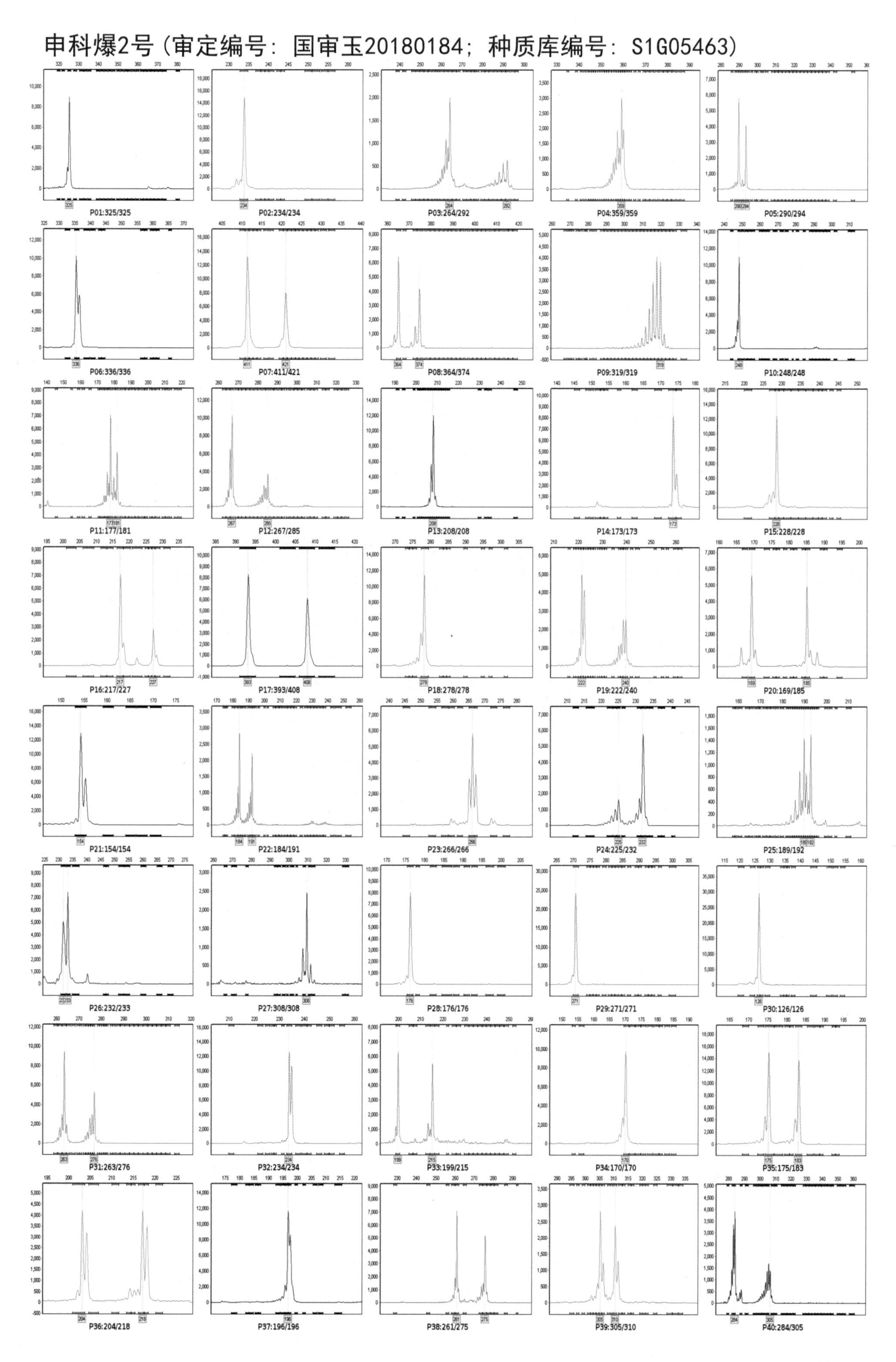

P01:325/325
P02:234/234
P03:264/292
P04:359/359
P05:290/294
P06:336/336
P07:411/421
P08:364/374
P09:319/319
P10:248/248
P11:177/181
P12:267/285
P13:208/208
P14:173/173
P15:228/228
P16:217/227
P17:393/408
P18:278/278
P19:222/240
P20:169/185
P21:154/154
P22:184/191
P23:266/266
P24:225/232
P25:189/192
P26:232/233
P27:308/308
P28:176/176
P29:271/271
P30:126/126
P31:263/276
P32:234/234
P33:199/215
P34:170/170
P35:175/183
P36:204/218
P37:196/196
P38:261/275
P39:305/310
P40:284/305

申科爆3号（审定编号：国审玉20180185；种质库编号：S1G05464）

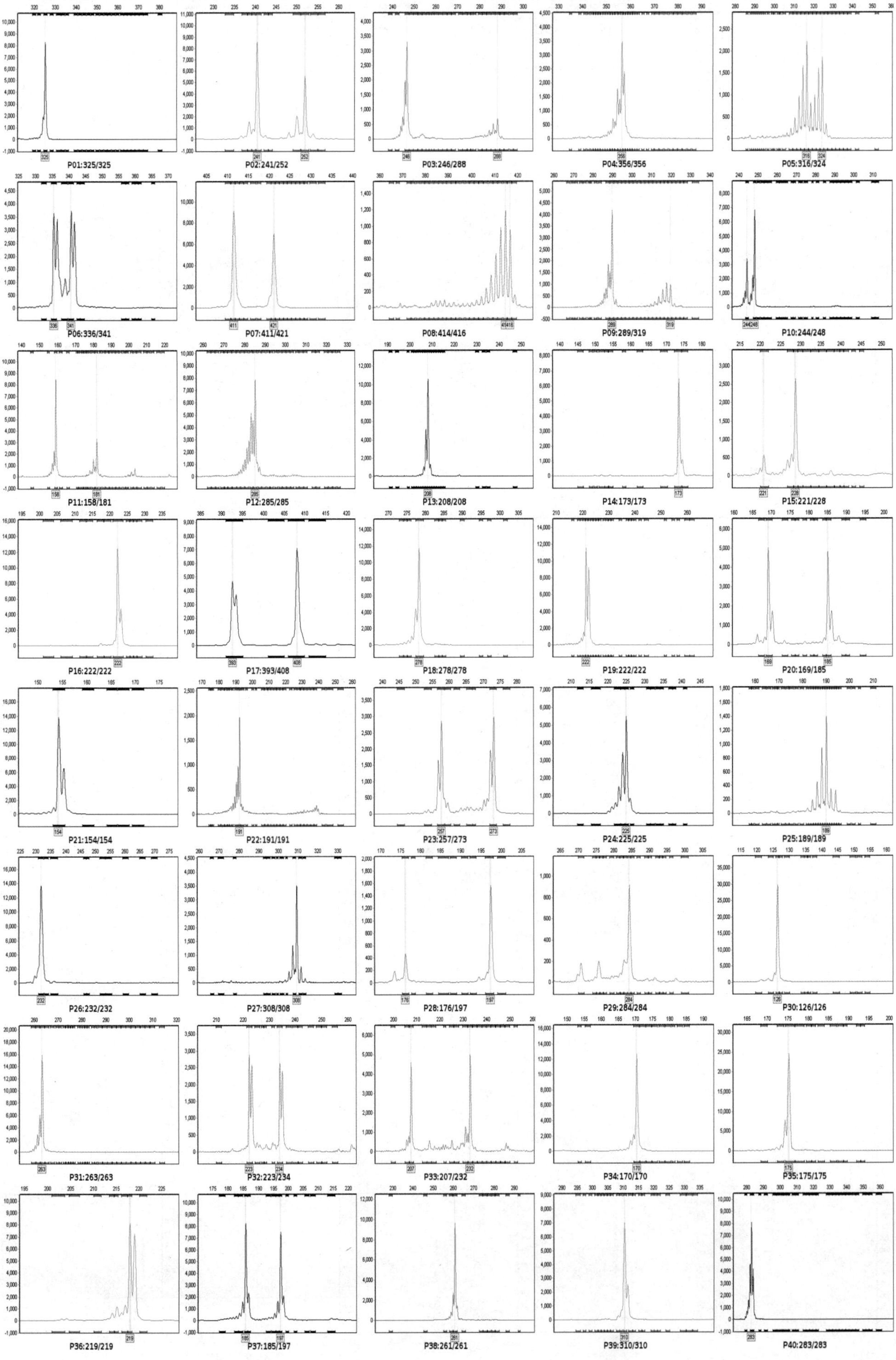

P01:325/325　P02:241/252　P03:246/288　P04:356/356　P05:316/324

P06:336/341　P07:411/421　P08:414/416　P09:289/319　P10:244/248

P11:158/181　P12:285/285　P13:208/208　P14:173/173　P15:221/228

P16:222/222　P17:393/408　P18:278/278　P19:222/222　P20:169/185

P21:154/154　P22:191/191　P23:257/273　P24:225/225　P25:189/189

P26:232/232　P27:308/308　P28:176/197　P29:284/284　P30:126/126

P31:263/263　P32:223/234　P33:207/232　P34:170/170　P35:175/175

P36:219/219　P37:185/197　P38:261/261　P39:310/310　P40:283/283

利合629（审定编号：国审玉20180190；种质库编号：S1G06097）

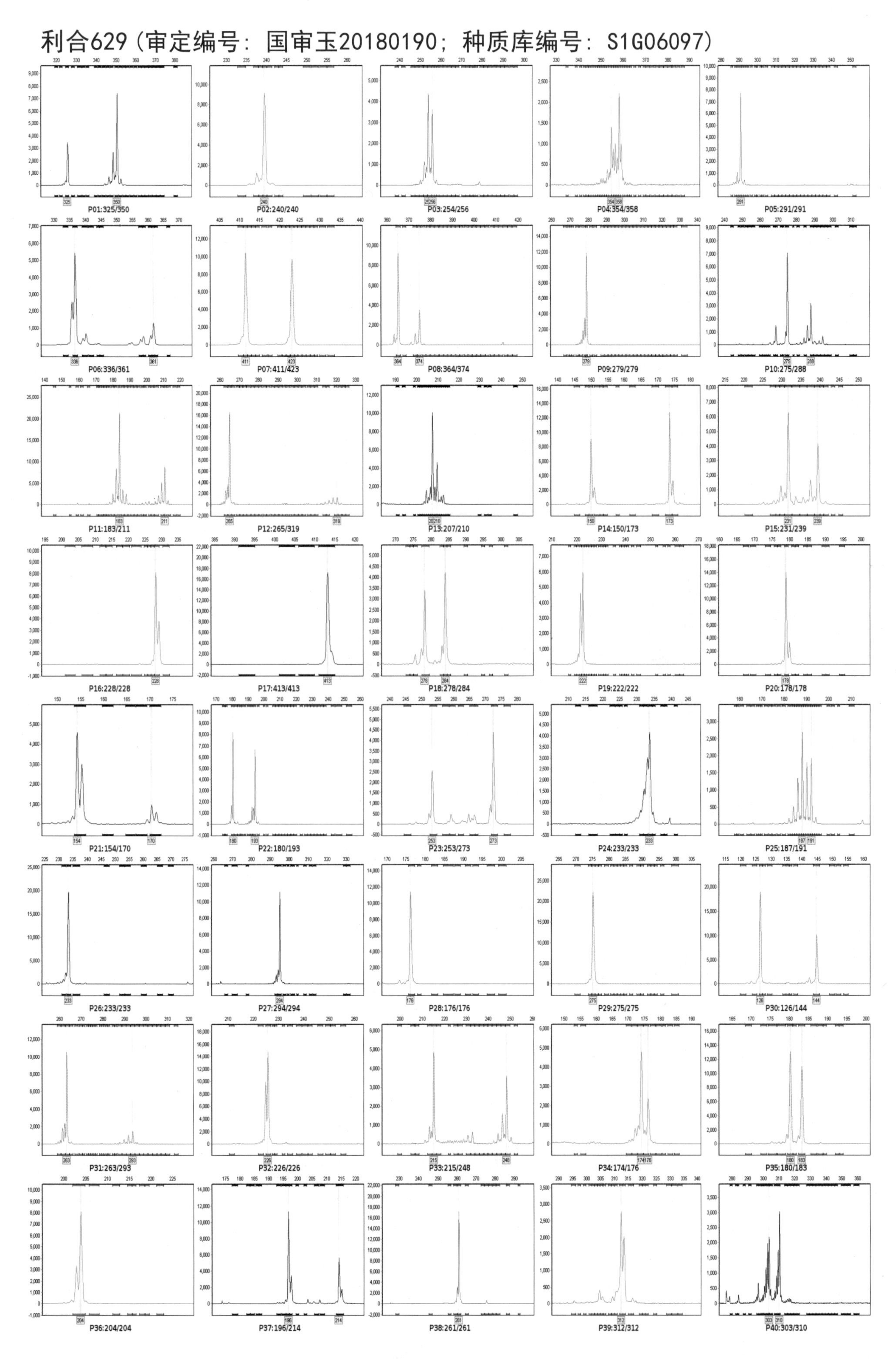
P01:325/350
P02:240/240
P03:254/256
P04:354/358
P05:291/291
P06:336/361
P07:411/423
P08:364/374
P09:279/279
P10:275/288
P11:183/211
P12:265/319
P13:207/210
P14:150/173
P15:231/239
P16:228/228
P17:413/413
P18:278/284
P19:222/222
P20:178/178
P21:154/170
P22:180/193
P23:253/273
P24:233/233
P25:187/191
P26:233/233
P27:294/294
P28:176/176
P29:275/275
P30:126/144
P31:263/293
P32:226/226
P33:215/248
P34:174/176
P35:180/183
P36:204/204
P37:196/214
P38:261/261
P39:312/312
P40:303/310

金辉106（审定编号：国审玉20180196；种质库编号：S1G06564）

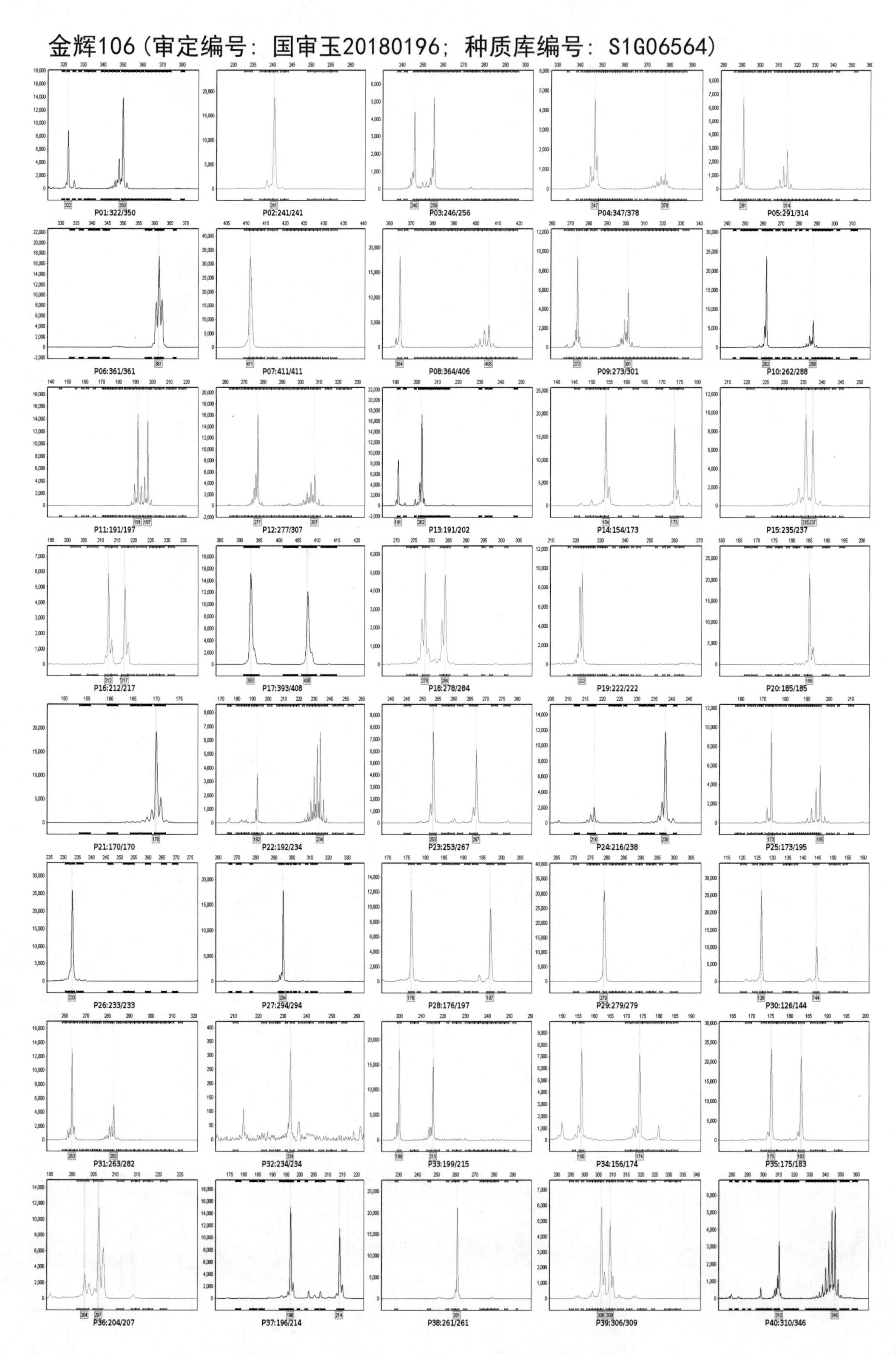

P01:322/350
P02:241/241
P03:246/256
P04:347/378
P05:291/314
P06:361/361
P07:411/411
P08:364/406
P09:273/301
P10:262/288
P11:191/197
P12:277/307
P13:191/202
P14:154/173
P15:235/237
P16:212/217
P17:393/408
P18:278/284
P19:222/222
P20:185/185
P21:170/170
P22:192/234
P23:253/267
P24:216/238
P25:173/195
P26:233/233
P27:294/294
P28:176/197
P29:279/279
P30:126/144
P31:263/282
P32:234/234
P33:199/215
P34:156/174
P35:175/183
P36:204/207
P37:196/214
P38:261/261
P39:306/309
P40:310/346

承单813（审定编号：国审玉20180207；种质库编号：XIN21208）

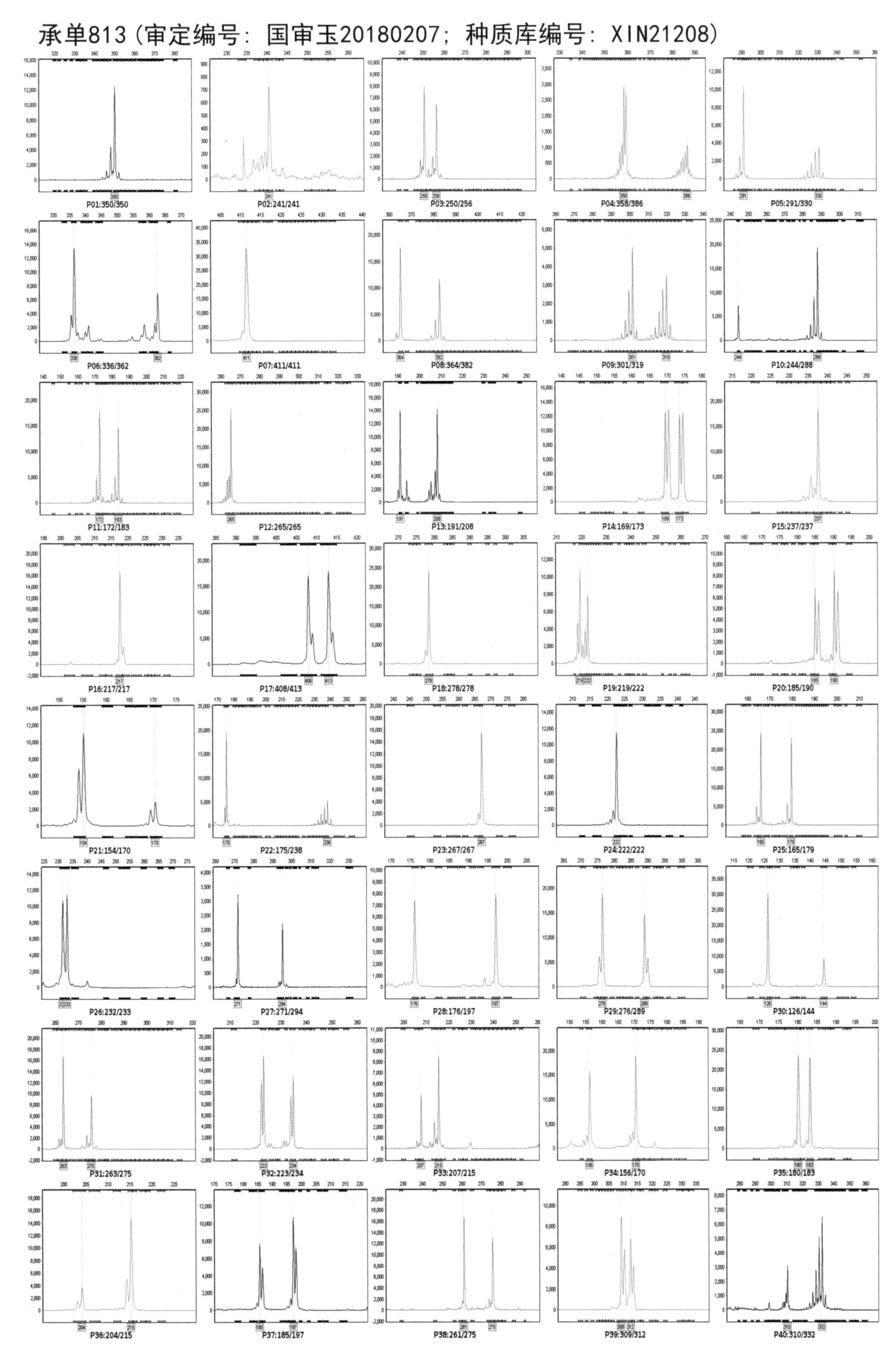
P01:350/350
P02:241/241
P03:250/256
P04:358/386
P05:291/330
P06:336/362
P07:411/411
P08:364/382
P09:301/319
P10:244/288
P11:172/183
P12:265/265
P13:191/208
P14:169/173
P15:237/237
P16:217/217
P17:408/413
P18:278/278
P19:219/222
P20:185/190
P21:154/170
P22:175/238
P23:267/267
P24:222/222
P25:165/179
P26:232/233
P27:271/294
P28:176/197
P29:276/289
P30:126/144
P31:263/275
P32:223/234
P33:207/215
P34:156/170
P35:180/183
P36:204/215
P37:185/197
P38:261/275
P39:309/312
P40:310/332

创玉411（审定编号：国审玉20180208；种质库编号：S1G05986）

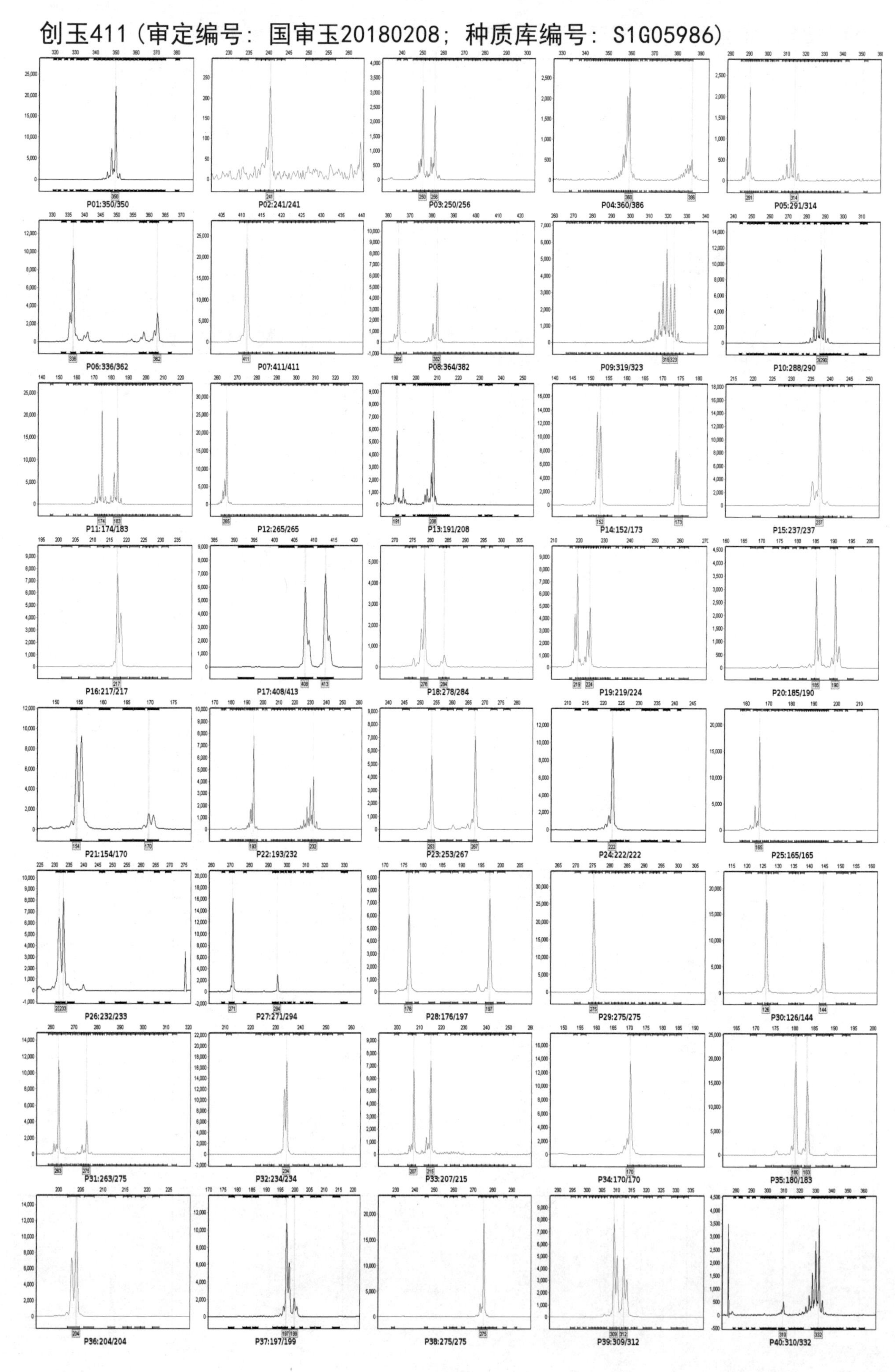

P01:350/350
P02:241/241
P03:250/256
P04:360/386
P05:291/314
P06:336/362
P07:411/411
P08:364/382
P09:319/323
P10:288/290
P11:174/183
P12:265/265
P13:191/208
P14:152/173
P15:237/237
P16:217/217
P17:408/413
P18:278/284
P19:219/224
P20:185/190
P21:154/170
P22:193/232
P23:253/267
P24:222/222
P25:165/165
P26:232/233
P27:271/294
P28:176/197
P29:275/275
P30:126/144
P31:263/275
P32:234/234
P33:207/215
P34:170/170
P35:180/183
P36:204/204
P37:197/199
P38:275/275
P39:309/312
P40:310/332

春光99号（审定编号：国审玉20180209；种质库编号：S1G06572）

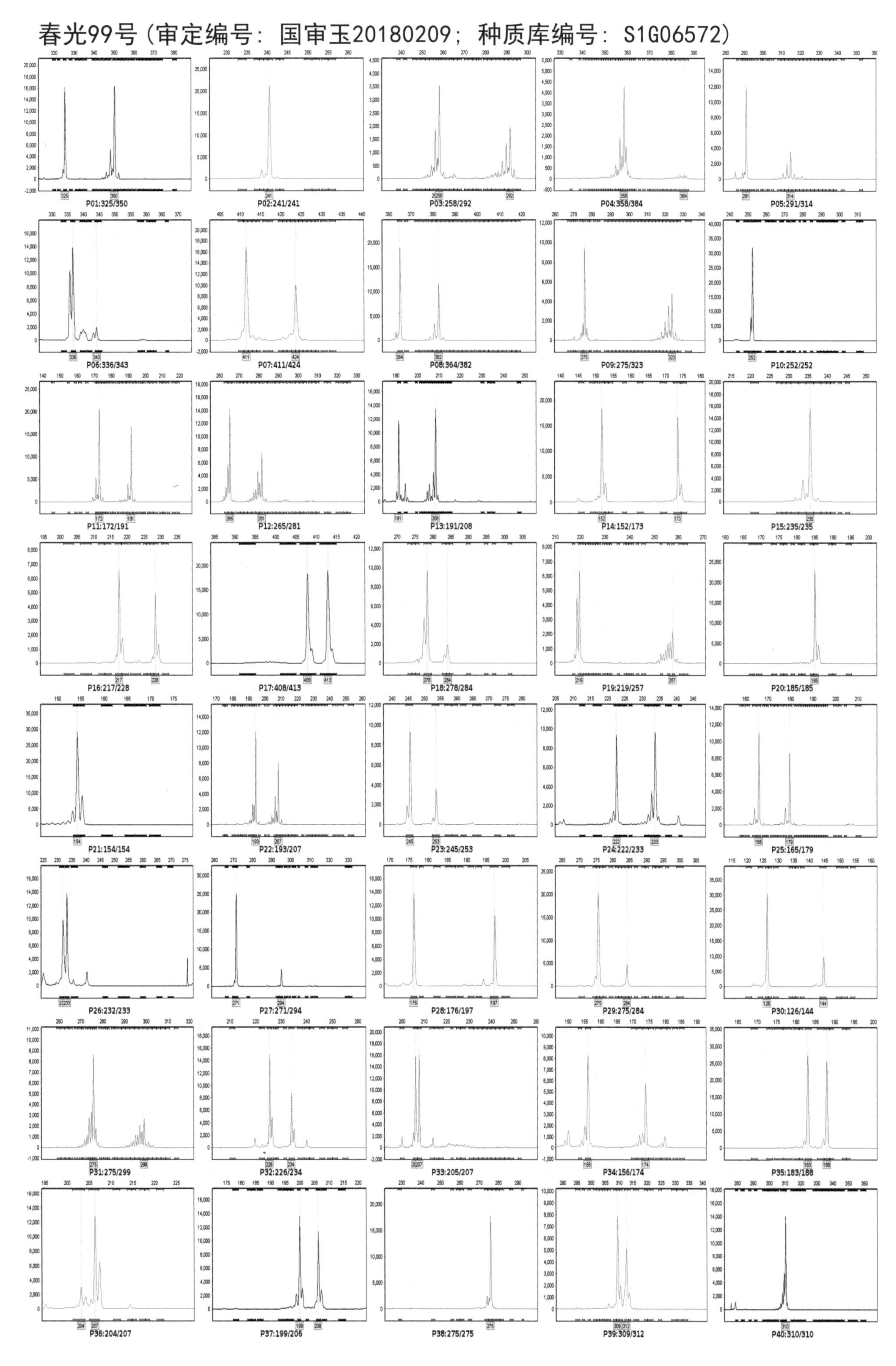

P01:325/350
P02:241/241
P03:258/292
P04:358/384
P05:291/314
P06:336/343
P07:411/424
P08:364/382
P09:275/323
P10:252/252
P11:172/191
P12:265/281
P13:191/208
P14:152/173
P15:235/235
P16:217/228
P17:408/413
P18:278/284
P19:219/257
P20:185/185
P21:154/154
P22:193/207
P23:245/253
P24:222/233
P25:165/179
P26:232/233
P27:271/294
P28:176/197
P29:275/284
P30:126/144
P31:275/299
P32:226/234
P33:205/207
P34:156/174
P35:183/188
P36:204/207
P37:199/206
P38:275/275
P39:309/312
P40:310/310

甘优638（审定编号：国审玉20180214；种质库编号：S1G06237）

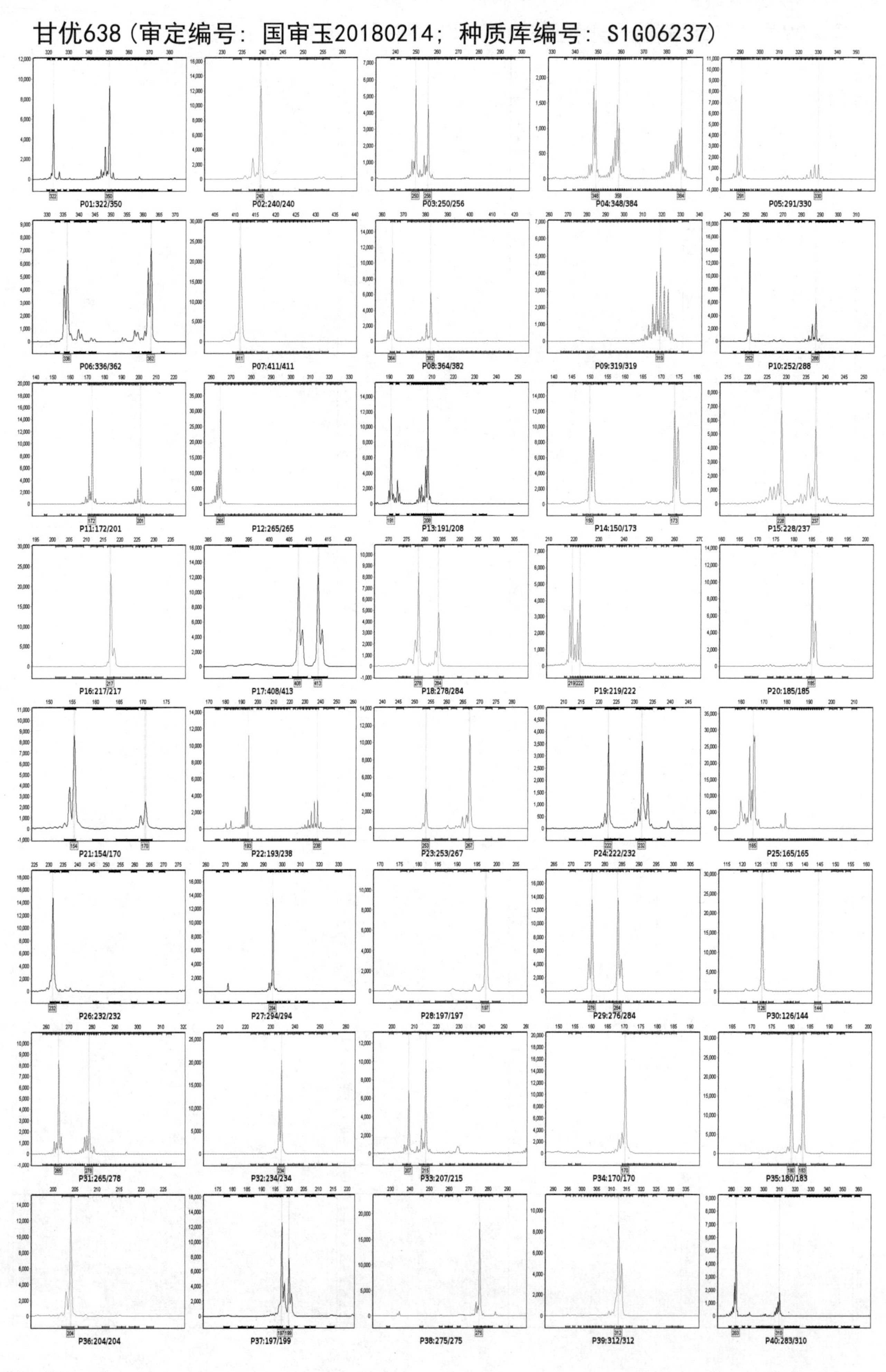

P01:322/350
P02:240/240
P03:250/256
P04:348/384
P05:291/330
P06:336/362
P07:411/411
P08:364/382
P09:319/319
P10:252/288
P11:172/201
P12:265/265
P13:191/208
P14:150/173
P15:228/237
P16:217/217
P17:408/413
P18:278/284
P19:219/222
P20:185/185
P21:154/170
P22:193/238
P23:253/267
P24:222/232
P25:165/165
P26:232/232
P27:294/294
P28:197/197
P29:276/284
P30:126/144
P31:265/278
P32:234/234
P33:207/215
P34:170/170
P35:180/183
P36:204/204
P37:197/199
P38:275/275
P39:312/312
P40:283/310

亨达568（审定编号：国审玉20180215；种质库编号：S1G06574）

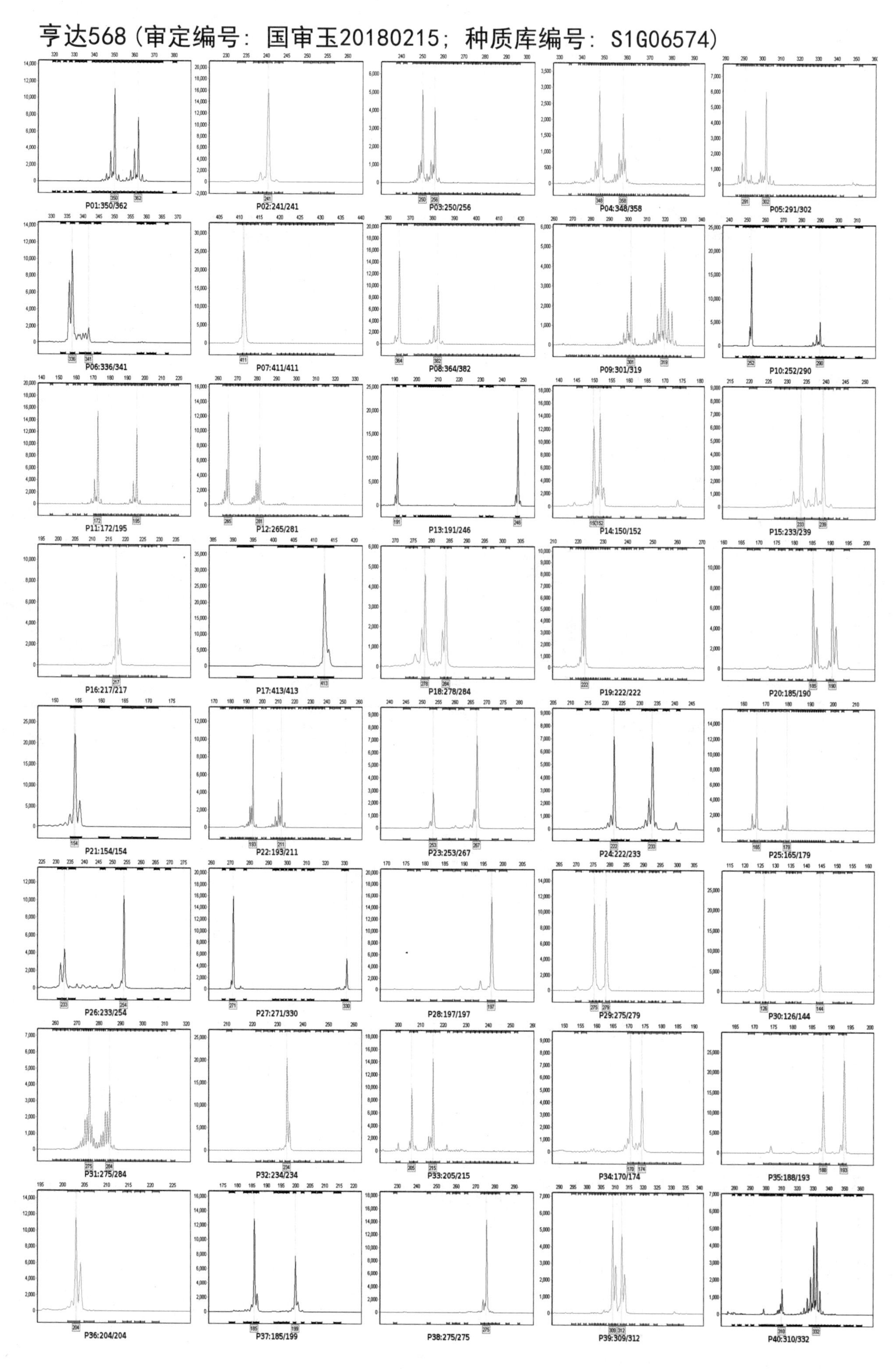
P01:350/362
P02:241/241
P03:250/256
P04:348/358
P05:291/302
P06:336/341
P07:411/411
P08:364/382
P09:301/319
P10:252/290
P11:172/195
P12:265/281
P13:191/246
P14:150/152
P15:233/239
P16:217/217
P17:413/413
P18:278/284
P19:222/222
P20:185/190
P21:154/154
P22:193/211
P23:253/267
P24:222/233
P25:165/179
P26:233/254
P27:271/330
P28:197/197
P29:275/279
P30:126/144
P31:275/284
P32:234/234
P33:205/215
P34:170/174
P35:188/193
P36:204/204
P37:185/199
P38:275/275
P39:309/312
P40:310/332

鸿基966（审定编号：国审玉20180218；种质库编号：S1G06576）

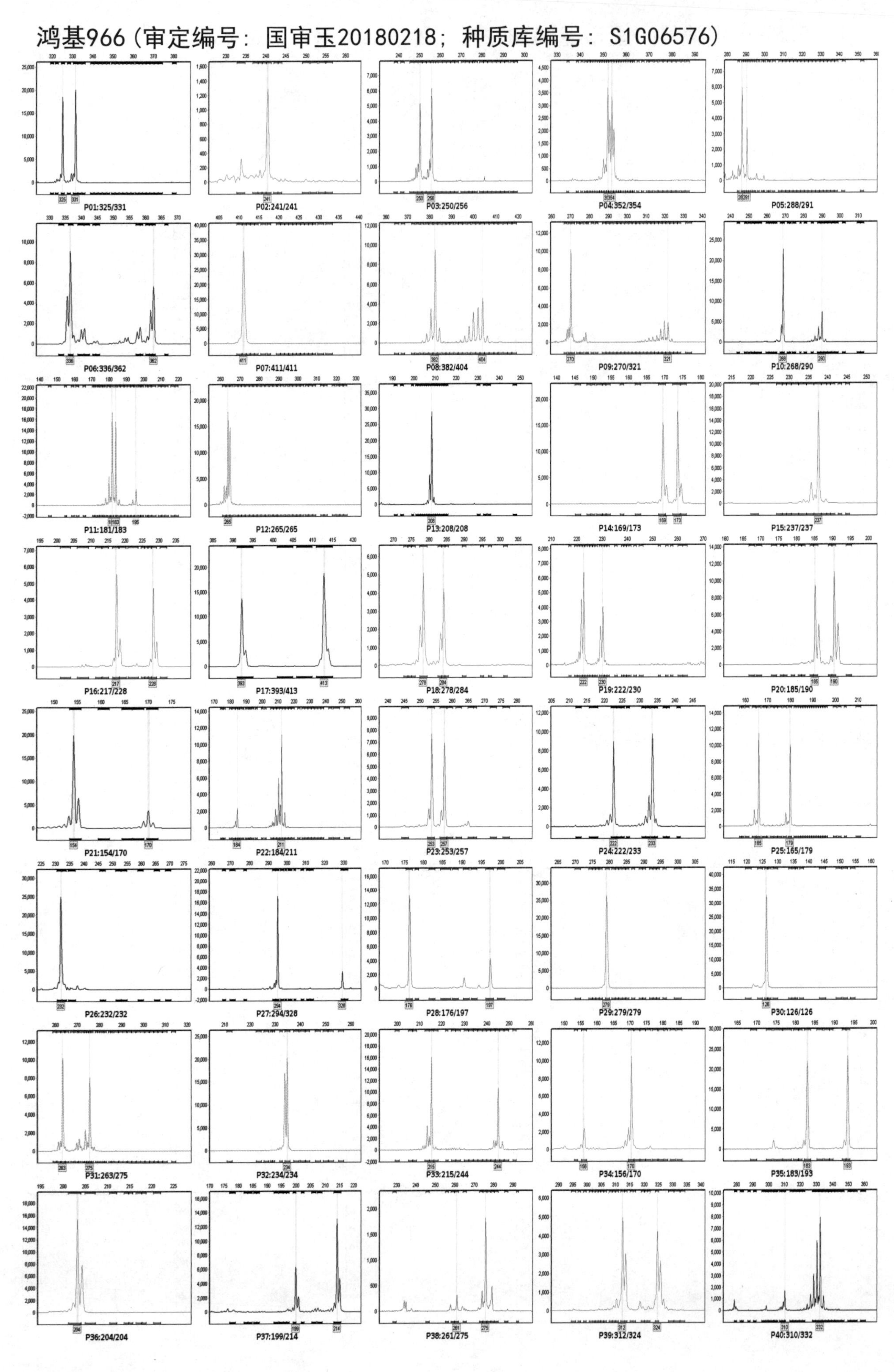
P01:325/331
P02:241/241
P03:250/256
P04:352/354
P05:288/291
P06:336/362
P07:411/411
P08:382/404
P09:270/321
P10:268/290
P11:181/183
P12:265/265
P13:208/208
P14:169/173
P15:237/237
P16:217/228
P17:393/413
P18:278/284
P19:222/230
P20:185/190
P21:154/170
P22:184/211
P23:253/257
P24:222/233
P25:165/179
P26:232/232
P27:294/328
P28:176/197
P29:279/279
P30:126/126
P31:263/275
P32:234/234
P33:215/244
P34:156/170
P35:183/193
P36:204/204
P37:199/214
P38:261/275
P39:312/324
P40:310/332

梨玉816（审定编号：国审玉20180222；种质库编号：S1G06233）

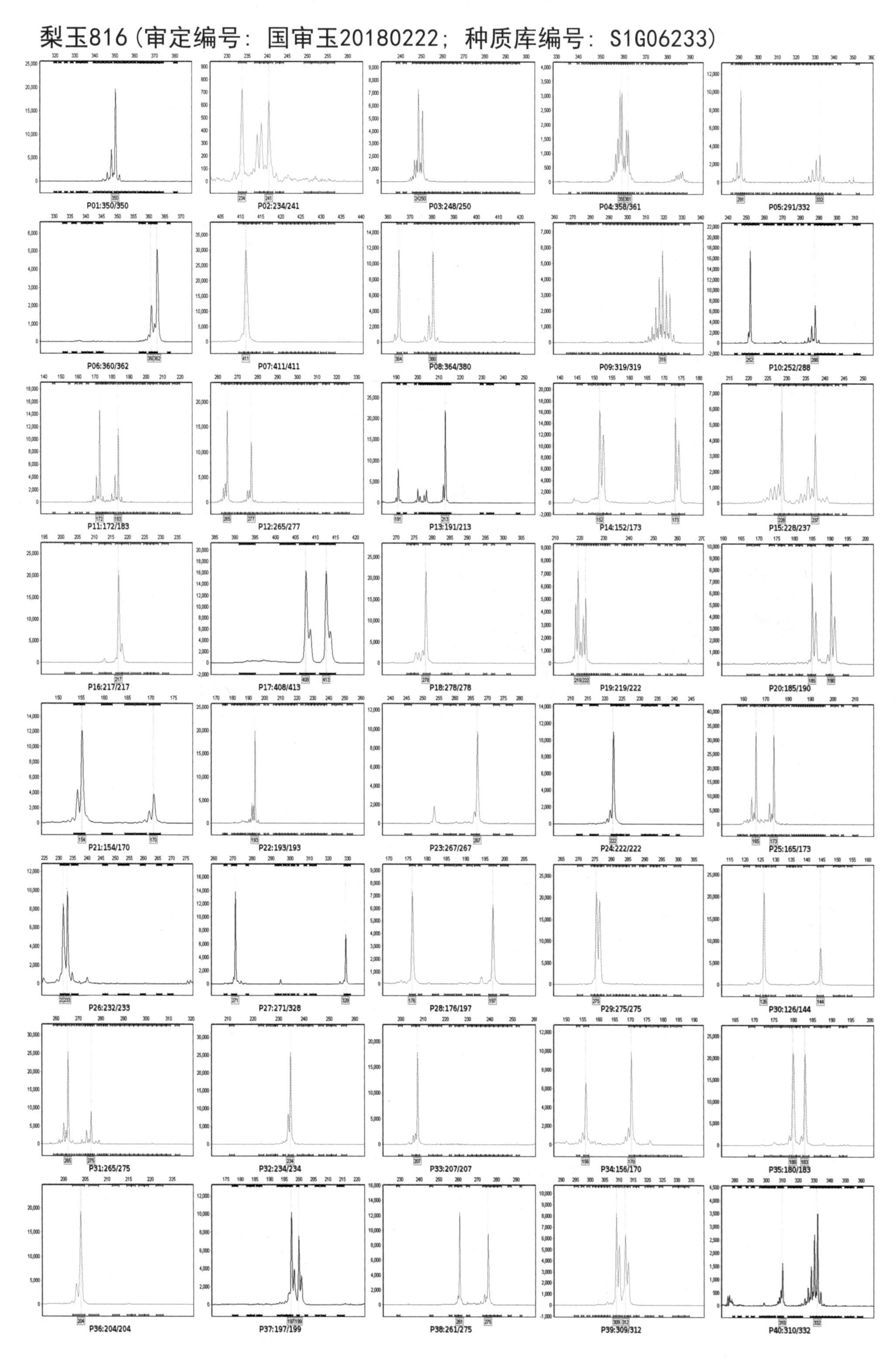
P01:350/350
P02:234/241
P03:248/250
P04:358/361
P05:291/332
P06:360/362
P07:411/411
P08:364/380
P09:319/319
P10:252/288
P11:172/183
P12:265/277
P13:191/213
P14:152/173
P15:228/237
P16:217/217
P17:408/413
P18:278/278
P19:219/222
P20:185/190
P21:154/170
P22:193/193
P23:267/267
P24:222/222
P25:165/173
P26:232/233
P27:271/328
P28:176/197
P29:275/275
P30:126/144
P31:265/275
P32:234/234
P33:207/207
P34:156/170
P35:180/183
P36:204/204
P37:197/199
P38:261/275
P39:309/312
P40:310/332

MC618（审定编号：国审玉20180232；种质库编号：S1G06584）

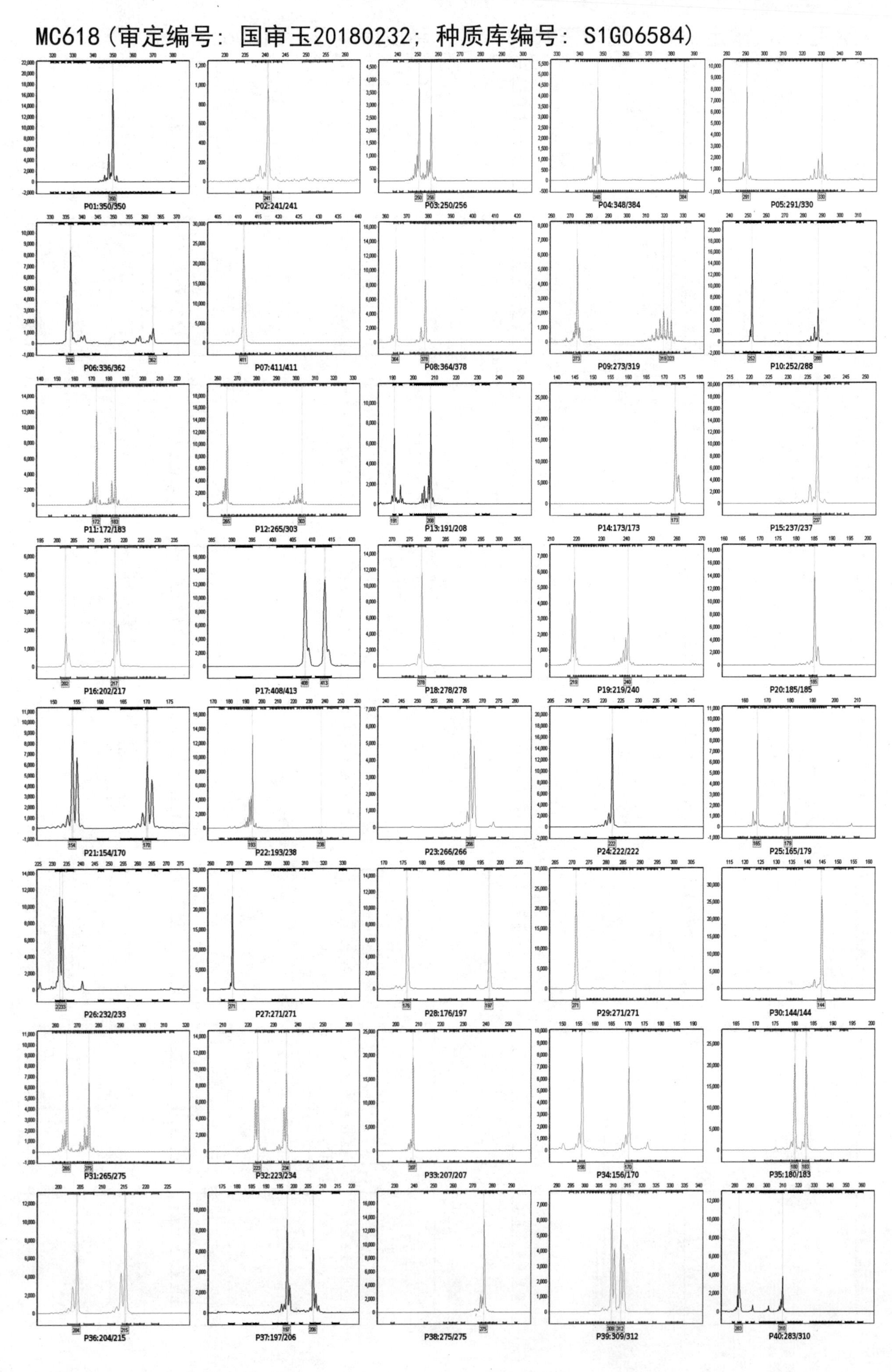
P01:350/350
P02:241/241
P03:250/256
P04:348/384
P05:291/330
P06:336/362
P07:411/411
P08:364/378
P09:273/319
P10:252/288
P11:172/183
P12:265/303
P13:191/208
P14:173/173
P15:237/237
P16:202/217
P17:408/413
P18:278/278
P19:219/240
P20:185/185
P21:154/170
P22:193/238
P23:266/266
P24:222/222
P25:165/179
P26:232/233
P27:271/271
P28:176/197
P29:271/271
P30:144/144
P31:265/275
P32:223/234
P33:207/207
P34:156/170
P35:180/183
P36:204/215
P37:197/206
P38:275/275
P39:309/312
P40:283/310

惠民207（审定编号：国审玉20180241；种质库编号：S1G06590）

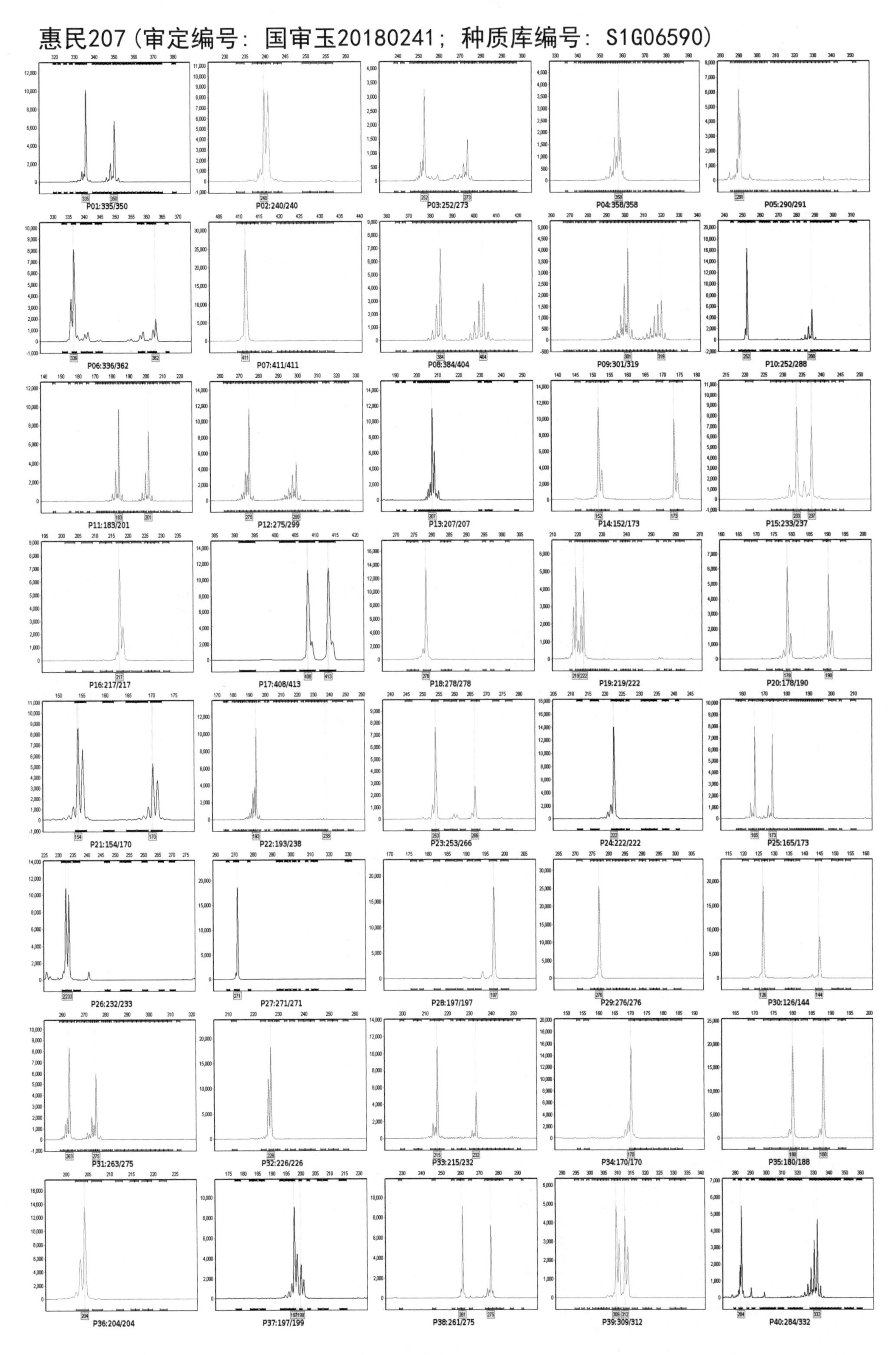

P01:335/350
P02:240/240
P03:252/273
P04:358/358
P05:290/291
P06:336/362
P07:411/411
P08:384/404
P09:301/319
P10:252/288
P11:183/201
P12:275/299
P13:207/207
P14:152/173
P15:233/237
P16:217/217
P17:408/413
P18:278/278
P19:219/222
P20:178/190
P21:154/170
P22:193/238
P23:253/266
P24:222/222
P25:165/173
P26:232/233
P27:271/271
P28:197/197
P29:276/276
P30:126/144
P31:263/275
P32:226/226
P33:215/232
P34:170/170
P35:180/188
P36:204/204
P37:197/199
P38:261/275
P39:309/312
P40:284/332

明玉268（审定编号：国审玉20180249；种质库编号：XIN28024）

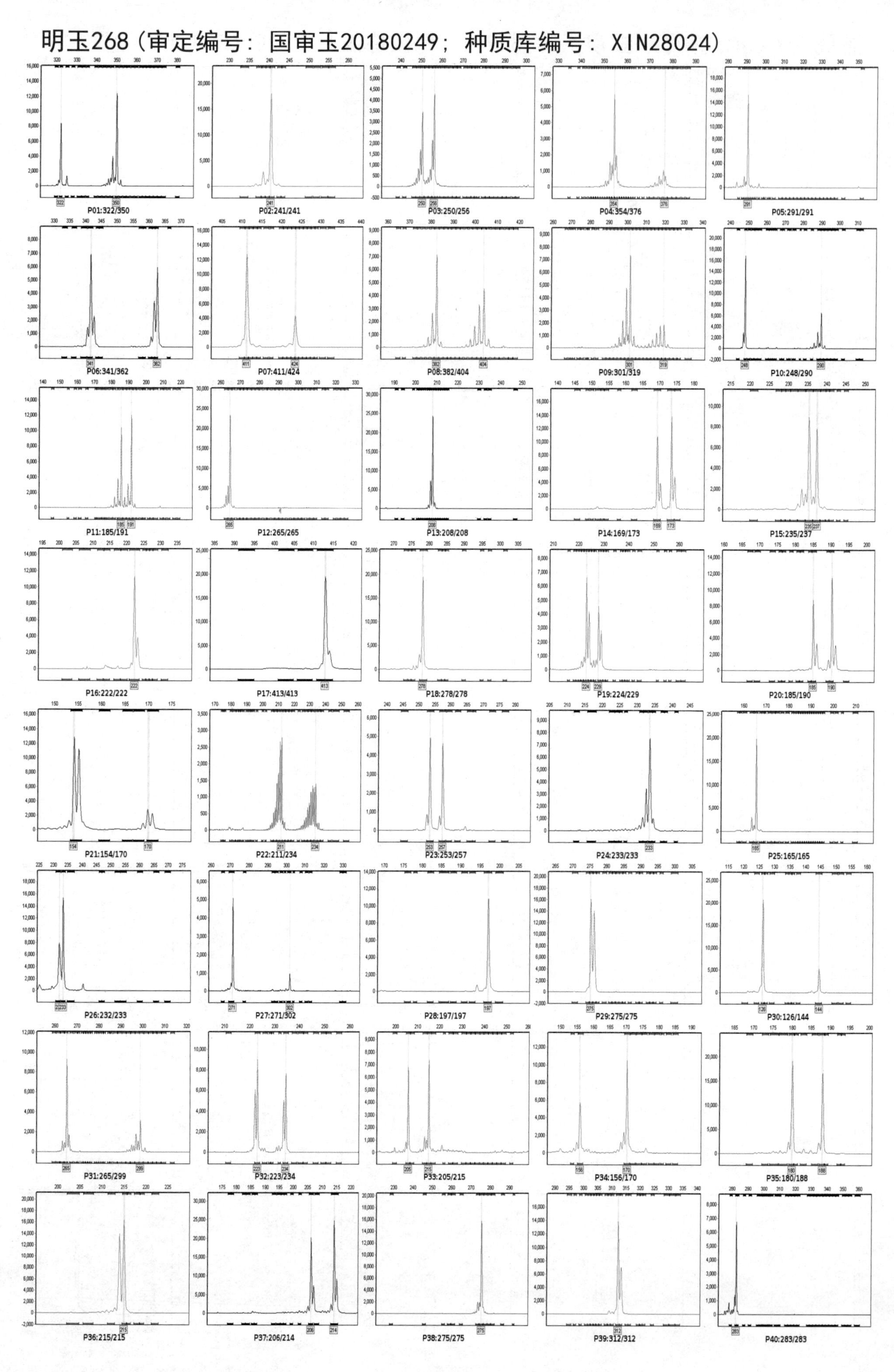

P01:322/350
P02:241/241
P03:250/256
P04:354/376
P05:291/291
P06:341/362
P07:411/424
P08:382/404
P09:301/319
P10:248/290
P11:185/191
P12:265/265
P13:208/208
P14:169/173
P15:235/237
P16:222/222
P17:413/413
P18:278/278
P19:224/229
P20:185/190
P21:154/170
P22:211/234
P23:253/257
P24:233/233
P25:165/165
P26:232/233
P27:271/302
P28:197/197
P29:275/275
P30:126/144
P31:265/299
P32:223/234
P33:205/215
P34:156/170
P35:180/188
P36:215/215
P37:206/214
P38:275/275
P39:312/312
P40:283/283

太玉811（审定编号：国审玉20180255；种质库编号：S1G05592）

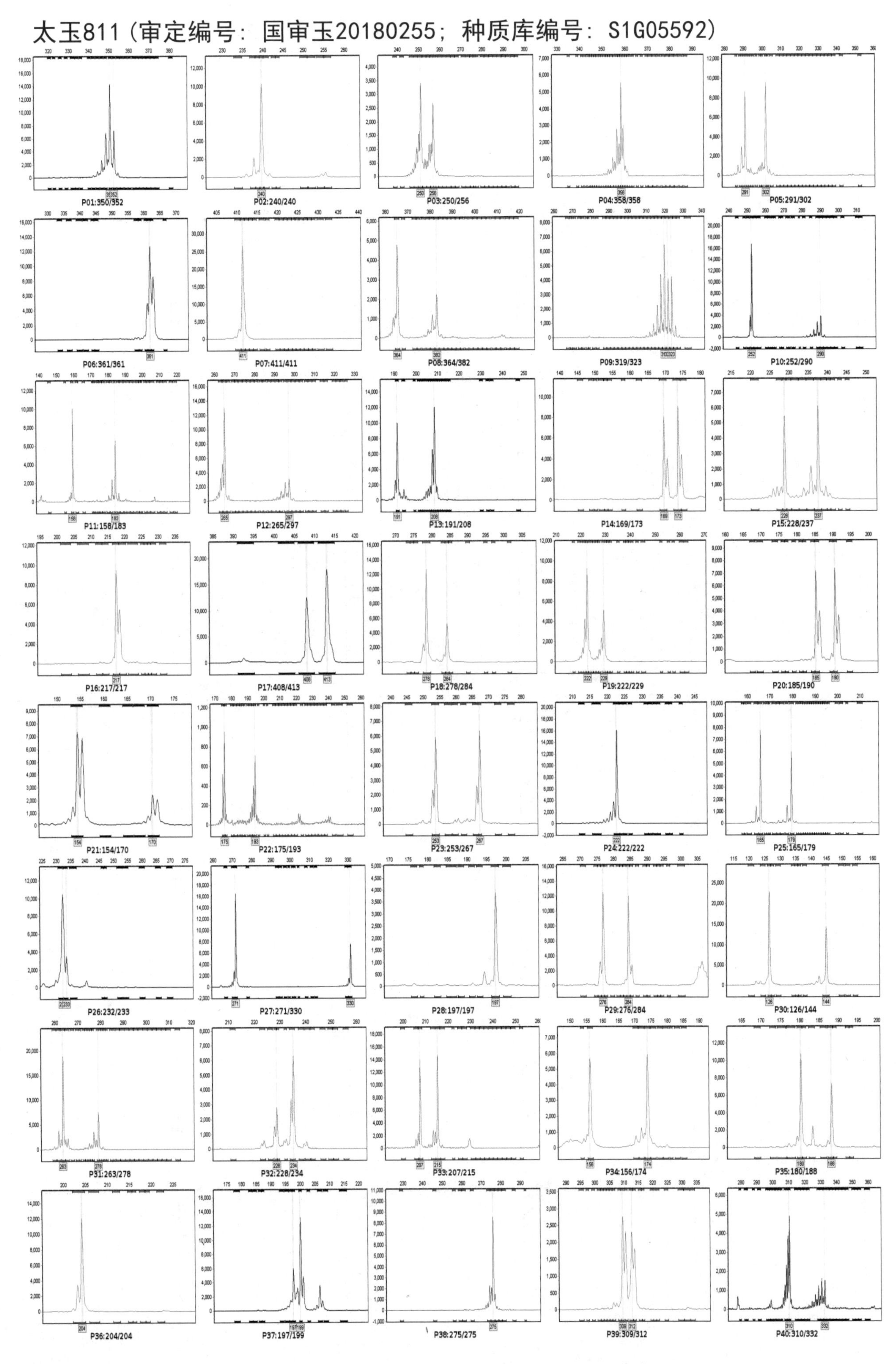

P01:350/352
P02:240/240
P03:250/256
P04:358/358
P05:291/302
P06:361/361
P07:411/411
P08:364/382
P09:319/323
P10:252/290
P11:158/183
P12:265/297
P13:191/208
P14:169/173
P15:228/237
P16:217/217
P17:408/413
P18:278/284
P19:222/229
P20:185/190
P21:154/170
P22:175/193
P23:253/267
P24:222/222
P25:165/179
P26:232/233
P27:271/330
P28:197/197
P29:276/284
P30:126/144
P31:263/278
P32:228/234
P33:207/215
P34:156/174
P35:180/188
P36:204/204
P37:197/199
P38:275/275
P39:309/312
P40:310/332

NK718（审定编号：国审玉20180261；种质库编号：S1G05417）

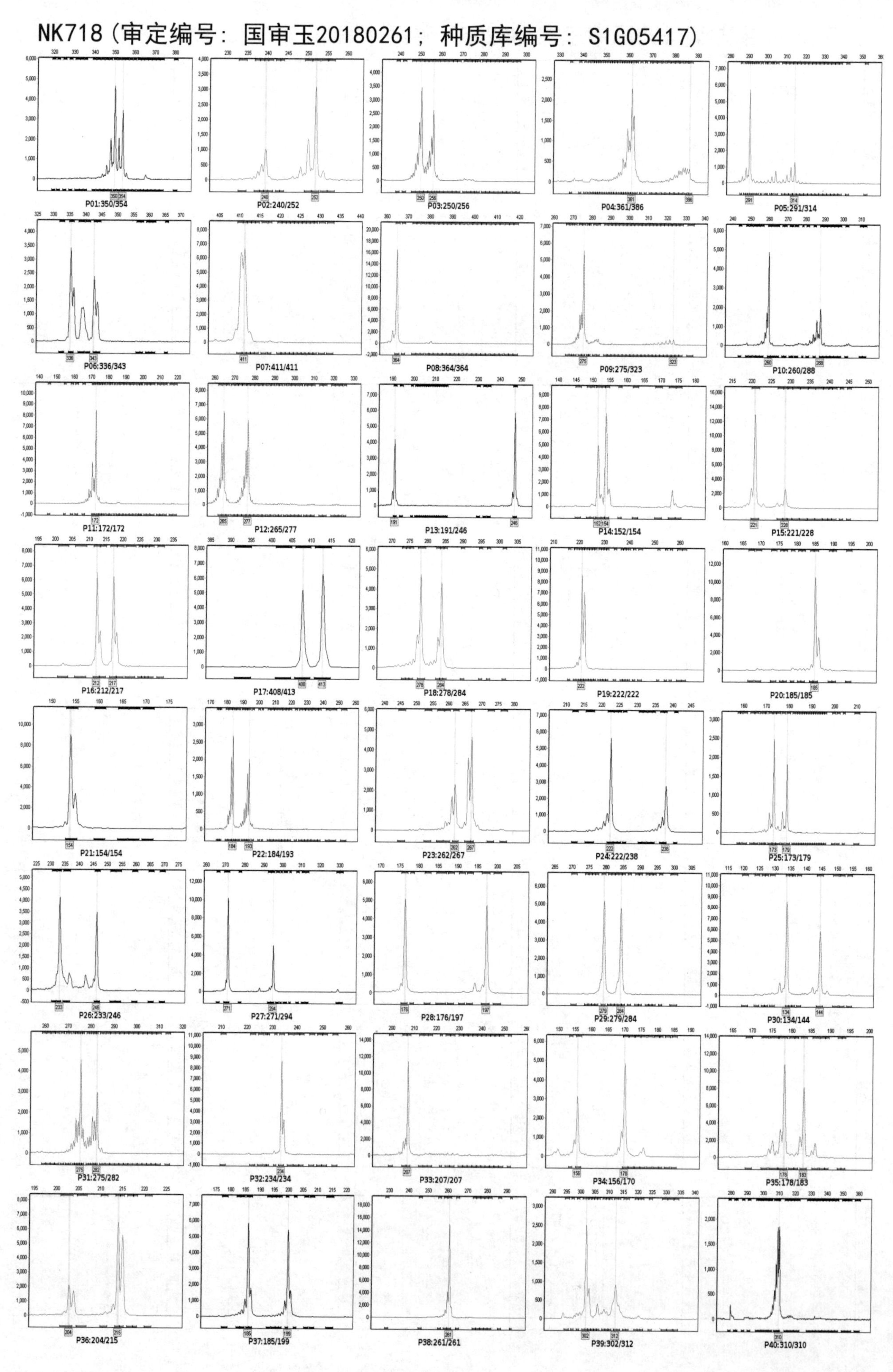
P01:350/354
P02:240/252
P03:250/256
P04:361/386
P05:291/314
P06:336/343
P07:411/411
P08:364/364
P09:275/323
P10:260/288
P11:172/172
P12:265/277
P13:191/246
P14:152/154
P15:221/228
P16:212/217
P17:408/413
P18:278/284
P19:222/222
P20:185/185
P21:154/154
P22:184/193
P23:262/267
P24:222/238
P25:173/179
P26:233/246
P27:271/294
P28:176/197
P29:279/284
P30:134/144
P31:275/282
P32:234/234
P33:207/207
P34:156/170
P35:178/183
P36:204/215
P37:185/199
P38:261/261
P39:302/312
P40:310/310

东玉158（审定编号：国审玉20180264；种质库编号：S1G05608）

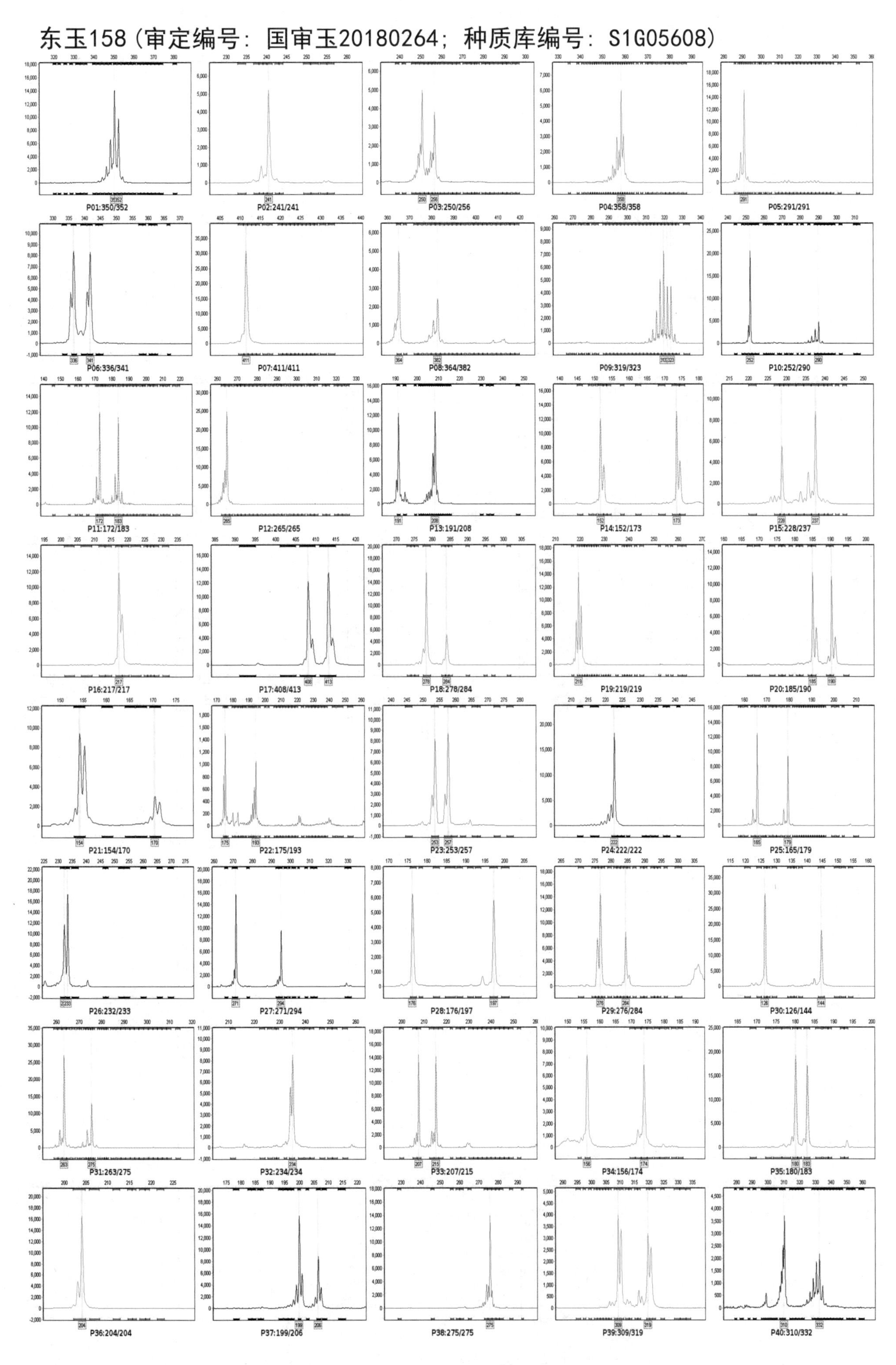

P01:350/352
P02:241/241
P03:250/256
P04:358/358
P05:291/291
P06:336/341
P07:411/411
P08:364/382
P09:319/323
P10:252/290
P11:172/183
P12:265/265
P13:191/208
P14:152/173
P15:228/237
P16:217/217
P17:408/413
P18:278/284
P19:219/219
P20:185/190
P21:154/170
P22:175/193
P23:253/257
P24:222/222
P25:165/179
P26:232/233
P27:271/294
P28:176/197
P29:276/284
P30:126/144
P31:263/275
P32:234/234
P33:207/215
P34:156/174
P35:180/183
P36:204/204
P37:199/206
P38:275/275
P39:309/319
P40:310/332

衡玉321（审定编号：国审玉20180269；种质库编号：XIN21297）

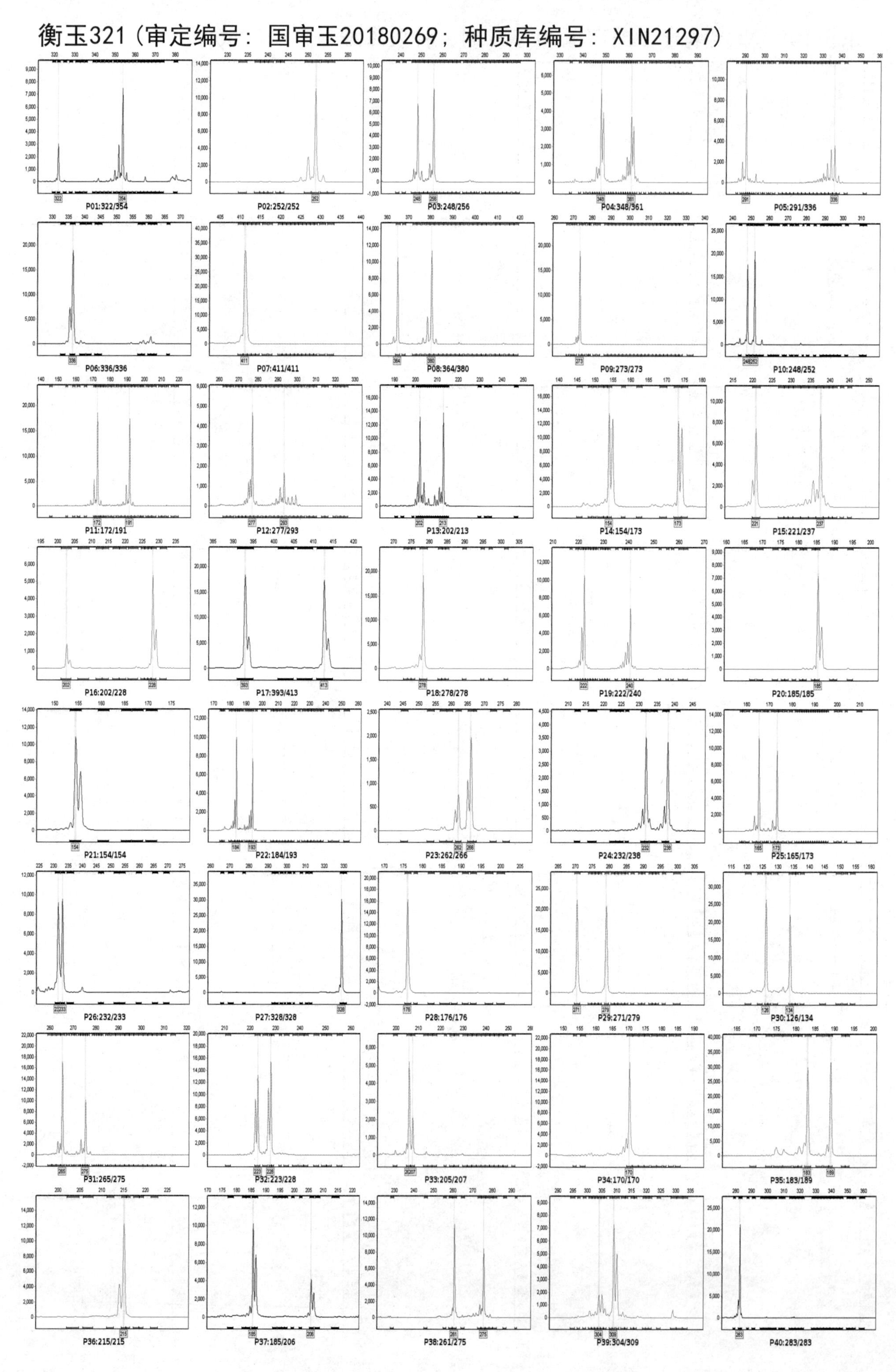
P01:322/354
P02:252/252
P03:248/256
P04:348/361
P05:291/336
P06:336/336
P07:411/411
P08:364/380
P09:273/273
P10:248/252
P11:172/191
P12:277/293
P13:202/213
P14:154/173
P15:221/237
P16:202/228
P17:393/413
P18:278/278
P19:222/240
P20:185/185
P21:154/154
P22:184/193
P23:262/266
P24:232/238
P25:165/173
P26:232/233
P27:328/328
P28:176/176
P29:271/279
P30:126/134
P31:265/275
P32:223/228
P33:205/207
P34:170/170
P35:183/189
P36:215/215
P37:185/206
P38:261/275
P39:304/309
P40:283/283

鲁单888（审定编号：国审玉20180280；种质库编号：XIN23057）

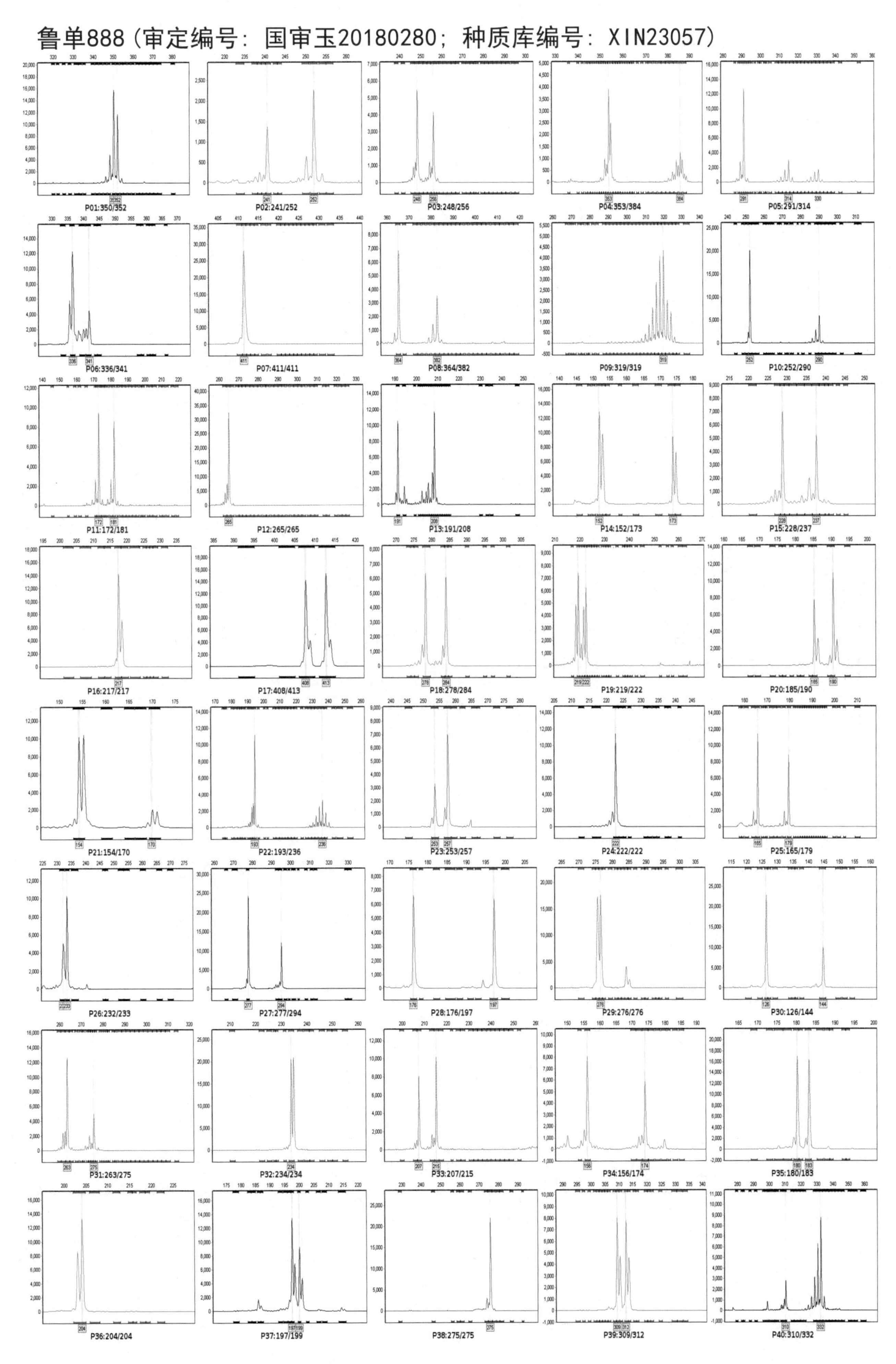

P01:350/352
P02:241/252
P03:248/256
P04:353/384
P05:291/314
P06:336/341
P07:411/411
P08:364/382
P09:319/319
P10:252/290
P11:172/181
P12:265/265
P13:191/208
P14:152/173
P15:228/237
P16:217/217
P17:408/413
P18:278/284
P19:219/222
P20:185/190
P21:154/170
P22:193/236
P23:253/257
P24:222/222
P25:165/179
P26:232/233
P27:277/294
P28:176/197
P29:276/276
P30:126/144
P31:263/275
P32:234/234
P33:207/215
P34:156/174
P35:180/183
P36:204/204
P37:197/199
P38:275/275
P39:309/312
P40:310/332

宁玉721（审定编号：国审玉20180283；种质库编号：S1G02937）

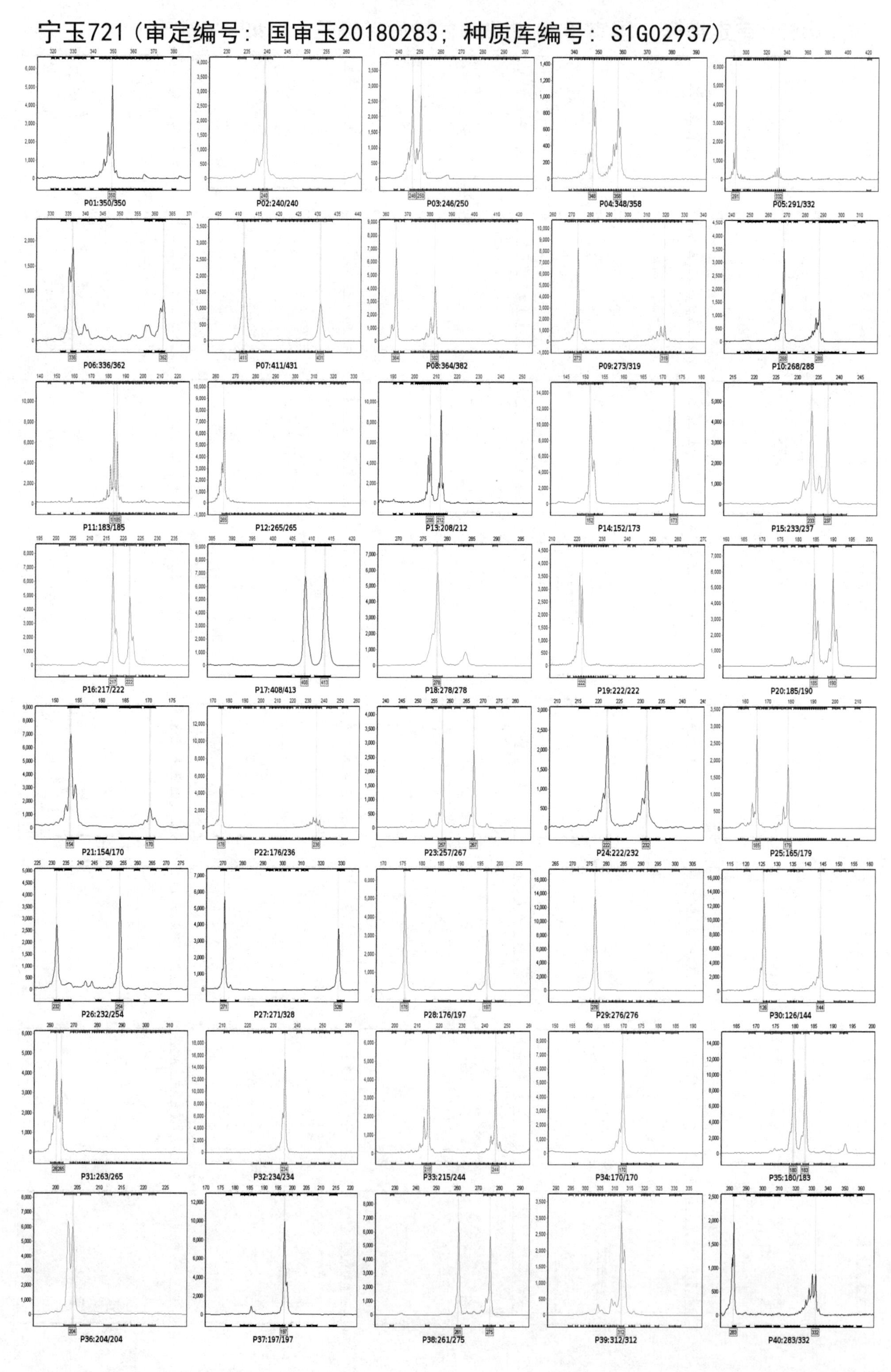
P01:350/350
P02:240/240
P03:246/250
P04:348/358
P05:291/332
P06:336/362
P07:411/431
P08:364/382
P09:273/319
P10:268/288
P11:183/185
P12:265/265
P13:208/212
P14:152/173
P15:233/237
P16:217/222
P17:408/413
P18:278/278
P19:222/222
P20:185/190
P21:154/170
P22:176/236
P23:257/267
P24:222/232
P25:165/179
P26:232/254
P27:271/328
P28:176/197
P29:276/276
P30:126/144
P31:263/265
P32:234/234
P33:215/244
P34:170/170
P35:180/183
P36:204/204
P37:197/197
P38:261/275
P39:312/312
P40:283/332

沃玉3号（审定编号：国审玉20180291；种质库编号：S1G03901）

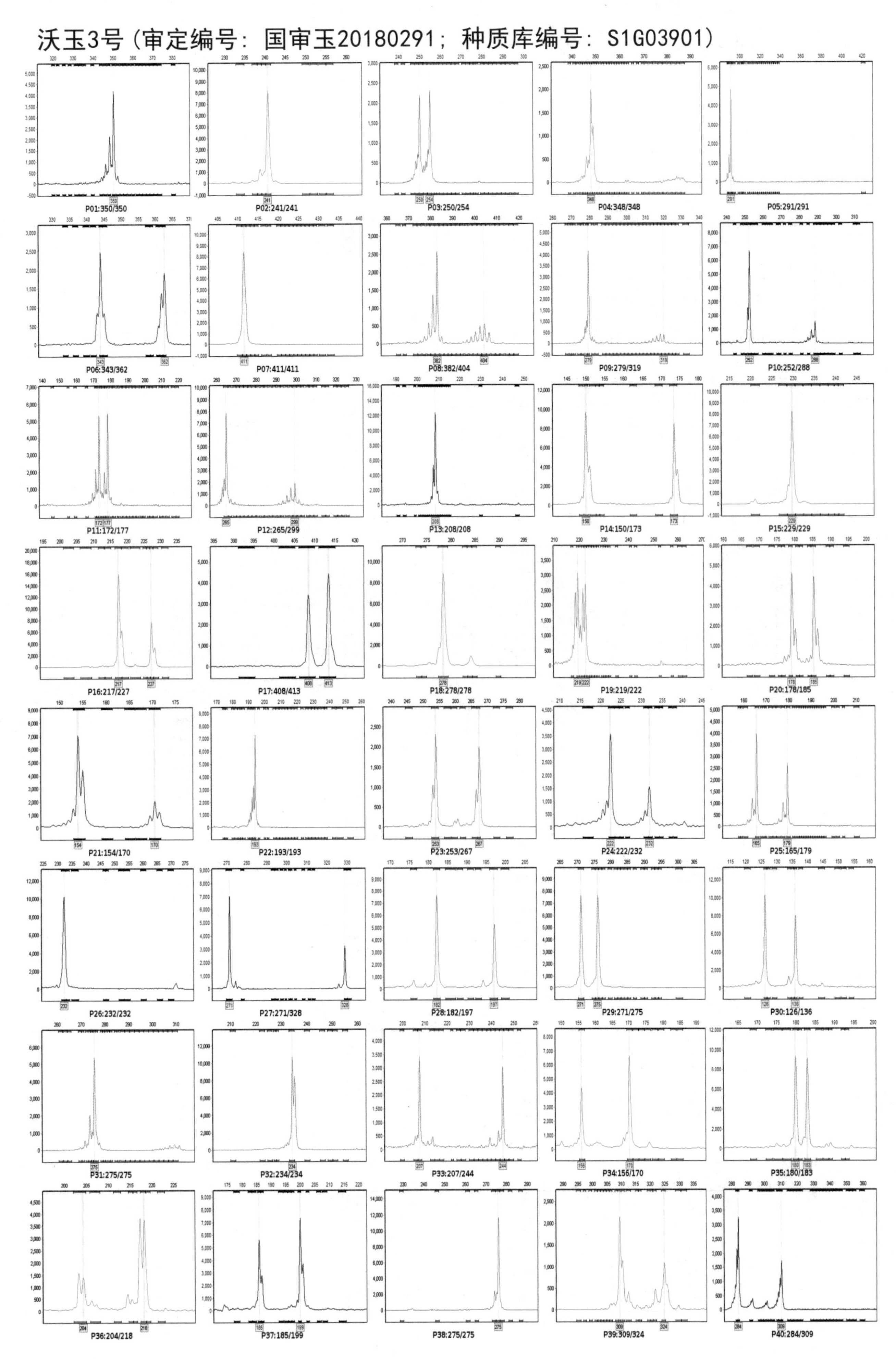

P01:350/350
P02:241/241
P03:250/254
P04:348/348
P05:291/291
P06:343/362
P07:411/411
P08:382/404
P09:279/319
P10:252/288
P11:172/177
P12:265/299
P13:208/208
P14:150/173
P15:229/229
P16:217/227
P17:408/413
P18:278/278
P19:219/222
P20:178/185
P21:154/170
P22:193/193
P23:253/267
P24:222/232
P25:165/179
P26:232/232
P27:271/328
P28:182/197
P29:271/275
P30:126/136
P31:275/275
P32:234/234
P33:207/244
P34:156/170
P35:180/183
P36:204/218
P37:185/199
P38:275/275
P39:309/324
P40:284/309

五谷563（审定编号：国审玉20180292；种质库编号：XIN26790）

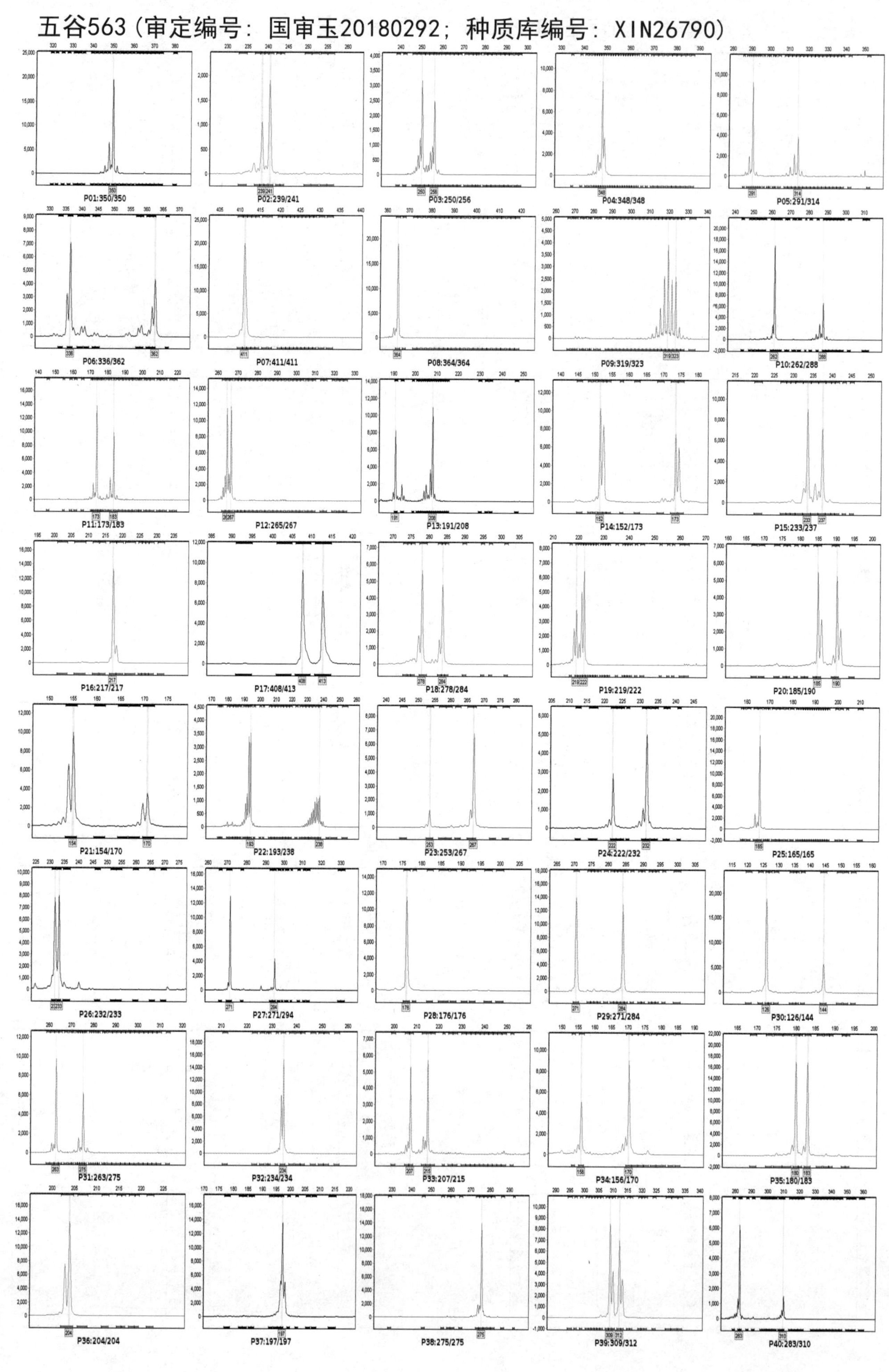

P01:350/350
P02:239/241
P03:250/256
P04:348/348
P05:291/314
P06:336/362
P07:411/411
P08:364/364
P09:319/323
P10:262/288
P11:173/183
P12:265/267
P13:191/208
P14:152/173
P15:233/237
P16:217/217
P17:408/413
P18:278/284
P19:219/222
P20:185/190
P21:154/170
P22:193/238
P23:253/267
P24:222/232
P25:165/165
P26:232/233
P27:271/294
P28:176/176
P29:271/284
P30:126/144
P31:263/275
P32:234/234
P33:207/215
P34:156/170
P35:180/183
P36:204/204
P37:197/197
P38:275/275
P39:309/312
P40:283/310

翔玉998（审定编号：国审玉20180296；种质库编号：S1G04555）

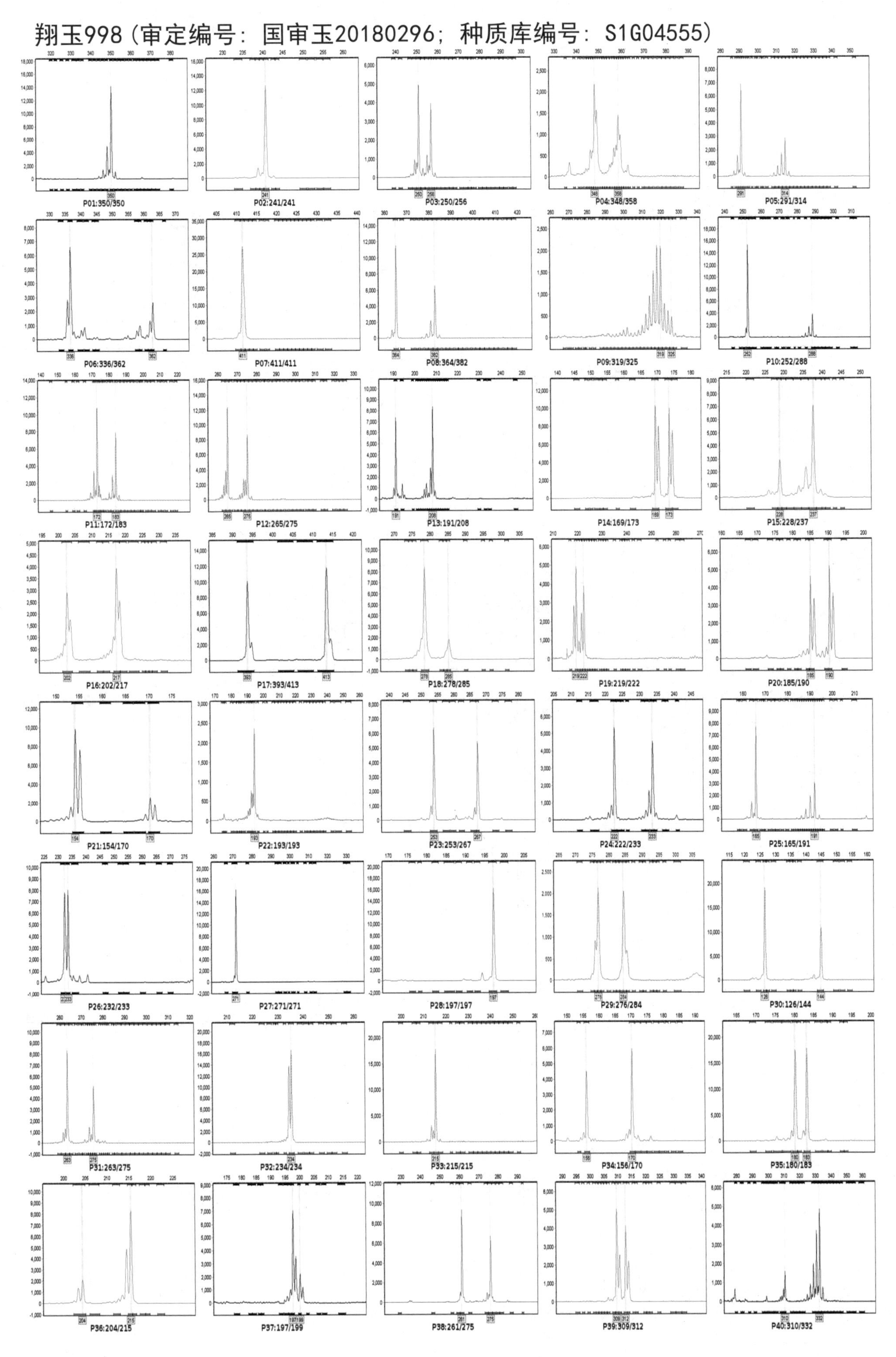

P01:350/350
P02:241/241
P03:250/256
P04:348/358
P05:291/314
P06:336/362
P07:411/411
P08:364/382
P09:319/325
P10:252/288
P11:172/183
P12:265/275
P13:191/208
P14:169/173
P15:228/237
P16:202/217
P17:393/413
P18:278/285
P19:219/222
P20:185/190
P21:154/170
P22:193/193
P23:253/267
P24:222/233
P25:165/191
P26:232/233
P27:271/271
P28:197/197
P29:276/284
P30:126/144
P31:263/275
P32:234/234
P33:215/215
P34:156/170
P35:180/183
P36:204/215
P37:197/199
P38:261/275
P39:309/312
P40:310/332

新单68（审定编号：国审玉20180297；种质库编号：XIN20943）

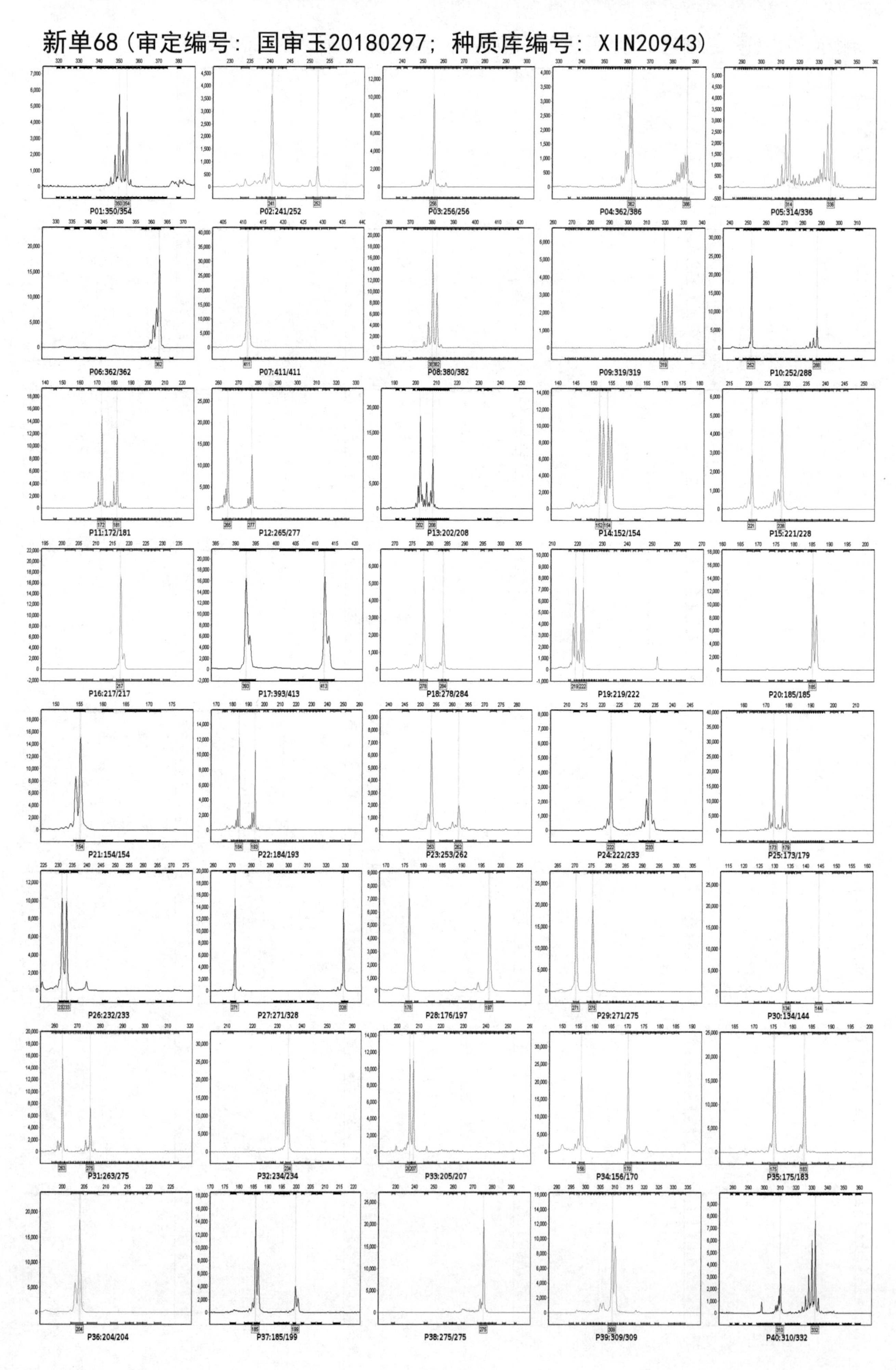
P01:350/354
P02:241/252
P03:256/256
P04:362/386
P05:314/336
P06:362/362
P07:411/411
P08:380/382
P09:319/319
P10:252/288
P11:172/181
P12:265/277
P13:202/208
P14:152/154
P15:221/228
P16:217/217
P17:393/413
P18:278/284
P19:219/222
P20:185/185
P21:154/154
P22:184/193
P23:253/262
P24:222/233
P25:173/179
P26:232/233
P27:271/328
P28:176/197
P29:271/275
P30:134/144
P31:263/275
P32:234/234
P33:205/207
P34:156/170
P35:175/183
P36:204/204
P37:185/199
P38:275/275
P39:309/309
P40:310/332

正弘658（审定编号：国审玉20180303；种质库编号：S1G05719）

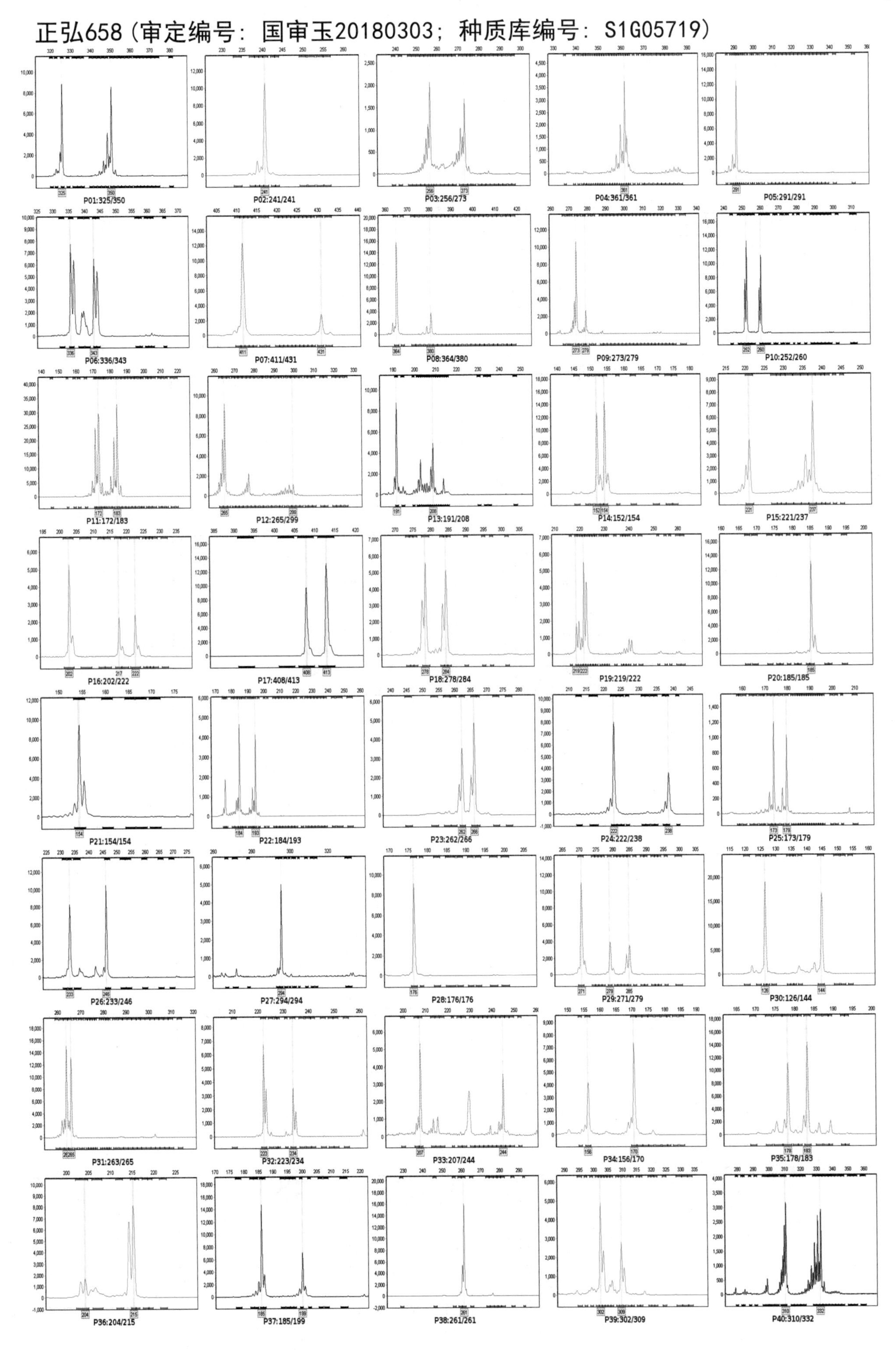

P01:325/350
P02:241/241
P03:256/273
P04:361/361
P05:291/291
P06:336/343
P07:411/431
P08:364/380
P09:273/279
P10:252/260
P11:172/183
P12:265/299
P13:191/208
P14:152/154
P15:221/237
P16:202/222
P17:408/413
P18:278/284
P19:219/222
P20:185/185
P21:154/154
P22:184/193
P23:262/266
P24:222/238
P25:173/179
P26:233/246
P27:294/294
P28:176/176
P29:271/279
P30:126/144
P31:263/265
P32:223/234
P33:207/244
P34:156/170
P35:178/183
P36:204/215
P37:185/199
P38:261/261
P39:302/309
P40:310/332

德单1001（审定编号：国审玉20180309；种质库编号：S1G04574）

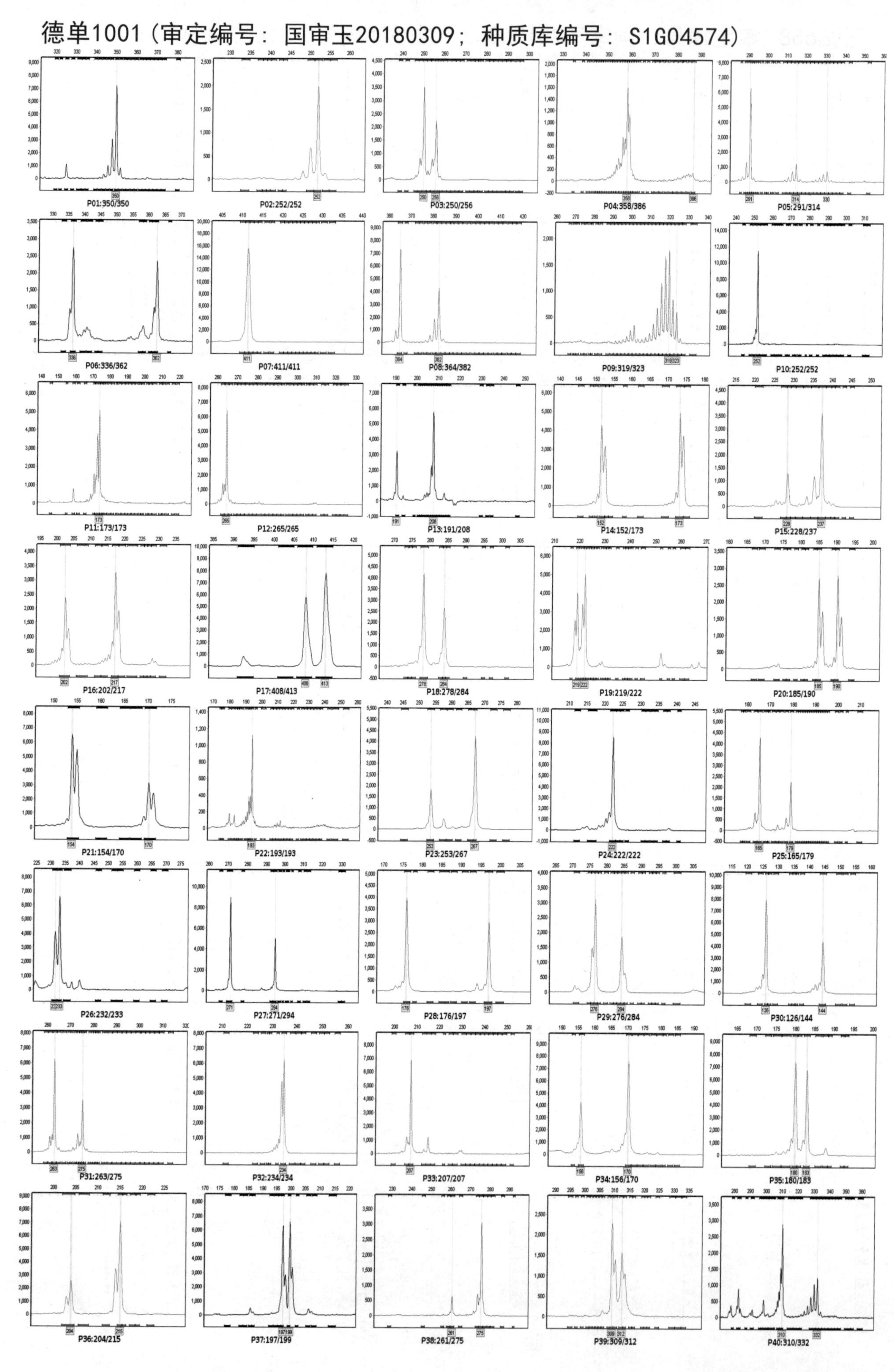
P01:350/350
P02:252/252
P03:250/256
P04:358/386
P05:291/314
P06:336/362
P07:411/411
P08:364/382
P09:319/323
P10:252/252
P11:173/173
P12:265/265
P13:191/208
P14:152/173
P15:228/237
P16:202/217
P17:408/413
P18:278/284
P19:219/222
P20:185/190
P21:154/170
P22:193/193
P23:253/267
P24:222/222
P25:165/179
P26:232/233
P27:271/294
P28:176/197
P29:276/284
P30:126/144
P31:263/275
P32:234/234
P33:207/207
P34:156/170
P35:180/183
P36:204/215
P37:197/199
P38:261/275
P39:309/312
P40:310/332

豪威568（审定编号：国审玉20180312；种质库编号：S1G06112）

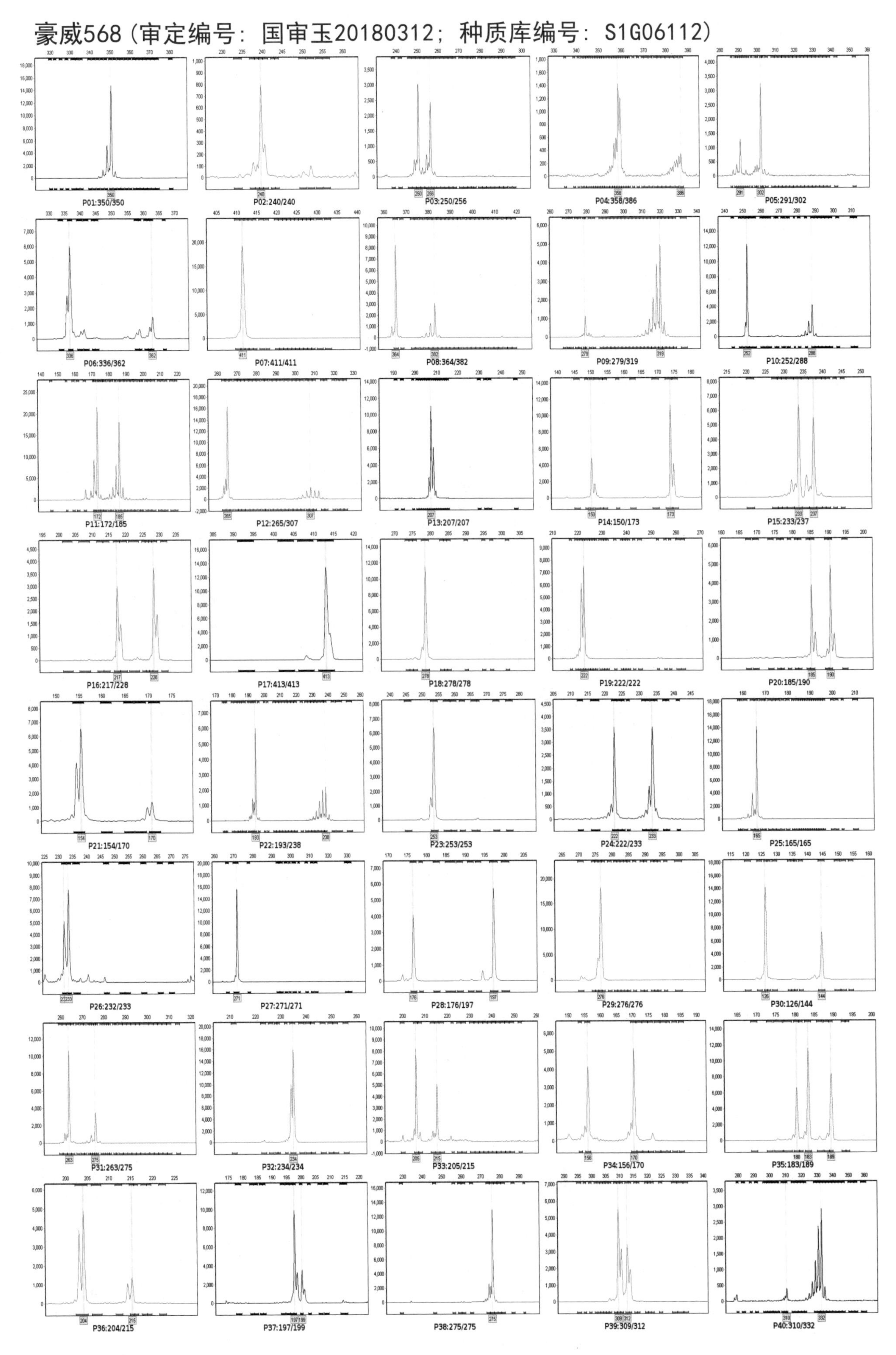

P01:350/350
P02:240/240
P03:250/256
P04:358/386
P05:291/302
P06:336/362
P07:411/411
P08:364/382
P09:279/319
P10:252/288
P11:172/185
P12:265/307
P13:207/207
P14:150/173
P15:233/237
P16:217/228
P17:413/413
P18:278/278
P19:222/222
P20:185/190
P21:154/170
P22:193/238
P23:253/253
P24:222/233
P25:165/165
P26:232/233
P27:271/271
P28:176/197
P29:276/276
P30:126/144
P31:263/275
P32:234/234
P33:205/215
P34:156/170
P35:183/189
P36:204/215
P37:197/199
P38:275/275
P39:309/312
P40:310/332

平安169（审定编号：国审玉20180320；种质库编号：S1G03787）

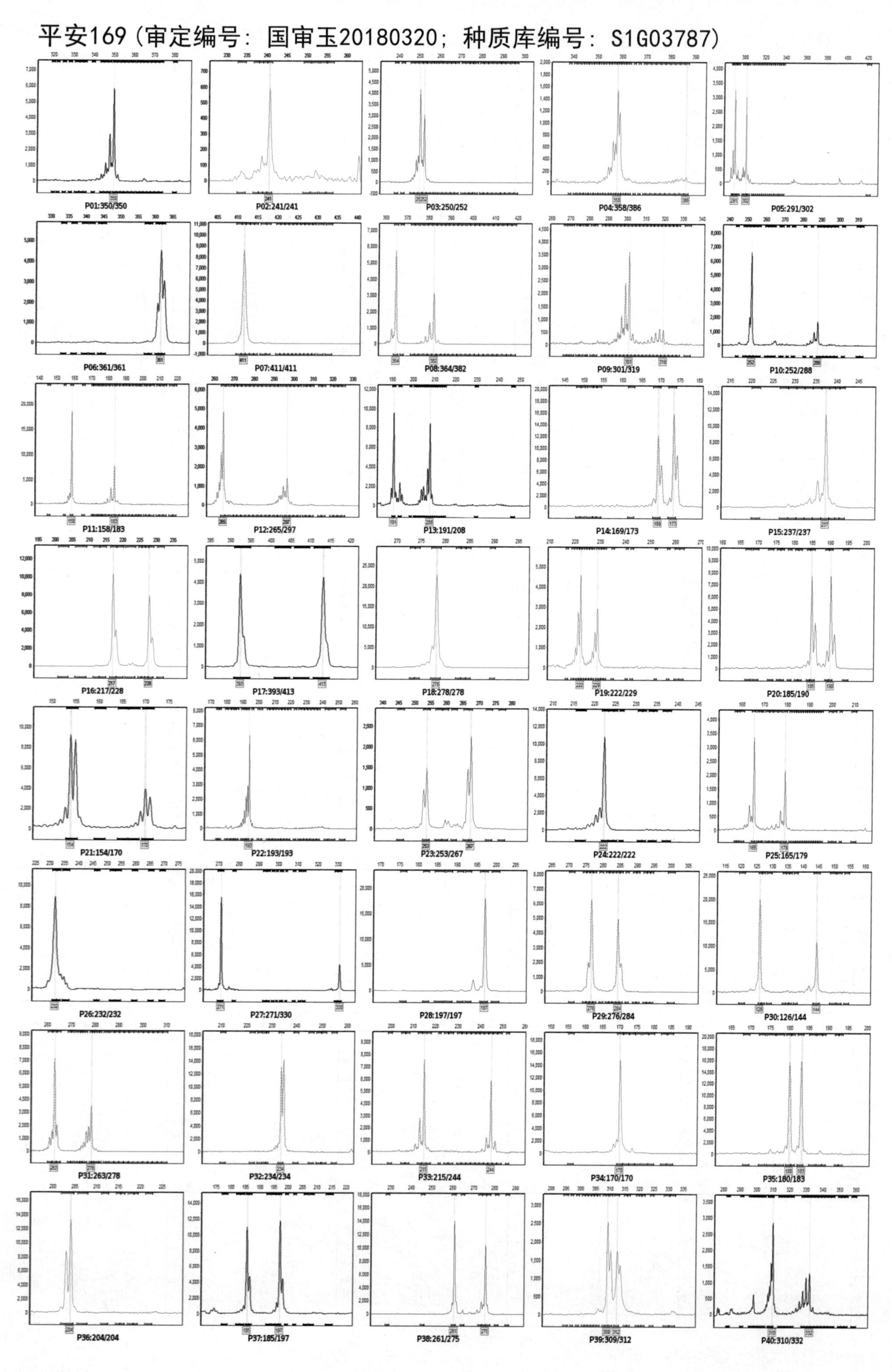

P01:350/350
P02:241/241
P03:250/252
P04:358/386
P05:291/302
P06:361/361
P07:411/411
P08:364/382
P09:301/319
P10:252/288
P11:158/183
P12:265/297
P13:191/208
P14:169/173
P15:237/237
P16:217/228
P17:393/413
P18:278/278
P19:222/229
P20:185/190
P21:154/170
P22:193/193
P23:253/267
P24:222/222
P25:165/179
P26:232/232
P27:271/330
P28:197/197
P29:276/284
P30:126/144
P31:263/278
P32:234/234
P33:215/244
P34:170/170
P35:180/183
P36:204/204
P37:185/197
P38:261/275
P39:309/312
P40:310/332

金糯691（审定编号：国审玉20180337；种质库编号：XIN26064）

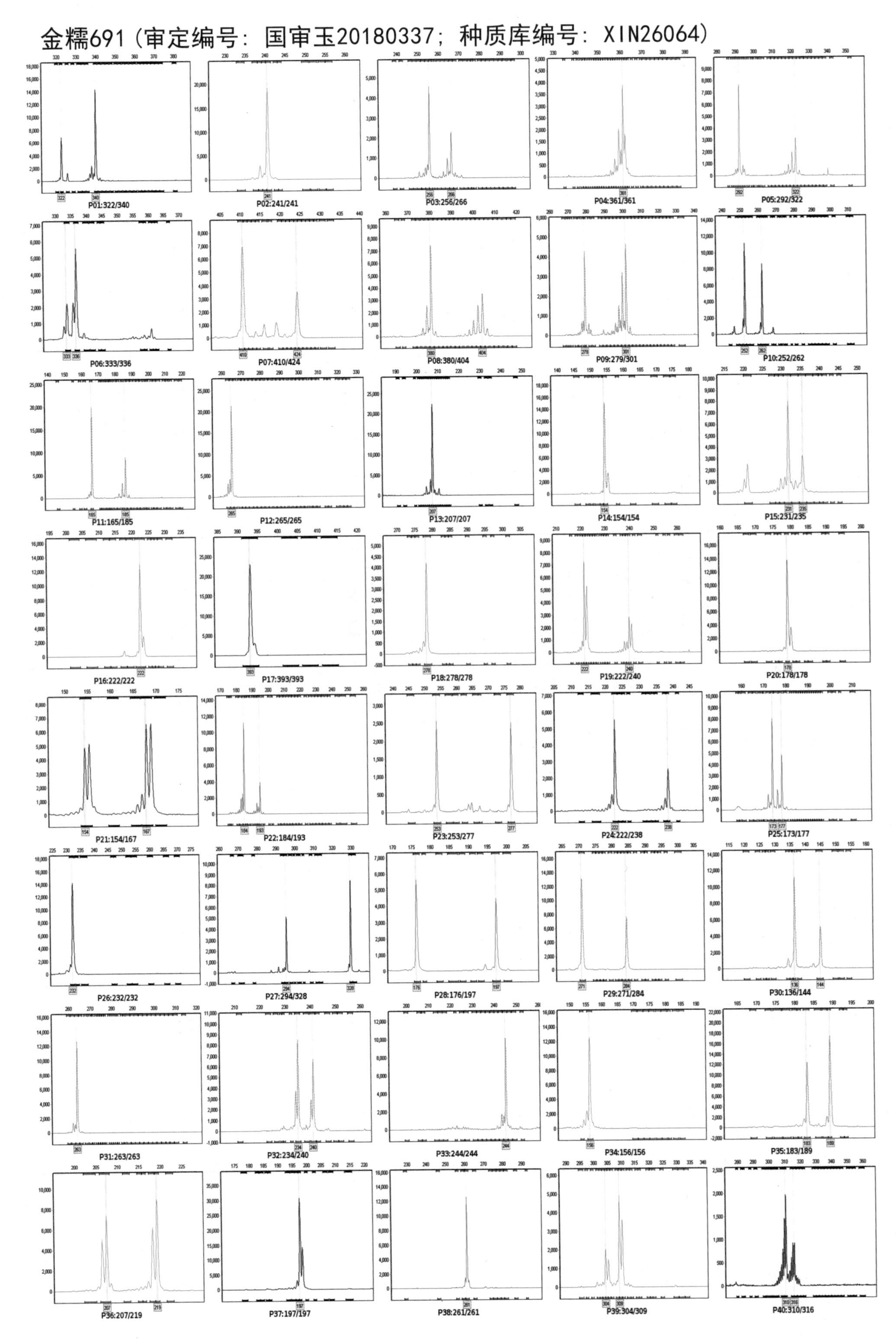
P01:322/340
P02:241/241
P03:256/266
P04:361/361
P05:292/322
P06:333/336
P07:410/424
P08:380/404
P09:279/301
P10:252/262
P11:165/185
P12:265/265
P13:207/207
P14:154/154
P15:231/235
P16:222/222
P17:393/393
P18:278/278
P19:222/240
P20:178/178
P21:154/167
P22:184/193
P23:253/277
P24:222/238
P25:173/177
P26:232/232
P27:294/328
P28:176/197
P29:271/284
P30:136/144
P31:263/263
P32:234/240
P33:244/244
P34:156/156
P35:183/189
P36:207/219
P37:197/197
P38:261/261
P39:304/309
P40:310/316

京科糯2010（审定编号：国审玉20180338；种质库编号：S1G04515）

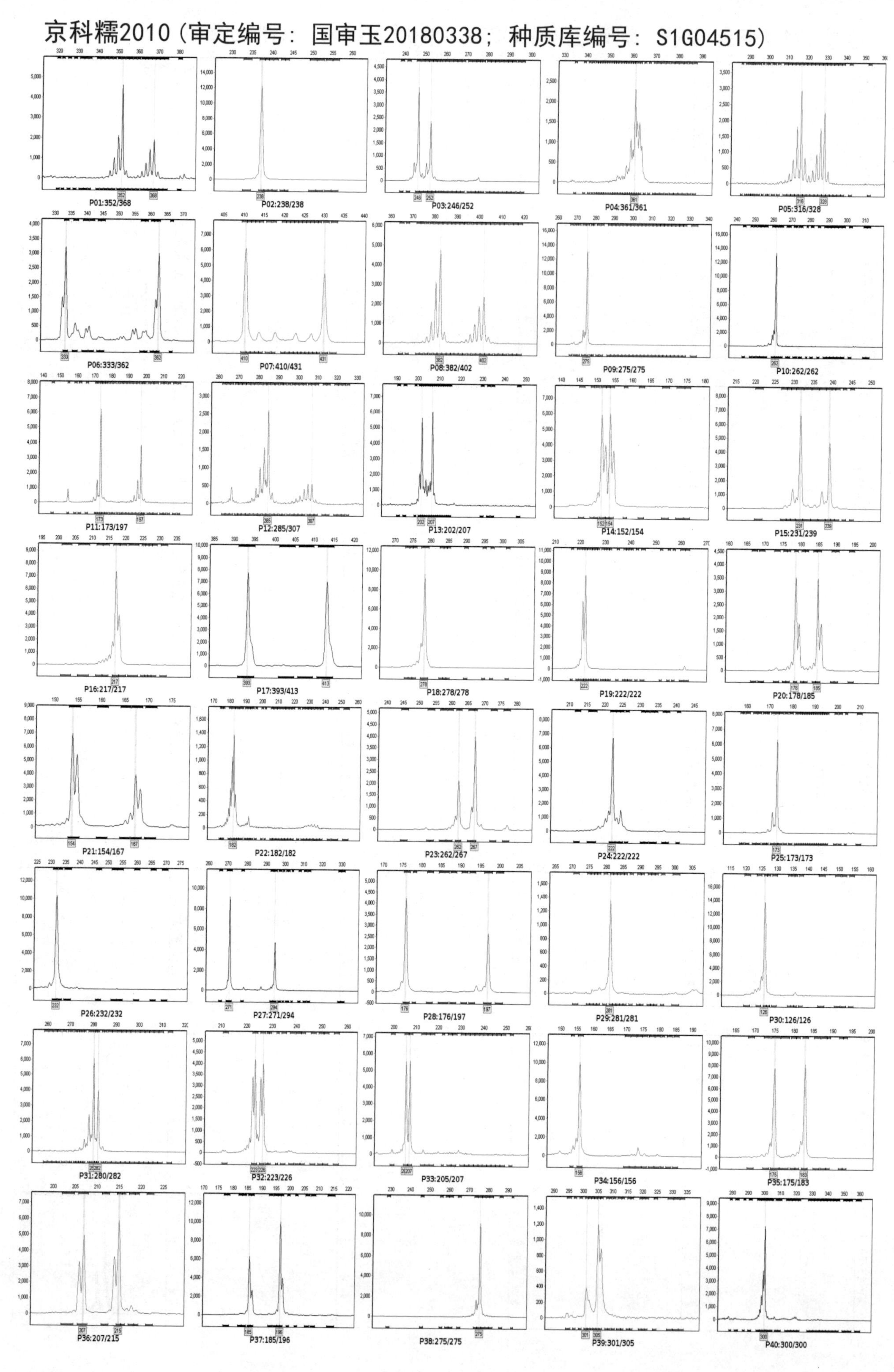

P01:352/368
P02:238/238
P03:246/252
P04:361/361
P05:316/328
P06:333/362
P07:410/431
P08:382/402
P09:275/275
P10:262/262
P11:173/197
P12:285/307
P13:202/207
P14:152/154
P15:231/239
P16:217/217
P17:393/413
P18:278/278
P19:222/222
P20:178/185
P21:154/167
P22:182/182
P23:262/267
P24:222/222
P25:173/173
P26:232/232
P27:271/294
P28:176/197
P29:281/281
P30:126/126
P31:280/282
P32:223/226
P33:205/207
P34:156/156
P35:175/183
P36:207/215
P37:185/196
P38:275/275
P39:301/305
P40:300/300

中农甜488（审定编号：国审玉20180351；种质库编号：S1G05651）

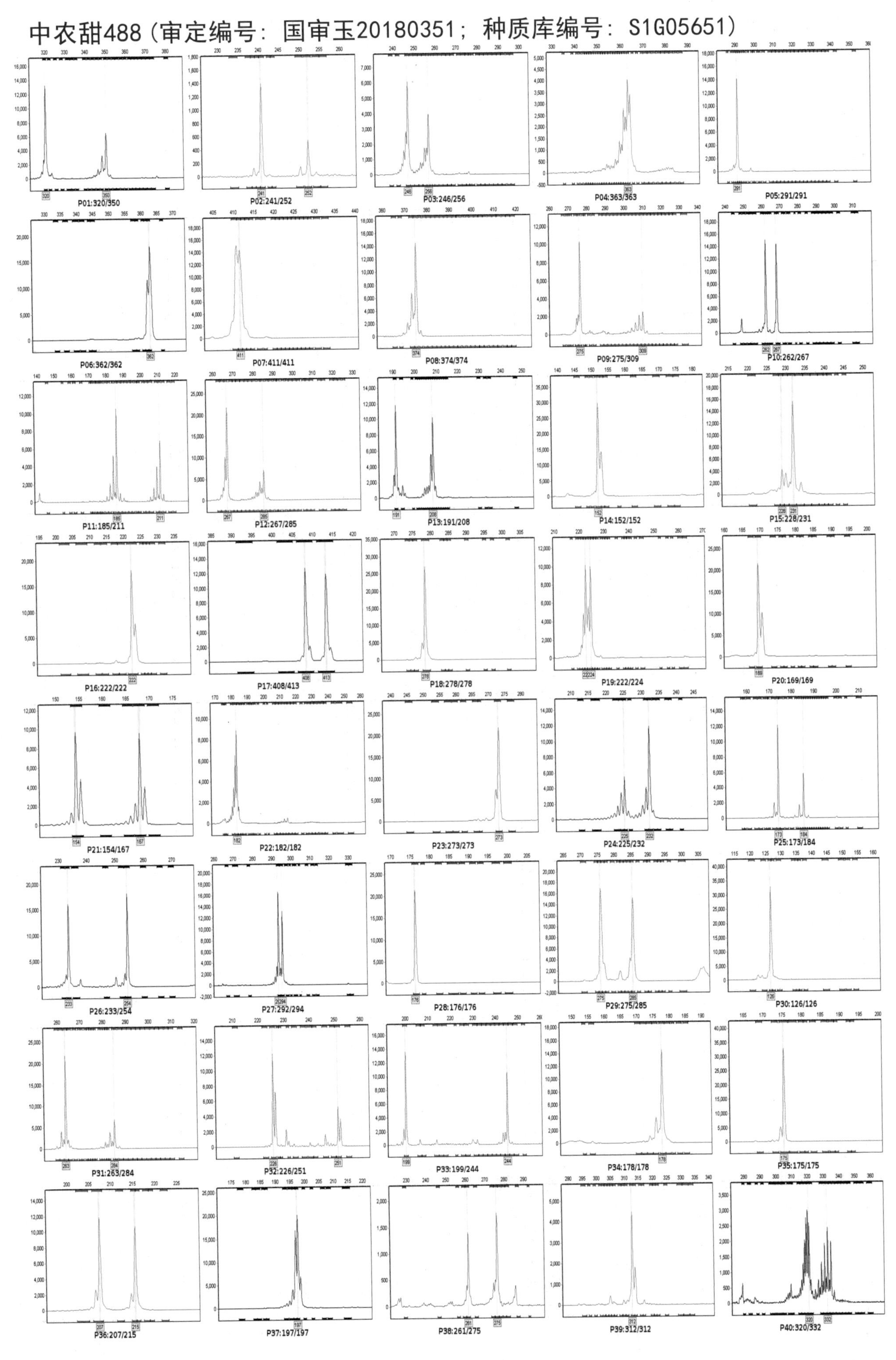
P01:320/350
P02:241/252
P03:246/256
P04:363/363
P05:291/291
P06:362/362
P07:411/411
P08:374/374
P09:275/309
P10:262/267
P11:185/211
P12:267/285
P13:191/208
P14:152/152
P15:228/231
P16:222/222
P17:408/413
P18:278/278
P19:222/224
P20:169/169
P21:154/167
P22:182/182
P23:273/273
P24:225/232
P25:173/184
P26:233/254
P27:292/294
P28:176/176
P29:275/285
P30:126/126
P31:263/284
P32:226/251
P33:199/244
P34:178/178
P35:175/175
P36:207/215
P37:197/197
P38:261/275
P39:312/312
P40:320/332

京科糯2016（审定编号：国审玉20180354；种质库编号：XIN20237）

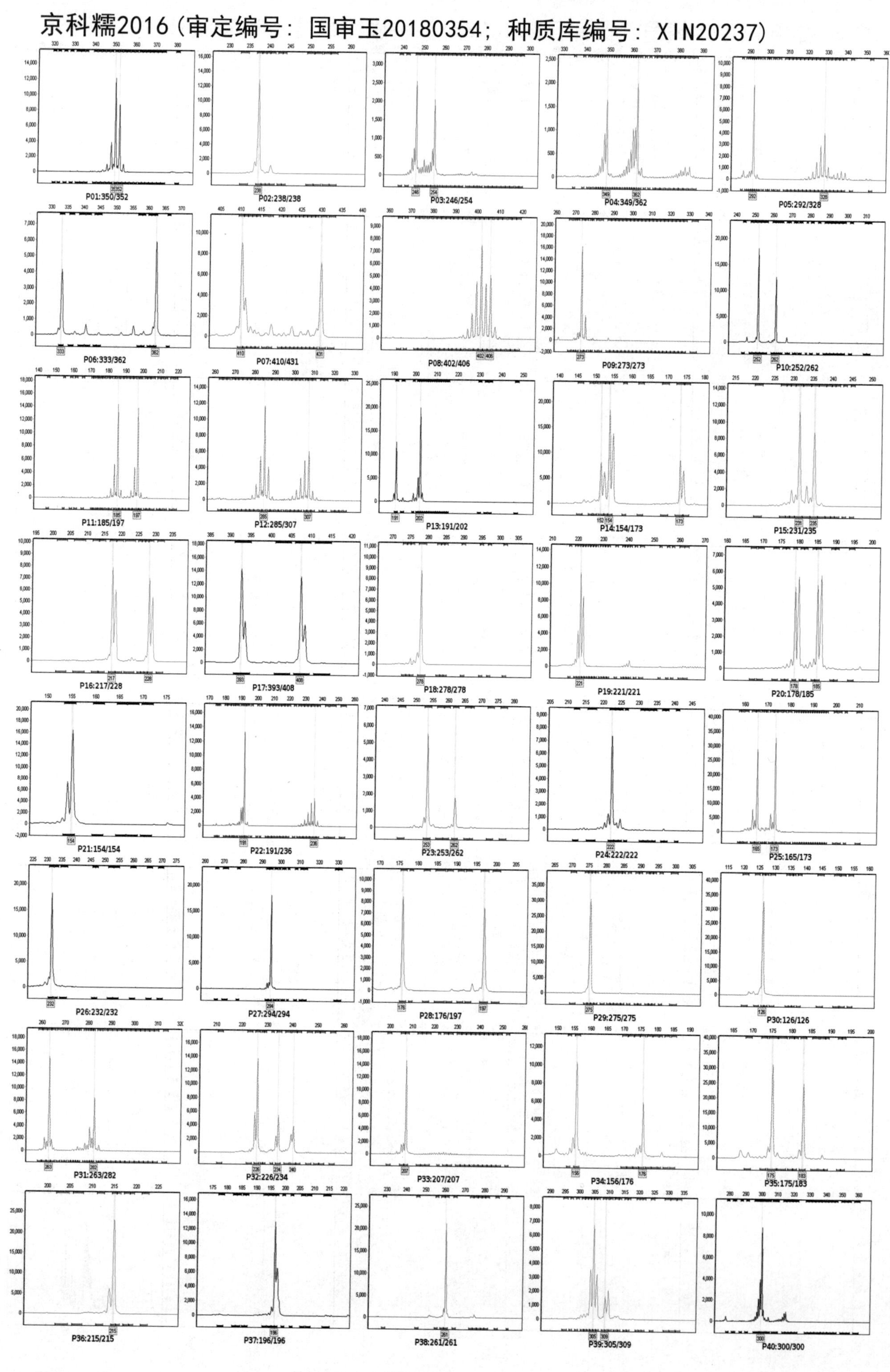
P01:350/352
P02:238/238
P03:246/254
P04:349/362
P05:292/328
P06:333/362
P07:410/431
P08:402/406
P09:273/273
P10:252/262
P11:185/197
P12:285/307
P13:191/202
P14:154/173
P15:231/235
P16:217/228
P17:393/408
P18:278/278
P19:221/221
P20:178/185
P21:154/154
P22:191/236
P23:253/262
P24:222/222
P25:165/173
P26:232/232
P27:294/294
P28:176/197
P29:275/275
P30:126/126
P31:263/282
P32:226/234
P33:207/207
P34:156/176
P35:175/183
P36:215/215
P37:196/196
P38:261/261
P39:305/309
P40:300/300

京科糯609（审定编号：国审玉20180355；种质库编号：XIN20500）

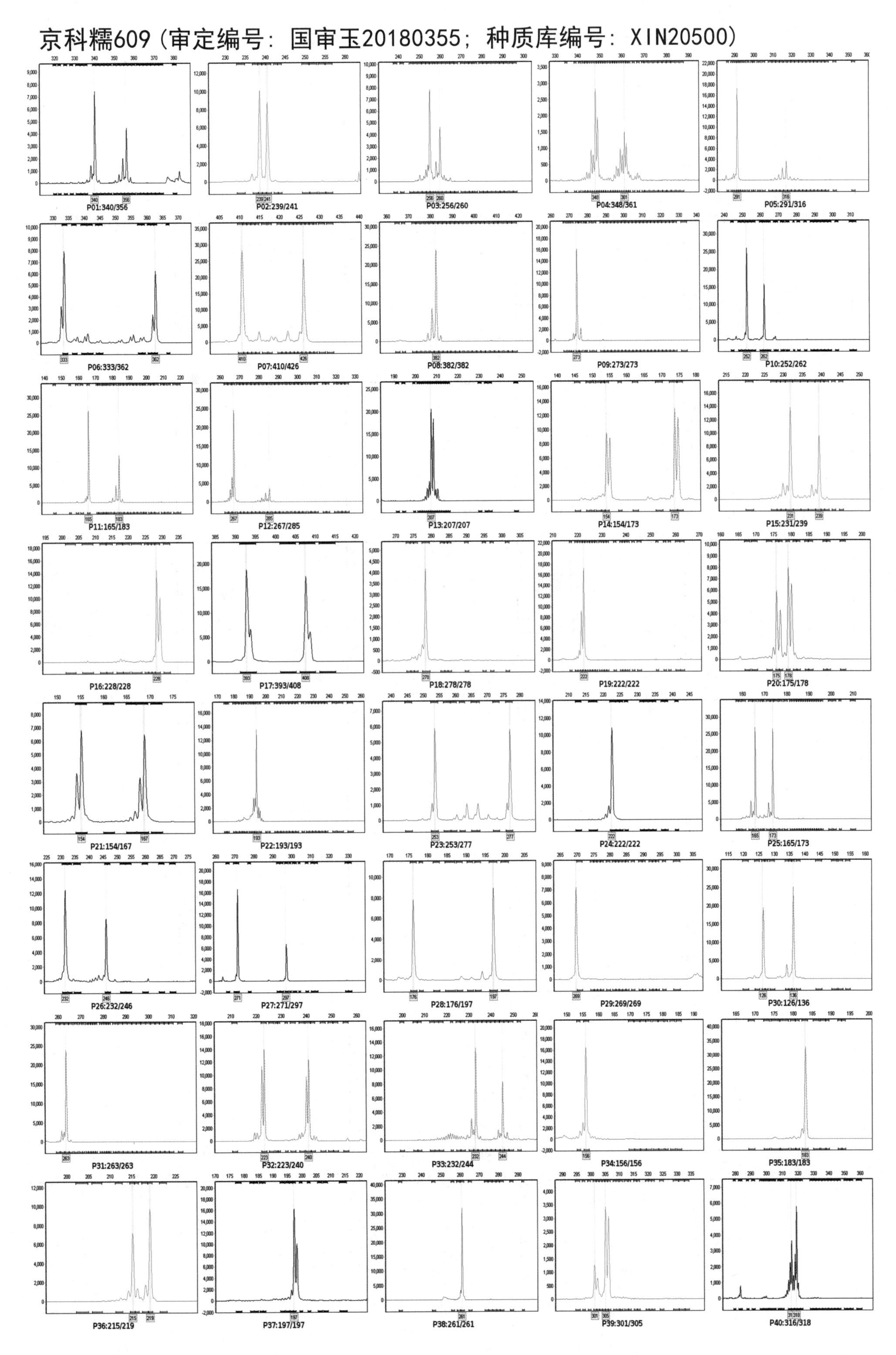
P01:340/356
P02:239/241
P03:256/260
P04:348/361
P05:291/316
P06:333/362
P07:410/426
P08:382/382
P09:273/273
P10:252/262
P11:165/183
P12:267/285
P13:207/207
P14:154/173
P15:231/239
P16:228/228
P17:393/408
P18:278/278
P19:222/222
P20:175/178
P21:154/167
P22:193/193
P23:253/277
P24:222/222
P25:165/173
P26:232/246
P27:271/297
P28:176/197
P29:269/269
P30:126/136
P31:263/263
P32:223/240
P33:232/244
P34:156/156
P35:183/183
P36:215/219
P37:197/197
P38:261/261
P39:301/305
P40:316/318

苏科甜1506（审定编号：国审玉20180364；种质库编号：S1G05973）

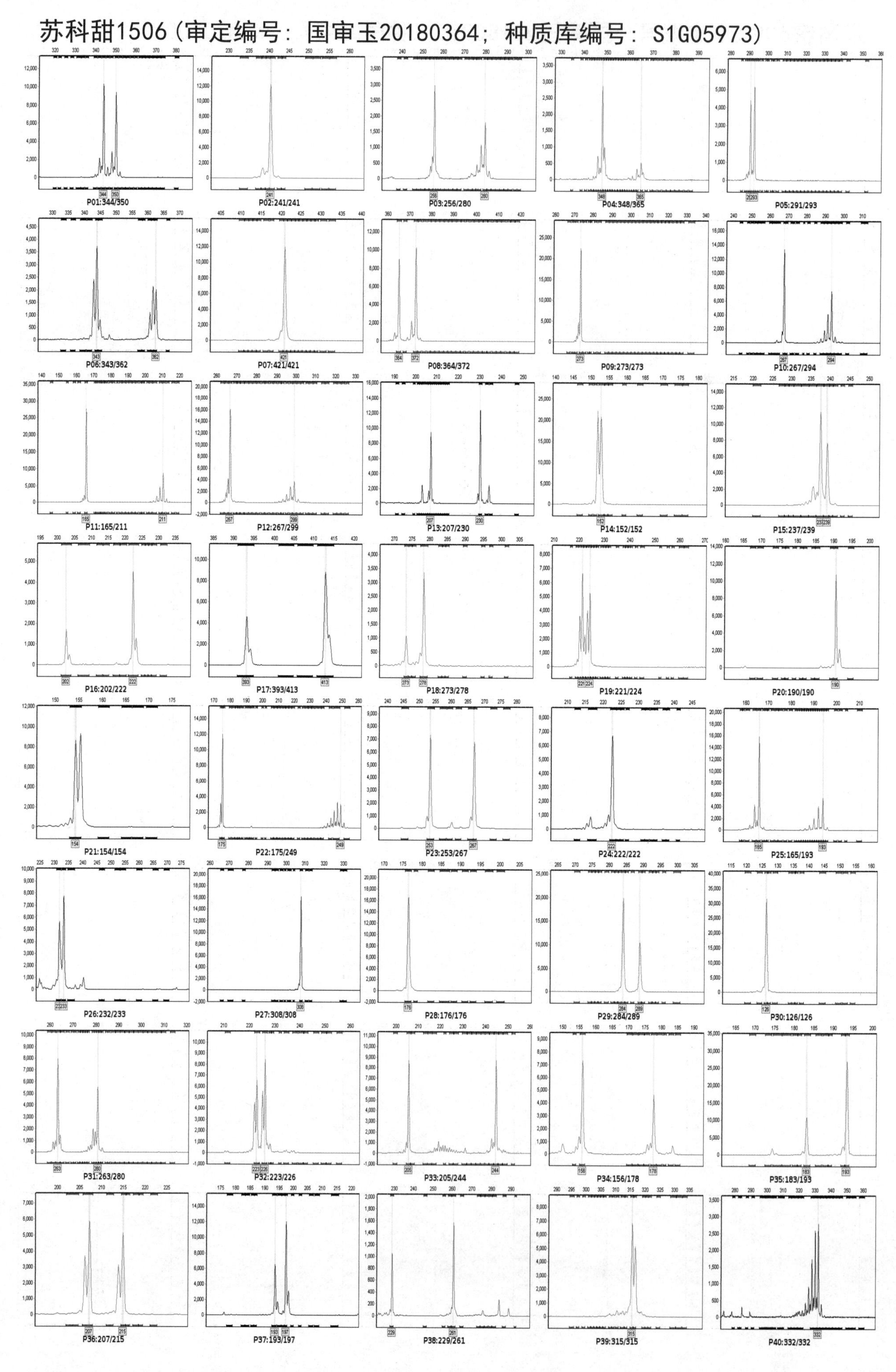

P01:344/350
P02:241/241
P03:256/280
P04:348/365
P05:291/293
P06:343/362
P07:421/421
P08:364/372
P09:273/273
P10:267/294
P11:165/211
P12:267/299
P13:207/230
P14:152/152
P15:237/239
P16:202/222
P17:393/413
P18:273/278
P19:221/224
P20:190/190
P21:154/154
P22:175/249
P23:253/267
P24:222/222
P25:165/193
P26:232/233
P27:308/308
P28:176/176
P29:284/289
P30:126/126
P31:263/280
P32:223/226
P33:205/244
P34:156/178
P35:183/193
P36:207/215
P37:193/197
P38:229/261
P39:315/315
P40:332/332

万鲜甜159（审定编号：国审玉20180365；种质库编号：XIN24429）

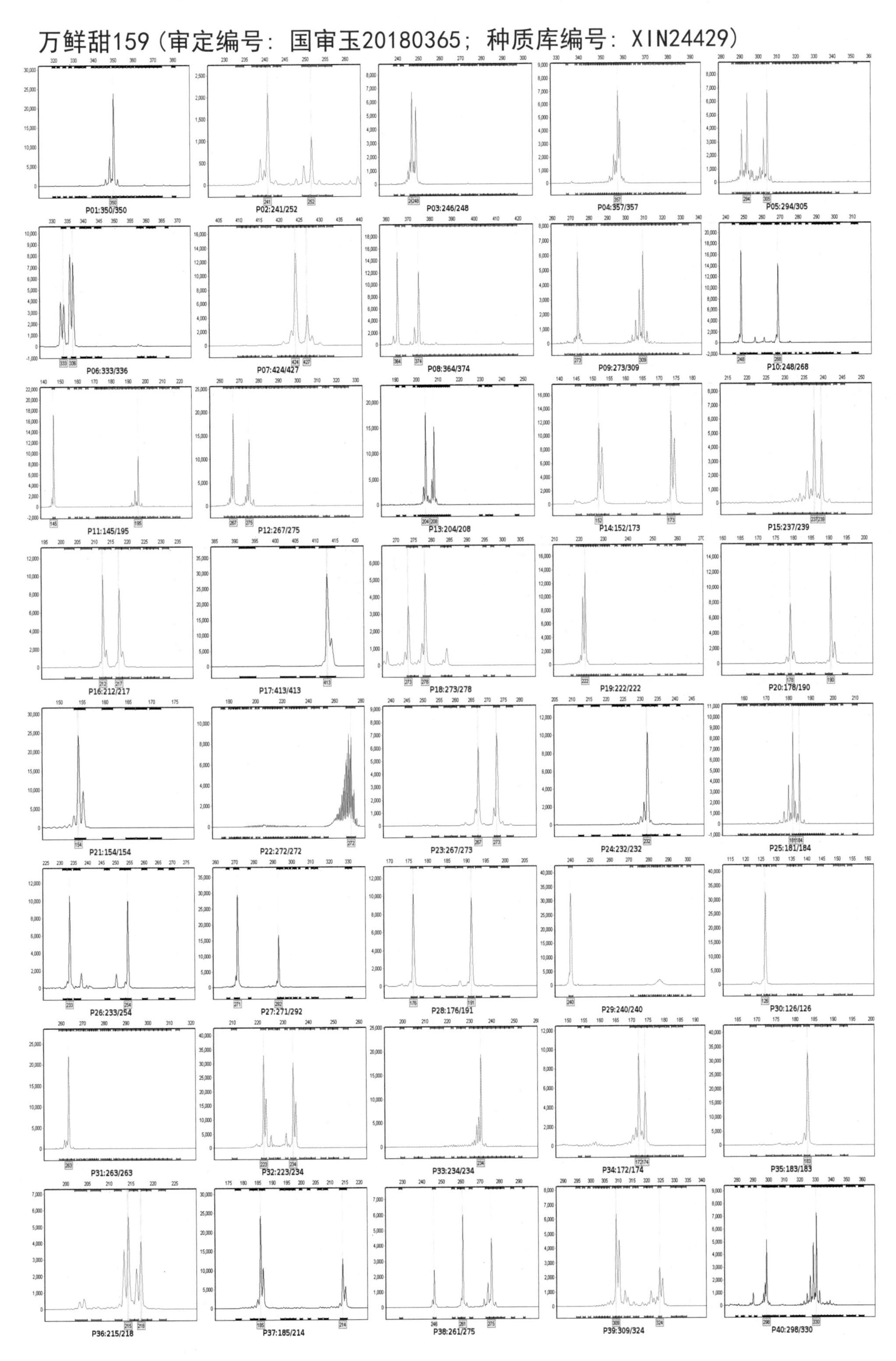
P01:350/350
P02:241/252
P03:246/248
P04:357/357
P05:294/305
P06:333/336
P07:424/427
P08:364/374
P09:273/309
P10:248/268
P11:145/195
P12:267/275
P13:204/208
P14:152/173
P15:237/239
P16:212/217
P17:413/413
P18:273/278
P19:222/222
P20:178/190
P21:154/154
P22:272/272
P23:267/273
P24:232/232
P25:181/184
P26:233/254
P27:271/292
P28:176/191
P29:240/240
P30:126/126
P31:263/263
P32:223/234
P33:234/234
P34:172/174
P35:183/183
P36:215/218
P37:185/214
P38:261/275
P39:309/324
P40:298/330

富尔2292（审定编号：国审玉20186002；种质库编号：S1G06043）

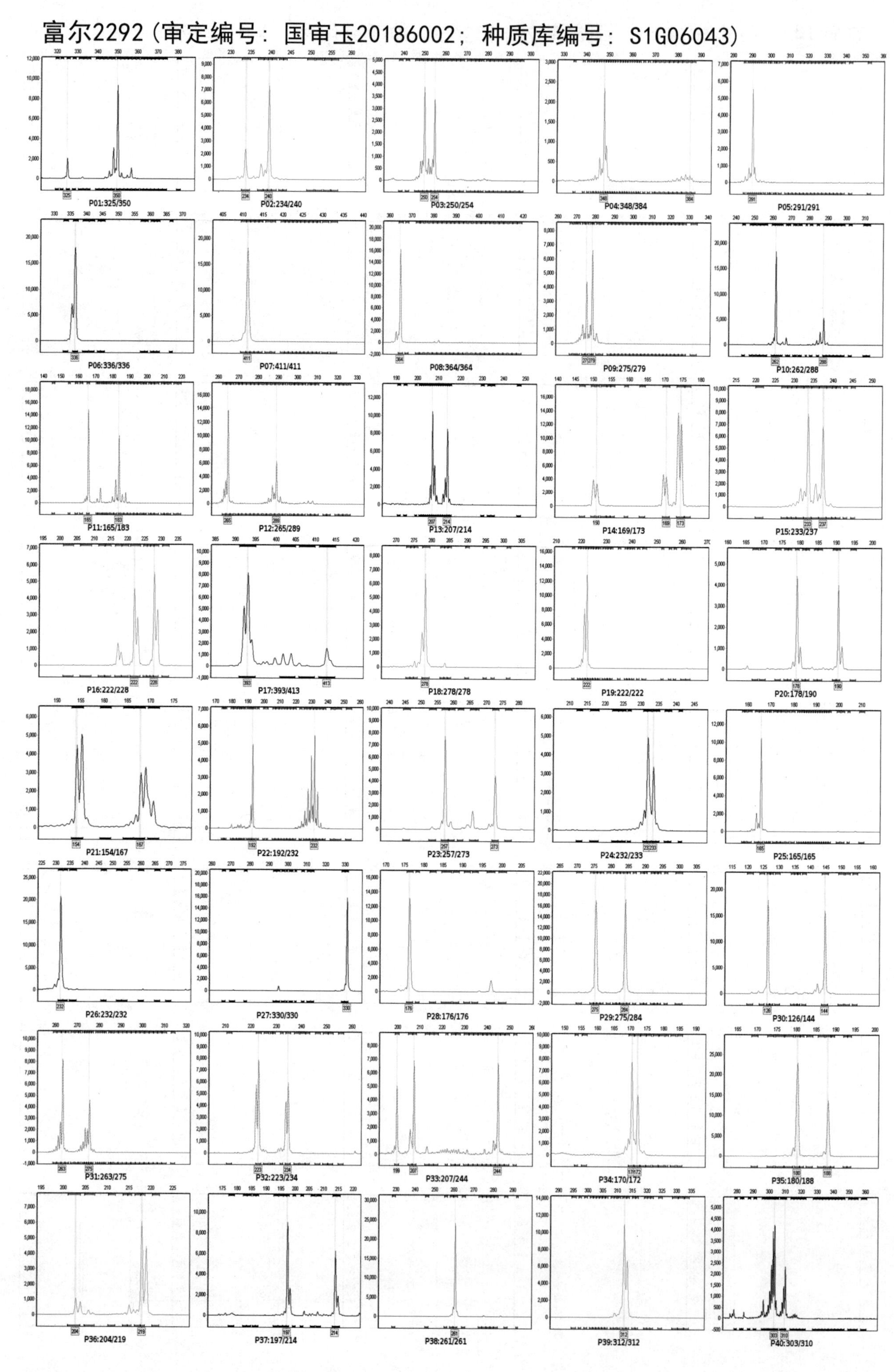

P01:325/350
P02:234/240
P03:250/254
P04:348/384
P05:291/291
P06:336/336
P07:411/411
P08:364/364
P09:275/279
P10:262/288
P11:165/183
P12:265/289
P13:207/214
P14:169/173
P15:233/237
P16:222/228
P17:393/413
P18:278/278
P19:222/222
P20:178/190
P21:154/167
P22:192/232
P23:257/273
P24:232/233
P25:165/165
P26:232/232
P27:330/330
P28:176/176
P29:275/284
P30:126/144
P31:263/275
P32:223/234
P33:207/244
P34:170/172
P35:180/188
P36:204/219
P37:197/214
P38:261/261
P39:312/312
P40:303/310

隆平702（审定编号：国审玉20186007；种质库编号：S1G04619）

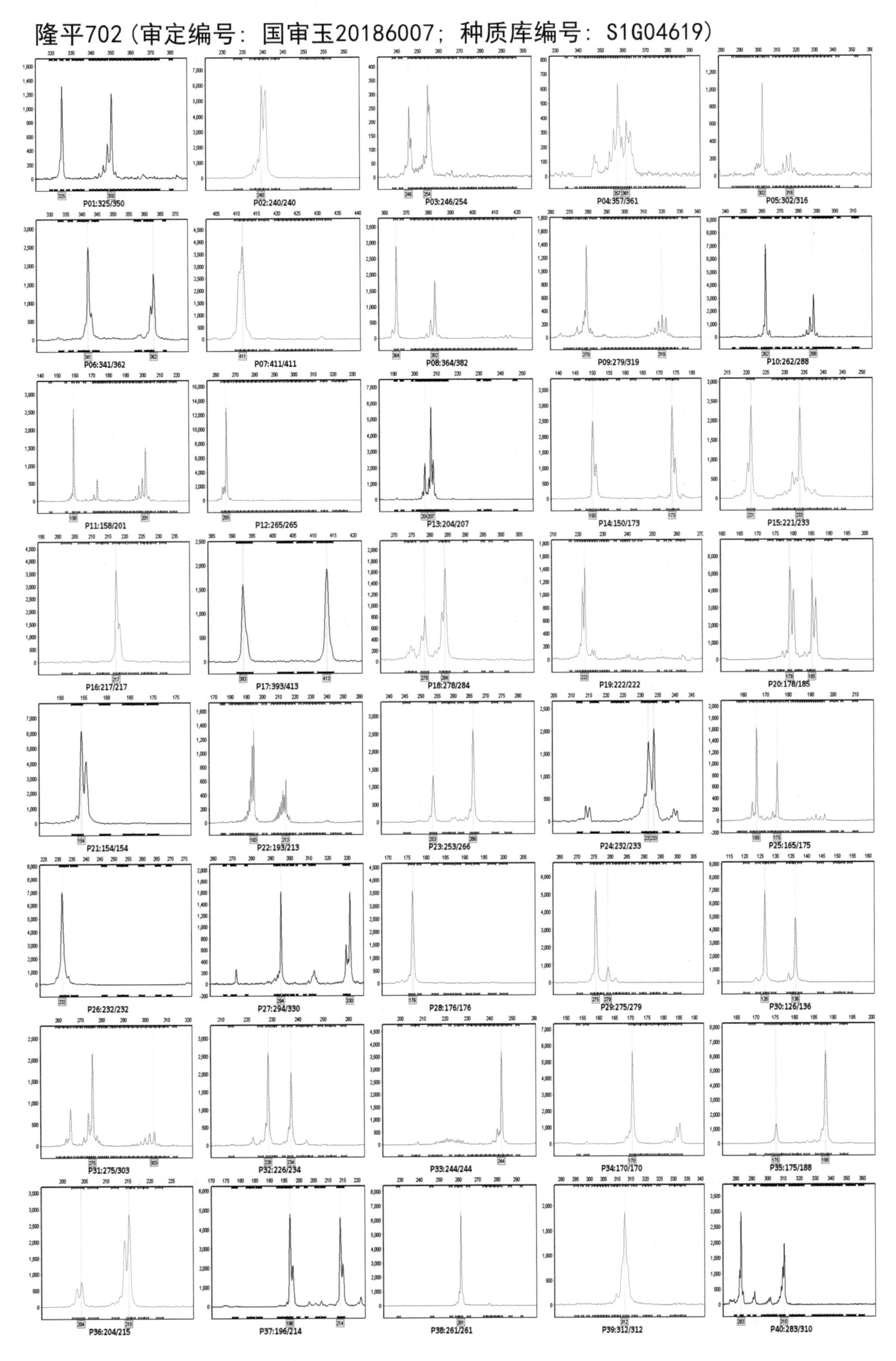
P01:325/350
P02:240/240
P03:246/254
P04:357/361
P05:302/316
P06:341/362
P07:411/411
P08:364/382
P09:279/319
P10:262/288
P11:158/201
P12:265/265
P13:204/207
P14:150/173
P15:221/233
P16:217/217
P17:393/413
P18:278/284
P19:222/222
P20:178/185
P21:154/154
P22:193/213
P23:253/266
P24:232/233
P25:165/175
P26:232/232
P27:294/330
P28:176/176
P29:275/279
P30:126/136
P31:275/303
P32:226/234
P33:244/244
P34:170/170
P35:175/188
P36:204/215
P37:196/214
P38:261/261
P39:312/312
P40:283/310

郑原玉432（审定编号：国审玉20186028；种质库编号：XIN24842）

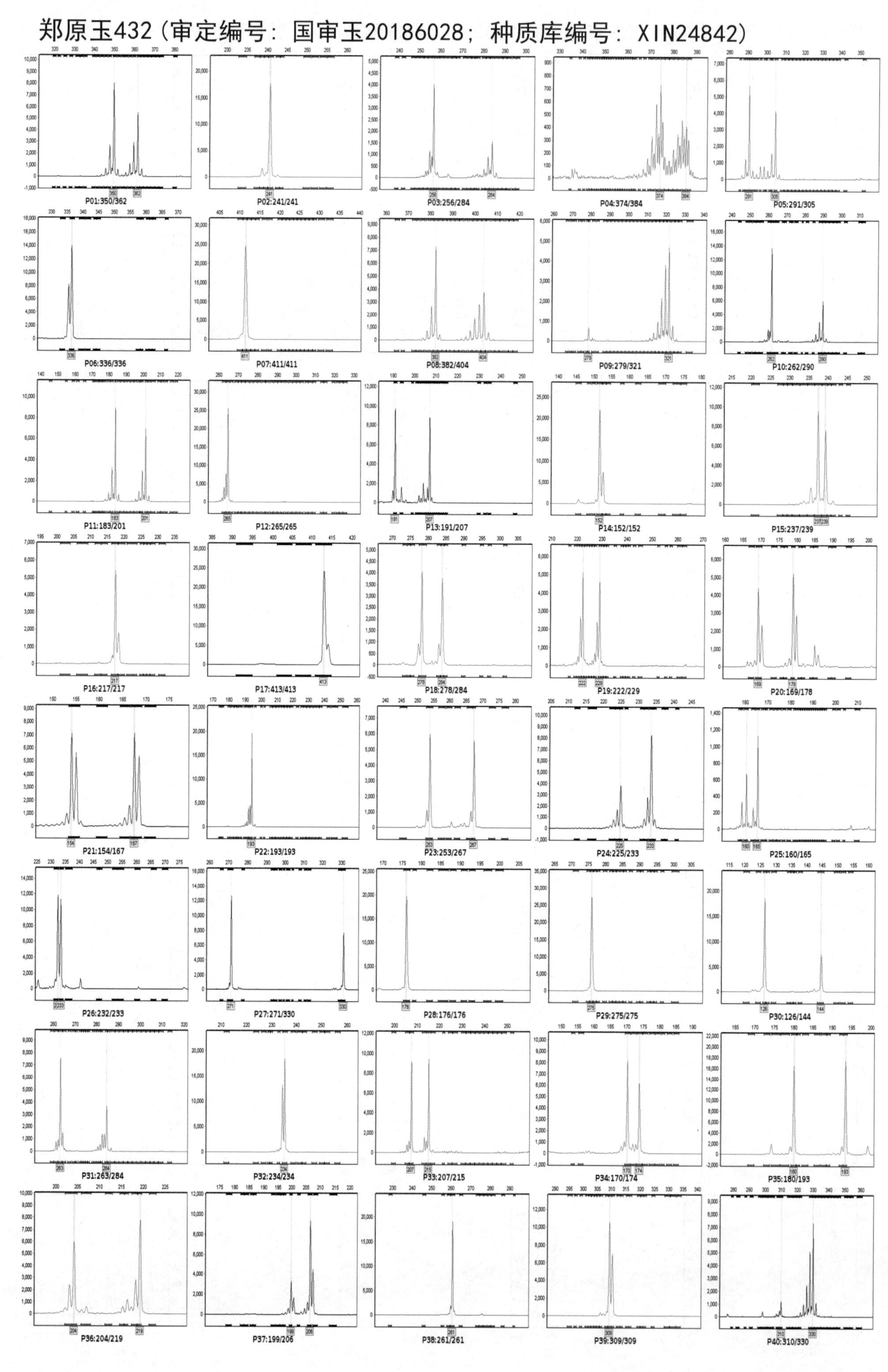
P01:350/362
P02:241/241
P03:256/284
P04:374/384
P05:291/305
P06:336/336
P07:411/411
P08:382/404
P09:279/321
P10:262/290
P11:183/201
P12:265/265
P13:191/207
P14:152/152
P15:237/239
P16:217/217
P17:413/413
P18:278/284
P19:222/229
P20:169/178
P21:154/167
P22:193/193
P23:253/267
P24:225/233
P25:160/165
P26:232/233
P27:271/330
P28:176/176
P29:275/275
P30:126/144
P31:263/284
P32:234/234
P33:207/215
P34:170/174
P35:180/193
P36:204/219
P37:199/206
P38:261/261
P39:309/309
P40:310/330

中地88（审定编号：国审玉20186052；种质库编号：S1G04275）

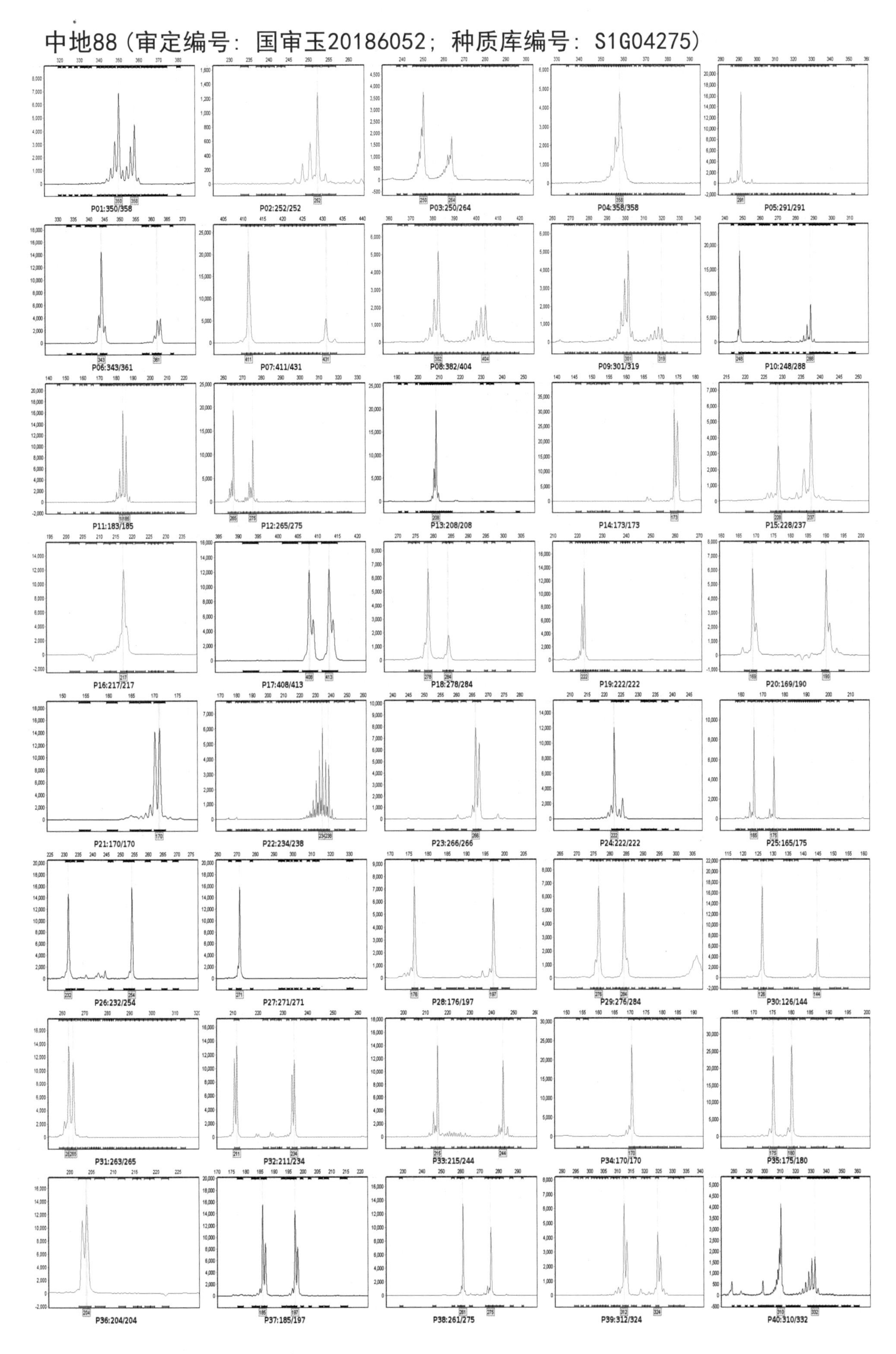

P01:350/358
P02:252/252
P03:250/264
P04:358/358
P05:291/291
P06:343/361
P07:411/431
P08:382/404
P09:301/319
P10:248/288
P11:183/185
P12:265/275
P13:208/208
P14:173/173
P15:228/237
P16:217/217
P17:408/413
P18:278/284
P19:222/222
P20:169/190
P21:170/170
P22:234/238
P23:266/266
P24:222/222
P25:165/175
P26:232/254
P27:271/271
P28:176/197
P29:276/284
P30:126/144
P31:263/265
P32:211/234
P33:215/244
P34:170/170
P35:175/180
P36:204/204
P37:185/197
P38:261/275
P39:312/324
P40:310/332

中地9988（审定编号：国审玉20186053；种质库编号：S1G04451）

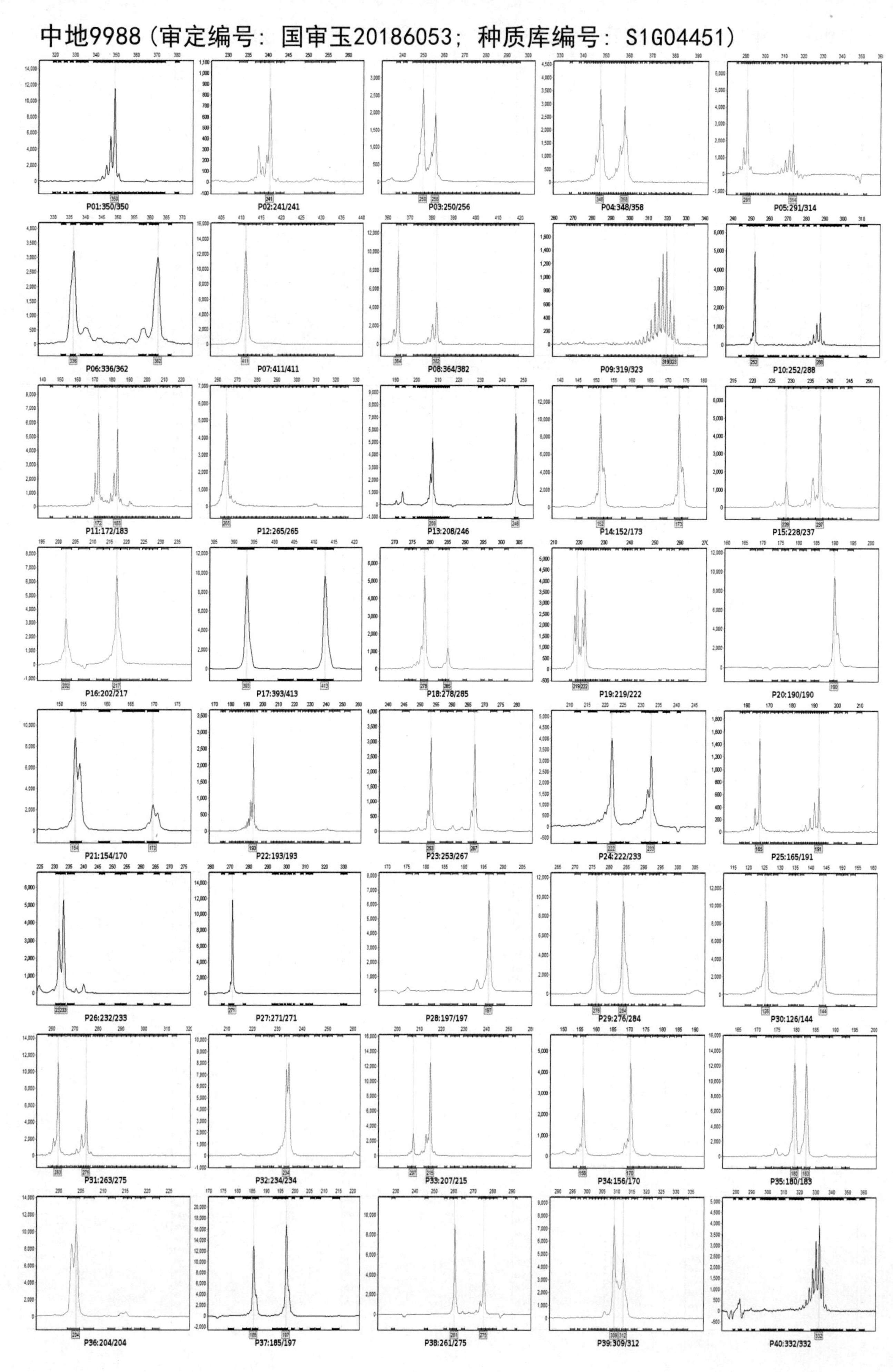
P01:350/350
P02:241/241
P03:250/256
P04:348/358
P05:291/314
P06:336/362
P07:411/411
P08:364/382
P09:319/323
P10:252/288
P11:172/183
P12:265/265
P13:208/246
P14:152/173
P15:228/237
P16:202/217
P17:393/413
P18:278/285
P19:219/222
P20:190/190
P21:154/170
P22:193/193
P23:253/267
P24:222/233
P25:165/191
P26:232/233
P27:271/271
P28:197/197
P29:276/284
P30:126/144
P31:263/275
P32:234/234
P33:207/215
P34:156/170
P35:180/183
P36:204/204
P37:185/197
P38:261/275
P39:309/312
P40:332/332

鑫研218（审定编号：国审玉20186094；种质库编号：XIN19908）

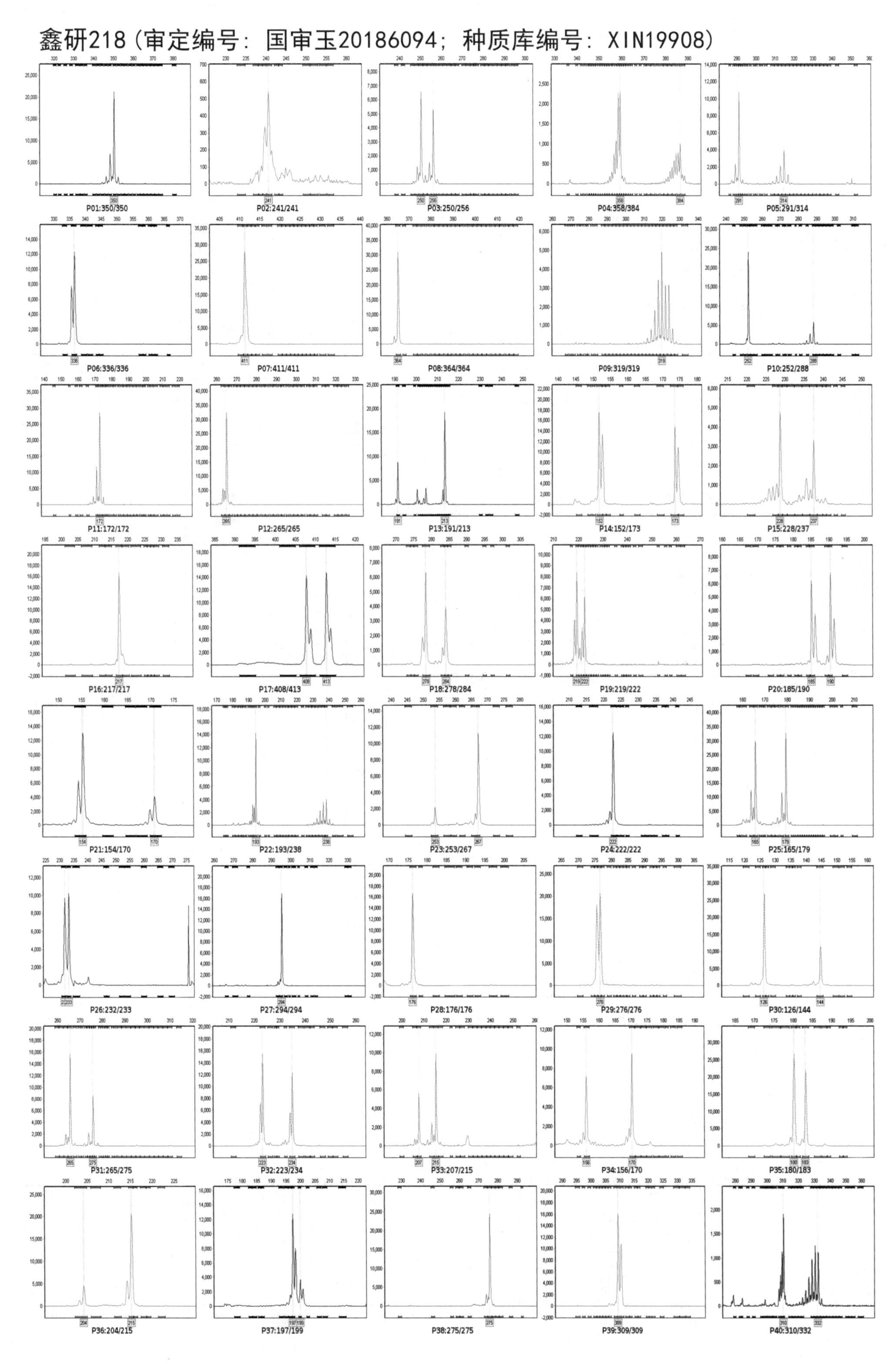
P01:350/350
P02:241/241
P03:250/256
P04:358/384
P05:291/314
P06:336/336
P07:411/411
P08:364/364
P09:319/319
P10:252/288
P11:172/172
P12:265/265
P13:191/213
P14:152/173
P15:228/237
P16:217/217
P17:408/413
P18:278/284
P19:219/222
P20:185/190
P21:154/170
P22:193/238
P23:253/267
P24:222/222
P25:165/179
P26:232/233
P27:294/294
P28:176/176
P29:276/276
P30:126/144
P31:265/275
P32:223/234
P33:207/215
P34:156/170
P35:180/183
P36:204/215
P37:197/199
P38:275/275
P39:309/309
P40:310/332

豫禾368（审定编号：国审玉20186099；种质库编号：XIN26254）

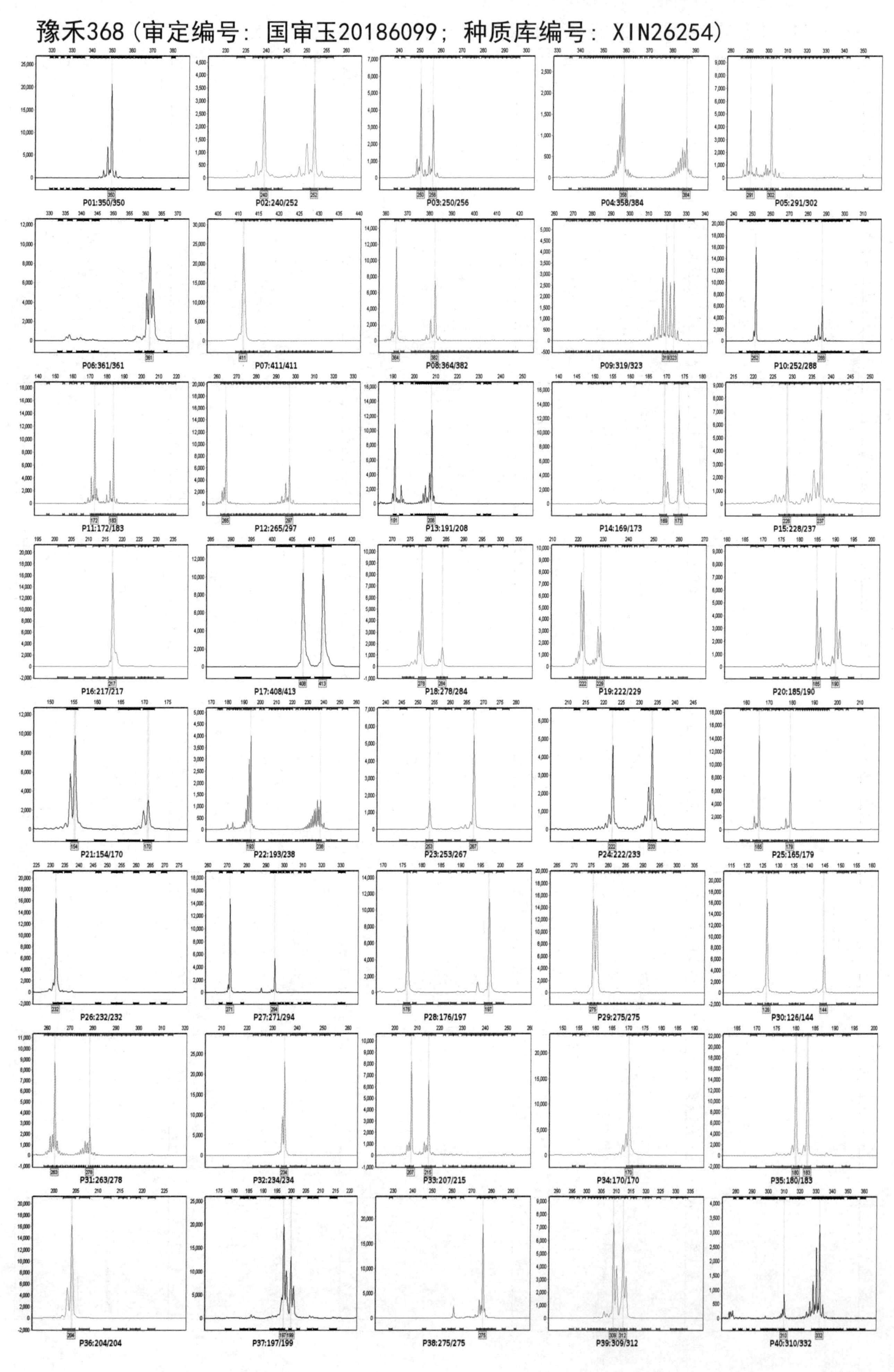

P01:350/350
P02:240/252
P03:250/256
P04:358/384
P05:291/302
P06:361/361
P07:411/411
P08:364/382
P09:319/323
P10:252/288
P11:172/183
P12:265/297
P13:191/208
P14:169/173
P15:228/237
P16:217/217
P17:408/413
P18:278/284
P19:222/229
P20:185/190
P21:154/170
P22:193/238
P23:253/267
P24:222/233
P25:165/179
P26:232/232
P27:271/294
P28:176/197
P29:275/275
P30:126/144
P31:263/278
P32:234/234
P33:207/215
P34:170/170
P35:180/183
P36:204/204
P37:197/199
P38:275/275
P39:309/312
P40:310/332

ND376（审定编号：国审玉20186106；种质库编号：S1G06104）

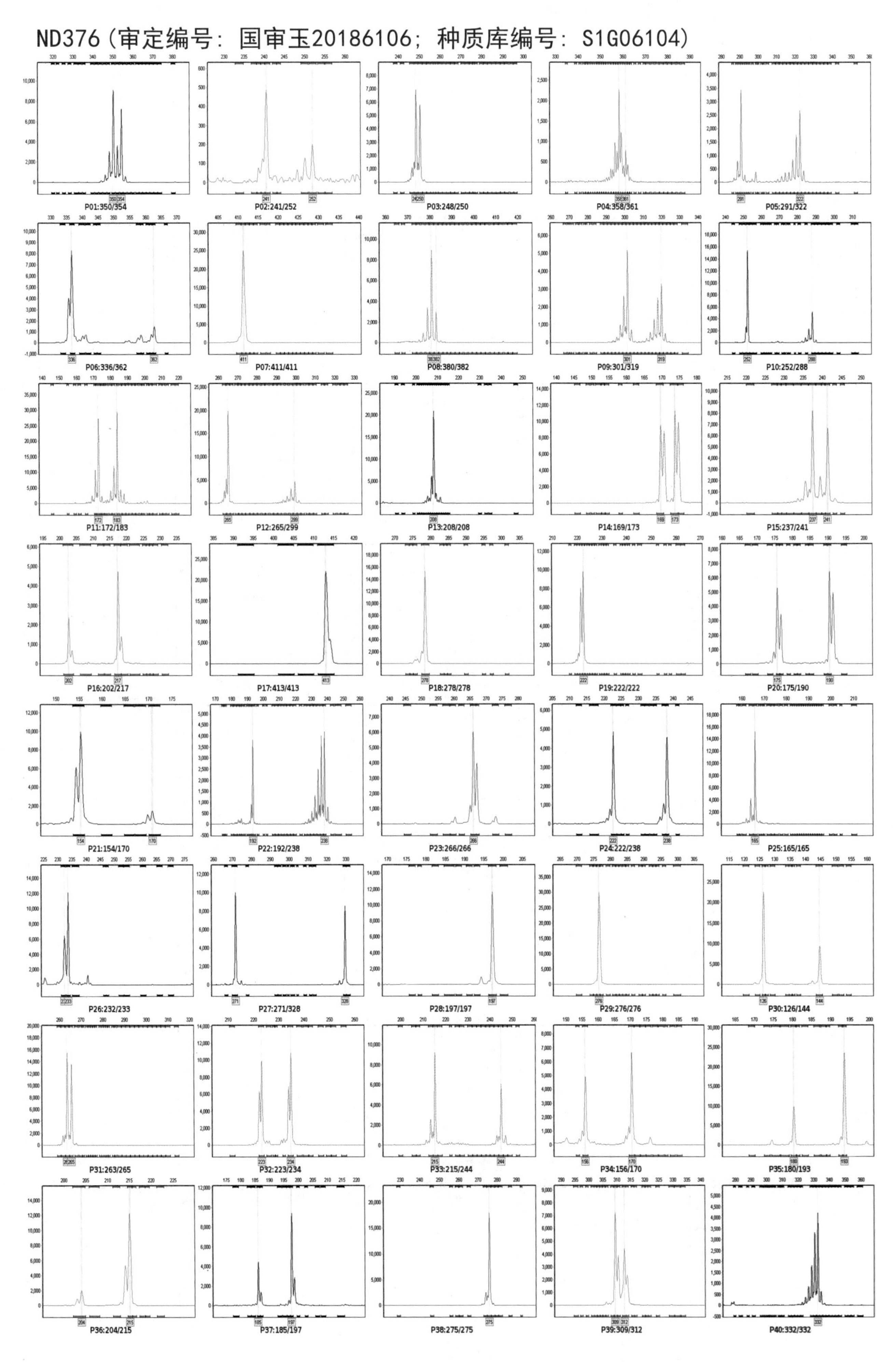

P01:350/354
P02:241/252
P03:248/250
P04:358/361
P05:291/322
P06:336/362
P07:411/411
P08:380/382
P09:301/319
P10:252/288
P11:172/183
P12:265/299
P13:208/208
P14:169/173
P15:237/241
P16:202/217
P17:413/413
P18:278/278
P19:222/222
P20:175/190
P21:154/170
P22:192/238
P23:266/266
P24:222/238
P25:165/165
P26:232/233
P27:271/328
P28:197/197
P29:276/276
P30:126/144
P31:263/265
P32:223/234
P33:215/244
P34:156/170
P35:180/193
P36:204/215
P37:185/197
P38:275/275
P39:309/312
P40:332/332

东单6531（审定编号：国审玉20186108；种质库编号：XIN22670）

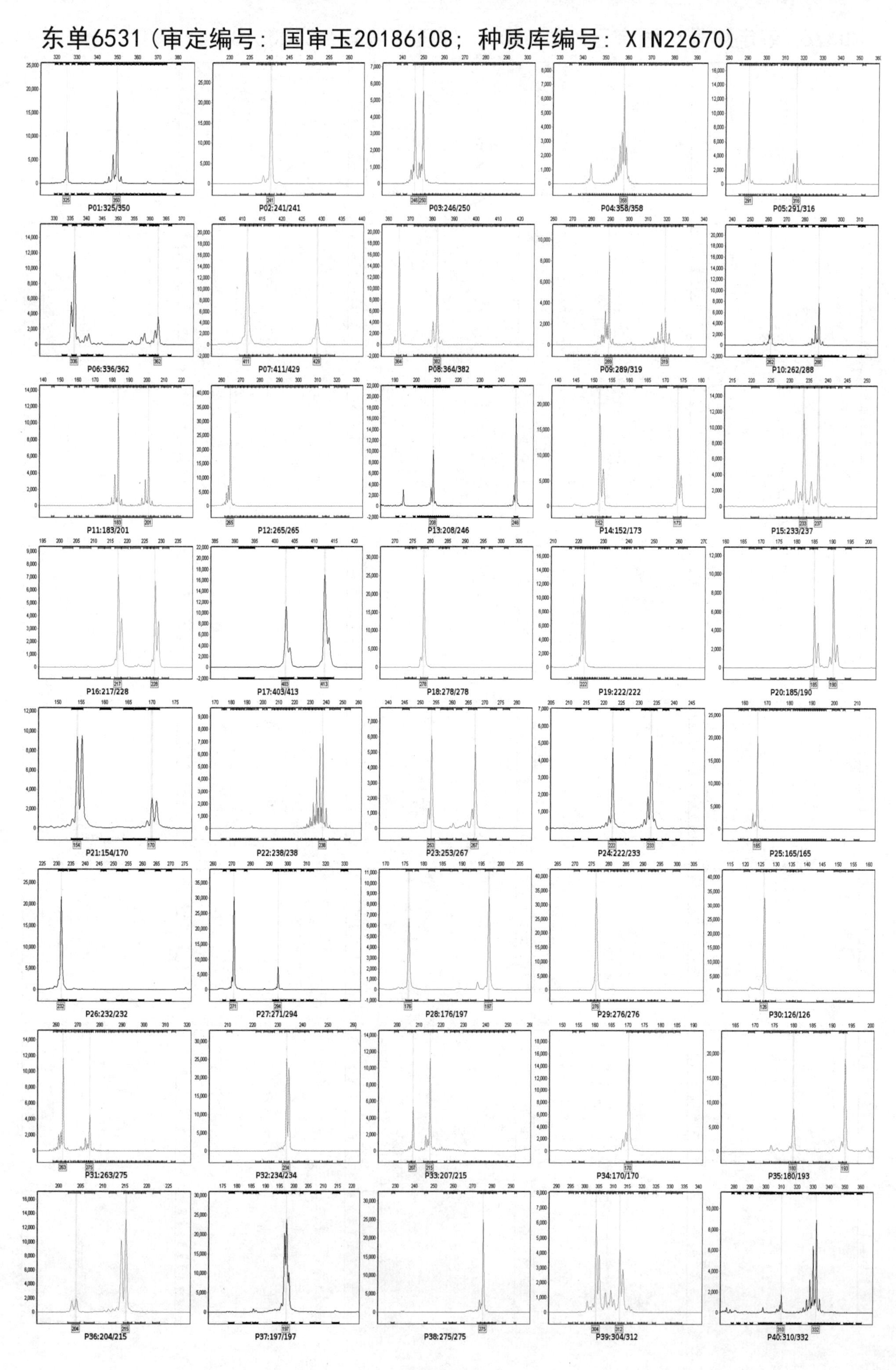
P01:325/350
P02:241/241
P03:246/250
P04:358/358
P05:291/316
P06:336/362
P07:411/429
P08:364/382
P09:289/319
P10:262/288
P11:183/201
P12:265/265
P13:208/246
P14:152/173
P15:233/237
P16:217/228
P17:403/413
P18:278/278
P19:222/222
P20:185/190
P21:154/170
P22:238/238
P23:253/267
P24:222/233
P25:165/165
P26:232/232
P27:271/294
P28:176/197
P29:276/276
P30:126/126
P31:263/275
P32:234/234
P33:207/215
P34:170/170
P35:180/193
P36:204/215
P37:197/197
P38:275/275
P39:304/312
P40:310/332

东单913（审定编号：国审玉20186109；种质库编号：XIN21487）

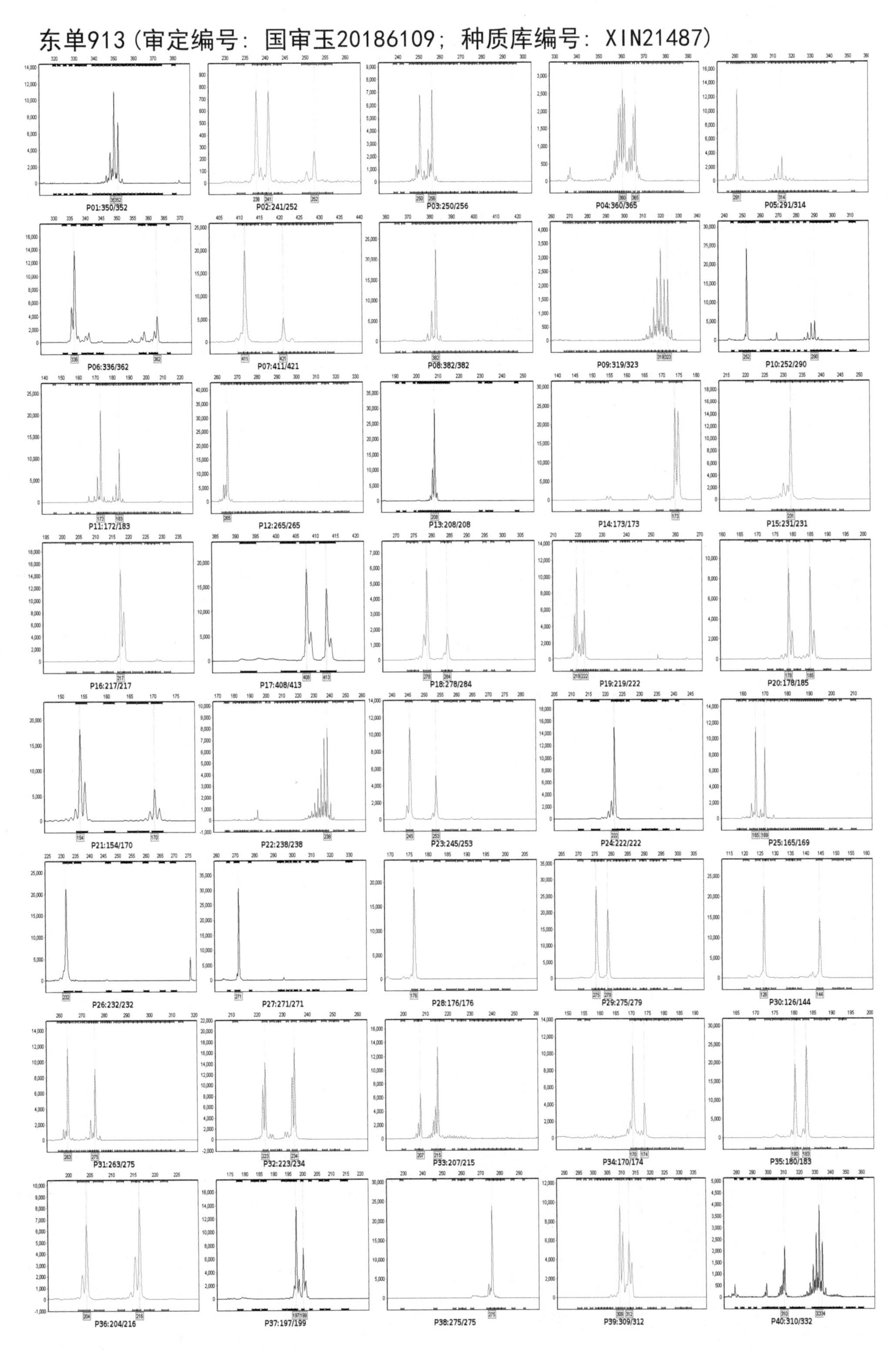

P01:350/352
P02:241/252
P03:250/256
P04:360/365
P05:291/314
P06:336/362
P07:411/421
P08:382/382
P09:319/323
P10:252/290
P11:172/183
P12:265/265
P13:208/208
P14:173/173
P15:231/231
P16:217/217
P17:408/413
P18:278/284
P19:219/222
P20:178/185
P21:154/170
P22:238/238
P23:245/253
P24:222/222
P25:165/169
P26:232/232
P27:271/271
P28:176/176
P29:275/279
P30:126/144
P31:263/275
P32:223/234
P33:207/215
P34:170/174
P35:180/183
P36:204/216
P37:197/199
P38:275/275
P39:309/312
P40:310/332

浚单509（审定编号：国审玉20186112；种质库编号：S1G05115）

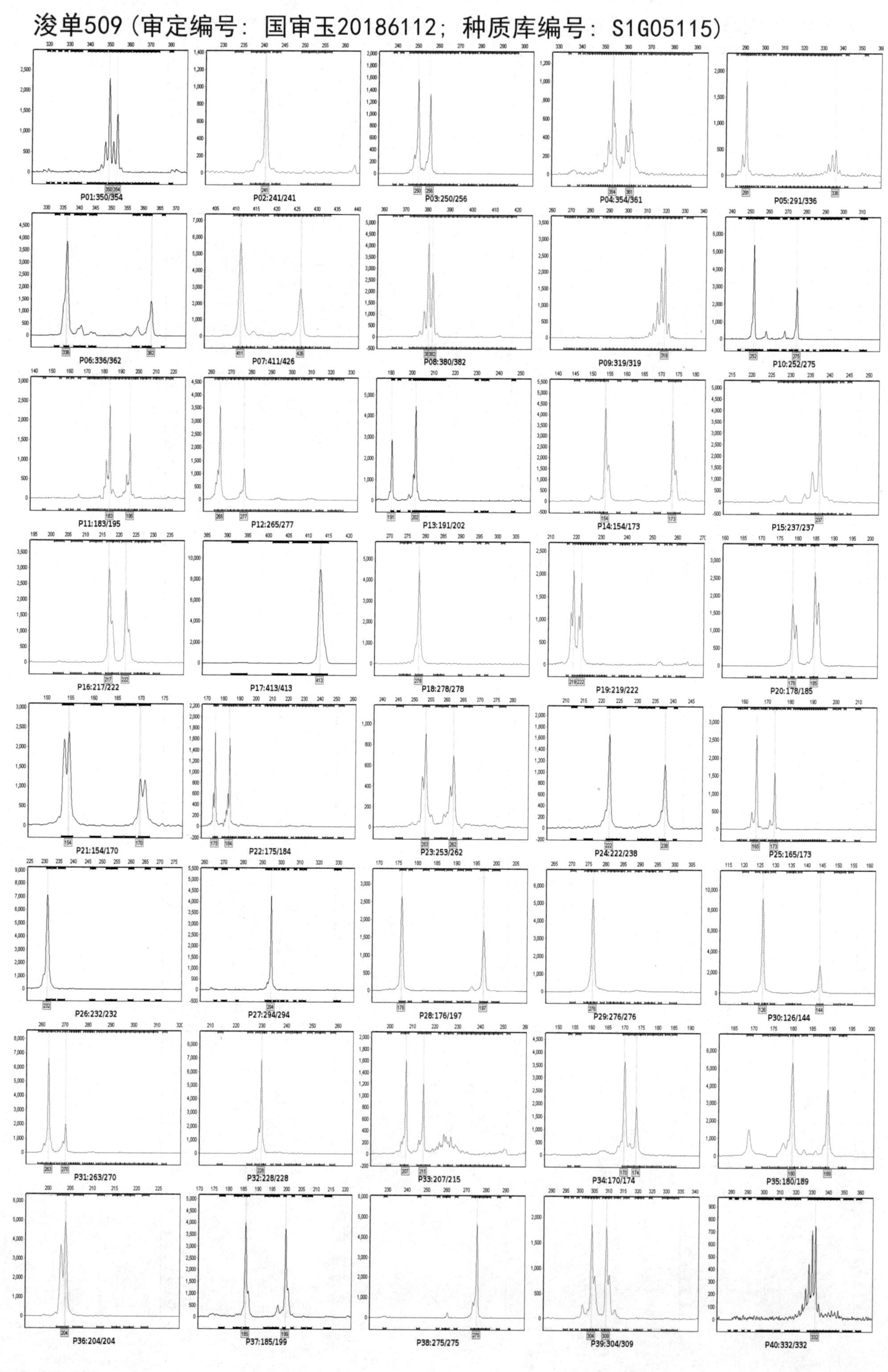

P01:350/354
P02:241/241
P03:250/256
P04:354/361
P05:291/336
P06:336/362
P07:411/426
P08:380/382
P09:319/319
P10:252/275
P11:183/195
P12:265/277
P13:191/202
P14:154/173
P15:237/237
P16:217/222
P17:413/413
P18:278/278
P19:219/222
P20:178/185
P21:154/170
P22:175/184
P23:253/262
P24:222/238
P25:165/173
P26:232/232
P27:294/294
P28:176/197
P29:276/276
P30:126/144
P31:263/270
P32:228/228
P33:207/215
P34:170/174
P35:180/189
P36:204/204
P37:185/199
P38:275/275
P39:304/309
P40:332/332

金凯7号（审定编号：国审玉20186122；种质库编号：S1G06249）

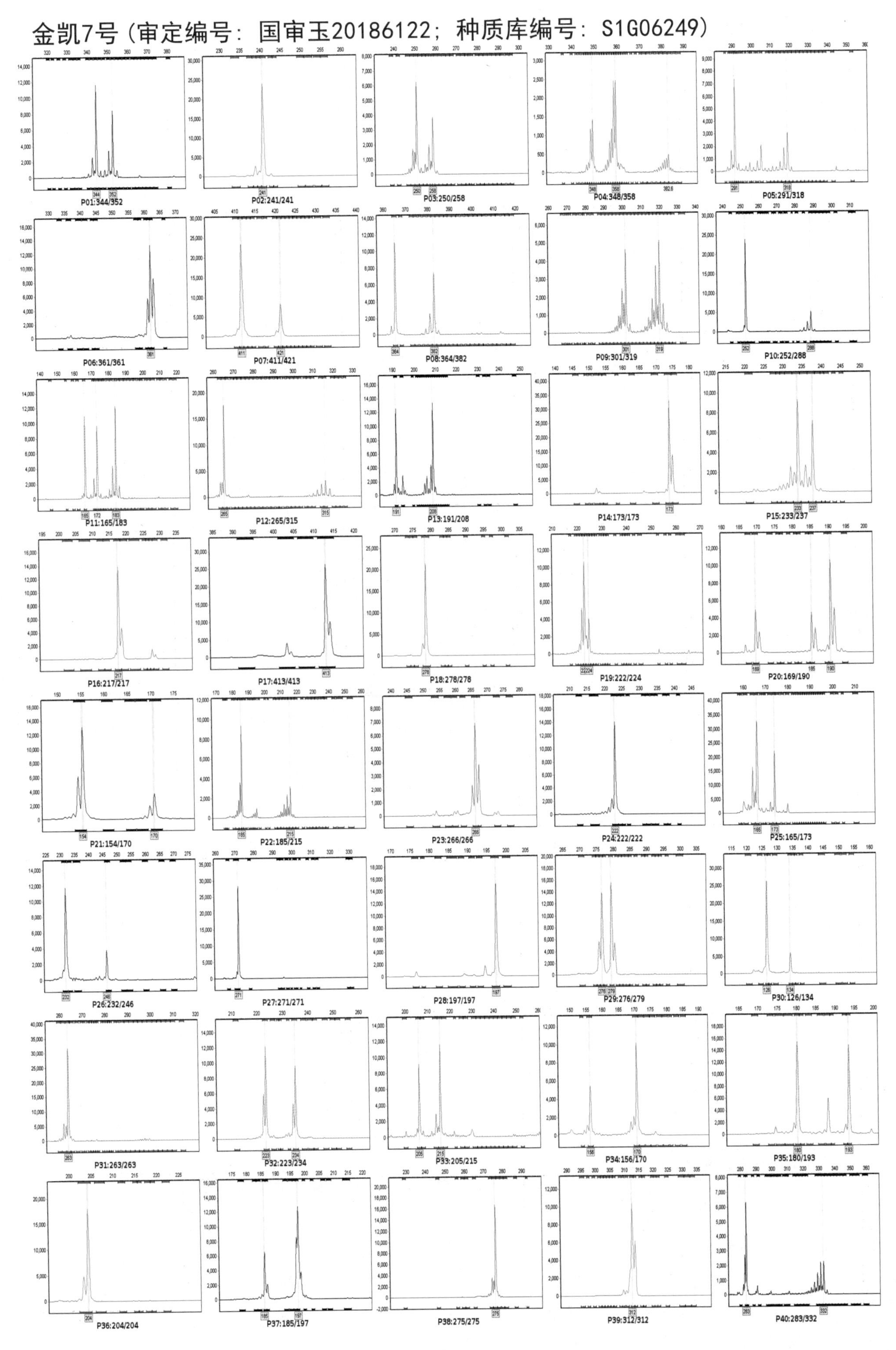

P01:344/352
P02:241/241
P03:250/258
P04:348/358
P05:291/318
P06:361/361
P07:411/421
P08:364/382
P09:301/319
P10:252/288
P11:165/183
P12:265/315
P13:191/208
P14:173/173
P15:233/237
P16:217/217
P17:413/413
P18:278/278
P19:222/224
P20:169/190
P21:154/170
P22:185/215
P23:266/266
P24:222/222
P25:165/173
P26:232/246
P27:271/271
P28:197/197
P29:276/279
P30:126/134
P31:263/263
P32:223/234
P33:205/215
P34:156/170
P35:180/193
P36:204/204
P37:185/197
P38:275/275
P39:312/312
P40:283/332

九圣禾2468（审定编号：国审玉20186123；种质库编号：XIN25100）

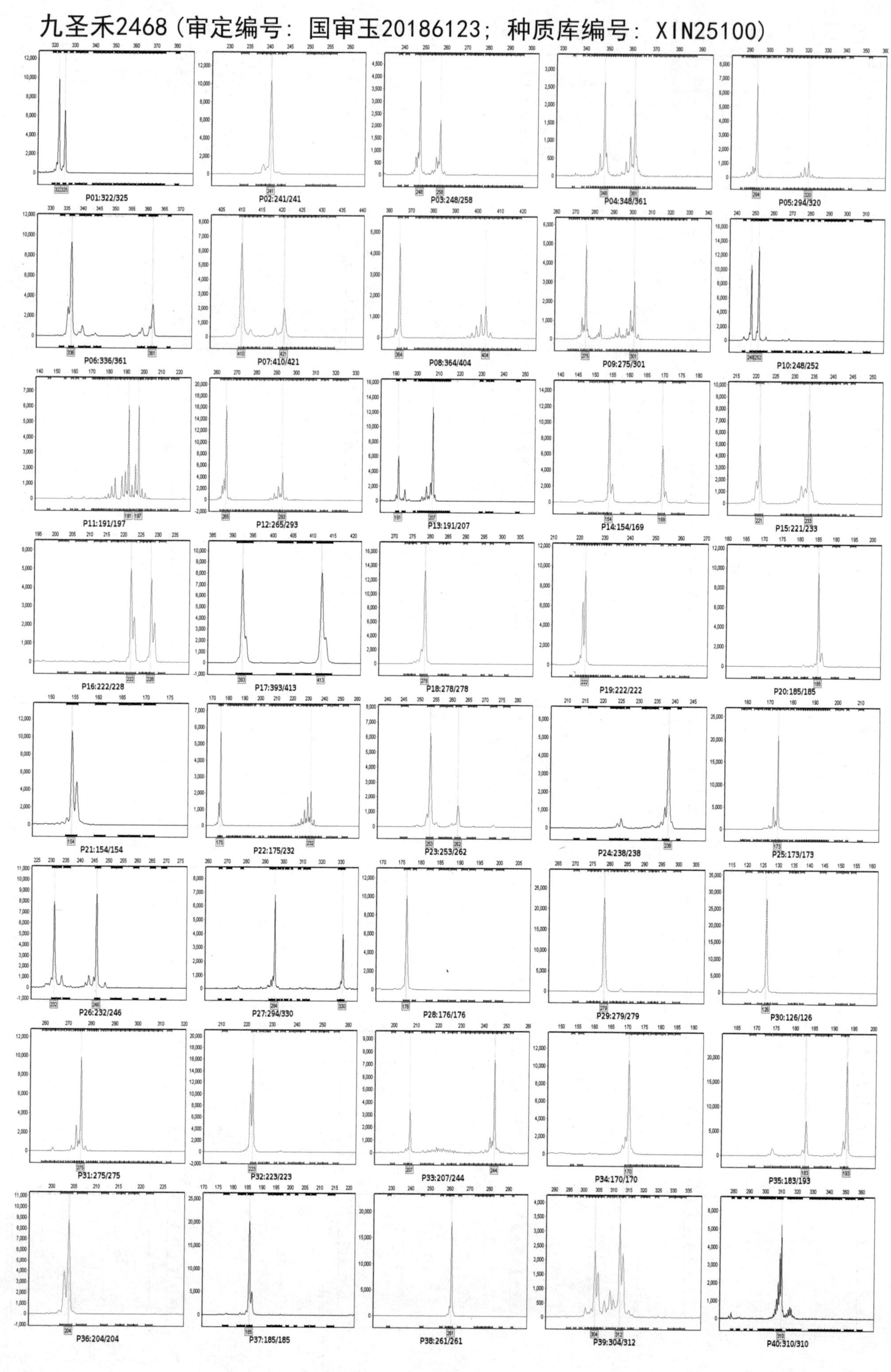
P01:322/325
P02:241/241
P03:248/258
P04:348/361
P05:294/320
P06:336/361
P07:410/421
P08:364/404
P09:275/301
P10:248/252
P11:191/197
P12:265/293
P13:191/207
P14:154/169
P15:221/233
P16:222/228
P17:393/413
P18:278/278
P19:222/222
P20:185/185
P21:154/154
P22:175/232
P23:253/262
P24:238/238
P25:173/173
P26:232/246
P27:294/330
P28:176/176
P29:279/279
P30:126/126
P31:275/275
P32:223/223
P33:207/244
P34:170/170
P35:183/193
P36:204/204
P37:185/185
P38:261/261
P39:304/312
P40:310/310

第二部分　品种审定公告

吉农大 17

审定编号： 国审玉 20180001

选育单位： 吉林农大科茂种业有限责任公司

品种来源： E102×M1

特征特性： 北方极早熟春玉米组出苗至成熟 119.5 天，与对照德美亚 1 号相当。幼苗叶鞘紫色，叶片绿色，叶缘紫色，花药浅紫色，颖壳绿色。株型半紧凑，株高 257 厘米，穗位高 87 厘米，成株叶片数 17 片。果穗筒形，穗长 17 厘米，穗行数 14~18 行，穗粗 4.6 厘米，穗轴红，籽粒黄色、硬，百粒重 33.9 克。接种鉴定，感/中抗大斑病，感丝黑穗病，中抗灰斑病，抗/高抗茎腐病，抗穗腐病。品质分析，籽粒容重 761 克/升，粗蛋白含量 9.88%，粗脂肪含量 4.66%，粗淀粉含量 72.80%，赖氨酸含量 0.27%。

产量表现： 2015—2016 年参加北方极早熟春玉米组区域试验，两年平均亩*产 731.4 千克，比对照德美亚 1 号增产 8.45%。2017 年生产试验，平均亩产 615.8 千克，比对照德美亚 1 号增产 6.8%。

栽培技术要点： 中等肥力以上地块栽培，一般在 4 月下旬至 5 月上旬播种，采用清种栽培方式，一般公顷保苗 8 万株左右。幼苗生长快，及时铲耥管理，注意防虫，及时收获。肥水条件差的地块，种植密度不宜过大。注意玉米丝黑穗病的防治。

适宜种植地区： 北方极早熟春玉米区的黑龙江北部及东南部山区第四积温带，内蒙古自治区（以下简称内蒙古）呼伦贝尔部分地区、兴安盟部分地区、锡林郭勒盟部分地区、乌兰察布部分地区、通辽部分地区、赤峰部分地区、包头北部、呼和浩特北部，吉林白山、延边朝鲜族自治州（以下简称延边州）的极早熟区，河北北部坝上及接坝上的张家口和承德的部分地区，宁夏回族自治区（以下简称宁夏）南部山区海拔 2 000 米以上地区。

双悦 8 号

审定编号： 国审玉 20180010

选育单位： 牡丹江市金穗种业有限公司

品种来源： 双悦 M-早×双悦 J1

特征特性： 北方极早熟春玉米组出苗至成熟 120 天，比对照德美亚 1 号晚熟 0.5 天。幼苗叶鞘紫色，叶片绿色，叶缘白色，花药黄色，颖壳绿色。株型半紧凑，株高 260 厘米，穗位高 100 厘米，成株叶片数 15 片。果穗长锥形，穗长 17.9 厘米，穗行数 12~16 行，穗粗 5.0 厘米，穗轴白，籽粒黄色、硬，百粒重

---

* 1 亩≈667 平方米。

35.5 克。接种鉴定，感大斑病，中抗丝黑穗病、灰斑病、穗腐病，高抗茎腐病。品质分析，籽粒容重 778 克/升，粗蛋白含量 9.77%，粗脂肪含量 5.30%，粗淀粉含量 72.53%，赖氨酸含量 0.26%。

产量表现：2016—2017 年参加北方极早熟春玉米组区域试验，两年平均亩产 697.5 千克，比对照德美亚 1 号增产 6.5%。2017 年生产试验，平均亩产 675.1 千克，比对照德美亚 1 号增产 8.6%。

栽培技术要点：中等肥力以上地块栽培，适宜种植区一般在 4 月 25 日至 5 月 15 日播种，每公顷保苗 9 万株左右。注意玉米大斑病的防治。

适宜种植地区：北方极早熟春玉米区的黑龙江北部及东南部山区第四积温带，内蒙古呼伦贝尔部分地区、兴安盟部分地区、锡林郭勒盟部分地区、乌兰察布部分地区、通辽部分地区、赤峰部分地区、包头北部、呼和浩特北部，吉林白山、延边州的部分山区，河北北部坝上及接坝上的张家口和承德的部分地区，宁夏南部山区海拔 2 000 米以上地区。

鑫科玉 3 号

审定编号：国审玉 20180012

选育单位：讷河市鑫丰种业有限责任公司

品种来源：XK035×XK028

特征特性：北方极早熟春玉米组出苗至成熟 118.4 天，比对照德美亚 1 号早熟 1 天。幼苗叶鞘紫色，叶片深绿色，叶缘绿色，花药黄色，颖壳绿色。株型半紧凑，株高 208 厘米，穗位高 73.5 厘米，成株叶片数 14 片。果穗筒形，穗长 17.75 厘米，穗行数 12~16 行，穗粗 4.5 厘米，穗轴白，籽粒黄色、硬，百粒重 31.95 克。接种鉴定，感大斑病、灰斑病、茎腐病，中抗丝黑穗病、穗腐病。品质分析，籽粒容重 771 克/升，粗蛋白含量 11.02%，粗脂肪含量 4.95%，粗淀粉含量 72.2%，赖氨酸含量 0.29%。

产量表现：2015—2016 年参加北方极早熟春玉米组区域试验，两年平均亩产 723.15 千克，比对照德美亚 1 号增产 7.24%。2017 年生产试验，平均亩产 638.1 千克，比对照德美亚 1 号增产 7.3%。

栽培技术要点：在适宜区 4 月下旬至 5 月上中旬播种，中等偏上肥力地块种植，亩种植密度 5 500 株，及时铲耥，及时防病、防虫，及时收获，水肥条件差的地块种植密度不宜过大。

适宜种植地区：北方极早熟春玉米区的黑龙江北部及东南部山区第四积温带，内蒙古呼伦贝尔部分地区、兴安盟部分地区、锡林郭勒盟部分地区、乌兰察布部分地区、通辽部分地区、赤峰部分地区、包头北部、呼和浩特北部，吉林白山、延边州的部分山区，河北北部接坝上的张家口和承德的部分地区，宁夏南部山区海拔 2 000 米以上地区。

大德317

审定编号：国审玉20180017

选育单位：北京大德长丰农业生物技术有限公司、铁岭市玉河农作物研究中心

品种来源：TH39R×TH3R2

特征特性：东华北中早熟春玉米组出苗至成熟125天，比对照吉单27早熟1.3天。幼苗叶鞘紫色，叶片绿色，叶缘紫色，花药黄色，颖壳绿色。株型半紧凑，株高300厘米，穗位高110.5厘米，成株叶片数19片。果穗筒形，穗长19.3厘米，穗行数12~18行，穗粗4.9厘米，穗轴红，籽粒黄色、半马齿型，百粒重38.9克。接种鉴定，感大斑病、丝黑穗病、穗腐病，中抗灰斑病、茎腐病。品质分析，籽粒容重792克/升，粗蛋白含量10.72%，粗脂肪含量3.46%，粗淀粉含量72.93%，赖氨酸含量0.28%。

产量表现：2015—2016年参加东华北中早熟春玉米组区域试验，两年平均亩产851.0千克，比对照吉单27增产6.85%。2017年生产试验，平均亩产735.4千克，比对照吉单27增产5.4%。

栽培技术要点：中等肥力注意防治大斑病。以上地块栽培，4月下旬至5月上旬播种，亩种植密度4 500~5 000株。注意防治大斑病。

适宜种植地区：东华北中早熟春玉米区的在黑龙江第二积温带，吉林白山、延边州的部分地区，通化、吉林市的东部，内蒙古中东部的呼伦贝尔扎兰屯南部、兴安盟中北部、通辽扎鲁特旗中部、赤峰中北部、乌兰察布前山、呼和浩特北部、包头北部早熟区，河北张家口坝下丘陵及河川中早熟区，山西省中北部大同市海拔900~1 100米的丘陵地区。

丰垦139

审定编号：国审玉20180022

选育单位：内蒙古丰垦种业有限责任公司

品种来源：FK334×K454

特征特性：东华北中早熟春玉米组出苗至成熟125.3天，比对照吉单27早熟1.2天。幼苗叶鞘紫色，叶片绿色，叶缘白色，花药紫色，颖壳绿色。株型半紧凑，株高283厘米，穗位高100.5厘米，成株叶片数18.5片。果穗长锥形，穗长20.1厘米，穗行数14~17行，穗粗4.8厘米，穗轴红，籽粒黄色、半马齿型，百粒重36.6克。接种鉴定，感大斑病、丝黑穗病、灰斑病，抗茎腐病，中抗穗腐病。品质分析，籽粒容重766克/升，粗蛋白含量9.70%，粗脂肪含量4.44%，粗淀粉含量74.59%，赖氨酸含量0.25%。

产量表现：2016—2017年参加东华北中早熟春玉米组区域试验，两年平均亩产806.2千克，比对照吉单27增产5.6%。2017年生产试验，平均亩产796.2千克，比对照吉单27增产6.9%。

栽培技术要点：适宜种植区域土壤 10cm、温度稳定通过 8℃，一般在 5 月 1—10 日为适宜始播期。亩保苗 4 500~5 000 株为宜，肥力差的稀点，肥力高的适当密些。亩施有机肥 1.0~1.5 吨作为基肥，氮、磷、钾配比肥亩用量 60~65 千克，比例为 2∶1∶0.5，亩施硫酸锌 1.0 千克，分基肥、种肥和追肥 3 次施用，追肥以氮肥为主，增施少量钾肥每亩 4~5 千克。合理灌溉，有灌溉条件的拔节后至成熟期灌溉 2~3 次。适时防治玉米螟和蚜虫。注意防治大斑病、灰斑病、丝黑穗病。

适宜种植地区：东华北中早熟春玉米区的黑龙江第二积温带，吉林白山、延边州的部分地区，通化、吉林市的东部，内蒙古中东部的呼伦贝尔扎兰屯南部、兴安盟中北部、通辽扎鲁特旗中部、赤峰中北部、乌兰察布前山、呼和浩特北部、包头北部早熟区。

广德 9

审定编号：国审玉 20180023

选育单位：吉林广德农业科技有限公司

品种来源：G1758×G68

特征特性：东华北中早熟春玉米组出苗至成熟 126.9 天，比对照吉单 27 早熟 0.05 天。幼苗叶鞘紫色，叶片绿色，叶缘紫色，花药紫色，颖壳紫色。株型半紧凑，株高 270 厘米，穗位高 99.5 厘米，成株叶片数 18 片。果穗筒形，穗长 22.35 厘米，穗行数 13~17 行，穗粗 4.95 厘米，穗轴粉，籽粒黄色、马齿型，百粒重 38.25 克。接种鉴定，感大斑病，抗丝黑穗病，中抗灰斑病、茎腐病，高感穗腐病。品质分析，籽粒容重 749 克/升，粗蛋白含量 12.03%，粗脂肪含量 4.09%，粗淀粉含量 75.90%，赖氨酸含量 0.31%。

产量表现：2016—2017 年参加东华北中早熟春玉米组区域试验，两年平均亩产 828.3 千克，比对照吉单 27 增产 7.3%。2017 年生产试验，平均亩产 747.5 千克，比对照吉单 27 增产 6.7%。

栽培技术要点：选择中等以上肥力地块种植，采用直播栽培方式，每公顷保苗 6 万株。基肥及种肥每公顷施 225 千克磷酸二铵、15 千克硫酸锌，有条件加施 40 千克硫酸钾；在拔节期每公顷追肥 150~225 千克尿素。每公顷种植密度超过 6 万株时，应适当增加施肥量。幼苗生长快，需及时铲耥管理及追肥，在玉米完熟期后机械收获。注意防治大斑病和穗腐病。

适宜种植地区：东华北中早熟春玉米区的黑龙江第二积极温带，吉林白山、延边州的部分地区，通化、吉林市的东部，内蒙古中东部的呼伦贝尔扎兰屯南部、兴安盟中北部、通辽扎鲁特旗中部、赤峰中北部、乌兰察布前山、呼和浩特北部、包头北部早熟区。

镜泊湖绿单 4 号

审定编号：国审玉 20180029

选育单位：牡丹江市绿丰种业有限公司

品种来源：吉 V022×L105

特征特性：东华北中早熟春玉米组出苗至成熟 126 天，比对照吉单 27 晚熟 0.2 天。幼苗叶鞘绿色，叶片绿色，叶缘白色，花药黄色，颖壳绿色。株型半紧凑，株高 297 厘米，穗位高 115 厘米，成株叶片数 19~20 片。果穗筒形，穗长 20.1 厘米，穗行数 14~18 行，穗粗 5.0 厘米，穗轴红色，籽粒黄色、马齿型，百粒重 39.6 克。接种鉴定，感大斑病、丝黑穗病、灰斑病，高抗茎腐病，抗穗腐病。品质分析，籽粒容重 755 克/升，粗蛋白含量 10.53%，粗脂肪含量 4.01%，粗淀粉含量 72.77%，赖氨酸含量 0.28%。

产量表现：2016—2017 年参加东华北中早熟春玉米组区域试验，两年平均亩产 805.3 千克，比对照吉单 27 增产 5.0%。2017 年生产试验，平均亩产 773.0 千克，比对照吉单 27 增产 8.1%。

栽培技术要点：中等肥力以上地块栽培，4 月下旬至 5 月上旬播种，亩种植密度 4 000~4 500 株。注意防治大斑病、丝黑穗病和灰斑病。

适宜种植地区：东华北中早熟春玉米区的黑龙江第二积极温带，吉林白山、延边州的部分地区，通化、吉林市的东部，内蒙古中东部的呼伦贝尔扎兰屯南部、兴安盟中北部、通辽扎鲁特旗中部、赤峰中北部、乌兰察布前山、呼和浩特北部、包头北部早熟区。

鑫鑫 1 号

审定编号：国审玉 20180042

选育单位：黑龙江省鑫鑫种子有限公司

品种来源：L201×81162

特征特性：东华北中早熟春玉米组出苗至成熟 126.1 天，比对照吉单 27 早熟 0.05 天。幼苗叶鞘紫色，叶片绿色，叶缘紫色，花药紫色，颖壳紫色。株型紧凑，株高 271.05 厘米，穗位高 101.05 厘米，成株叶片数 19 片。果穗筒形，穗长 21.05 厘米，穗行数 14~16 行，穗粗 4.85 厘米，穗轴红，籽粒黄色、马齿型，百粒重 38.55 克。接种鉴定，感大斑病、丝黑穗病、灰斑病，中抗茎腐病，抗穗腐病。品质分析，籽粒容重 797 克/升，粗蛋白含量 12.19%，粗脂肪含量 4.03%，粗淀粉含量 73.45%，赖氨酸含量 0.31%。

产量表现：2015—2016 年参加东华北中早熟春玉米组区域试验，两年平均亩产 877.4 千克，比对照吉单 27 增产 9.85%。2017 年生产试验，平均亩产 767.1 千克，比对照吉单 27 增产 7.9%。

栽培技术要点：中等肥力以上地块种植，4 月中下旬播种，亩保苗密度 4 000~5 300 株。亩施磷酸二铵 12. 5 千克、尿素 2. 5 千克、60%氯化钾 17. 5 千克（50%硫酸钾 20 千克）作为底肥。追肥亩施尿素 10 千克，掺和缓释尿素 15 千克。注意防治大斑病、丝黑穗病。

适宜种植地区：东华北中早熟春玉米区的黑龙江第二积极温带，吉林白山、延边州的部分地区，通化、吉林市的东部，内蒙古中东部的呼伦贝尔扎兰屯南部、兴安盟中北部、通辽扎鲁特旗中部、赤峰中北部、乌兰察布前山、呼和浩特北部、包头北部早熟区。

锦华 299

审定编号：国审玉 20180049

选育单位：北京金色农华种业科技股份有限公司

品种来源：F0818×F0815

特征特性：东北中熟春玉米机收组出苗至成熟 131 天，比对照先玉 335 早熟 1 天。幼苗叶鞘浅紫色，叶片绿色，叶缘紫色，花药紫色，颖壳浅紫色。株型半紧凑，株高 302. 5 厘米，穗位高 115. 0 厘米，成株叶片数 21 片左右。果穗筒形，穗长 19. 9 厘米，穗行数 16~18 行，穗粗 4. 9 厘米，穗轴红色，籽粒黄色、马齿型，百粒重 40. 2 克。适收期籽粒含水量 25. 9%，适收期籽粒含水量（≤25 点次比例）37. 9%，适收期籽粒含水量（≤28 点次比例）80. 5%，抗倒性（倒伏倒折率之和≤5. 0%）达标点比例 82%，籽粒破碎率为 6. 6%。接种鉴定，感大斑病、灰斑病，抗丝黑穗病，中抗茎腐病、穗腐病。品质分析，籽粒容重 776 克/升，粗蛋白含量 7. 63%，粗脂肪含量 4. 11%，粗淀粉含量 76. 95%，赖氨酸含量 0. 25%。

产量表现：2016—2017 年参加东北中熟春玉米机收组区域试验，两年平均亩产 740. 0 千克，比对照先玉 335 增产 17. 9%。2017 年生产试验，平均亩产 715. 3 千克，比对照先玉 335 增产 7. 7%。

栽培技术要点：中等肥力以上地块栽培，4 月下旬至 5 月上旬播种，亩种植密度 4 000~4 500 株。注意防治大斑病和灰斑病。

适宜种植地区：东华北中熟春玉米区的辽宁东部山区和辽北部分地区，吉林省吉林市、白城、通化大部分地区，辽源、长春、松原部分地区，黑龙江第一积温带，内蒙古乌兰浩特、赤峰、通辽、呼和浩特、包头、巴彦淖尔、鄂尔多斯等部分地区作籽粒机收品种。

MC703

审定编号：国审玉 20180050

选育单位：北京市农林科学院玉米研究中心

品种来源：京 X005×京 17

特征特性：东华北中熟春玉米组出苗至成熟 133 天，与对照先玉 335 相当。幼苗叶鞘紫色，叶片深绿色，叶缘紫色，花药紫色，颖壳浅紫色。株型紧凑，株高 318 厘米，穗位高 123 厘米，成株叶片数 21 片。果穗筒形，穗长 20.2 厘米，穗行数 16~18 行，穗粗 5.1 厘米，穗轴红，籽粒黄色、马齿型，百粒重 37.8 克。接种鉴定，感大斑病，感丝黑穗病，中抗灰斑病，感茎腐病，感穗腐病。品质分析，籽粒容重 755 克/升，粗蛋白含量 9.78%，粗脂肪含量 3.73%，粗淀粉含量 76.89%，赖氨酸含量 0.26%。西北春玉米组出苗至成熟 133 天，比对照郑单 958 早熟 1 天。幼苗叶鞘紫色，叶缘紫色，花药浅紫色，颖壳绿色。株型紧凑，株高 300 厘米，穗位高 116.5 厘米，成株叶片数 19 片。果穗筒形，穗长 19.2 厘米，穗行数 14~18 行，穗粗 4.9 厘米，穗轴红，籽粒黄色、马齿型，百粒重 34.5 克。接种鉴定，感大斑病、茎腐病，中抗丝黑穗病、穗腐病。品质分析，籽粒容重 788 克/升，粗蛋白含量 11.32%，粗脂肪含量 3.71%，粗淀粉含量 73.96%，赖氨酸含量 0.35%。

产量表现：2015—2016 年参加东华北中熟春玉米组区域试验，两年平均亩产 898.5 千克，比对照先玉 335 增产 7.5%。2017 年生产试验，平均亩产 848.7 千克，比对照先玉 335 增产 7.0%。2015—2016 年参加西北春玉米组区域试验，两年平均亩产 1 032.0 千克，比对照郑单 958 增产 9.0%。2017 年生产试验，平均亩产 1 003.2 千克，比对照郑单 958 增产 9.5%。

栽培技术要点：东华北中熟春玉米区：中等肥力以上地块栽培，4 月下旬至 5 月上旬播种，亩种植密度 4 000~4 500 株。西北春玉米区：中等肥力以上地块栽培，4 月下旬至 5 月上旬播种，亩种植密度 5 000~5 500 株。注意预防大斑病、丝黑穗病和茎腐病。

适宜种植地区：东华北中熟春玉米区的辽宁东部山区和辽北部分地区，吉林省吉林市、白城、通化大部分地区，辽源、长春、松原部分地区，黑龙江第一积温带，内蒙古乌兰浩特、赤峰、通辽、呼和浩特、包头、巴彦淖尔、鄂尔多斯等部分地区种植。适宜在西北春玉米的内蒙古巴彦淖尔大部分地区、鄂尔多斯大部分地区，陕西榆林、延安，宁夏引扬黄灌区，甘肃陇南、天水、庆阳、平凉、白银、定西、临夏回族自治州（以下简称临夏州）海拔 1 800 米以下地区及武威、张掖、酒泉大部分地区，新疆维吾尔自治区（以下简称新疆）昌吉回族自治州（以下简称昌吉州）阜康市以西至博乐市以东地区、北疆沿天山地区、伊犁哈萨克自治州（以下简称伊犁州）直西部平原地区。

春玉 101

审定编号：国审玉 20180052

选育单位：盐城蓝科玉米研究开发有限公司

品种来源：蓝选 S01×蓝选 S100

特征特性：东华北中熟春玉米组出苗至成熟 132 天，比对照先玉 335 早熟 1 天。幼苗叶鞘紫色，叶片绿色，叶缘紫色，花药紫色，颖壳紫色。株型紧凑，株高 292 厘米，穗位高 104 厘米，成株叶片数 19 片。

果穗筒形，穗长 18.5 厘米，穗行数 16~18 行，穗粗 5.0 厘米，穗轴红，籽粒黄色、半马齿型，百粒重 35.5 克。接种鉴定，感大斑病、黑穗病，中抗灰斑病、茎腐病、穗腐病。品质分析，籽粒容重 732 克/升，粗蛋白含量 9.71%，粗脂肪含量 3.88%，粗淀粉含量 76.47%，赖氨酸含量 0.26%。

产量表现：2016—2017 年参加东华北中熟春玉米组区域试验，两年平均亩产 842.9 千克，比对照先玉 335 增产 4.0%。2017 年生产试验，平均亩产 768.8 千克，比对照先玉 335 增产 4.8%。

栽培技术要点：4 月 25 日至 5 月 5 日播种，每公顷保苗 5.5 万株左右，按照当地施肥习惯，增施有机肥。种子播种前利用药剂处理来预防地下害虫，田间管理做好病虫害防治工作。

适宜种植地区：东华北中熟春玉米区的辽宁省东部山区和辽北部分地区，吉林省吉林、白城、通化大部分地区，辽源、长春、松原部分地区，黑龙江省第一积温带，内蒙古乌兰浩特、赤峰、通辽、呼和浩特、包头、巴彦淖尔、鄂尔多斯等部分地区。

鑫鑫 2 号

审定编号：国审玉 20180066

选育单位：黑龙江省鑫鑫种子有限公司

品种来源：L203×81162

特征特性：东华北中熟春玉米组出苗至成熟 131 天，比对照先玉 335 早熟 2 天。幼苗叶鞘紫色，叶片绿色，叶缘白色，花药绿色，颖壳浅紫色。株型紧凑，株高 278 厘米，穗位高 109 厘米，成株叶片数 20 片。果穗筒形，穗长 20.4 厘米，穗行数 14~16 行，穗粗 4.9 厘米，穗轴红，籽粒橙黄色、半马齿型，百粒重 38.6 克。接种鉴定，感大斑病、丝黑穗病、茎腐病，中抗灰斑病、穗腐病。品质分析，籽粒容重 749 克/升，粗蛋白含量 10.99%，粗脂肪含量 4.00%，粗淀粉含量 74.64%，赖氨酸含量 0.29%。

产量表现：2016—2017 年参加东华北中熟春玉米组区域试验，两年平均亩产 841.6 千克，比对照先玉 335 增产 4.1%。2017 年生产试验，平均亩产 847.2 千克，比对照先玉 335 增产 8.7%。

栽培技术要点：中等肥力以上地块种植，4 月中下旬开始播种，亩保苗密度 4 000~5 300 株。底肥亩施磷酸二铵 12.5 千克、大颗粒尿素 5 千克、60%氯化钾 17.5 千克（50%硫酸钾 20 千克），增施有机肥。追肥亩施大颗粒尿素 20 千克，掺和缓释尿素 15 千克。

适宜种植地区：东华北中熟春玉米区的辽宁东部山区和辽北部分地区，吉林省吉林市、白城、通化大部分地区，辽源、长春、松原部分地区，黑龙江第一积温带，内蒙古乌兰浩特、赤峰、通辽、呼和浩特、包头、巴彦淖尔、鄂尔多斯等部分地区。

优迪 919

审定编号：国审玉 20180068

选育单位：吉林省鸿翔农业集团鸿翔种业有限公司

品种来源：JL712×JL715

特征特性：东华北中熟春玉米组出苗至成熟 132 天，比对照先玉 335 早熟 1 天。幼苗叶鞘紫色，叶片绿色，叶缘紫色，花药浅紫色，颖壳绿色。株型半紧凑，株高 322 厘米，穗位高 129 厘米，成株叶片数 20 片。果穗筒形，穗长 20.0 厘米，穗行数 16~18 行，穗粗 5.3 厘米，穗轴红，籽粒黄色、马齿型，百粒重 38.8 克。接种鉴定，中抗茎腐病，中抗穗腐病，感大斑病，感丝黑穗病，感灰斑病。品质分析，籽粒容重 749 克/升，粗蛋白含量 9.16%，粗脂肪含量 3.01%，粗淀粉含量 76.89%，赖氨酸含量 0.26%。西北春玉米组出苗至成熟 131.85 天，比对照郑单 958 早熟 0.95 天。幼苗叶鞘紫色，叶片绿色，叶缘紫色，花药浅紫色，颖壳绿色。株型半紧凑，株高 297.5 厘米，穗位高 121.5 厘米，成株叶片数 19 片。果穗筒形，穗长 19.15 厘米，穗行数 16~18 行，穗粗 4.95 厘米，穗轴红，籽粒黄色、马齿型，百粒重 34.95 克。接种鉴定，感大斑病、丝黑穗病，抗腐霉茎腐病，中抗穗腐病。品质分析，籽粒容重 760 克/升，粗蛋白含量 10.91%，粗脂肪含量 3.09%，粗淀粉含量 72.20%，赖氨酸含量 0.28%。

产量表现：2015—2016 年参加东华北中熟春玉米组区域试验，两年平均亩产 906.9 千克，比对照先玉 335 增产 8.1%。2017 年生产试验，平均亩产 768.0 千克，比对照先玉 335 增产 6.2%。2015—2016 年参加西北春玉米组区域试验，两年平均亩产 1 035.7 千克，比对照郑单 958 增产 8.67%。2017 年生产试验，平均亩产 997.8 千克，比对照先玉 335 增产 4.1%。

栽培技术要点：东华北中熟春玉米区中等肥力以上地块栽培，4 月下旬至 5 月上旬播种，亩种植密度 4 000~4 500 株。注意防治大斑病、丝黑穗病和灰斑病。西北春玉米区中等肥力以上地块栽培，4 月下旬至 5 月上旬播种，亩种植密度 5 000~5 500 株。注意防治大斑病和丝黑穗病。

适宜种植地区：东华北中熟春玉米区的辽宁东部山区和辽北部分地区，吉林省吉林市、白城、通化大部分地区，辽源、长春、松原部分地区，黑龙江第一积温带，内蒙古乌兰浩特、赤峰、通辽、呼和浩特、包头、巴彦淖尔、鄂尔多斯等部分地区，河北张家口坝下丘陵、河川中熟地区和承德中南部中熟地区，山西北部朔州盆地区种植。适宜在西北春玉米区的内蒙古巴彦淖尔大部分地区、鄂尔多斯大部分地区，陕西榆林、延安，宁夏引扬黄灌区，甘肃陇南、天水、庆阳、平凉、白银、定西、临夏州海拔 1 800 米以下地区及武威、张掖、酒泉大部分地区，新疆昌吉州阜康以西至博乐以东地区、北疆沿天山地区、伊犁州直西部平原地区。

WS58

审定编号：国审玉 20180072

选育单位：伍桂松、营口沐玉种业科技有限公司

品种来源：WY03×WQ22

特征特性：东华北中晚熟春玉米组出苗至成熟 126.9 天，比对照郑单 958 早熟 2.1 天。幼苗叶鞘紫色，叶片绿色，叶缘紫色，花药紫色，颖壳绿色。株型紧凑，株高 286.7 厘米，穗位高 104.55 厘米，穗长 18.5 厘米，穗行数 16~18 行，穗轴红，籽粒黄色、半马齿型，百粒重 38.55 克。接种鉴定，抗茎腐病，中抗大斑病、穗腐病，感丝黑穗病、灰斑病。品质分析，籽粒容重 764 克/升，粗蛋白含量 10.42%，粗脂肪含量 3.42%，粗淀粉含量 75.63%，赖氨酸 0.27%。

产量表现：2016—2017 年参加东华北中晚熟春玉米组区域试验，两年平均亩产 838.2 千克，比对照郑单 958 增产 8.14%。2017 年生产试验，平均亩产 763.7 千克，比对照郑单 958 增产 4.76%。

栽培技术要点：中等肥力以上地块栽培，4 月下旬至 5 月上旬播种，亩种植密度 4 000~4 500 株。注意防治丝黑穗病和灰斑病。

适宜种植地区：东华北中晚熟春玉米区的吉林省四平、松原、长春大部分地区和辽源、白城、吉林市部分地区以及通化南部，辽宁除东部山区和大连、东港以外的大部分地区，内蒙古赤峰和通辽大部分地区，山西忻州、晋中、太原、阳泉、长治、晋城、吕梁平川区和南部山区，河北张家口、承德、秦皇岛、唐山、廊坊、保定北部、沧州北部春播区，北京、天津春播区等。

YF3240

审定编号：国审玉 20180073

选育单位：张立顺

品种来源：XA1237×X15673

特征特性：东华北中晚熟春玉米组出苗至成熟 128 天，比对照郑单 958 早熟 1 天。幼苗叶鞘紫色，花药浅紫色，株型半紧凑，株高 288 厘米，穗位高 114 厘米，成株叶片数 20 片。果穗筒形，穗长 19.3 厘米，穗行数 14~16 行，穗轴红，籽粒黄色、半马齿型，百粒重 35.2 克。接种鉴定，感大斑病、灰斑病，中抗丝黑穗病、茎腐病，抗穗腐病。品质分析，籽粒容重 763 克/升，粗蛋白含量 10.27%，粗脂肪含量 3.58%，粗淀粉含量 76.31%，赖氨酸含量 0.28%。黄淮海夏玉米组出苗至成熟 102 天，比对照郑单 958 早熟 1 天。幼苗叶鞘紫色，花药浅紫色，株型半紧凑，株高 273 厘米，穗位高 104 厘米，成株叶片数 19 片。果穗筒形，穗长 18 厘米，穗行数 14~16 行，穗轴红，籽粒黄色、半马齿型，百粒重 34.9 克。接种

鉴定，中抗茎腐病，感穗腐病、小斑病、弯孢菌叶斑病、瘤黑粉病、南方锈病，抗粗缩病。品质分析，籽粒容重 731 克/升，粗蛋白含量 11.9%，粗脂肪含量 3.55%，粗淀粉含量 73.45%，赖氨酸含量 0.31%。

产量表现：2015—2016 年参加东华北中晚熟春玉米组区域试验，两年平均亩产 858.6 千克，比对照郑单 958 增产 10.0%。2017 年生产试验，平均亩产 816.79 千克，比对照郑单 958 增产 8.47%。2015—2017 年参加黄淮海夏玉米组区域试验，两年平均亩产 724.25 千克，比对照郑单 958 增产 11.56%。2017 年生产试验，平均亩产 651.4 千克，比对照郑单 958 增产 8.47%。

栽培技术要点：中等地力以上地块种植，春播 4 月下旬至 5 月上旬播种，亩种植密度 4 500~5 000 株。中等肥力以上地块种植，夏播 6 月上中旬播种，亩种植密度 4 500~5 000 株。注意防治小斑病、弯孢菌叶斑病、南方锈病。

适宜种植地区：东华北中晚熟春玉米区的吉林四平、松原、长春的大部分地区，辽源、白城、吉林市部分地区、通化市南部，辽宁除东部山区和大连、东港以外的大部分地区，内蒙古赤峰和通辽大部分地区，山西忻州、晋中、太原、阳泉、长治、晋城、吕梁平川区和南部山区，河北省张家口、承德、秦皇岛、唐山、廊坊、保定北部、沧州市北部春播区，北京春播区，天津春播区种植，注意防治大斑病和灰斑病。适宜种植在河南、山东、河北保定和沧州的南部及以南地区、北京、天津、陕西关中灌区、山西省运城市和临汾市及晋城市部分平川地区、江苏省和安徽省淮河以北地区。

桦单 18

审定编号：国审玉 20180078

选育单位：桦甸市秋丰农业科学研究所

品种来源：甸 120×F296

特征特性：东华北中晚熟春玉米组出苗至成熟 127.6 天，比对照郑单 958 早熟 1.4 天。幼苗叶鞘紫色，叶片绿色，叶缘紫色，花药紫色，颖壳绿色。株型紧凑，株高 311 厘米，穗位高 113.5 厘米，成株叶片数 21 片。果穗筒形，穗长 18.9 厘米，穗行数 18~20 行，穗粗 5.2 厘米，穗轴红，籽粒黄色、半马齿型，百粒重 36.65 克。接种鉴定，感大斑病、丝黑穗病，中抗灰斑病、茎腐病、穗腐病。品质分析，籽粒容重 765 克/升，粗蛋白含量 10.14%，粗脂肪含量 3.81%，粗淀粉含量 76.09%，赖氨酸含量 0.27%。

产量表现：2016—2017 年参加东华北中晚熟春玉米组区域试验，两年平均亩产 810.75 千克，比对照郑单 958 增产 4.6%。2017 年生产试验，平均亩产 815.3 千克，比对照郑单 958 增产 6.99%。

栽培技术要点：该品种在适应区 4 月中下旬地温≥10℃以上播种，选择中等肥力以上地块种植，采用直播栽培方式，亩种植密度 4 000 株以内。每亩施农家肥 1~1.3 吨。在施足底肥的基础上根据地力情况施种肥复合肥每亩 16.7~20 千克，9~10 片叶期施尿素 20~23.3 千克。精量播种、及时间苗、定苗和中耕锄草，及时收获。严禁超密度种植。注意防治大斑病和丝黑穗病。

适宜种植地区：东华北中晚熟春玉米区的吉林四平、松原、长春的大部分地区，辽源市、白城市、吉林市部分地区、通化市南部，辽宁除东部山区和大连、东港以外的大部分地区，内蒙古赤峰和通辽大部分地区，山西忻州、晋中、太原、阳泉、长治、晋城、吕梁平川区和南部山区，河北张家口、承德、秦皇岛、唐山、廊坊、保定北部、沧州北部春播区，北京、天津春播区。

吉农大 819

审定编号：国审玉 20180079

选育单位：吉林农大科茂种业有限责任公司

品种来源：KM8×KM19

特征特性：东华北中晚熟春玉米组出苗至成熟 126. 95 天，比对照郑单 958 早熟 1. 5 天。幼苗叶鞘紫色，叶片深绿色，叶缘紫色，花药浅紫色，颖壳浅紫色。株型半紧凑，株高 299. 45 厘米，穗位高 108. 35 厘米，成株叶片数 17 片。果穗长锥形，穗长 18. 6 厘米，穗行数 16~18 行，穗粗 5. 0 厘米，穗轴红，籽粒黄色、半马齿型，百粒重 36. 1 克。接种鉴定，抗大斑病、丝黑穗病、穗腐病，中抗灰斑病，高抗茎腐病。品质分析，籽粒容重 772 克/升，粗蛋白含量 10. 15%，粗脂肪含量 3. 77%，粗淀粉含量 74. 75%，赖氨酸含量 0. 28%。

产量表现：2015—2016 年参加东华北中晚熟春玉米组区域试验，两年平均亩产 857. 8 千克，比对照郑单 958 增产 10. 53%。2017 年生产试验，平均亩产 819. 0 千克，比对照郑单 958 增产 7. 41%。

栽培技术要点：在适应区 4 月 27 日左右播种，选择中等以上肥力地块，采用清种栽培方式，亩保苗 4 500 株左右。幼苗生长快，及时铲耥管理，注意防虫，及时收获。肥水条件差的地块，种植密度不宜过大。注意防治灰斑病。

适宜种植地区：东华北中晚熟春玉米区的吉林省四平、松原市、长春市的大部分地区，辽源、白城、吉林市部分地区、通化市南部，辽宁省除东部山区和大连市、东港市以外的大部分地区，内蒙古赤峰和通辽市大部分地区，山西省忻州、晋中、太原、阳泉、长治、晋城、吕梁平川区和南部山区，河北省张家口、承德、秦皇岛、唐山、廊坊、保定北部、沧州北部春播区，北京、天津春播区。

佳昌 309

审定编号：国审玉 20180080

选育单位：葫芦岛市农业新品种科技开发有限公司

品种来源：Y03×Y09

特征特性：东华北中晚熟春玉米组出苗至成熟 128. 35 天，比对照郑单 958 早熟 0. 65 天。幼苗叶鞘紫色，叶片绿色，叶缘紫色，花药浅紫色，颖壳绿色。株型半紧凑，株高 296.45 厘米，穗位高 115 厘米，成株叶片数 19~22 片。果穗筒形，穗长 19.1 厘米，穗行数 18~20 行，穗轴红，籽粒黄色、半马齿型，百粒重 34.55 克。接种鉴定，感大斑病、灰斑病，中抗丝黑穗病，高抗茎腐病，抗穗腐病。品质分析，籽粒容重 765 克/升，粗蛋白含量 10.5%，粗脂肪含量 3.61%，粗淀粉含量 75.46%，赖氨酸含量 0.27%。

产量表现：2016—2017 年参加东华北中晚熟春玉米组区域试验，两年平均亩产 830.35 千克，比对照郑单 958 增产 7.15%。2017 年生产试验，平均亩产 740.3 千克，比对照郑单 958 增产 4.93%。

栽培技术要点：在中等以上肥力地块种植，适宜清种，亩保苗 4 500 株。注意防治地下害虫、黏虫、螟虫和大斑病、灰斑病。

适宜种植地区：东华北中晚熟春玉米区的吉林四平、松原、长春的大部分地区，辽源、白城、吉林市部分地区、通化市南部，辽宁除东部山区和大连、东港以外的大部分地区，内蒙古赤峰和通辽大部分地区，山西忻州、晋中、太原、阳泉、长治、晋城、吕梁平川区和南部山区，河北张家口、承德、秦皇岛、唐山、廊坊、保定北部、沧州北部春播区，北京、天津春播区。

金诚 12

审定编号：国审玉 20180081

选育单位：河南金苑种业股份有限公司

品种来源：JC1001×JC1501

特征特性：东华北中晚熟春玉米组出苗至成熟 127.35 天，比对照郑单 958 早熟 1.6 天。株高 287 厘米，穗位高 104.15 厘米，穗长 18.5 厘米，穗行数 14~16 行，百粒重 35.6 克。接种鉴定，感大斑病，感丝黑穗病，感灰斑病，中抗茎腐病，中抗穗腐病。品质分析，籽粒容重 757 克/升，粗蛋白含量 11.23%，粗脂肪含量 3.61%，粗淀粉含量 76.27%，赖氨酸含量 0.30%。黄淮海夏玉米组出苗至成熟 102 天，与对照郑单 958 相同。幼苗叶鞘紫色，叶片深绿，叶缘绿色，花药绿色。株型半紧凑，株高 268 厘米，穗位高 96 厘米，成株叶片数 19 片。果穗筒形，穗长 17.2 厘米，穗行数 14~16 行，穗轴红色，籽粒黄色、半马齿型，百粒重 33.45 克。接种鉴定，感茎腐病、小斑病、瘤黑粉病，高感穗腐病、粗缩病，中抗弯孢菌叶斑病。品质分析，籽粒容重 732 克/升，粗蛋白含量 10.53%，粗脂肪含量 3.74%，粗淀粉含量 73.74%，赖氨酸含量 0.31%。

产量表现：2016—2017 年参加东华北中晚熟春玉米组区域试验，两年平均亩产 850.1 千克，比对照郑单 958 增产 10.01%。2017 年生产试验，平均亩产 790.7 千克，比对照郑单 958 增产 6.08%。2015—2016 年参加黄淮海夏玉米组区域试验，两年平均亩产 725.55 千克，比对照郑单 958 增产 9.5%。2017 年生产试验，平均亩产 677.9 千克，比对照郑单 958 增产 7.5%。

栽培技术要点：东华北中晚熟春玉米区，中上等肥力地块种植，4 月下旬至 5 月上旬播种，亩种植密度 4 000~4 500 株。注意防治大斑病、灰斑病和丝黑穗病。黄淮海夏玉米组区，中等肥力以上地块种植，5 月下旬至 6 月上旬播种，亩种植密度 4 000~4 500 株。注意防治粗缩病、穗腐病和瘤黑粉病。

适宜种植地区：东华北中晚熟春玉米区的吉林四平、松原、长春的大部分地区，辽源、白城、吉林市部分地区、通化南部，辽宁除东部山区和大连、东港以外的大部分地区，内蒙古赤峰和通辽大部分地区，山西忻州、晋中、太原、阳泉、长治、晋城、吕梁平川区和南部山区，河北张家口、承德、秦皇岛、唐山、廊坊、保定北部、沧州北部春播区，北京、天津春播区种植。适宜在河南、山东、河北保定和沧州的南部及以南地区、北京、天津、陕西关中灌区、山西运城和临汾及晋城部分平川地区、江苏和安徽两省淮河以北地区夏播。

科玉 15

审定编号：国审玉 20180083

选育单位：吉林农大科茂种业有限责任公司

品种来源：WF221×WJ22

特征特性：东华北中晚熟春玉米组出苗至成熟 126.2 天，比对照郑单 958 早熟 2.8 天。幼苗叶鞘浅紫色，叶片绿色，叶缘紫色，花药浅紫色，颖壳绿色。株型半紧凑，株高 299.35 厘米，穗位高 107.15 厘米，成株叶片数 19 片。果穗筒形，穗长 19 厘米，穗行数 16~18 行，穗粗 5.1 厘米，穗轴红，籽粒黄色/黑色、半马齿型，百粒重 35.5 克。接种鉴定，中抗大斑病，高抗丝黑穗病，感灰斑病，中抗茎腐病，抗穗腐病。品质分析，籽粒容重 767 克/升，粗蛋白含量 10.47%，粗脂肪含量 3.79%，粗淀粉含量 75.43%，赖氨酸含量 0.27%。

产量表现：2016—2017 年参加东华北中晚熟春玉米组区域试验，两年平均亩产 847.45 千克，比对照郑单 958 增产 9.32%。2017 年生产试验，平均亩产 824.8 千克，比对照郑单 958 增产 8.2%。

栽培技术要点：中等肥力以上地块栽培，4 月下旬至 5 月上旬播种，采用清种栽培方式，亩保苗 4 500 株左右。幼苗生长快，及时铲耥管理，注意防虫，及时收获。肥水条件差的地块，种植密度不宜过大。注意防治灰斑病。

适宜种植地区：东华北中晚熟春玉米区的吉林省四平、松原、长春的大部分地区，辽源、白城、吉林市部分地区、通化南部，辽宁省除东部山区和大连、东港以外的大部分地区，内蒙古赤峰和通辽市大部分地区，山西省忻州、晋中、太原、阳泉、长治、晋城、吕梁平川区和南部山区，河北省张家口、承德、秦皇岛、唐山、廊坊、保定北部、沧州北部春播区，北京、天津春播区。

辽单 575

审定编号：国审玉 20180086

选育单位：辽宁省农业科学院玉米研究所

品种来源：辽 3358×辽 3258

特征特性：东华北中晚熟春玉米组出苗至成熟 128 天，比对照郑单 958 早熟 1 天。幼苗叶鞘紫色，叶片绿色，叶缘紫色，花药紫色，颖壳绿色。株型紧凑，株高 299.5 厘米，穗位高 108.2 厘米，成株叶片数 19 片。果穗长筒形，穗长 19.35 厘米，穗行数 16~18 行，穗轴红色，籽粒黄色、半马齿型，百粒重 35.65 克。接种鉴定，感大斑病、丝黑穗病、灰斑病，中抗茎腐病、穗腐病。品质分析，籽粒容重 778 克/升，粗蛋白含量 10.52%，粗脂肪含量 3.32%，粗淀粉含量 76.4%，赖氨酸含量 0.28%。

产量表现：2016—2017 年参加东华北中晚熟春玉米组区域试验，两年平均亩产 831.25 千克，比对照郑单 958 增产 7.3%。2017 年生产试验，平均亩产 816.0 千克，比对照郑单 958 增产 7.94%。

栽培技术要点：中等肥力以上地块栽培，4 月下旬至 5 月上旬播种，每亩种植密度 4 500 株左右。注意防治大斑病、灰斑病和丝黑穗病。

适宜种植地区：东华北中晚熟春玉米区的吉林四平、松原、长春的大部分地区，辽源、白城、吉林市部分地区、通化南部，辽宁除东部山区和大连、东港以外的大部分地区，内蒙古赤峰和通辽大部分地区，山西忻州、晋中、太原、阳泉、长治、晋城、吕梁平川区和南部山区，河北张家口、承德、秦皇岛、唐山、廊坊、保定北部、沧州北部春播区，北京、天津春播区。

强硕 168

审定编号：国审玉 20180087

选育单位：衣丰凡

品种来源：N547×泰 548

特征特性：东华北中晚熟春玉米组出苗至成熟 128.99 天，比对照郑单 958 晚熟 0.05 天。幼苗叶鞘浅紫色，叶片绿色，叶缘紫色，花药绿色，颖壳绿色。株型半紧凑，株高 310.45 厘米，穗位高 126.55 厘米，果穗长筒形，穗长 22.25 厘米，穗行数 16~20 行，穗轴红，籽粒黄色、半马齿型，百粒重 34.65 克。接种鉴定，中抗灰斑病、茎腐病、穗腐病，感大斑病、丝黑穗病。品质分析，籽粒容重 767 克/升，粗蛋白含量 10.71%，粗脂肪含量 4.20%，粗淀粉含量 74.95%，赖氨酸含量 0.27%。西南春玉米组出苗至成熟 116.4 天，比对照渝单 8 号早熟 1 天。幼苗叶鞘浅紫色，叶片绿色，叶缘紫色，花药绿色，颖壳绿色。株型半紧凑，株高 294.55 厘米，穗位高 113.95 厘米，成株叶片数 23.15 片。果穗长筒形，穗长 21.55 厘米，穗行数16~20行，穗粗4.7厘米，穗轴红，籽粒黄色、半马齿型，百粒重30.5克。接种鉴定，感大斑病、灰斑病、茎腐病、穗腐病、小斑病、纹枯病，高感丝黑穗病。品质分析，籽粒容重735克/升，粗蛋白含量9.83%，粗脂肪含量4.38%，粗淀粉含量72.91%，赖氨酸含量0.25%。

产量表现：2016—2017年参加东华北中晚熟春玉米组区域试验，两年平均亩产826.05千克，比对照郑单958增产6.36%。2017年生产试验，平均亩产773.8千克，比对照郑单958增产6.15%。2016—2017年参加西南春玉米组区域试验，两年平均亩产584.83千克，比对照渝单8号增产6.82%。2017年生产试验，平均亩产621.6千克，比对照渝单8号增产9.94%。

栽培技术要点：喜肥水，应选择肥水高的地块种植。适宜清种，亩保苗4 500株。播种前可采用种子包衣剂拌种或药剂拌种防治地下害虫，注意防治玉米螟虫。每亩种植密度3 000株左右；应施足底肥，早施苗肥，重施穗肥，增施有机肥和磷肥；适时收获，玉米籽粒乳线消失或籽粒尖端出现黑色层时收获，以充分发挥该品种的增产潜力。注意防治纹枯病。

适宜种植地区：东华北中晚熟春玉米区的吉林四平、松原、长春的大部分地区，辽源、白城、吉林市部分地区、通化南部，辽宁除东部山区和大连、东港以外的大部分地区，内蒙古赤峰和通辽大部分地区，山西忻州、晋中、太原、阳泉、长治、晋城、吕梁平川区和南部山区，河北张家口、承德、秦皇岛、唐山、廊坊、保定北部、沧州北部春播区，北京、天津春播区种植。注意防治大斑病和丝黑穗病。适宜在西南春玉米区的四川、重庆、湖南、湖北、陕西南部海拔800米及以下的丘陵、平坝、低山地区，贵州贵阳、黔南布依族苗族自治州（以下简称黔南州）、黔东南苗族侗族自治州（以下简称黔东南州）、铜仁、遵义海拔1 100米以下地区，云南中部昆明、楚雄、玉溪、大理、曲靖等的丘陵、平坝、低山地区，广西壮族自治区（以下简称广西）桂林、贺州。

五谷635

审定编号：国审玉20180090

选育单位：甘肃五谷种业股份有限公司

品种来源：WG3252×WG603

特征特性：东华北中晚熟春玉米组出苗至成熟127天左右，比对照郑单958早熟1天左右。幼苗叶鞘紫色，叶片绿色，叶缘紫色，花药黄色，颖壳绿色。株型半紧凑，株高302厘米，穗位高110厘米，成株叶片数21片。果穗筒形，穗长19.35厘米，穗行数16~18行，穗粗16.3厘米，穗轴红，籽粒黄色、半马齿型，百粒重35.85克。接种鉴定，感大斑病、灰斑病，抗丝黑穗病、穗腐病，中抗茎腐病。品质分析，籽粒容重759克/升，粗蛋白含量9.79%，粗脂肪含量4.06%，粗淀粉含量74.88%，赖氨酸含量0.26%。

产量表现：2015—2016年参加东华北中晚熟春玉米组区域试验，两年平均亩产853.6千克，比对照郑单958增产9.38%。2017年生产试验，平均亩产808.2千克，比对照郑单958增产4.92%。

栽培技术要点：使用正规生产的包衣种以有效防治地下害虫。在适应区根据当地气候确定播种，每亩保苗 5 000~6 000 株。起垄或播种时施足底肥，亩施磷酸二铵 40 千克以上，有条件的可施农家肥，追肥在拔节初期追施尿素 40 千克为宜。苗期应视墒情采取蹲苗措施控制株高，使其健壮，注意中耕除草。喇叭口期施肥水猛攻，并注意用颗粒剂防玉米螟。完熟后适时收获。注意防治大斑病和灰斑病。

适宜种植地区：东华北中晚熟春玉米区的吉林省四平市、松原市、长春市的大部分地区，辽源市、白城市、吉林市部分地区、通化市南部，辽宁除东部山区和大连、东港以外的大部分地区，内蒙古赤峰和通辽大部分地区，山西忻州、晋中、太原、阳泉、长治、晋城、吕梁平川区和南部山区，河北张家口、承德、秦皇岛、唐山、廊坊、保定北部、沧州北部春播区，北京、天津春播区。

先玉 1225

审定编号：国审玉 20180092

选育单位：铁岭先锋种子研究有限公司北京分公司

品种来源：PHHJC×PH1CRW

特征特性：东华北中晚熟春玉米组出苗至成熟 127 天左右，比对照郑单 958 早熟 2 天左右。幼苗叶鞘紫色，叶片绿色，叶缘紫色，花药紫色，颖壳绿色。株型半紧凑，株高 317 厘米，穗位高 113 厘米，穗长 19.9 厘米，穗行数 16~18 行，穗轴红，籽粒黄色、半马齿型，百粒重 36.25 克。接种鉴定，感大斑病，中抗丝黑穗病、灰斑病、茎腐病、穗腐病。品质分析，籽粒容重 764 克/升，粗蛋白含量 8.84%，粗脂肪含量 3.61%，粗淀粉含量 76.01%，赖氨酸含量 0.25%。

产量表现：2016—2017 年参加东华北中晚熟春玉米组区域试验，两年平均亩产 816.95 千克，比对照郑单 958 增产 5.8%。2017 年生产试验，平均亩产 762.3 千克，比对照郑单 958 增产 3.22%。

栽培技术要点：中等肥力以上地块栽培，4 月下旬至 5 月上旬播种，亩种植密度 4 500 株左右。注意防治大斑病。

适宜种植地区：东华北中晚熟春玉米区的吉林四平、松原、长春的大部分地区，辽源、白城、吉林市部分地区、通化南部，辽宁除东部山区和大连、东港以外的大部分地区，内蒙古赤峰和通辽大部分地区，山西忻州、晋中、太原、阳泉、长治、晋城、吕梁平川区和南部山区，河北张家口、承德、秦皇岛、唐山、廊坊、保定北部、沧州北部春播区，北京、天津春播区。

北青 340

审定编号：国审玉 20180106

选育单位：郑州北青种业有限公司

品种来源：BQ58-2×JG67

特征特性：黄淮海夏玉米组出苗至成熟 101 天，比对照郑单 958 早熟 1 天。幼苗叶鞘紫色，叶片绿色，叶缘绿色，花药浅紫色，颖壳紫色。株型半紧凑，株高 279 厘米，穗位高 100 厘米，成株叶片数 19 片。果穗筒形，穗长 18.5 厘米，穗行数 16 行，穗轴红，籽粒黄色、半马齿型，百粒重 35.1 克。接种鉴定，中抗茎腐病、穗腐病、小斑病、弯孢菌叶斑病，高感粗缩病，中抗瘤黑粉病。品质分析，籽粒容重 736 克/升，粗蛋白含量 12.35%，粗脂肪含量 3.80%，粗淀粉含量 70.93%，赖氨酸含量 0.37%。

产量表现：2015—2016 年参加黄淮海夏玉米组区域试验，两年平均亩产 743.2 千克，比对照郑单 958 增产 12.25%。2017 年生产试验，平均亩产 716.8 千克，比对照郑单 958 增产 10.7%。

栽培技术要点：6 月中上旬播种；亩种植密度一般大田 4 000~4 500 株，中等以上水肥 4 500~5 000 株。科学施肥，浇好三水，即拔节水、孕穗水和灌浆水；苗期注意防治蓟马、蚜虫、地老虎；重发区注意防治粗缩病和锈病；大喇叭口期用颗粒杀虫剂丢心，防治玉米螟虫。籽粒乳线消失或籽粒尖端出现黑色层时收获。

适宜种植地区：黄淮海夏玉米区的河南、山东、河北保定和沧州的南部及以南地区、陕西关中灌区、山西运城和临汾及晋城部分平川地区、安徽和江苏两省淮河以北地区、湖北襄阳地区。

农华 208

审定编号：国审玉 20180114

选育单位：北京金色农华种业科技股份有限公司

品种来源：11HA229×Y4-6

特征特性：黄淮海夏玉米组出苗至成熟 101 天，比对照郑单 958 早熟 2 天。幼苗叶鞘紫色，叶片绿色，叶缘紫色，花药浅紫色，颖壳绿色。株型半紧凑，株高 294.5 厘米，穗位高 101.5 厘米，成株叶片数 19 片左右。花丝紫色，果穗长筒形，穗长 18.1 厘米，穗行数 16~18 行，穗粗 5.0 厘米，穗轴红色，籽粒黄色、半马齿型，百粒重 33.2 克。接种鉴定，感茎腐病，中抗穗腐病、小斑病、弯孢菌叶斑病，高感粗缩病、瘤黑粉病。品质分析，籽粒容重 730 克/升，粗蛋白含量 10.64%，粗脂肪含量 3.21%，粗淀粉含量 73.78%，赖氨酸含量 0.27%。

产量表现：2015—2016 年参加黄淮海夏玉米组区域试验，两年平均亩产 722.8 千克，比对照郑单 958 增产 10.1%。2017 年生产试验，平均亩产 595.4 千克，比对照郑单 958 增产 1.7%。

栽培技术要点：中等肥力以上地块栽培，播种期 5 月下旬至 6 月中旬，亩种植密度 4 000 株左右。注意防治粗缩病和瘤黑粉病等病害。

适宜种植地区：黄淮海夏玉米区的河南、山东、河北保定和沧州的南部及以南地区、陕西关中灌区、山西运城和临汾及晋城部分平川地区、江苏和安徽两省淮河以北地区、湖北襄阳地区。

晟玉 18

审定编号：国审玉 20180115

选育单位：鹤壁禾博士晟农科技有限公司

品种来源：S216×S2023

特征特性：黄淮海夏玉米区出苗至成熟 102 天，比对照郑单 958 早熟 0. 5 天。幼苗叶鞘紫色，叶片深绿色，叶缘紫色，花药浅紫色，颖壳浅紫色。株型半紧凑，株高 266 厘米，穗位高 104. 5 厘米，成株叶片数 20 片。果穗筒形，穗长 17. 7 厘米，穗行数 16~18 行，穗粗 4. 9 厘米，穗轴红，籽粒黄色、半马齿型，百粒重 31. 9 克。接种鉴定，中抗茎腐病、弯孢菌叶斑病，感穗腐病、小斑病、瘤黑粉病，高感粗缩病。品质分析，籽粒容重 736 克/升，粗蛋白含量 10. 36%，粗脂肪含量 3. 87%，粗淀粉含量 73. 08%，赖氨酸含量 0. 29%。

产量表现：2015—2016 年参加黄淮海夏玉米组区域试验，两年平均亩产 700. 05 千克，比对照郑单 958 增产 5. 25%。2017 年生产试验，平均亩产 629. 0 千克，比对照郑单 958 增产 3. 2%。

栽培技术要点：中上等肥力地块种植。6 月 20 日前播种，每亩留苗 4 000 株左右。粗缩病高发区慎用，注意防治穗腐病等病害。

适宜种植地区：黄淮海夏玉米区的河南、山东、河北保定和沧州的南部及以南地区、陕西关中灌区、山西运城和临汾及晋城部分平川地区、江苏和安徽两省淮河以北地区、湖北襄阳地区。

万盛 69

审定编号：国审玉 20180117

选育单位：河北冠虎农业科技有限公司

品种来源：JN11×JN01

特征特性：黄淮海夏玉米组出苗至成熟 101 天，比对照郑单 958 早熟 2 天。幼苗叶鞘紫色，叶片绿色，叶缘绿色，花药浅紫色，颖壳浅紫色。株型半紧凑，株高 261 厘米，穗位高 105 厘米，成株叶片数 20 片。果穗筒形，穗长 16. 6 厘米，穗行数 16~18 行，穗粗 5. 0 厘米，穗轴白，籽粒黄色、半马齿型，百粒重 32. 9 克。接种鉴定，中抗茎腐病、小斑病，高感穗腐病、粗缩病、南方锈病，感弯孢菌叶斑病、瘤黑粉病。品质分析，籽粒容重 736 克/升，粗蛋白含量 10. 10%，粗脂肪含量 4. 83%，粗淀粉含量 70. 95%，赖氨酸含量 0. 31%。

产量表现：2016—2017 年参加黄淮海夏玉米组区域试验，两年平均亩产 674. 2 千克，比对照郑单 958 增产 4. 54%。2017 年生产试验，平均亩产 695. 0 千克，比对照郑单 958 增产 9. 23%。

栽培技术要点：适播期6月10—20日。每亩适宜密度4 000~4 500株，高水肥地块每亩密度不高于4 500株。等行距种植，单株留苗。亩施农家肥2 000~3 000千克或氮、磷、钾（15：15：15）三元复合肥30千克作为基肥，大喇叭口期每亩追施尿素30千克左右。在苗期4~6片叶时，进行间苗、定苗。禁止留双苗。采用种子包衣防治瘤黑粉病及地下害虫，生长期间及时防治病虫害。适期收获，以苞叶变黄后7天左右或3/4乳线期收获。注意防治穗腐病、粗缩病和南方锈病等病害。

适宜种植地区：黄淮海夏玉米区的河南、山东、河北保定和沧州的南部及以南地区、陕西关中灌区、山西省运城和临汾及晋城部分平川地区、江苏和安徽两省淮河以北地区、湖北襄阳地区。

伟育2号

审定编号：国审玉20180118

选育单位：河南宝景农业科技有限公司

品种来源：WY2M×WY2F

特征特性：黄淮海夏玉米组出苗至成熟102.9天，比对照郑单958晚熟0.5天。幼苗叶鞘紫色，叶片绿色，叶缘绿色，花药紫色，颖壳浅红色。株型半紧凑，株高263厘米，穗位高99厘米，成株叶片数19.75片。果穗筒形，穗长17.2厘米，穗行数16~22行，穗粗5厘米，穗轴红，籽粒黄色、半马齿型，百粒重31克。接种鉴定，中抗小斑病，感茎腐病、穗腐病、弯孢菌叶斑病和瘤黑粉病，高感粗缩病。品质分析，籽粒容重732克/升，粗蛋白含量12.13%，粗脂肪含量4.33%，粗淀粉含量70.08%，赖氨酸含量0.35%。

产量表现：2015—2016年参加黄淮海夏玉米组区域试验，两年平均亩产704千克，比对照郑单958增产7.2%。2017年生产试验，平均亩产652.7千克，比对照郑单958增产3.9%。

栽培技术要点：6月上中旬麦后直播，每亩适宜种植密度4 500株。科学施肥，浇好“三水”（即拔节水、孕穗水和灌浆水）；苗期注意防治蓟马、蚜虫、地老虎；大喇叭口期用颗粒杀虫剂丢心，防治玉米螟虫。适时收获，玉米籽粒乳线消失或籽粒尖端出现黑色层时收获。注意防治粗缩病等病害。

适宜种植地区：黄淮海夏玉米区的河南、山东、河北保定和沧州的南部及以南地区、陕西关中灌区、山西运城和临汾及晋城部分平川地区、江苏和安徽两省淮河以北地区、湖北襄阳地区。

先玉1140

审定编号：国审玉20180119

选育单位：铁岭先锋种子研究有限公司

品种来源：PH1DP8×PH11VR

特征特性：黄淮海夏玉米组出苗至成熟 102 天，比对照郑单 958 早熟 0.5 天。幼苗叶鞘浅紫色，花药黄色，株型半紧凑，株高 300.5 厘米，穗位高 115 厘米，成株叶片数 19.5 片。果穗筒形，穗长 18.8 厘米，穗行数 14~16 行，穗轴红，籽粒黄色、半马齿型，百粒重 37.3 克。接种鉴定，中抗茎腐病，感穗腐病、小斑病、弯孢菌叶斑病、瘤黑粉病，高感粗缩病、南方锈病。品质分析，籽粒容重 748 克/升，粗蛋白含量 10.19%，粗脂肪含量 3.64%，粗淀粉含量 73.84%，赖氨酸含量 0.27%。

产量表现：2016—2017 年参加黄淮海夏玉米组区域试验，两年平均亩产 672.8 千克，比对照郑单 958 增产 4.3%。2017 年生产试验，平均亩产 630.3 千克，比对照郑单 958 增产 3.1%。

栽培技术要点：中等肥力以上地块栽培，5 月下旬至 6 月上中旬播种，亩植密度 4 500 株左右。注意防治粗缩病和南方锈病等病害。

适宜种植地区：黄淮海夏玉米区的河南、山东、河北保定和沧州的南部及以南地区、陕西关中灌区、山西运城和临汾及晋城部分平川地区、江苏和安徽两省淮河以北地区、湖北襄阳地区。

金园 15

审定编号：国审玉 20180124

选育单位：吉林省金园种苗有限公司

品种来源：J81×J9-3

特征特性：西北春玉米组出苗至成熟 131.3 天，比对照先玉 335 晚熟 0.35 天。幼苗叶鞘紫色，叶片深绿色，叶缘紫色，花药浅紫色，颖壳绿色。株型半紧凑，株高 302 厘米，穗位高 126.5 厘米，成株叶片数 18.9 片。果穗筒形，穗长 18.3 厘米，穗行数 16~18 行，穗粗 5.3 厘米，穗轴红，籽粒黄色、半马齿型，百粒重 36.35 克。接种鉴定，感大斑病、穗腐病，中抗丝黑穗病，高抗茎腐病。品质分析，籽粒容重 768 克/升，粗蛋白含量 9.44%，粗脂肪含量 3.57%，粗淀粉含量 74.41%，赖氨酸含量 0.26%。

产量表现：2016—2017 年参加西北春玉米组区域试验，两年平均亩产 1 047.0 千克，比对照先玉 335 增产 3.8%。2017 年生产试验，平均亩产 895.53 千克，比对照先玉 335 增产 3.05%。

栽培技术要点：一般 4 月 20—30 日播种。选择中上等肥力地块，亩保苗 4 000~4 500 株。施足农家肥，底肥一般每公顷施用磷酸二铵 150~200 千克、硫酸钾 100~150 千克、尿素 50~100 千克，追肥一般每公顷施用尿素 300 千克。注意防治大斑病。

适宜种植地区：西北春麦区的内蒙古巴彦淖尔大部分地区、鄂尔多斯大部分地区，陕西榆林地区、延安，宁夏引扬黄灌区，甘肃陇南、天水、庆阳、平凉、白银、定西、临夏州海拔 1 800 米以下地区及武威、张掖、酒泉大部分地区，新疆昌吉州阜康以西至博乐以东地区、北疆沿天山地区、伊犁州直西部平原地区春播。

先玉 1321

审定编号：国审玉 20180125

选育单位：铁岭先锋种子研究有限公司

品种来源：PHHJC×PH1N2D

特征特性：西北春玉米组出苗至成熟 132. 15 天，比对照郑单 958/先玉 335 晚熟 0. 5 天。株型半紧凑，株高 313 厘米，穗位高 126 厘米，成株叶片数 20. 25 片。果穗筒形，穗长 20. 25 厘米，穗行数 16~18 行，穗粗 4. 95 厘米，穗轴红，籽粒黄色、半马齿型，百粒重 34. 4 克。接种鉴定，感大斑病，中抗丝黑穗病、茎腐病、穗腐病。品质分析，籽粒容重 769 克/升，粗蛋白含量 10. 31%，粗脂肪含量 3. 38%，粗淀粉含量 76. 9%，赖氨酸含量 0. 28%。

产量表现：2016—2017 年参加西北春玉米组区域试验，两年平均亩产 1 025 千克，比对照郑单 958/先玉 335 增产 4. 75%。2017 年生产试验，平均亩产 996. 5 千克，比对照先玉 335 增产 6. 9%。注意防治大斑病。

栽培技术要点：中等肥力以上地块种植，4 月下旬至 5 月上旬播种，亩种植密度 5 500 株左右。

适宜种植地区：西北春麦区的内蒙古巴彦淖尔大部分地区、鄂尔多斯大部分地区，陕西榆林、延安，宁夏引扬黄灌区，甘肃陇南、天水、庆阳、平凉、白银、定西、临夏州海拔 1 800 米以下地区及武威、张掖、酒泉大部分地区，新疆昌吉州阜康以西至博乐以东地区、北疆沿天山地区、伊犁州直西部平原地区春播。

高科玉 138

审定编号：国审玉 20180128

选育单位：仁寿县陵州作物研究所、犍为县种子科学研究所

品种来源：ZYK22×LSC38

特征特性：西南春玉米组出苗至成熟 117. 75 天，比对照渝单 8 号晚熟 1. 6 天。株型半紧凑，株高 297. 9 厘米，穗位高 126. 15 厘米，果穗筒形，穗长 19. 6 厘米，穗行数 16~18 行，穗粗 5. 35 厘米，穗轴红，籽粒黄色、半马齿型，百粒重 32. 05 克。接种鉴定，感大斑病、丝黑穗病、纹枯病，高感灰斑病，中抗茎腐病、穗腐病、小斑病。品质分析，籽粒容重 758 克/升，粗蛋白含量 13. 13%，粗脂肪含量 4. 19%，粗淀粉含量 69. 23%，赖氨酸含量 0. 32%。

产量表现：2015—2016 年参加西南春玉米组区域试验，两年平均亩产 609. 78 千克，比对照渝单 8 号增产 12. 06%。2017 年生产试验，平均亩产 584. 8 千克，比对照渝单 8 号增产 12. 8%。

栽培技术要点：根据各地气候情况，西南春玉米区宜3月上旬至4月下旬播种；每亩种植2 800~3 300株为宜。重施底肥，轻施苗肥和拔节肥，重施攻穗肥，氮、磷、钾配合施用。及时中耕除草，及时防治病虫害。

适宜种植地区：西南春玉米区的四川、重庆、湖南、湖北、陕西南部海拔800米及以下的丘陵、平坝、低山地区，贵州贵阳、黔南州、黔东南州、铜仁、遵义海拔1 100米以下地区，云南中部昆明、楚雄、玉溪、大理、曲靖等的丘陵、平坝、低山地区及文山、红河、普洱、临沧、保山、西双版纳、德宏海拔800~1 800米地区，广西桂林、贺州春播种植。

华玉12

审定编号：国审玉20180131

选育单位：华中农业大学

品种来源：V030×V5

特征特性：西南春玉米组出苗至成熟118.2天，比对照渝单8号晚熟2.1天。幼苗叶鞘紫色，叶片绿色，叶缘紫色，花药紫色，颖壳浅紫色。株型半紧凑，株高309.75厘米，穗位高128.35厘米，成株叶片数19片。果穗筒形，穗长17.9厘米，穗行数18~20行，穗粗5.5厘米，穗轴红，籽粒黄色、马齿型，百粒重31.65克。接种鉴定，感大斑病、丝黑穗病、灰斑病、茎腐病、穗腐病，中抗小斑病、纹枯病。品质分析，籽粒容重753克/升，粗蛋白含量11.77%，粗脂肪含量4.02%，粗淀粉含量70.86%，赖氨酸含量0.29%。

产量表现：2015—2016年参加西南春玉米组区域试验，两年平均亩产628.40千克，比对照渝单8号增产14.46%。2017年生产试验，平均亩产595.5千克，比对照渝单8号增产17%。

栽培技术要点：中等肥力以上地块栽培，2月下旬至4月上旬播种，单作亩种植密度2 800~3 500株，注意防治病虫害。茎腐病高发区慎用。

适宜种植地区：西南春玉米区的四川、重庆、湖南、湖北、陕西南部海拔800米及以下的丘陵、平坝、低山地区，贵州贵阳、黔南州、黔东南州、铜仁、遵义海拔1 100米以下地区，云南中部昆明、楚雄、玉溪、大理、曲靖等的丘陵、平坝、低山地区及文山、红河、普洱、临沧、保山、西双版纳、德宏海拔800~1 800米地区，广西桂林、贺州春播种植。

垦玉999

审定编号：国审玉20180140

选育单位：垦丰长江种业科技有限公司

品种来源：S66×S02

特征特性：西南春玉米组出苗至成熟 118. 7 天，比对照渝单 8 号晚熟 2. 05 天。幼苗叶鞘紫色，叶片深绿色，叶缘紫色，花药黄色，颖壳紫色。株型半紧凑，株高 305. 95 厘米，穗位高 123. 4 厘米，成株叶片数 22 片。果穗筒形，穗长 18. 5 厘米，穗行数 17. 5 行，穗粗 5. 25 厘米，穗轴红，籽粒黄色、半马齿型，百粒重 32. 55 克。接种鉴定，感大斑病、丝黑穗病、穗腐病，高感灰斑病，中抗茎腐病、小斑病、纹枯病。品质分析，籽粒容重 750 克/升，粗蛋白含量 11. 11%，粗脂肪含量 4. 31%，粗淀粉含量 72. 21%，赖氨酸含量 0. 28%。

产量表现：2015—2016 年参加西南春玉米组区域试验，两年平均亩产 607. 91 千克，比对照渝单 8 号增产 11. 78%。2017 年生产试验，平均亩产 615. 8 千克，比对照渝单 8 号增产 11. 48%。

栽培技术要点：低山区宜在 3 月底，二高山区宜在清明前直播，育苗移栽或地膜覆盖可提前 15 天播种。清种时，每亩 3 700 株左右。施肥量注重底肥重、苗肥轻、穗肥早的原则，氮、磷、钾配方施肥。苗期注意控制水分，达到蹲苗、壮苗的目的；中后期注意排灌，满足水分的要求，同时预防茎腐病及纹枯病。苗期注意防治地老虎，大喇叭口期注意防治玉米螟。特殊栽培措施，在苗期 7~11 片叶时，可打“矮丰”或其他调节剂，适当降低株高。

适宜种植地区：西南春玉米区的四川（不包含绵阳）、重庆、湖南、湖北、陕西南部海拔 800 米及以下的丘陵、平坝、低山地区，贵州贵阳、黔南州、黔东南州、铜仁、遵义海拔 1 100 米以下地区，云南中部昆明、楚雄、玉溪、大理、曲靖等的丘陵、平坝、低山地区及文山、红河、普洱、临沧、保山、西双版纳、德宏海拔 800~1 800 米地区，广西桂林、贺州春播种植。

青青 700

审定编号：国审玉 20180143

选育单位：广西青青农业科技有限公司

品种来源：ZH04×ZHF141

特征特性：西南春玉米组出苗至成熟 119. 85 天，比对照渝单 8 号晚熟 4. 1 天。幼苗叶鞘紫色，叶片浅绿色，叶缘浅紫色，花药黄色，颖壳绿色。株型半紧凑，株高 285. 2 厘米，穗位高 116 厘米，成株叶片数 19~21 片。果穗筒形，穗长 18. 45 厘米，穗行数 16~18 行，穗粗 5. 25 厘米，穗轴红，籽粒黄色、半马齿型，百粒重 31. 25 克。接种鉴定，感大斑病、纹枯病、丝黑穗病、穗腐病，高感灰斑病，抗茎腐病，中抗小斑病。品质分析，籽粒容重 771 克/升，粗蛋白含量 10. 52%，粗脂肪含量 3. 64%，粗淀粉含量 70. 68%，赖氨酸含量 0. 29%。

产量表现：2015—2016 年参加西南春玉米组区域试验，两年平均亩产 623. 37 千克，比对照渝单 8 号增产 12. 77%。2017 年生产试验，平均亩产 585. 7 千克，比对照渝单 8 号增产 14. 3%。

栽培技术要点：精细整地，施足基肥。适时早播，提高播种质量，一次性播种全苗。每亩种植密度3200~4 000株。可采用单行单株或双行单株种植。及时间苗、定苗，早施攻苗肥。在幼苗3叶前做好查苗、补苗。3~4叶时间苗，防止苗挤苗。5~6叶时定苗，拔除病苗、杂苗和弱苗，留生长一致的壮苗。定苗时结合中耕松土施攻苗肥，一般每亩施腐熟粪水1 500~2 000千克，或施尿素4~5千克、复合肥10~12千克。重施攻苞肥。有10~11片叶展开时重施攻苞肥，促进雌穗幼穗分化和发育，争取穗大粒多，籽粒饱满。亩施尿素15~20千克，施肥后进行大培土，提高玉米抗逆能力。在玉米各生育期要根据天情、地情、苗情来科学排灌。玉米抽雄前10天至以后20天，是需水临界期，对水分反应最敏感，如果遇到干旱，会造成产量严重降低，因此必须注意灌水抗旱保丰收。注意防治病虫害。及时做好田间病虫害调查和测报，备足对口农药及时准确地防治病虫害，注意防治灰斑病。适时采收，及时晾晒。

适宜种植地区：西南春玉米区的四川、重庆、湖南、湖北、陕西南部海拔800米及以下的丘陵、平坝、低山地区，贵州贵阳、黔南州、黔东南州、铜仁、遵义海拔1 100米以下地区，云南中部昆明、楚雄、玉溪、大理、曲靖等的丘陵、平坝、低山地区及文山、红河、普洱、临沧、宝山、西双版纳、德宏海拔800~1 800米地区，广西桂林、贺州春播种植。

雅玉988

审定编号：国审玉20180145

选育单位：四川雅玉科技开发有限公司

品种来源：YA74737×YA8201

特征特性：西南春玉米组出苗至成熟116.8天，比对照渝单8号晚熟1.15天。幼苗叶鞘紫色，叶片绿色，花药浅紫色，颖壳紫色。株型平展，株高309厘米，穗位高133厘米，成株叶片数23片。果穗长锥形，穗长19.9厘米，穗行数14~16行，穗粗5.1厘米，穗轴红，籽粒黄色、半马齿型，百粒重33.9克。接种鉴定，感丝黑穗病、灰斑病、茎腐病、纹枯病，中抗大斑病、穗腐病、小斑病。品质分析，籽粒容重714克/升，粗蛋白含量10.80%，粗脂肪含量3.99%，粗淀粉含量70.02%，赖氨酸含量0.29%。

产量表现：2015—2016年参加西南春玉米组区域试验，两年平均亩产606.67千克，比对照渝单8号增产11.28%。2017年生产试验，平均亩产614.3千克，比对照渝单8号增产11.7%。

栽培技术要点：中等肥力以上地块栽培，3月下旬至4月上旬播种，亩种植密度3 200~3 500株，注意防治丝黑穗病。茎腐病高发区慎用。

适宜种植地区：西南春玉米区的四川、重庆、湖南、湖北（十堰除外）、陕西南部海拔800米及以下的丘陵、平坝、低山地区，贵州贵阳、黔南州、黔东南州、铜仁、遵义海拔1 100米以下地区，云南中部昆明、楚雄、玉溪、大理、曲靖等的丘陵、平坝、低山地区及文山、红河、普洱、临沧、保山、西双版纳、德宏海拔800~1 800米地区，广西桂林、贺州春播种植。

密花甜糯 3 号

审定编号：国审玉 20180153

选育单位：北京中农斯达农业科技开发有限公司

品种来源：S658-3×D306NT

特征特性：幼苗叶鞘浅紫色，叶片深绿色，叶缘绿色，花药浅紫色，颖壳浅紫色。株型半紧凑，穗轴白，籽粒花色、甜加糯型。北方（东华北）鲜食糯玉米组出苗至鲜穗采收期 88.15 天，比对照京科糯 569 早熟 2.5 天。株高 234.4 厘米，穗位高 105.6 厘米，成株叶片数 19 片。果穗锥形，穗长 18.5 厘米，穗行数 14.5 行，穗粗 4.8 厘米，百粒重 38.2 克。接种鉴定，感大斑病，抗丝黑穗病、瘤黑粉病。皮渣率 5.15%，支链淀粉占总淀粉含量 99.06%，品尝鉴定 86.7 分。北方（黄淮海）鲜食糯玉米组出苗至鲜穗采收期 72.4 天，比对照苏玉糯 2 号早熟 1 天。株高 217.1 厘米，穗位高 89.6 厘米，成株叶片数 19 片。果穗筒形，穗长 17.7 厘米，穗行数 14.4 行，穗粗 4.8 厘米，百粒重 38.9 克。接种鉴定，中抗茎腐病，感小斑病、瘤黑粉病，高感矮花叶病。品质分析，皮渣率 8.82%，支链淀粉占总淀粉含量 98.43%。品尝鉴定 88.49 分。

产量表现：2016—2017 年参加北方（东华北）鲜食糯玉米组品种试验，两年平均亩产 907.8 千克，比对照京科糯 569 减产 6.97%。2016—2017 年参加北方（黄淮海）鲜食糯玉米组品种试验，两年平均亩产 866.65 千克，比对照苏玉糯 2 号增产 10.45%。

栽培技术要点：一般每亩种植密度 3 500~3 800 株为宜，套种或直播均可，春、夏、秋播均可。该品种喜肥水，苗期缓苗偏慢，应加强中后期的肥水管理，早定苗，稍控苗。一般在开花授粉后 23~25 天采收较为适宜。该品种在采用垄作宽窄行种植时更有利于增产增收，一级穗率高。注意防治叶斑病。

适宜种植地区：北京、天津、河北中南部、河南、山东、陕西关中灌区、山西南部、安徽和江苏两省淮河以北地区等玉米夏播区；黑龙江第五积温带至第一积温带、吉林、辽宁、内蒙古、河北、山西、北京、天津、新疆、宁夏、甘肃、陕西等地年≥10℃活动积温 1 900℃以上玉米春播区作鲜食糯玉米种植。

斯达糯 38

审定编号：国审玉 20180154

选育单位：北京中农斯达农业科技开发有限公司

品种来源：S 鲁花 1 白 9×D7A-YH

特征特性：幼苗叶鞘绿色，叶片绿色，叶缘绿色，花药黄色，颖壳绿色。果穗锥形，穗轴白，籽粒白色、糯质型，株型半紧凑。北方（东华北）鲜食糯玉米组出苗至鲜穗采收期 93.6 天，比对照京科糯

569 晚熟 2. 9 天。株高 285. 7 厘米，穗位高 140 厘米，成株叶片数 20 片。穗长 21. 2 厘米，穗行数 16. 4 行，穗粗 4. 9 厘米，百粒重 31. 9 克。接种鉴定，中抗大斑病，感丝黑穗病，抗瘤黑粉病。品质分析，皮渣率 4. 93%，支链淀粉占总淀粉含量 99. 18%。品尝鉴定 86. 95 分。北方（黄淮海）鲜食糯玉米组出苗至鲜穗采收期 74. 8 天，比对照苏玉糯 2 号晚熟 1. 4 天。株高 259. 1 厘米，穗位高 111. 4 厘米，成株叶片数 20 片。穗长 19. 8 厘米，穗行数 15. 4 行，穗粗 4. 7 厘米，百粒重 34. 2 克。接种鉴定，高感茎腐病、矮花叶病，感小斑病、瘤黑粉病。品质分析，皮渣率 7. 4%，支链淀粉占总淀粉含量 97. 38%。品尝鉴定 85. 32 分。

产量表现： 2016—2017 年参加北方（东华北）鲜食糯玉米组区域试验，两年平均亩产 900. 0 千克，比对照京科糯 569 减产 7. 77%。2016—2017 年参加北方（黄淮海）鲜食糯玉米组区域试验，两年平均亩产 817. 4 千克，比对照苏玉糯 2 号增产 4. 33%。

栽培技术要点： 一般每亩种植密度 3 300~3 500 株为宜，套种或直播均可，春、夏、秋播均可。该品种喜肥水，苗期缓苗偏慢，应加强中后期的肥水管理，早定苗稍控苗。一般在开花授粉后 24~26 天采收较为适宜。该品种在采用垄作宽窄行种植时更有利于增产征收，一级穗率高。注意防治小斑病、丝黑穗病等当地主要病害。

适宜种植地区： 黑龙江省第五积温带至第一积温带、吉林、辽宁、内蒙古、河北、山西、北京、天津、新疆、宁夏、甘肃、陕西等地年≥10℃活动积温 1 900℃以上玉米春播区；北京、天津、河北中南部、河南、山东、陕西关中灌区、山西南部、安徽和江苏两省淮河以北地区等玉米夏播区作鲜食糯玉米种植。

BM800

审定编号： 国审玉 20180156

选育单位： 吉林省保民种业有限公司

品种来源： BMP88（sp66×sp22）×bm1002

特征特性： 北方（东华北）鲜食甜玉米组出苗至鲜穗采收期 87. 45 天，比对照中农大甜 413 晚熟 0. 5 天。幼苗叶鞘绿色，叶片绿色，叶缘绿色，花药浅紫色，颖壳浅紫色。株型平展，株高 267. 5 厘米，穗位高 105. 2 厘米，成株叶片数 19. 5 片。果穗长筒形，穗长 21. 4 厘米，穗行数 18. 1 行，穗粗 5. 2 厘米，穗轴白，籽粒黄色、甜质，百粒重 35. 25 克。接种鉴定，感大斑病、丝黑穗病。品质分析，皮渣率 2. 34%，还原糖含量 10. 2%，水溶性总含糖量 34. 16%。品尝鉴定 87. 35 分。

产量表现： 2016—2017 年参加北方（东华北）鲜食甜玉米组品种试验，两年平均亩产 872. 6 千克，比对照中农大甜 413 增产 5. 96%。

栽培技术要点： 地温 12~14℃播种，二次拌种防丝黑穗病，播种前进行土壤处理，防治地下害虫；每亩适宜种植密度 2 800~3 100 株；播种时每亩施尿素 10 千克、磷酸氢二胺 15 千克、钾肥 25 千克。首次追肥在拔节前，每亩施尿素 7.5 千克；二次追肥在大喇叭口期，每亩施尿素 10 千克；播后苗前用除草剂封闭除草，也可采取苗后除草；在大喇叭口末期对甜玉米整株喷洒杀虫剂防治螟虫。最适宜采收期为授粉（即抽丝期）后 19~21 天；注意防治大斑病和丝黑穗病等当地主要病害。

适宜种植地区：黑龙江省第五积温带至第一积温带、吉林、辽宁、内蒙古、河北、山西、北京、天津、新疆、宁夏、甘肃、陕西等地年≥10℃活动积温 1 900℃以上玉米春播区作鲜食甜玉米种植。

双甜 318

审定编号：国审玉 20180157

选育单位：北京四海种业有限责任公司

育种单位：北京中农斯达农业科技开发有限公司

品种来源：688×115HZH

特征特性：幼苗叶鞘绿色，叶片深绿色，叶缘绿色，花药黄色，颖壳绿色。果穗长筒形，穗轴白，籽粒黄、白色、甜质型，株型平展。北方（东华北）鲜食甜玉米组出苗至鲜穗采收期 88.45 天，比对照中农大甜 413 晚熟 1.5 天。株高 281.2 厘米，穗位高 113.5 厘米，成株叶片数 20.8 片。穗长 23 厘米，穗行数 15.1 行，穗粗 4.8 厘米，百粒重 39.3 克。接种鉴定，感大斑病，感丝黑穗病。皮渣率 8.23%，还原糖含量 11.9%，水溶性总含糖量 34.42%，品尝鉴定 85.05 分。北方（黄淮海）鲜食甜玉米组出苗至鲜穗采收期 73.35 天，比对照中农大甜 413 晚熟 0.2 天。株高 257.25 厘米，穗位高 93.9 厘米，穗长 21.85 厘米，穗行数 14.9 行，穗粗 4.7 厘米，穗轴白，籽粒黄、白色、甜质型，百粒重 39.76 克。接种鉴定，中抗茎腐病，感小斑病、瘤黑粉病，高感矮花叶病。品质分析，皮渣率 8.9%，还原糖含量 7.37%，水溶性总含糖量 23.92%。品尝鉴定 87.8 分。

产量表现：2016—2017 年参加北方（东华北）鲜食甜玉米组品种试验，两年平均亩产 916.9 千克，比对照中农大甜 413 增产 11.3%。2016—2017 年参加北方（黄淮海）鲜食甜玉米组品种试验，两年平均亩产 855.9 千克，比对照中农大甜 413 增产 16.2%。

栽培技术要点：肥水管理上以促为主，尽量早定苗，管理上也强调早，促其早发苗；施好基肥、种肥，重施穗肥，适时采收。每亩栽培密度在 3 500 株左右。注意防治叶斑病、瘤黑粉病和丝黑穗病等当地主要病害。

适宜种植地区：黑龙江省第五积温带至第一积温带、吉林、辽宁、内蒙古、河北、山西、北京、天津、新疆、宁夏、甘肃、陕西等地年≥10℃活动积温 1 900℃以上鲜食玉米春播区；北京、天津、河北中南部、河南、山东、陕西关中灌区、山西南部、安徽和江苏两省淮河以北地区等鲜食玉米夏播区作鲜食甜玉米种植。

天贵糯 932

审定编号：国审玉 20180165

选育单位：南宁市桂福园农业有限公司

品种来源：bw2×Rw13C932

特征特性：南方（西南）鲜食糯玉米出苗至鲜穗采收期 88 天，与对照渝糯 7 号相当。幼苗叶鞘紫色，叶片深绿色，叶缘绿色，花药黄色，颖壳浅紫色。株型平展，株高 242.3 厘米，穗位高 98.15 厘米，成株叶片数 19 片。果穗长筒形，穗长 19.05 厘米，穗行数 14~18 行，穗粗 5 厘米，穗轴白色，籽粒花色、硬，百粒重 35.05 克。田间自然发病，抗小斑病、纹枯病，高抗丝黑穗病。接种鉴定，感小斑病，抗纹枯病。倒伏倒折率之和小于 15.0%。品质分析，皮渣率 9.45%，支链淀粉占总淀粉含量 98.0%。品尝鉴定 86.4 分。南方（东南）鲜食糯玉米出苗至鲜穗采收期 79.5 天，比对照苏玉糯 5 号早熟 0.5 天。幼苗叶鞘紫色，叶片深绿色，叶缘绿色，花药黄色，颖壳浅紫色。株型平展，株高 227.2 厘米，穗位高 88.95 厘米，成株叶片数 19 片。果穗长筒形，穗长 19.35 厘米，穗行数 14~18 行，穗粗 5 厘米，穗轴白色，籽粒花色、硬，百粒重 34.4 克。田间自然发病，感小斑病、南方锈病，中抗纹枯病。接种鉴定，中抗小斑病，感纹枯病。倒伏倒折率之和小于 15.0%。品质分析，皮渣率 9.4%，支链淀粉占总淀粉含量 97.5%。品尝鉴定 87.1 分。

产量表现：2016—2017 年参加南方（西南）鲜食糯玉米品种试验，两年平均亩产 896.7 千克，比对照渝糯 7 号增产 7.4%。2016—2017 年参加南方（东南）鲜食糯玉米品种试验，两年平均亩产 932.6 千克，比对照苏玉糯 5 号增产 27.3%。

栽培技术要点：选择肥水条件好、排灌方便的地块种植。一般播期 3 月中旬至 4 月下旬，一般密度每亩 3 500 株左右。加强肥水管理，氮、磷、钾配合使用。注意大斑病、小斑病和玉米螟等病虫害防治。隔离种植，适时采收。注意小斑病、南方锈病等相关病害防治。

适宜种植地区：重庆、贵州、湖南、湖北、四川海拔 800 米及以下的丘陵、平坝、低山地区，云南中部的丘陵、平坝、低山地区；安徽和江苏两省淮河以南地区、上海、浙江、江西、福建、广东、广西、海南作鲜食糯玉米种植。瘤黑粉病、丝黑穗病等相关病害较重发地区慎用。

泰鲜甜 1 号

审定编号：国审玉 20180171

选育单位：万农高科股份有限公司

品种来源：泰 W623-2×WT99-B

特征特性：南方（东南）鲜食甜玉米出苗至鲜穗采收期87.25天，比对照粤甜16号晚熟6天。幼苗叶鞘绿色，叶片绿色，叶缘绿色，花药黄色，颖壳绿色。株型半紧凑，株高270.75厘米，穗位高115.7厘米，果穗长筒形，穗长19.75厘米，穗行数16~18行，穗粗5.9厘米，穗轴白色，籽粒黄色，百粒重34.1克。田间自然发病，中抗小斑病、纹枯病，感南方锈病。接种鉴定，感小斑病，抗纹枯病。倒伏倒折率之和小于15.0%。品质分析，皮渣率13.65%，还原糖含量6.6%，水溶性总含糖量15.35%。品尝鉴定85.95分。

产量表现：2016—2017年参加南方（东南）鲜食甜玉米品种试验，两年平均亩产1 089.0千克，比对照粤甜16号增产13.4%。

栽培技术要点：中等肥力以上地块种植，一般3月中旬至4月下旬播种，一般亩适宜密度3 500株左右。隔离种植，适时采收。注意南方锈病等相关病害防治。

适宜种植地区：安徽和江苏两省淮河以南地区、上海、浙江、江西、福建、广东、广西、海南作鲜食甜玉米种植。瘤黑粉病、丝黑穗病等相关病害较重发地区慎用。

京科青贮932

审定编号：国审玉20180174

选育单位：北京市农林科学院玉米研究中心

品种来源：京X005×MX1321

特征特性：东华北中晚熟青贮玉米组出苗至收获期125天，比对照雅玉青贮26早熟5.5天。幼苗叶鞘紫色，株型半紧凑，株高308厘米，穗位高126厘米。接种鉴定，中抗大斑病、灰斑病、丝黑穗病，高抗茎腐病。品质分析，全株粗蛋白含量7.66%~8.20%，淀粉含量30.07%~31.93%，中性洗涤纤维含量41.58%~41.98%，酸性洗涤纤维含量15.32%~16.99%。

产量表现：2016—2017年参加东华北中晚熟青贮玉米组区域试验，两年平均亩产（干重）1 496.0千克，比对照雅玉青贮26增产7.5%。2017年生产试验，平均亩产（干重）1481.4千克，比对照雅玉青贮26增产9.7%。

栽培技术要点：中等肥力以上地块栽培，春播播种期4月中下旬，亩种植密度4 000~4 500株。注意防治大斑病、灰斑病、丝黑穗病。在辽宁丹东等风灾高发区慎用。

适宜种植地区：东华北中晚熟春玉米区的吉林四平、松原、长春大部分地区和辽源、白城、吉林市部分地区以及通化南部，辽宁除东部山区和大连、东港以外的大部分地区，内蒙古赤峰和通辽大部分地区，山西忻州、晋中、太原、阳泉、长治、晋城、吕梁平川区和南部山区，河北张家口、承德、秦皇岛、唐山、廊坊、保定北部、沧州北部春播区，北京、天津春播区作青贮玉米种植。

北农青贮368

审定编号：国审玉20180175

选育单位：北京农学院

品种来源：60271×2193

特征特性：黄淮海夏播青贮玉米组出苗至收获期100天，比对照雅玉青贮8号早熟1天。幼苗叶鞘紫色，叶片绿色，株型半紧凑，株高282厘米，穗位高126厘米。接种鉴定，中抗小斑病、弯孢菌叶斑病，感大斑病、纹枯病和丝黑穗病。品质分析，全株粗蛋白含量7.70%~8.67%，淀粉含量27.80%~33.46%，中性洗涤纤维含量36.83%~42.60%，酸性洗涤纤维含量16.04%~19.51%。

产量表现：2014—2015年参加黄淮海夏播青贮玉米组区域试验，两年平均亩产（干重）1 264千克，比对照雅玉青贮8号增产5.0%。2016年生产试验，平均亩产（干重）1 186千克，比对照雅玉青贮8号增产7.7%。

栽培技术要点：选择在牛、羊养殖基地附近、交通方便的中上肥力田地种植，以便收获运输。黄淮海地区夏播，6月上中旬，播种深度3.0~4.0厘米。每亩种植密度4 500~5 500株。底肥，亩施含量45%的氮、磷、钾复合肥或玉米专用肥40~50千克，硫酸锌1~2千克；在拔节期，亩施氮、磷、钾复合肥20~30千克或尿素20千克，另加钾肥5~8千克；中后期可结合浇水每亩施尿素30千克。在乳线1/2时，带穗全株收获。

适宜种植地区：黄淮海夏玉米区的河南、山东、河北保定和沧州的南部及以南地区、陕西关中灌区、山西运城和临汾及晋城部分平川地区、江苏和安徽两省淮河以北地区、湖北襄阳作青贮玉米种植。

大京九26

审定编号：国审玉20180176

选育单位：河南省大京九种业有限公司

品种来源：9889×2193

特征特性：黄淮海夏播青贮玉米组出苗至收获期98.5天，比对照雅玉青贮8号早熟2天。幼苗叶鞘浅紫色，叶片深绿色，叶缘紫色，花药浅紫色，颖壳浅紫色。株型半紧凑，株高300厘米，穗位高133厘米，成株叶片数20片。果穗长筒形，穗长20.4厘米，穗行数16~18行，穗粗5.1厘米，穗轴白，籽粒黄色、半马齿型，百粒重31.9克。接种鉴定，抗小斑病，中抗茎腐病、瘤黑粉病，感大斑病、纹枯病、丝黑穗病、南方锈病，高感弯孢菌叶斑病。品质分析，全株粗蛋白含量7.43%~8.14%，淀粉含量27.43%~31.32%，中性洗涤纤维含量40.81%~42.77%，酸性洗涤纤维含量17.09%~18.73%。

产量表现：2014—2015 年参加黄淮海夏播青贮玉米组区域试验，两年平均亩产（干重）1 313.3 千克，比对照雅玉青贮 8 号增产 9.2%。2017 年生产试验，平均亩产（干重）1 611.0 千克，比对照雅玉青贮 8 号增产 4.3%。

栽培技术要点：黄淮海夏播区通常在 6 月上旬播种，每亩种植密度为 4 000~4 500 株，该品种属丰产潜力大、喜水肥品种，播前要施足底肥，注意氮、磷、钾配比。做好追肥，及时进行灌溉和病虫害防治。

适宜种植地区：黄淮海夏玉米区的河南、山东、河北保定和沧州的南部及以南地区、陕西关中灌区、山西运城和临汾及晋城部分平川地区、江苏和安徽两省淮河以北地区、湖北襄阳地区作青贮玉米种植。

中玉 335

审定编号：国审玉 20180180

选育单位：四川省嘉陵农作物品种研究有限公司

品种来源：2YH1-3×SH1070

特征特性：南青贮玉米组出苗至收获期 113 天，比对照雅玉青贮 8 早熟 1 天。幼苗叶鞘紫色，株高 283 厘米，穗位高 124 厘米。接种鉴定，中抗大斑病、茎腐病和弯孢菌叶斑病，感小斑病、纹枯病、丝黑穗病。品质分析，全株粗蛋白含量 8.95%~9.05%，淀粉含量 25.98%~28.51%，中性洗涤纤维含量 42.53%~44.20%，酸性洗涤纤维含量 21.50%~22.51%。

产量表现：2015—2016 年参加南方青贮玉米组区域试验，两年平均亩产（干重）1 057 千克，比对照雅玉青贮 8 号增产 3.8%。2017 年参加西南青贮玉米组生产试验，平均亩产（干重）1 288 千克，比对照雅玉青贮 8 号增产 5.0%；2017 年参加东南青贮玉米组生产试验，平均亩产（干重）986.2 千克，比对照雅玉青贮 8 号增产 7.16%。

栽培技术要点：适时早播种，选择在中等肥力以上地块栽培，种植密度为每亩 3 500~4 500 株。肥水管理消耗较大，要求施足底肥，底肥以农家肥为主，配合氮、磷、钾施用，早追肥。注意中耕除草，及时防治病虫害。注意防治丝黑穗病。

适宜种植地区：西南春玉米区的四川、重庆、湖南、湖北、陕西南部海拔 800 米及以下的丘陵、平坝、低山地区，贵州贵阳、黔南州、黔东南州、铜仁、遵义海拔 1 100 米以下地区，云南中部昆明、楚雄、玉溪、大理、曲靖等的丘陵、平坝、低山地区及文山、红河、普洱、临沧、保山、西双版纳、德宏海拔 800~1 800 米地区，广西桂林、贺州；以及东南春玉米区的江苏淮河以南地区、上海、浙江、福建中北部作青贮玉米种植。

申科爆2号

审定编号： 国审玉 20180184

选育单位： 上海市农业科学院

品种来源： SPL02×SPL03

特征特性： 春播生育期 116 天，比对照早 2 天。夏播生育期 102 天，比对照早 1 天。果穗中筒形，穗长 18.15 厘米，穗行数 16 行，穗粗 3.5 厘米，穗轴白，籽粒黄白，珍珠粒型，百粒重 16.35 克。接种鉴定，抗大斑病、丝黑穗病、穗腐病、小斑病，高抗瘤黑粉病。膨胀倍数 27 倍，花形蝶形花，爆花率 98.5%。

产量表现： 2016—2017 年参加爆裂玉米组品种试验，两年平均亩产 335.5 千克，比对照沈爆 3 号增产 0.1%。增产试验点比例为 52%。

栽培技术要点： 需与其他类型玉米隔离种植，否则会影响品质，隔离 500 米以上。种植密度以每亩 4 000~4 500 株为宜，最好采用大、小行种植，大行距 80 厘米，小行距 50 厘米。中等肥力以上地块栽培，有机肥、磷钾肥作基肥。上海地区春播以 3 月底 4 月初为宜。加强苗期管理，力争壮苗早发。注意防治地老虎和玉米螟，使用无残毒农药，采收前 30 天禁用农药。

适宜种植地区： 辽宁、新疆、宁夏、天津春播种植，山东夏播种植。

申科爆3号

审定编号： 国审玉 20180185

选育单位： 上海市农业科学院

品种来源： SPL04×SPL05

特征特性： 春播生育期 118 天，与对照相同。夏播生育期 104 天，比对照晚 1 天。果穗长筒形，穗长 19.75 厘米，穗行数 14 行，穗粗 3.3 厘米，穗轴白，籽粒橘黄、珍珠，百粒重 16.15 克。接种鉴定，中抗大斑病，抗丝黑穗病、穗腐病、小斑病、瘤黑粉病。膨胀倍数 32 倍，花形蝶形花，爆花率 97%。

产量表现： 2016—2017 年参加爆裂玉米组品种试验，两年平均亩产 346.7 千克，比对照沈爆 3 号增产 3.45%。增产试验点比例为 69%。

栽培技术要点： 需与其他类型玉米隔离种植，否则会影响品质，隔离 500 米以上。种植密度以每亩 4 000~4 500 株为宜，最好采用大、小行种植，大行距 80 厘米，小行距 50 厘米。中等肥力以上地块栽培，有机肥、磷钾肥作基肥。上海春播以 3 月底 4 月初为宜。加强苗期管理，力争壮苗早发。注意防治地老虎和玉米螟，使用无残毒农药，采收前 30 天禁用农药。

适宜种植地区：辽宁、吉林、陕西、新疆、天津、宁夏春播种植，山东夏播种植。

利合 629

审定编号：国审玉 20180190

选育单位：恒基利马格兰种业有限公司

育种单位：山西利马格兰特种谷物研发有限公司

品种来源：NP01271×NP01154

特征特性：北方极早熟春玉米组出苗至成熟 120.9 天，比对照德美亚 1 号晚熟 1.4 天。幼苗叶鞘紫色，叶片绿色，叶缘绿色，花药浅紫，颖壳绿色，株型半紧凑，株高 270 厘米，穗位高 94 厘米，果穗锥形，穗长 18.8 厘米，穗行数 14~18 行，穗粗 4.5 厘米，穗轴红色，籽粒黄色、硬粒，百粒重 32.4 克。接种鉴定，感大斑病、丝黑穗病、灰斑病，中抗茎腐病、穗腐病。品质检测，籽粒容重 741 克/升，粗蛋白含量 11.35%，粗脂肪含量 4.92%，粗淀粉含量 71.21%，赖氨酸含量 0.29%。

产量表现：2016—2017 年参加北方极早熟春玉米组区域试验，两年平均亩产 684.25 千克，比对照德美亚 1 号增产 6.47%。2017 年生产试验，平均亩产 689.3 千克，比对照德美亚 1 号增产 9.8%。

栽培技术要点：地温稳定在 10℃左右适宜播种，一般在 4 月底至 5 月上旬播种；选择中等以上肥力地块，每公顷底施复合肥或硝酸磷肥 600 千克；每公顷追施尿素 300 千克；每公顷保苗密度 7.5 万~9.45 万株；注意对种子使用含有戊唑醇、烯唑醇等成分的种衣剂进行包衣处理。注意玉米大斑病、丝黑穗病和茎腐病的防治。

适宜种植地区：北方极早熟春玉米区的黑龙江北部及东南部山区第四积温带，内蒙古呼伦贝尔部分地区、兴安盟部分地区、锡林郭勒盟部分地区、乌兰察布部分地区、通辽部分地区、赤峰部分地区、包头北部、呼和浩特北部，吉林白山、延边州的部分山区，河北北部坝上及接坝上的张家口和承德的部分地区，宁夏南部山区海拔 2 000 米以上地区种植。

金辉 106

审定编号：国审玉 20180196

选育单位：吉林省金辉种业有限公司

品种来源：B10108×HZ572

特征特性：东华北中早熟春玉米组出苗至成熟 122 天，比对照吉单 27 早熟 2.5 天。幼苗叶鞘紫色，叶片绿色，叶缘紫色，花药黄色，颖壳绿色。株型半紧凑，株高 297 厘米，穗位高 112 厘米，成株叶片数 20 片。果穗筒形，穗长 19.6 厘米，穗行数 14~16 行，穗粗 5.2 厘米，穗轴红，籽粒黄色、半马齿型，百粒重 38.5 克。接种鉴定，感大斑病、丝黑穗病、灰斑病、茎腐病、穗腐病。品质分析，籽粒容重 733 克/升，粗蛋白含量 10.92%，粗脂肪含量 3.75%，粗淀粉含量 71.36%，赖氨酸含量 0.28%。

产量表现：2016—2017 年参加东华北中早熟春玉米组区域试验，两年平均亩产 776.7 千克，比对照吉单 27 增产 2.87%。2017 年生产试验，平均亩产 735.8 千克，比对照吉单 27 增产 8.2%。

栽培技术要点：春播区一般 4 月下旬至 5 月上旬播种。一般亩保苗 4 500~5 000 株。施足农家肥，底肥一般每公顷施用玉米专用肥 400 千克，种肥一般每公顷施用磷酸二铵 100 千克，追肥一般每亩施用尿素 300 千克。注意防治大斑病、丝黑穗病、穗腐病、茎腐病、灰斑病。

适宜种植地区：东华北中早熟春玉米区的黑龙江第二积温带，吉林白山、延边州的部分地区，通化、吉林市的东部，内蒙古中东部的呼伦贝尔扎兰屯南部、兴安盟中北部、通辽扎鲁特旗中部、赤峰中北部、乌兰察布前山、呼和浩特北部、包头北部早熟区。

承单 813

审定编号：国审玉 20180207

选育单位：承德市农林科学院

品种来源：承 106×承 156

特征特性：东华北中熟春玉米组出苗至成熟 130 天，与对照先玉 335 熟期相同。幼苗叶鞘紫色，叶片深绿色，叶缘紫色，花药紫色，颖壳绿色。株型半紧凑，株高 322 厘米，穗位高 124.5 厘米，成株叶片数 20.5 片。果穗筒形，穗长 20.2 厘米，穗行数 16~18 行，穗粗 5.2 厘米，穗轴红，籽粒黄色、半马齿型，百粒重 40.1 克。接种鉴定，感大斑病，抗灰斑病，中抗丝黑穗病、茎腐病、穗腐病。品质分析，籽粒容重 759 克/升，粗蛋白含量 8.72%，粗脂肪含量 3.64%，粗淀粉含量 74.56%，赖氨酸含量 0.27%。

产量表现：2016—2017 年参加东华北中熟春玉米组区域试验，两年平均亩产 854.4 千克，比对照先玉 335 增产 7.3%。2017 年生产试验，平均亩产 840.2 千克，比对照先玉 335 增产 9.1%。

栽培技术要点：中等肥力以上地块栽培，土壤深 5~10 厘米、地温稳定在 8~10℃时开始播种，一般在 4 月 20 日至 5 月 10 日播种为宜，亩种植密度 4 500 株，高水肥地块 4 800 株。注意防治大斑病。

适宜种植地区：东华北中熟春玉米区的辽宁东部山区和辽北部分地区，吉林省吉林市、白城、通化大部分地区，辽源、长春、松原部分地区，黑龙江第一积温带，内蒙古乌兰浩特、赤峰、通辽、呼和浩特、包头、巴彦淖尔、鄂尔多斯等部分地区。

创玉 411

审定编号：国审玉 20180208

选育单位：创世纪种业有限公司

品种来源：哈 18-198×XMG001

特征特性：东华北中熟春玉米组出苗至成熟 129.35 天，比对照先玉 335 早熟 0.75 天。幼苗叶鞘紫色，叶片绿色，叶缘绿色，花药紫色，颖壳绿色。株型半紧凑，株高 310.35 厘米，穗位高 119.26 厘米，成株叶片数 21 片。果穗筒形，穗长 21.1 厘米，穗行数 16~18 行，穗粗 4.5 厘米，穗轴红，籽粒黄色、半马齿型，百粒重 38.6 克。接种鉴定，中抗大斑病、灰斑病、茎腐病，抗丝黑穗病、穗腐病。品质分析，籽粒容重 758 克/升，粗蛋白含量 8.02%，粗脂肪含量 3.36%，粗淀粉含量 76.81%，赖氨酸含量 0.25%。

产量表现：2016—2017 年参加东华北中熟春玉米组区域试验，两年平均亩产 811.63 千克，比对照先玉 335 增产 5.46%。2017 年生产试验，平均亩产 789.46 千克，比对照先玉 335 增产 2.52%。

栽培技术要点：5 月初播种，选择中等肥力以上地块种植，采用垄作直播栽培方式，每亩种植密度 4 500 株。每公顷施基肥及种肥施磷酸二铵 150~200 千克、硫酸锌 15 千克、硫酸钾 20~30 千克或施用玉米复合肥 200~300 千克；在拔节期追施尿素 200~300 千克。

适宜种植地区：东华北中熟春玉米区的辽宁东部山区和辽北部分地区，吉林省吉林市、白城、通化大部分地区，辽源、长春、松原部分地区，黑龙江第一积温带，内蒙古乌兰浩特、赤峰、通辽、呼和浩特、包头、巴彦淖尔、鄂尔多斯等部分地区。

春光 99 号

审定编号：国审玉 20180209

选育单位：吉林省春光种业有限公司

品种来源：WD66×HK21

特征特性：东华北中熟春玉米组出苗至成熟 130 天，与对照先玉 335 熟期相同。幼苗叶鞘紫色，叶片深绿色，叶缘紫色，花药黄色，颖壳绿色。株型半紧凑，株高 297.5 厘米，穗位高 110 厘米，成株叶片数 20 片。果穗筒形，穗长 19.9 厘米，穗行数 16~18 行，穗粗 5.15 厘米，穗轴红，籽粒黄色、马齿型，百粒重 38.55 克。接种鉴定，感大斑病、丝黑穗病，中抗灰斑病、茎腐病、穗腐病。品质分析，籽粒容重 747 克/升，粗蛋白含量 10.52%，粗脂肪含量 3.67%，粗淀粉含量 73.63%，赖氨酸含量 0.29%。

产量表现：2016—2017 年参加东华北中熟春玉米组区域试验，两年平均亩产 838.1 千克，比对照先玉 335 增产 5.3%。2017 年生产试验，平均亩产 810.4 千克，比对照先玉 335 增产 5.2%。

栽培技术要点：中等肥力以上地块栽培，土壤深 5~10 厘米、地温稳定在 8~10℃，一般在 4 月 20 日至 5 月 10 日播种为宜，亩种植密度 4 500 株，高水肥地块 4 800 株。注意防治大斑病和丝黑穗病。

适宜种植地区：东华北中熟春玉米区的辽宁东部山区和辽北部分地区，吉林省吉林市、白城、通化大部分地区，辽源、长春、松原部分地区，黑龙江第一积温带，内蒙古乌兰浩特、赤峰、通辽、呼和浩特、包头、巴彦淖尔、鄂尔多斯等部分地区。

甘优 638

审定编号：国审玉 20180214

选育单位：甘肃五谷种业股份有限公司

品种来源：WG4536×WG603

特征特性：东华北中熟春玉米组出苗至成熟 130.5 天，比对照先玉 335 晚熟 0.5 天。幼苗叶鞘紫色，叶片绿色，叶缘紫色，花药绿色，颖壳绿色。株型紧凑，株高 301.5 厘米，穗位高 116 厘米，果穗筒形，穗长 21.25 厘米，穗行数 15~17 行，穗轴红，籽粒黄色、半马齿型，百粒重 40.6 克。接种鉴定，中抗大斑病，感丝黑穗病，感灰斑病，中抗茎腐病，抗穗腐病。品质分析，籽粒容重 732 克/升，粗蛋白含量 8.57%，粗脂肪含量 4.18%，粗淀粉含量 76.67%，赖氨酸含量 0.25%。东华北中晚熟春玉米组出苗至成熟 127.75 天，比对照郑单 958 早熟 1.25 天。幼苗叶鞘紫色，叶片绿色，叶缘绿色，花药绿色，颖壳绿色。株型紧凑，株高 299.3 厘米，穗位高 112.85 厘米，果穗筒形，穗长 20.45 厘米，穗行数 15.6~15.6 行，穗轴红，籽粒黄色、半马齿型，百粒重 38.2 克。接种鉴定，感大斑病、丝黑穗病，中抗灰斑病、茎腐病，抗穗腐病。品质分析，籽粒容重 753 克/升，粗蛋白含量 10.20%，粗脂肪含量 4.27%，粗淀粉含量 73.68%，赖氨酸含量 0.28%。

产量表现：2016—2017 年参加东华北中熟春玉米组区域试验，两年平均亩产 797.8 千克，比对照先玉 335 增产 8.4%。2017 年生产试验，平均亩产 794.4 千克，比对照先玉 335 增产 8.81%。2016—2017 年参加东华北中晚熟春玉米组区域试验，两年平均亩产 838.6 千克，比对照郑单 958 增产 7.97%。2017 年生产试验，平均亩产 800.7 千克，比对照郑单 958 增产 3.95%。

栽培技术要点：使用正规生产的包衣种，以有效防治地下害虫。在适应区春季 4 月末至 5 月初播种，每公顷保苗 6 万~6.5 万株。在起垄或播种时施足底肥，每公顷施肥磷酸二铵 225 千克以上，有条件的可施农家肥，追肥在拔节初期追施尿素 380 千克为宜。苗期应视墒情采取蹲苗措施控制株高，使其健壮，苗期注意中耕除草。喇叭口期施肥水猛攻，此期注意用颗粒剂防玉米螟，完熟后适时收获。注意防治大斑病和丝黑穗病。

适宜种植地区：适宜东华北中熟春玉米区的辽宁东部山区和辽北部分地区，吉林省吉林市、白城、通化大部分地区，辽源、长春、松原部分地区，黑龙江第一积温带，内蒙古乌兰浩特、赤峰、通辽、呼和浩特、包头、巴彦淖尔、鄂尔多斯等部分地区；东华北中晚熟春玉米区的吉林四平、松原、长春的大部分地区，辽源、白城、吉林部分地区、通化南部，辽宁除东部山区和大连、东港以外的大部分地区，内蒙古赤峰和通辽大部分地区，山西忻州、晋中、太原、阳泉、长治、晋城、吕梁平川区和南部山区，河北张家口、承德、秦皇岛、唐山、廊坊、保定北部、沧州北部春播区，北京、天津春播区。

亨达 568

审定编号：国审玉 20180215

选育单位：吉林省亨达种业有限公司

品种来源：H16×H27

特征特性：东华北中熟春玉米组出苗至成熟 128 天，比对照先玉 335 早熟 0.8 天。幼苗叶鞘紫色，叶片绿色，叶缘紫色，花药紫色，颖壳绿色。株型半紧凑，株高 295 厘米，穗位高 123 厘米，成株叶片数 20 片。果穗长锥形，穗长 21 厘米，穗行数 14~16 行，穗轴红，籽粒黄色、半马齿型，百粒重 40.06 克。接种鉴定，感丝黑穗病，中抗大斑病、灰斑病、茎腐病，抗穗腐病。品质分析，籽粒容重 763 克/升，粗蛋白含量 9.90%，粗脂肪含量 3.92%，粗淀粉含量 76.35%，赖氨酸含量 0.26%。

产量表现：2016—2017 年参加东华北中熟春玉米组区域试验，两年平均亩产 872.5 千克，比对照先玉 335 增产 4.2%。2017 年生产试验，平均亩产 826.2 千克，比对照先玉 335 增产 2.4%。

栽培技术要点：5 月 1—15 日，务必在当地 10 厘米地温稳定在 10~12℃时才可进行播种，以免发生粉籽毁种。一般每公顷保苗 6.0 万株。施足农肥，一般每公顷施底肥磷酸二铵 225 千克、尿素 50 千克、硫酸钾 100 千克，追肥一般每公顷施尿素 400 千克。

适宜种植地区：东华北中熟春玉米区的辽宁东部山区和辽北部分地区，吉林省吉林市、白城、通化大部分地区，辽源、长春、松原部分地区，黑龙江第一积温带，内蒙古乌兰浩特、赤峰、通辽、呼和浩特、包头、巴彦淖尔、鄂尔多斯等部分地区。

鸿基 966

审定编号：国审玉 20180218

选育单位：吉林鸿基种业有限责任公司

品种来源：HB1215×HB1143

特征特性：东华北中熟春玉米组出苗至成熟 130.2 天，比对照先玉 335 早熟 0.5 天。幼苗叶鞘紫色，叶片绿色，叶缘紫色，花药紫色，颖壳紫色。株型紧凑，株高 291.2 厘米，穗位高 103.85 厘米，果穗筒形，穗长 19.2 厘米，穗行数 16~20 行，穗轴红，籽粒黄色、半马齿型，百粒重 38.8 克。接种鉴定，感大斑病、丝黑穗病、灰斑病、茎腐病，中抗穗腐病。品质分析，籽粒容重 720 克/升，粗蛋白含量 10.83%，粗脂肪含量 4.48%，粗淀粉含量 74.45%，赖氨酸含量 0.28%。

产量表现：2016—2017 年参加东华北中熟春玉米组区域试验，两年平均亩产 891.05 千克，比对照先玉 335 增产 4%。2017 年生产试验，平均亩产 915.7 千克，比对照先玉 335 增产 7.0%。

栽培技术要点：选岗平地种植，在东华北地区春播一般在4月下旬播种为宜，要求地温稳定在10℃以上播种。每亩适宜密度4 000株。底肥每亩施农家肥2 000千克以上，一般亩用量为：氮15~20千克，五氧化二磷10~15千克，氧化钾10千克左右。播前种子要用种衣剂进行种子包衣，防治地下害虫。

适宜种植地区：东华北中熟春玉米区的辽宁东部山区和辽北部分地区，吉林省吉林市、白城、通化大部分地区，辽源、长春、松原部分地区，黑龙江第一积温带，内蒙古乌兰浩特、赤峰、通辽、呼和浩特、包头、巴彦淖尔、鄂尔多斯等部分地区。

梨玉816

审定编号：国审玉20180222

选育单位：吉林省梨玉种业有限公司

品种来源：LYS579×LYS920

特征特性：东华北中熟春玉米组出苗至成熟128天，比对照先玉335早熟1天。幼苗叶鞘紫色，叶片绿色，叶缘紫色，花药紫色，颖壳绿色。株型紧凑，株高292.8厘米，穗位高115.05厘米，成株叶片数20片。果穗筒形，穗长19.8厘米，穗行数14~16行，穗粗5.3厘米，穗轴红，籽粒黄色、马齿型，百粒重41.55克。接种鉴定，感大斑病、穗腐病，中抗丝黑穗病，抗灰斑病、茎腐病。品质分析，籽粒容重744克/升，粗蛋白含量8.98%，粗脂肪含量3.78%，粗淀粉含量76.46%，赖氨酸含量0.26%。

产量表现：2016—2017年参加东华北中熟春玉米组区域试验，两年平均亩产870.8千克，比对照先玉335增产4.4%。2017年生产试验，平均亩产845.1千克，比对照先玉335增产5.1%。

栽培技术要点：中等肥力以上地块种植，4月下旬至5月上旬播种，亩种植密度4 500~5 000株。

适宜种植地区：东华北中熟春玉米区的辽宁东部山区和辽北部分地区，吉林省吉林市、白城、通化大部分地区，辽源、长春、松原部分地区，黑龙江第一积温带，内蒙古乌兰浩特、赤峰、通辽、呼和浩特、包头、巴彦淖尔、鄂尔多斯等部分地区。

MC618

审定编号：国审玉20180232

选育单位：北京市农林科学院玉米研究中心

品种来源：京X4508×京296

特征特性：东华北中晚熟春玉米组出苗至成熟127天，比对照郑单958早熟2天。幼苗叶鞘紫色，叶片绿色，叶缘紫色，花药紫色，颖壳绿色/紫色。株型紧凑，株高296厘米，穗位高113厘米，成株叶片数20片。果穗筒形，穗长19.8厘米，穗行数16~18行，穗粗5.1厘米，穗轴红，籽粒黄色、半马齿型，百粒重 40.2 克。接种鉴定，中抗大斑病、丝黑穗病、茎腐病，感灰斑病，抗穗腐病。品质分析，籽粒容重 775 克/升，粗蛋白含量 9.73%，粗脂肪含量 4.04%，粗淀粉含量 76.92%，赖氨酸含量 0.26%。

产量表现：2016—2017 年参加东华北中晚熟春玉米组区域试验，两年平均亩产 805.45 千克，比对照郑单 958 增产 5.85%。2017 年生产试验，平均亩产 792.8 千克，比对照郑单 958 增产 5.8%。

栽培技术要点：中等肥力以上地块种植，4 月下旬至 5 月上旬播种，亩种植密度 4 500 株左右。

适宜种植地区：东华北中晚熟春玉米区的吉林省四平市、松原、长春的大部分地区，辽源、白城、吉林市部分地区、通化南部，辽宁除东部山区和大连、东港以外的大部分地区，内蒙古赤峰和通辽大部分地区，山西忻州、晋中、太原、阳泉、长治、晋城、吕梁平川区和南部山区，河北张家口、承德、秦皇岛、唐山、廊坊、保定北部、沧州北部春播区，北京、天津春播区。

惠民 207

审定编号：国审玉 20180241

选育单位：湖北惠民农业科技有限公司

品种来源：H1×M1

特征特性：东华北中晚熟春玉米组出苗至成熟 128 天左右，比对照郑单 958 早熟 1 天。幼苗叶鞘紫色，叶片绿色，花药紫色，株型半紧凑，株高 307.5 厘米，穗位高 122.5 厘米，成株叶片数 20~21 片。果穗筒形，穗长 19.6 厘米，穗行数 16~18 行，穗轴红，籽粒黄色、半马齿型，百粒重 37 克。接种鉴定，中抗大斑病、茎腐病、穗腐病，高抗丝黑穗病，感灰斑病。品质分析，籽粒容重 741 克/升，粗蛋白含量 9.87%，粗脂肪含量 3.84%，粗淀粉含量 76.39%，赖氨酸含量 0.26%。

产量表现：2016—2017 年参加东华北中晚熟春玉米组区域试验，两年平均亩产 824.85 千克，比对照郑单 958 增产 7.8%。2017 年生产试验，平均亩产 811.5 千克，比对照郑单 958 增产 7.8%。

栽培技术要点：中等肥力以上地块种植。4 月下旬至 5 月上旬播种为宜，每亩适宜播种密度 4 500 株。亩施优质农肥 2 000~3 000 千克作基肥，施复合肥 20~25 千克，在大喇叭口期，每亩追施尿素 25~30 千克或播种前一次性施玉米专用肥 50 千克左右。注意防治灰斑病。

适宜种植地区：东华北中晚熟春玉米区的吉林省四平市、松原、长春的大部分地区，辽源、白城、吉林市部分地区、通化南部，辽宁除东部山区和大连、东港以外的大部分地区，内蒙古赤峰和通辽大部分地区，山西忻州、晋中、太原、阳泉、长治、晋城、吕梁平川区和南部山区，河北张家口、承德、秦皇岛、唐山、廊坊、保定北部、沧州北部春播区，北京、天津春播区。

金科玉 3306

审定编号：国审玉 20180243

选育单位：山西大丰种业有限公司

品种来源：N16082×X1267

特征特性：东华北中晚熟春玉米组出苗至成熟 128.1 天，比对照郑单 958 早熟 1.5 天。幼苗叶鞘紫色，叶片绿色，叶缘绿色，花药浅紫色，颖壳绿色。株型半紧凑，株高 272.4 厘米，穗位高 110.7 厘米，成株叶片数 20 片。果穗筒形，穗长 18.7 厘米，穗行数 16~18 行，穗轴红，籽粒黄色、半马齿型，百粒重 35.5 克。接种鉴定，抗大斑病、茎腐病，中抗丝黑穗病、灰斑病、穗腐病。品质分析，籽粒容重 751 克/升，粗蛋白含量 10.53%，粗脂肪含量 4.5%，粗淀粉含量 74.31%，赖氨酸含量 0.29%。

产量表现：2016—2017 年参加东华北中晚熟春玉米组区域试验，两年平均亩产 834.7 千克，比对照郑单 958 增产 4.4%。2017 年生产试验，平均亩产 814.5 千克，比对照郑单 958 增产 4.2%。

栽培技术要点：4 月下旬至 5 月上旬播种；每亩适宜留苗密度 4 500~5 000 株；亩施肥优质农家肥 3 000~4 000 千克，拔节期追肥亩施尿素 20~30 千克；大喇叭口期注意防治玉米螟；灌浆期遇涝注意排水。适时收获，增加粒重，提高产量。注意防治丝黑穗病、灰斑病、穗腐病。

适宜种植地区：东华北中晚熟春玉米区的吉林四平、松原、长春的大部分地区，辽源、白城、吉林市部分地区、通化南部，辽宁除东部山区和大连、东港以外的大部分地区，内蒙古赤峰和通辽大部分地区，山西忻州、晋中、太原、阳泉、长治、晋城、吕梁平川区和南部山区，河北张家口、承德、秦皇岛、唐山、廊坊、保定北部、沧州北部春播区，北京、天津春播区。

明玉 268

审定编号：国审玉 20180249

选育单位：葫芦岛市明玉种业有限责任公司

品种来源：明 2325×铁 0102

特征特性：东华北中晚熟春玉米组出苗至成熟 129 天左右，比对照郑单 958 早熟 0.5 天。幼苗叶鞘紫色，叶片绿色，叶缘紫色，花药黄色，颖壳绿色。株型半紧凑，株高 300 厘米，穗位高 119 厘米，成株叶片数 20.5 片。果穗长锥形，穗长 18.3 厘米，穗行数 16~18 行，穗粗 5.2 厘米，穗轴红，籽粒黄色、半马齿型，百粒重 38 克。接种鉴定，中抗大斑病、丝黑穗病、灰斑病、穗腐病，抗茎腐病。品质分析，籽粒容重 762 克/升，粗蛋白含量 12.04%，粗脂肪含量 4.04%，粗淀粉含量 71.75%，赖氨酸含量 0.31%。

产量表现：2016—2017 年参加东华北中晚熟春玉米组区域试验，两年平均亩产 834.7 千克，比对照郑单 958 增产 4.2%。2017 年生产试验，平均亩产 832.8 千克，比对照郑单 958 增产 6.1%。

栽培技术要点：在平地中上等肥力土壤上栽培，适宜清种，每亩保苗 4 500 株左右。每亩施优质农家肥 2 000~3 000 千克作基肥，施复合肥 20~25 千克、锌肥 1~1.5 千克，9~12 片叶亩追施尿素 25~30 千克或播前一次亩施玉米专用肥 50 千克左右。采用种子包衣技术防治地下害虫，注意防治玉米螟。

适宜种植地区：东华北中晚熟春玉米区的吉林四平、松原、长春的大部分地区，辽源、白城、吉林市部分地区、通化南部，辽宁除东部山区和大连、东港以外的大部分地区，内蒙古赤峰和通辽大部分地区，山西忻州、晋中、太原、阳泉、长治、晋城、吕梁平川区和南部山区，河北张家口、承德、秦皇岛、唐山、廊坊、保定北部、沧州北部春播区，北京、天津春播区。

太玉 811

审定编号：国审玉 20180255

选育单位：山西中农赛博种业有限公司

品种来源：太 9216×太 414

特征特性：东华北中晚熟春玉米组出苗至成熟 128 天左右，比对照郑单 958 早熟 2 天左右。幼苗叶鞘紫色，叶片绿色，叶缘紫色，花药紫色，颖壳绿色。株型半紧凑，株高 297 厘米，穗位高 113 厘米，成株叶片数 21 片左右。果穗筒形，穗长 19.5 厘米，穗行数 16~18 行，穗轴红，籽粒黄色、半马齿型，百粒重 37.5 克。接种鉴定，中抗大斑病、丝黑穗病、灰斑病、穗腐病，抗茎腐病。品质分析，籽粒容重 773 克/升，粗蛋白含量 9.23%，粗脂肪含量 3.34%，粗淀粉含量 76.22%，赖氨酸含量 0.26%。

产量表现：2016—2017 年参加东华北中晚熟春玉米组区域试验，两年平均亩产 848.2 千克，比对照郑单 958 增产 5.51%。2017 年生产试验，平均亩产 799 千克，比对照郑单 958 增产 1.6%。

栽培技术要点：适宜播期 4 月下旬；亩留苗 4 000~4 500 株；播前亩施复合肥 50 千克、农家肥 2 000~3 000 千克作底肥，喇叭口期结合浇水亩追施尿素 25 千克。

适宜种植地区：东华北中晚熟春玉米区的吉林四平、松原、长春的大部分地区，辽源、白城、吉林市部分地区、通化南部，辽宁除东部山区和大连、东港以外的大部分地区，内蒙古赤峰和通辽大部分地区，山西忻州、晋中、太原、阳泉、长治、晋城、吕梁平川区和南部山区，河北张家口、承德、秦皇岛、唐山、廊坊、保定北部、沧州北部春播区，北京、天津春播区。

NK718

审定编号：国审玉 20180261

选育单位：合肥丰乐种业股份有限公司

品种来源：京 464×京 2416

特征特性：黄淮海夏玉米组出苗至成熟 102 天，比对照郑单 958 早熟 1 天。幼苗叶鞘紫色，花药紫色，株型半紧凑，株高 270 厘米，穗位高 99.5 厘米，成株叶片数 18.2 片。果穗筒形，穗长 17.2 厘米，穗行数 14~18 行，穗轴白，籽粒黄色、半马齿型，百粒重 36.1 克。接种鉴定，中抗茎腐病，高感穗腐病，感小斑病，高感弯孢菌叶斑病，高感瘤黑粉病。品质分析，籽粒容重 738 克/升，粗蛋白含量 8.91%，粗脂肪含量 3.71%，粗淀粉含量 75.29%，赖氨酸含量 0.3%。西南春玉米组出苗至成熟 113 天，比对照渝单 8 号早熟 2 天。幼苗叶鞘紫色，花药紫色，株型半紧凑，株高 268 厘米，穗位高 98.1 厘米，成株叶片数 22.7 片。果穗筒形，穗长 16.9 厘米，穗行数 14~18 行，穗粗 5.2 厘米，穗轴白，籽粒黄色、半马齿型，百粒重 33.7 克。接种鉴定，感大斑病、丝黑穗病、茎腐病、穗腐病、小斑病、纹枯病，高感灰斑病。品质分析，籽粒容重 741 克/升，粗蛋白含量 10.14%，粗脂肪含量 3.54%，粗淀粉含量 72.30%，赖氨酸含量 0.3%。

产量表现：2016—2017 年参加黄淮海夏玉米组区域试验，两年平均亩产 639.8 千克，比对照郑单 958 增产 3.5%。2017 年生产试验，平均亩产 611.5 千克，比对照郑单 958 增产 1.9%。2016—2017 年参加西南春玉米组区域试验，两年平均亩产 575.0 千克，比对照渝单 8 号增产 4.5%。2017 年生产试验，平均亩产 557.0 千克，比对照渝单 8 号增产 5.5%。

栽培技术要点：黄淮海区适宜播期为 6 月上中旬，要求中上等肥力土壤、排灌方便，每亩种植密度 4 000~4 500 株，播种前施足底肥（土杂肥或复合肥），5~6 片叶时第一次追肥，大喇叭口期第二次追肥，两次追肥总量（尿素）35~40 千克。苗期注意防治蓟马及蚜虫，大喇叭口期注意防治玉米螟。西南春玉米区 3 月下旬至 4 月下旬播种，每亩种植密度 3 300~4 000 株，中等肥力以上地块种植，注意防治灰斑病。

适宜种植地区：黄淮海夏玉米区的河南、山东、河北保定和沧州的南部及以南地区、陕西关中灌区、山西运城和临汾及晋城部分平川地区、江苏和安徽两省淮河以北地区、湖北襄阳地区夏播种植；适宜在西南春玉米区的四川、重庆、湖南、湖北、陕西南部海拔 800 米及以下的丘陵、平坝、低山地区，贵州贵阳、黔南州、黔东南州、铜仁、遵义海拔 1 100 米以下地区，云南中部昆明、楚雄、玉溪、大理、曲靖等的丘陵、平坝、低山地区及文山、红河、普洱、临沧、保山、西双版纳、德宏海拔 800~1 800 米地区，广西桂林、贺州春播。

东玉 158

审定编号：国审玉 20180264

选育单位：河北东昌种业有限公司

品种来源：D541×D33

特征特性：黄淮海夏玉米组出苗至成熟100.4天，比对照郑单958早熟0.8天。幼苗叶鞘紫色，叶片绿色，叶缘绿色，花药紫色，颖壳浅紫色。株型紧凑，株高283.5厘米，穗位高110.5厘米，成株叶片数20片。果穗筒形，穗长17.9厘米，穗行数14~16行，穗轴红色，籽粒黄色、马齿型，百粒重35.9克。接种鉴定，中抗茎腐病、弯孢菌叶斑病，感穗腐病、小斑病、粗缩病，高感瘤黑粉病、南方锈病。品质分析，籽粒容重738.0克/升，粗蛋白含量10.85%，粗脂肪含量3.29%，粗淀粉含量74.10%，赖氨酸含量0.34%。

产量表现：2016—2017年参加黄淮海夏玉米组区域试验，两年平均亩产674.0千克，比对照郑单958增产6.1%。2017年生产试验，平均亩产651.8千克，比对照郑单958增产4.82%。

栽培技术要点：6月13日左右夏播，人工点播或机播。一般亩留苗4 800株以上，高产地块可亩种植5 000株，合理密植可充分发挥该品种的增产潜力。施足底肥，并做到氮、磷、钾配方施肥和补施锌肥，足墒播种，以保全苗。拔节后追施尿素30~40千克，并保证以后不缺水。注意及时防治病虫草害。

适宜种植地区：黄淮海夏玉米区的河南、山东、河北保定和沧州的南部及以南地区、陕西关中灌区、山西运城和临汾及晋城部分平川地区、安徽和江苏两省淮河以北地区、湖北襄阳地区。

衡玉321

审定编号：国审玉20180269

选育单位：河北省农林科学院旱作农业研究所

品种来源：H14×H13

特征特性：黄淮海夏玉米组出苗至成熟103天，比对照郑单958晚熟0.5天。幼苗叶鞘紫色，叶片绿色，叶缘绿色，花药浅紫色，颖壳绿色。株型紧凑，株高256.5厘米，穗位高106.5厘米，成株叶片数19片。果穗筒形，穗长16.6厘米，穗行数14~16行，穗粗5.2厘米，穗轴白，籽粒黄色、半马齿型，百粒重34.35克。接种鉴定，感茎腐病、弯孢菌叶斑病、粗缩病，高感瘤黑粉病、南方锈病，中抗穗腐病、小斑病。品质分析，籽粒容重738克/升，粗蛋白含量9.56%，粗脂肪含量4.27%，粗淀粉含量74.18%，赖氨酸含量0.27%。

产量表现：2016—2017年参加黄淮海夏玉米组区域试验，两年平均亩产672.65千克，比对照郑单958增产4.94%。2017年生产试验，平均亩产661.1千克，比对照郑单958增产6.25%。

栽培技术要点：适宜播期为6月8—20日，每亩适宜密度5 000株左右。亩施高浓度复合肥25千克左右作基肥，大喇叭口期亩追施尿素25千克左右。及时喷施除草剂防治杂草。注意防治瘤黑粉病和南方锈病。

适宜种植地区：黄淮海夏玉米区的河南、山东、河北保定和沧州的南部及以南地区、陕西关中灌区、山西运城和临汾及晋城部分平川地区、安徽和江苏两省淮河以北地区、湖北襄阳地区。

鲁单888

审定编号：国审玉20180280

选育单位：山东省农业科学院玉米研究所

品种来源：P42131×Lx5154

特征特性：黄淮海夏玉米组出苗至成熟100天，比对照郑单958早熟1天。幼苗叶鞘紫色，叶片绿色，叶缘绿色，花药浅紫色，颖壳浅紫色。株型半紧凑，株高293厘米，穗位高107厘米，成株叶片数19片。果穗长筒形，穗长17.34厘米，穗行数16~18行，穗轴红色，籽粒黄色、半马齿型，百粒重35.97克。接种鉴定，感茎腐病、弯孢菌叶斑病、粗缩病，高感瘤黑粉病、南方锈病，中抗穗腐病，抗小斑病。品质分析，籽粒容重748克/升，粗蛋白含量9.79%，粗脂肪含量3.70%，粗淀粉含量74.58%，赖氨酸含量0.31%。

产量表现：2016—2017年参加黄淮海夏玉米组区域试验，两年平均亩产666.8千克，比对照郑单958增产5.92%。2017年生产试验，平均亩产646.2千克，比对照郑单958增产4.3%。

栽培技术要点：夏直播，不宜晚于6月20日，该品种株型清秀，每亩适宜种植密度为4 500~5 000株，高肥水地块不宜过密。在肥水管理上应注意氮、磷、钾配合使用，每亩氮肥使用量为10千克、磷肥使用量为8千克、钾肥使用量为8千克，施好基肥，种肥施用总氮的60%，出苗后15天左右，每亩用5千克尿素；进入拔节期后，亩用10千克尿素追肥。浇好大喇叭口期至灌浆期的丰产水，注意防止倒伏，防治病虫害，结合叶面施肥进行综合防治。适时收获，在不影响下季作物的情况下，应尽量晚收，增加粒重，提高玉米产量，改善玉米品质。

适宜种植地区：黄淮海夏玉米区的河南、山东、河北保定和沧州的南部及以南地区、陕西关中灌区、山西运城和临汾及晋城部分平川地区、安徽和江苏两省淮河以北地区、湖北襄阳地区。

宁玉721

审定编号：国审玉20180283

选育单位：江苏金华隆种子科技有限公司

品种来源：宁晨26×宁晨137

特征特性：黄淮海夏玉米组出苗至成熟101.3天，比对照郑单958早熟0.3天。幼苗叶鞘紫色，花药紫色，颖壳浅紫色。株型半紧凑，株高297厘米，穗位高118厘米，成株叶片数20片。果穗筒形，穗长19.0厘米，穗行数14~16行，穗粗5.1厘米，穗轴红色，籽粒黄色、马齿型，百粒重36.5克。接种鉴定，中抗穗腐病、小斑病，感茎腐病、弯孢菌叶斑病，高感粗缩病、瘤黑粉病、南方锈病。品质分析，籽粒容重 743 克/升，粗蛋白含量 9.85%，粗脂肪含量 3.66%，粗淀粉含量 75.01%，赖氨酸含量 0.28%。

产量表现：2016—2017 年参加黄淮海夏玉米组区域试验，两年平均亩产 621.8 千克，比对照郑单 958 增产 7.8%。2017 年生产试验，平均亩产 587.4 千克，比对照郑单 958 增产 3.1%。

栽培技术要点：夏播适宜 5 月中旬至 6 月中旬播种。每亩适宜密度为 5 000 株。在施足农家肥的基础上，亩施复合肥 40~50 千克。追肥在玉米大喇叭口期，亩施尿素 30 千克。玉米在拔节前（生长至 5 个展开叶片之前），及时防治苗期病虫害。适时晚收，可增加粒重，提高产量及品质。注意防治瘤黑粉病、粗缩病、南方锈病等病害。

适宜种植地区：黄淮海夏玉米区的河南、山东、河北保定和沧州的南部及以南地区、陕西关中灌区、山西运城和临汾及晋城部分平川地区、江苏和安徽两省淮河以北地区、湖北襄阳地区。

太玉 339

审定编号：国审玉 20180288

选育单位：山西中农赛博种业有限公司

品种来源：203-607×D16

特征特性：黄淮海夏玉米组出苗至成熟 102.4 天，比对照郑单 958 早熟 0.9 天。幼苗叶鞘紫色，叶片绿色，叶缘紫色，花药浅紫色，颖壳绿色。株型半紧凑，株高 280 厘米，穗位高 100 厘米，成株叶片数 19 片。果穗筒形，穗长 18.05 厘米，穗行数 14~16 行，穗粗 4.9 厘米，穗轴红色，籽粒黄色、半马齿型，百粒重 36.5 克。接种鉴定，中抗穗腐病、小斑病，感茎腐病、弯孢菌叶斑病，高感粗缩病、瘤黑粉病、南方锈病。品质分析，籽粒容重 734 克/升，粗蛋白含量 11.55%，粗脂肪含量 3.13%，粗淀粉含量 73.81%，赖氨酸含量 0.33%。

产量表现：2016—2017 年参加黄淮海夏玉米组区域试验，两年平均亩产 687.0 千克，比对照郑单 958 增产 4.7%。2017 年生产试验，平均亩产 642.76 千克，比对照郑单 958 增产 2.2%。

栽培技术要点：适时播种，夏播 6—20 日，根据当地气候情况，确定最佳的播种期；每亩适宜密度 4 500~5 000 株，根据地力水平、种植区域的不同适当增减；及时喷施杀菌剂和杀虫药剂，减少病虫害发生；其余管理措施与其他大田品种相同。注意防治瘤黑粉病、南方锈病等病害。

适宜种植地区：黄淮海夏玉米区的河南、山东、河北保定和沧州的南部及以南地区、陕西关中灌区、山西运城和临汾及晋城部分平川地区、江苏和安徽两省淮河以北地区、湖北襄阳地区。

沃玉 3 号

审定编号：国审玉 20180291

选育单位：河北沃土种业股份有限公司

品种来源：M51×VK22-4

特征特性：黄淮海夏玉米组出苗至成熟 101.7 天，比对照郑单 958 晚熟 0.5 天。幼苗叶鞘紫色，叶片深绿色，叶缘紫色，花药紫色，颖壳浅紫色。株型紧凑，株高 276 厘米，穗位高 103 厘米，成株叶片数 20 片。果穗筒形，穗长 17.9 厘米，穗行数 16~18 行，穗粗 5.3 厘米，穗轴红色，籽粒黄色、马齿型，百粒重 35.2 克。接种鉴定，中抗茎腐病、小斑病、粗缩病，感穗腐病、弯孢菌叶斑病，高感瘤黑粉病、南方锈病。品质分析，籽粒容重 734 克/升，粗蛋白含量 10.55%，粗脂肪含量 4.36%，粗淀粉含量 73.19%，赖氨酸含量 0.30%。

产量表现：2016—2017 年参加黄淮海夏玉米组区域试验，两年平均亩产 681.2 千克，比对照郑单 958 增产 7.3%。2017 年生产试验，平均亩产 655.1 千克，比对照郑单 958 增产 5.35%。

栽培技术要点：夏播每亩密度一般 4 000~4 500 株为宜，水肥条件好的地块适当增加密度到每亩 5 000 株，一般不宜超过 5 000 株。播种期宜在 6 月 10 日以前，可露地平播或铁茬直播。在水肥管理上，重施基肥，氮、磷、钾配合施肥，中后期应适时追肥浇水。苗期及时防治棉铃虫、二点尾夜蛾。适时晚收，玉米籽粒出现黑层或乳线消失时及时收获，以发挥该品种的增产潜力。注意防治粗缩病、瘤黑粉病和穗腐病等病害。

适宜种植地区：黄淮海夏玉米区的河南、山东、河北保定和沧州的南部及以南地区、陕西关中灌区、山西运城和临汾及晋城部分平川地区、江苏和安徽两省淮河以北地区、湖北襄阳地区。

五谷 563

审定编号：国审玉 20180292

选育单位：甘肃五谷种业股份有限公司

品种来源：WG3511×WG3151

特征特性：黄淮海夏玉米组出苗至成熟 102 天，比对照郑单 958 早熟 1 天。幼苗叶鞘紫色，叶片绿色，叶缘白色，花药浅紫色，颖壳浅绿色/绿色。株型紧凑，株高 276 厘米，穗位高 99 厘米，果穗筒形，穗长 17.25 厘米，穗行数 14~18 行，穗轴红色，籽粒黄色、半马齿型，百粒重 39.1 克。接种鉴定，感茎腐病、弯孢菌叶斑病、南方锈病，中抗穗腐病、粗缩病，抗小斑病，高感瘤黑粉病。品质分析，籽粒容重 766 克/升，粗蛋白含量 9.02%，粗脂肪含量 3.56%，粗淀粉含量 74.31%，赖氨酸含量 0.31%。

产量表现：2016—2017 年参加黄淮海夏玉米组区域试验，两年平均亩产 644.89 千克，比对照郑单 958 增产 3%。2017 年生产试验，平均亩产 614.58 千克，比对照郑单 958 增产 1.8%。

栽培技术要点：使用正规精选种子。在适应区夏季 6 月初根据当地气候特点适时播种，亩保苗 4 500 株。播种时施足底肥，每亩施肥磷酸二铵 20 千克以上，有条件的可施农家肥，追肥在拔节初期追施尿素

40 千克为宜。苗期注意中耕除草。喇叭口期施肥水猛攻，此期注意用颗粒剂防玉米螟；完熟后适时收获。注意防治瘤黑粉病、南方锈病等病害。

适宜种植地区：黄淮海夏玉米区的河南、山东、河北保定和沧州的南部及以南地区、陕西关中灌区、山西运城和临汾及晋城部分平川地区、江苏和安徽两省淮河以北地区、湖北襄阳地区。

翔玉 998

审定编号：国审玉 20180296

选育单位：吉林省鸿翔农业集团鸿翔种业有限公司

品种来源：Y822×X9231

特征特性：黄淮海夏玉米组出苗至成熟 100. 95 天，比对照郑单 958 早熟 2. 2 天。幼苗叶鞘紫色，叶片深绿色，叶缘绿色，花药浅紫色，颖壳绿色。株型紧凑，株高 280 厘米，穗位高 110 厘米，成株叶片数 18 片。果穗筒形，穗长 18. 3 厘米，穗行数 14～16 行，穗轴红，籽粒黄色、半马齿型，百粒重 35. 95 克。接种鉴定，感镰孢茎腐病、禾谷镰孢穗腐病、小斑病、弯孢菌叶斑病，高感粗缩病、瘤黑粉病、南方锈病。品质分析，籽粒容重 760 克/升，粗蛋白含量 9. 21%，粗脂肪含量 3. 21%，粗淀粉含量 75. 25%，赖氨酸含量 0. 31%。

产量表现：2016—2017 年参加黄淮海夏玉米组区域试验，两年平均亩产 681. 65 千克，比对照郑单 958 增产 4. 1%。2017 年生产试验，平均亩产 639. 43 千克，比对照郑单 958 增产 2. 31%。

栽培技术要点：中等肥力以上地块栽培，5 月下旬至 6 月中旬播种，亩种植密度 4 500～5 000 株。注意防治小斑病、镰孢茎腐病、南方锈病、禾谷镰孢穗腐病、弯孢菌叶斑病、瘤黑粉病和粗缩病。

适宜种植地区：黄淮海夏玉米区的河南、山东、河北保定和沧州的南部及以南地区、陕西关中灌区、山西运城和临汾及晋城部分平川地区、江苏和安徽两省淮河以北地区、湖北襄阳地区。

新单 68

审定编号：国审玉 20180297

选育单位：河南省新乡市农业科学院

品种来源：新美 026×新 69

特征特性：黄淮海夏玉米组出苗至成熟 100 天，比对照郑单 958 早熟 2 天。幼苗叶鞘紫色，叶片绿色，叶缘白色，花药浅紫色，颖壳浅紫色。株型半紧凑，株高 293 厘米，穗位高 115 厘米，成株叶片数 20 片。果穗短筒形，穗长 16. 2 厘米，穗行数 14～18 行，穗轴红，籽粒黄色、硬粒型，百粒重 33. 4 克。接种鉴定，中抗小斑病、穗腐病，感茎腐病、弯孢菌叶斑病，高感瘤黑粉病、粗缩病、南方锈病。品质分析，籽粒容重 759 克/升，粗蛋白含量 10.61%，粗脂肪含量 3.98%，粗淀粉含量 74.63%，赖氨酸含量 0.30%。

产量表现：2016—2017 年参加黄淮海夏玉米组区域试验，两年平均亩产 660.6 千克，比对照郑单 958 增产 4.5%。2017 年生产试验，平均亩产 641.8 千克，比对照郑单 958 增产 3.5%。

栽培技术要点：适宜播期 6 月 1—15 日。每亩适宜密度 4 500~5 000 株。追肥方式可采用“一炮轰”或“分期追肥”两种方法，“一炮轰”施肥应在播种后 35 天将追肥全部施入。分期追肥第一次于 5~6 片展叶即拔节初期施总追肥量的 40%；第二次于大喇叭口期施总追肥量的 60%。施肥总量可按每生产 100 千克玉米需纯氮 2.5 千克、五氧化二磷 1.5 千克、氧化钾 2.5 千克计算。苗期要注意防治蓟马和粗缩病，大喇叭口期防治玉米螟，注意防治弯孢霉叶斑病和锈病。待玉米籽粒乳线消失或籽粒尖端出现黑色层时收获，以充分发挥该品种的增产潜力。注意防治灰飞虱、弯孢菌叶斑病、瘤黑粉病、茎腐病和南方锈病等病害。

适宜种植地区：黄淮海夏玉米区的河南、山东、河北保定和沧州的南部及以南地区、陕西关中灌区、山西运城和临汾、江苏和安徽两省淮河以北地区、湖北襄阳地区。

正弘 658

审定编号：国审玉 20180303

选育单位：河北正弘农业科技有限公司

品种来源：ZH5812×ZH71

特征特性：黄淮海夏玉米组出苗至成熟 100 天，比对照郑单 958 早熟 1 天。幼苗叶鞘浅紫色，叶片深绿色，叶缘绿色，花药黄色，颖壳绿色。株型紧凑，株高 269 厘米，穗位高 102 厘米，成株叶片数 20 片。果穗筒形，穗长 18.3 厘米，穗行数 14~16 行，穗粗 5.0 厘米，穗轴红，籽粒黄色、半马齿型，百粒重 34.5 克。接种鉴定，中抗穗腐病，感茎腐病、小斑病、弯孢菌叶斑病、粗缩病，高感瘤黑粉病、南方锈病。品质分析，籽粒容重 758 克/升，粗蛋白含量 8.76%，粗脂肪含量 3.54%，粗淀粉含量 75.60%，赖氨酸含量 0.28%。

产量表现：2016—2017 年参加黄淮海夏玉米组区域试验，两年平均亩产 671.8 千克，比对照郑单 958 增产 5.8%。2017 年生产试验，平均亩产 651.5 千克，比对照郑单 958 增产 4.78%。

栽培技术要点：夏播一般亩种植 4 500~5 000 株为宜，掌握肥地宜密、薄地宜稀的原则。可露地平播或麦收后贴茬播种，播种期宜在 6 月 25 日以前。播种前适时造墒或播种后及时浇水，确保一播全苗。玉米 5 叶期轻施提苗肥，大喇叭口期重施肥水。肥水管理掌握前轻后重的原则。苗期及时防治棉铃虫、蓟马等害虫，大喇叭口期及时防治玉米螟（钻心虫），花期及时防治蚜虫。适期晚收，玉米籽粒出现黑层，乳线完全消失后及时收获，以发挥该品种的高产潜力。注意防治瘤黑粉病、南方锈病。

适宜种植地区：黄淮海夏玉米区的河南、山东、河北保定和沧州的南部及以南地区、陕西关中灌区、山西运城和临汾及晋城部分平川地区、江苏和安徽两省淮河以北地区、湖北襄阳地区。

德单 1001

审定编号：国审玉 20180309

选育单位：德农种业股份公司

品种来源：AA23×BB01

特征特性：西北春玉米组出苗至成熟 129.5 天，比对照郑单 958 早熟 0.75 天。幼苗叶鞘紫色，叶片深绿色，花药紫色，颖壳绿色。株型半紧凑，株高 312 厘米，穗位高 122.5 厘米，成株叶片数 19.95 片。果穗长筒形，穗长 19.1 厘米，穗行数 16~18 行，穗粗 5.14 厘米，穗轴红，籽粒黄色、半马齿型，百粒重 35.65 克。接种鉴定，高感大斑病，感茎腐病，中抗丝黑穗病、穗腐病。品质分析，籽粒容重 772 克/升，粗蛋白含量 8.19%，粗脂肪含量 3.93%，粗淀粉含量 74.56%，赖氨酸含量 0.25%。

产量表现：2016—2017 年参加西北春玉米组区域试验，两年平均亩产 927.71 千克，比对照郑单 958 增产 6.68%。2017 年生产试验，平均亩产 1 008.5 千克，比对照郑单 958 增产 8.42%。

栽培技术要点：中等肥力以上地块栽培，4 月下旬至 5 月上旬播种，亩种植密度 5 500 株。

适宜种植地区：西北春玉米区的内蒙古巴彦淖尔大部分地区、鄂尔多斯大部分地区，陕西榆林、延安，宁夏引扬黄灌区，甘肃陇南、天水、庆阳、平凉、白银、定西、临夏州海拔 1 800 米以下地区及武威、张掖、酒泉大部分地区，新疆昌吉州阜康以西至博乐以东地区、北疆沿天山地区、伊犁州直西部平原地区春播。

豪威 568

审定编号：国审玉 20180312

选育单位：武威豪威田园种业有限责任公司

品种来源：3A×520

特征特性：西北春玉米组出苗至成熟 131.75 天，比对照先玉 335 早熟 0.5 天。幼苗叶鞘紫色，叶片绿色，叶缘绿色，花药黄色，颖壳绿色，花丝淡红色。株型紧凑，株高 300.5 厘米，穗位高 116.5 厘米，成株叶片数 20 片。果穗长锥形，穗长 19.4 厘米，穗行数 16~18 行，穗粗 4.9 厘米，穗轴红，籽粒黄色、半马齿型，百粒重 36.25 克。接种鉴定，高感大斑病，感丝黑穗病、穗腐病，中抗茎腐病。品质分析，籽粒容重 748 克/升，粗蛋白含量 8.04%，粗脂肪含量 3.49%，粗淀粉含量 76.70%，赖氨酸含量 0.25%。

产量表现：2016—2017 年参加西北春玉米组区域试验，两年平均亩产 983.15 千克，比对照先玉 335

增产 3.71%。2017 年生产试验，平均亩产 981.88 千克，比对照先玉 335 增产 3.18%。

栽培技术要点：西北春玉米品种区 4 月下旬至 5 月上旬播种，亩种植密度 5 000~5 500 株。在起垄或播种时施足底肥，每亩施肥磷酸二铵 20 千克以上，有条件的可施农家肥，追肥在拔节初期期追施尿素 35 千克为宜。苗期应视墒情采取蹲苗措施控制株高，使其健壮。注意防治大斑病、丝黑穗病和穗腐病。

适宜种植地区：西北春玉米区的内蒙古巴彦淖尔大部分地区、鄂尔多斯大部分地区，陕西榆林、延安，宁夏引扬黄灌区，甘肃陇南、天水、庆阳、平凉、白银、定西、临夏州海拔 1 800 米以下地区及武威、张掖、酒泉大部分地区，新疆昌吉州阜康以西至博乐以东地区、北疆沿天山地区、伊犁州直西部平原地区春播。

京科 968

审定编号：国审玉 20180314

选育单位：北京市农林科学院玉米研究中心

品种来源：京 724×京 92

特征特性：西北春玉米组出苗至成熟 131 天，比对照郑单 958 晚熟 1 天。株型半紧凑，株高 309 厘米，穗位高 133.5 厘米，成株叶片数 20 片。果穗筒形，穗长 18.7 厘米，穗行数 14~18 行，穗粗 5.3 厘米，穗轴白，籽粒黄色、半马齿型，百粒重 37.8 克。接种鉴定，高感大斑病，感丝黑穗病，感茎腐病，感穗腐病。品质分析，籽粒容重 754 克/升，粗蛋白含量 8.54%，粗脂肪含量 3.28%，粗淀粉含量 75.18%，赖氨酸含量 0.27%。东南春玉米组出苗至成熟 102 天，比对照苏玉 29 早熟 3 天。幼苗叶鞘紫色，花药紫色，株型半紧凑，株高 264.6 厘米，穗位高 107.2 厘米，成株叶片数 17 片。果穗筒形，穗长 18 厘米，穗行数 14~18 行，穗轴白，籽粒黄色、半马齿型，百粒重 30.0 克。接种鉴定，抗大斑病，高抗茎腐病，感穗腐病、小斑病、纹枯病。品质分析，籽粒容重 712 克/升，粗蛋白含量 10.36%，粗脂肪含量 3.17%，粗淀粉含量 70.4%，赖氨酸含量 0.3%。

西南春玉米组出苗至成熟 114 天，比对照渝单 8 号早熟 2 天。株型半紧凑，株高 284.2 厘米，穗位高 110.1 厘米，果穗筒形，穗长 18.4 厘米，穗行数 14~18 行，穗粗 5.2 厘米，穗轴白，籽粒黄色、半马齿型，百粒重 32.6 克。接种鉴定，感大斑病、丝黑穗病、茎腐病、穗腐病、小斑病、纹枯病，高感灰斑病。品质分析，籽粒容重 750 克/升，粗蛋白含量 11.5%，粗脂肪含量 3.34%，粗淀粉含量 70.67%，赖氨酸含量 0.32%。

产量表现：2016—2017 年参加西北春玉米组区域试验，两年平均亩产 911.9 千克，比对照郑单 958 增产 4.8%。2017 年生产试验，平均亩产 984.4 千克，比对照郑单 958 增产 5.8%。2016—2017 年参加东南春玉米组区域试验，两年平均亩产 552.6 千克，比对照苏玉 29 增产 4.7%。2017 年生产试验，平均亩产 543.5 千克，比对照苏玉 29 增产 4.1%。2016—2017 年参加西南春玉米组区域试验，两年平均亩产

608.0 千克，比对照渝单 8 号增产 10.4%。2017 年生产试验，平均亩产 577.0 千克，比对照渝单 8 号增产 9.3%。

栽培技术要点：西北春玉米区 4 月下旬至 5 月上旬播种，根据地力情况亩种植密度 5 000~5 500 株。东南春玉米区播种期 6 月中旬，根据地力情况亩种植密度 3 500~4 000 株。西南春玉米区 3 月下旬至 4 月下旬播种，根据地力情况亩种植密度 3 300~3 500 株。注意预防大斑病、灰斑病和小斑病。

适宜种植地区：西北春玉米区的内蒙古巴彦淖尔大部分地区、鄂尔多斯大部分地区，陕西榆林、延安，宁夏引扬黄灌区，甘肃陇南、天水、庆阳、平凉、白银、定西、临夏州海拔 1 800 米以下地区及武威、张掖、酒泉大部分地区，新疆昌吉州阜康以西至博乐以东地区、北疆沿天山地区、伊犁州直西部平原地区春播种植。注意预防大斑病、穗腐病和丝黑穗病。适宜在东南春玉米区的安徽和江苏两省淮河以南地区、上海、浙江、江西、福建（福州等沿海风灾重发区除外）种植。注意预防穗腐病、小斑病。适宜在西南春玉米区的四川、重庆、湖南、湖北、陕西南部海拔 800 米及以下的丘陵、平坝、低山地区，贵州贵阳、黔南州、黔东南州、铜仁、遵义海拔 1 100 米以下地区，云南中部昆明、楚雄、玉溪、大理、曲靖等的丘陵、平坝、低山地区及文山、红河、普洱、临沧、保山、西双版纳、德宏海拔 800~1 800 米地区，广西桂林、贺州种植，注意预防大斑病、灰斑病和小斑病。

平安 169

审定编号：国审玉 20180320

选育单位：沈阳雷奥现代农业科技开发有限公司

品种来源：PA21×9299

特征特性：西北春玉米组出苗至成熟 132 天，比对照先玉 335 早熟 1.5 天。幼苗叶鞘紫色，叶片绿色，叶缘绿色，花药浅紫色，颖壳绿色。株型半紧凑，株高 311.25 厘米，穗位高 125.9 厘米，成株叶片数 20 片。果穗长锥形，穗长 18.45 厘米，穗行数 16~18 行，穗粗 4.65 厘米，穗轴红，籽粒黄色、半马齿型，百粒重 35.65 克。接种鉴定，感大斑病、丝黑穗病，抗茎腐病，中抗/抗穗腐病。品质分析，籽粒容重 738 克/升，粗蛋白含量 8.07%，粗脂肪含量 3.64%，粗淀粉含量 76.26%，赖氨酸含量 0.26%。

产量表现：2016—2017 年参加西北春玉米组区域试验，两年平均亩产 975.1 千克，比对照先玉 335 增产 2.8%。2017 年生产试验，平均亩产 965.2 千克，比对照先玉 335 增产 1.4%。

栽培技术要点：适时播种，根据当地气候情况确定最佳的播种期；合理密植，每亩适宜密度 4 500~5 000 株；加强田间管理，及时中耕除草，抗旱防涝，大喇叭口期应注意防治玉米螟。注意防治大斑病、丝黑穗病。

适宜种植地区：在西北春玉米区的内蒙古巴彦淖尔大部分地区、鄂尔多斯大部分地区，陕西榆林、延安，宁夏引扬黄灌区，甘肃陇南、天水、庆阳、平凉、白银、定西、临夏州海拔 1 800 米以下地区及武威、张掖、酒泉大部分地区，新疆昌吉州阜康以西至博乐以东地区、北疆沿天山地区、伊犁州直西部平原地区春播。

金糯691

审定编号：国审玉 20180337

选育单位：北京金农科种子科技有限公司

品种来源：JNK20768×JNK2048

特征特性：幼苗叶鞘紫色，叶片绿色，叶缘绿色，花药黄色，颖壳紫色。株型半紧凑，果穗筒形，穗轴白，籽粒白色、糯质型。北方（黄淮海）鲜食糯玉米组出苗至鲜穗采收期 76.1 天，比对照苏玉糯 2 号晚熟 2.3 天。株高 241.2 厘米，穗位高 111.4 厘米，成株叶片数 20 片。穗长 18.5 厘米，穗行数 16.9，穗粗 5.2 厘米，百粒重 35.84 克（鲜粒重）。接种鉴定，中抗茎腐病，感小斑病、瘤黑粉病，高感矮花叶病、南方锈病。品质分析，皮渣率 9.71%，支链淀粉占总淀粉含量 98.38%。品尝鉴定 87.45 分。北方（东华北）鲜食糯玉米组出苗至鲜穗采收期 91 天，比对照京科糯 569 晚熟 5.6 天。株高 272.8 厘米，穗位高 127.1 厘米，成株叶片数 20 片。穗长 21.2 厘米，穗行数 18 行，穗粗 5.2 厘米，百粒重 34.3 克（鲜粒重）。接种鉴定，感大斑病，感丝黑穗病。品质分析，皮渣率 5.78%，支链淀粉占总淀粉含量 99.27%。品尝鉴定 89.76 分。

产量表现：2016—2017 年参加北方（东华北）鲜食糯玉米组品种试验，两年平均亩产 1 069.9 千克，比对照京科糯 569 增产 9.7%。增产点率 77.25%。2016—2017 年参加北方（黄淮海）鲜食糯玉米组品种试验，两年平均亩产 944.2 千克，比对照苏玉糯 2 号增产 20.50%。增产点率 92.59%。

栽培技术要点：隔离种植，最好与普通玉米隔离种植。宜春播，春季地温稳定通过 10℃时为始播期。每公顷适宜种植密度 4.5 万株左右。田间管理，施足底肥，每公顷施用 15 吨农家肥和 450 千克玉米专用复合肥。5 叶时进行第一次中耕，每公顷追施尿素 150 千克。大喇叭口时进行中耕、培土，每公顷追施尿素 300 千克。适时采收，吐丝后 25 天左右收获。注意防治叶斑病和丝黑穗病等当地主要病害。苗期注意防治害虫，大喇叭口期防治玉米螟。

适宜种植地区：黑龙江第三积温带至第一积温带、吉林、辽宁、内蒙古、河北、山西、北京、天津、新疆、宁夏、甘肃、陕西等地年≥10℃活动积温 2 300℃以上玉米春播区；北京、天津、河北中南部、河南、山东、陕西关中灌区、山西南部、安徽和江苏两省淮河以北地区玉米夏播区作鲜食糯玉米。

京科糯2010

审定编号：国审玉 20180338

选育单位：北京市农林科学院玉米研究中心、北京华奥农科玉育种开发有限责任公司

品种来源：N39×CB1

特征特性：北方（东华北）鲜食糯玉米组出苗至鲜穗采收期 81 天，比对照京科糯 569 早熟 4.5 天。幼苗叶鞘浅紫色，叶片绿色，叶缘绿色，花药黄色，颖壳绿色。株型半紧凑，株高 263.8 厘米，穗位高 106.6 厘米，成株叶片数 20.3 片。果穗筒形，穗长 18.9 厘米，穗行数 16.7 行，穗粗 5 厘米，穗轴白，籽粒白色、甜糯型，百粒重 34.4 克。接种鉴定，中抗大斑病，抗丝黑穗病。品质分析，皮渣率 3.96%，支链淀粉占总淀粉含量 98.21%。品尝鉴定 86.22 分。

产量表现：2016—2017 年参加北方（东华北）鲜食糯玉米组品种试验，两年平均亩产 864.95 千克，比对照京科糯 569 减产 11.11%。

栽培技术要点：北方区一般 4 月中旬至 5 月上旬春播，与其他玉米采取空间或时间隔离以防止串粉。每公顷适宜密度 4.5 万~5.75 万株。施足基肥，重施穗肥，增加钾肥量。注意预防纹枯病和防治地下害虫、玉米螟等。适时采收。糯玉米采收鲜果穗，采收期较短，授粉后 22~25 天为最佳采收期。

适宜种植地区：黑龙江第五积温带至第一积温带、吉林、辽宁、内蒙古、河北、山西、北京、天津、新疆、宁夏、甘肃、陕西等地年≥10℃活动积温 1 900℃以上玉米春播区。

中农甜 488

审定编号：国审玉 20180351

选育单位：北京华耐农业发展有限公司

品种来源：母本 S3268×父本 NV19

特征特性：北方（东华北）鲜食甜玉米组出苗至鲜穗采收期 79.1 天，比对照中农大甜 413 早熟 3.6 天。株型平展，株高 233.9 厘米，穗位高 91 厘米，果穗筒形，穗长 21.9 厘米，穗行数 16 行，穗轴白，籽粒黄色，甜质型，百粒重 37 克。接种鉴定，抗大斑病，感丝黑穗病。品质分析，皮渣率 5.9%，还原糖含量 7.6%，水溶性总含糖量 29.1%。品尝鉴定 83.35 分。

产量表现：2016—2017 年参加北方（东华北）鲜食甜玉米组品种试验，两年平均亩产 940.85 千克，比对照中农大甜 413 增产 18.1%，增产点率 88.63%。

栽培技术要点：适时播种，春播 4 月下旬至 5 月上旬；隔离种植，防止串粉；做好肥水管理，以有机肥为主，每公顷底肥 750 千克复合肥，追施提苗肥尿素 150 千克、穗肥尿素 375 千克。合理密植，一般每公顷 4.5 万~5.1 万株。苗期防治地老虎，孕穗期使用高效低毒农药防治玉米螟。及时采收，授粉后 22~24 天为最佳收获期。注意防治丝黑穗病。

适宜种植地区：黑龙江第五积温带至第一积温带、吉林、辽宁、内蒙古、河北、山西、北京、天津、新疆、宁夏、甘肃、陕西等地年≥10℃活动积温 1 900℃以上玉米春播区作鲜食甜玉米。

京科糯2016

审定编号：国审玉20180354

选育单位：北京市农林科学院玉米研究中心、北京华奥农科玉育种开发有限责任公司

品种来源：N39×甜糯2

特征特性：北方（黄淮海）鲜食糯玉米组出苗至鲜穗采收期71.5天，比对照苏玉糯2号早熟2天。幼苗叶鞘紫色，叶片绿色，叶缘绿色，花药浅紫色，颖壳绿色。株型半紧凑，株高228.9厘米，穗位高86.9厘米，果穗筒形，穗长17.4厘米，穗行数14.6行，穗粗5厘米，穗轴白色，籽粒白色、甜糯型，百粒重37.7克。接种鉴定，抗瘤黑粉病，中抗茎腐病，感小斑病，高感矮花叶病、南方锈病。品质分析，皮渣率12.08%，支链淀粉占总淀粉含量97.88%。品尝鉴定88.14分。

产量表现：2016—2017年参加北方（黄淮海）鲜食糯玉米组品种试验，两年平均亩产875.25千克，比对照苏玉糯2号增产10.46%。

栽培技术要点：北方区一般4月中旬至5月上旬春播，与其他玉米采取空间或时间隔离，防止串粉。每公顷适宜密度4.5万~5.25万株。施足基肥，重施穗肥，增加钾肥量。注意预防小斑病和防治地下害虫、玉米螟等。适时采收。糯玉米采收鲜果穗，采收期较短，授粉后22~25天为最佳采收期。

适宜种植地区：北京、天津、河北中南部、河南、山东、陕西关中灌区、山西南部、安徽和江苏两省淮河以北地区玉米夏播区作鲜食糯玉米。

京科糯609

审定编号：国审玉20180355

选育单位：北京市农林科学院玉米研究中心

品种来源：京糯6×京甜糯68

特征特性：幼苗叶鞘紫色，叶片绿色，叶缘绿色，花药浅紫色，颖壳浅紫色。果穗长锥形，穗轴白，籽粒白色、甜糯型，株型半紧凑。北方（东华北）鲜食糯玉米组出苗至鲜穗采收期93.5天，比对照京科糯569晚熟2.5天。株高299.25厘米，穗位高139.6厘米，成株叶片数22.15片。穗长21.2厘米，穗行数14.6行，穗粗4.85厘米，百粒重34.35克。接种鉴定，感大斑病，中抗丝黑穗病，中抗瘤黑粉病。品质分析，皮渣率3.54%，支链淀粉占总淀粉含量98.88%。品尝鉴定88.85分。北方（黄淮海）鲜食糯玉米组出苗至鲜穗采收期76.5天，比对照苏玉糯2号晚熟3天。株高270.9厘米，穗位高115.6厘米，果穗长锥形，穗长20.5厘米，穗行数14.5行，穗粗4.7厘米，百粒重34.2克。接种鉴定，感小斑病，抗瘤黑粉病，高感茎腐病、矮花叶病、南方锈病。品质分析，皮渣率9.65%，支链淀粉占总淀粉含量

97.58%。品尝鉴定87.9分。南方（西南）鲜食糯玉米组出苗至鲜穗采收期88.5天，比对照渝糯7号晚熟0.5天。株高242.1厘米，穗位高95.1厘米，穗长18.15厘米，穗行数14.25行，百粒重34.75克。接种鉴定，感小斑病、纹枯病。品质分析，皮渣率10.79%，支链淀粉占总淀粉含量98.44%。品尝鉴定86分。

产量表现：2016—2017年参加北方（东华北）鲜食糯玉米组品种试验，两年平均亩产954.45千克，比对照京科糯569减产2.19%。2016—2017年参加北方（黄淮海）鲜食糯玉米组品种试验，两年平均亩产840.05千克，比对照苏玉糯2号增产6.02%。2016—2017年参加南方（西南）鲜食糯玉米组品种试验，两年平均亩产788.05千克，比对照渝糯7号减产5.62%。

栽培技术要点：一般每公顷种植密度4.5万~5.75万株为宜，与其他类型玉米隔离种植以防止串粉，套种或直播均可，肥水管理以促为主，施好基肥、种肥，重施穗肥，酌施粒肥，注重防治叶斑病、纹枯病等当地主要病害，适时晚收。

适宜种植地区：黑龙江第五积温带至第一积温带、吉林、辽宁、内蒙古、河北、山西、北京、天津、新疆、宁夏、甘肃、陕西等地年≥10℃活动积温1 900℃以上玉米春播区；北京、天津、河北中南部、河南、山东、陕西关中灌区、山西南部、安徽和江苏两省淮河以北地区玉米夏播区；四川、重庆、贵州、湖南、湖北、陕西南部海拔800米及以下的丘陵、平坝、低山地区及云南中部的丘陵、平坝、低山地区玉米春播区作鲜食糯玉米。

苏科甜1506

审定编号：国审玉20180364

选育单位：江苏省农业科学院粮食作物研究所

品种来源：JST13719×HZ-3

特征特性：东南区鲜食甜玉米品种秋季科企联合体区域试验，出苗至鲜穗采收期71.0天，与对照粤甜16号相当。幼苗叶鞘紫色，叶片绿色，叶缘绿色，花药绿色，颖壳绿色。株型半紧凑，株高222.2厘米，穗位高88.3厘米，果穗长筒形，穗长18.2厘米，穗行数15.1行，穗粗5.1厘米，穗轴白，籽粒黄色，百粒重40.9克。区域试验田间自然发病，感小斑病、南方锈病，抗纹枯病。接种鉴定，感小斑病，抗纹枯病，中抗茎腐病。倒伏率、倒折率之和小于15.0%。品质分析，皮渣率13.5%，还原糖含量9.4%，水溶性总含糖量20.6%。品尝鉴定86.7分。

产量表现：2016—2017年参加东南区鲜食甜玉米品种试验，两年平均亩产790.1千克，比对照粤甜16号增产5.7%。

栽培技术要点：一般7月中旬至8月中旬播种，每亩3 500株左右。加强肥水管理，氮、磷、钾配合使用。做到田间沟系配套，注意防旱、防涝。注意防治地下害虫和玉米螟。隔离种植，适时采收。瘤黑粉病、丝黑穗病等相关病害较重发地区慎用。注意南方锈病等相关病害防治。

适宜种植地区：安徽和江苏两省淮河以南地区、上海、浙江、江西、福建、广东、广西、海南的东南鲜食玉米区。

万鲜甜 159

审定编号：国审玉 20180365

选育单位：福州万丰种业有限公司

品种来源：WT015×WT059

特征特性：东南区鲜食甜玉米品种秋季科企联合体区域试验，出苗至鲜穗采收期 73.4 天，比对照粤甜 16 号晚熟 2.5 天。幼苗叶鞘绿色，叶片绿色，叶缘绿色，花药黄色，颖壳绿色。株型半紧凑，株高 231.2 厘米，穗位高 86.9 厘米，成株叶片数 18 片。果穗长筒形，穗长 20.1 厘米，穗行数 14~16 行，穗粗 5.1 厘米，穗轴白，籽粒黄色，百粒重 34.3 克。区域试验田间自然发病，中抗小斑病，中抗纹枯病，感南方锈病。接种鉴定，感小斑病，抗纹枯病，高抗茎腐病。倒伏率、倒折率之和小于 15.0%。品质分析，皮渣率 13.7%，还原糖含量 8.1%，水溶性总含糖量 17.5%。品尝鉴定 87.6 分。

产量表现：2016—2017 年参加东南区鲜食甜玉米品种试验，两年平均亩产 878.5 千克，比对照粤甜 16 号增产 17.5%。

栽培技术要点：选择中等肥力水平以上的地块种植，一般 7 月中旬至 8 月中旬播种，每亩 3 500 株左右。隔离种植，适时采收，注意防治病虫害。瘤黑粉病、丝黑穗病等相关病害较重发地区慎用。注意南方锈病等相关病害防治。

适宜种植地区：安徽和江苏两省淮河以南地区、上海、浙江、江西、福建、广东、广西、海南的东南鲜食玉米区。

富尔 2292

审定编号：国审玉 20186002

选育单位：齐齐哈尔市富尔农艺有限公司

品种来源：FeH292×FeH322

特征特性：北方极早熟春玉米组出苗至成熟 117.4 天，与对照德美亚 1 号同熟期。幼苗叶鞘紫色，叶片绿色，叶缘紫色/白，花药紫色，颖壳绿色。株型半紧凑，株高 238.4 厘米，穗位高 87 厘米，成株叶片数 17 片。果穗筒形，穗长 16.4 厘米，穗行数 12~18 行，穗轴白色，籽粒黄色、半马齿型，百粒重 36.2 克。接种鉴定，感大斑病、丝黑穗病、灰斑病，中抗茎腐病、穗腐病。品质分析，籽粒容重 730 克/升，

粗蛋白含量 10.84%，粗脂肪含量 4.34%，粗淀粉含量 76.56%，

产量表现： 2016—2017 年参加北方极早熟春玉米组区域试验，两年平均亩产 651.3 千克，比对照德美亚 1 增产 3.4%。2017 年生产试验，平均亩产 661.8 千克，比对照德美亚 1 增产 4.9%。

栽培技术要点： 适时播种，5 月 10—25 日播种。合理密植，每亩适宜种植密度 6 000 株。科学施肥，在肥水管理上应给予中上等肥水投入，合理配施氮、磷、钾肥料。施足基肥，一般亩施优质农家肥 1 500 千克，播种时亩施三元复合肥（≥45%）30 千克；大喇叭口期追施尿素，亩施尿素 15~20 千克。及时中耕除草，并注意防治病虫害，适时收获。

适宜种植地区： 黑龙江北部及东南部山区第四积温带，内蒙古呼伦贝尔部分地区、兴安盟部分地区、锡林郭勒盟部分地区、乌兰察布部分地区、通辽部分地区、赤峰部分地区、包头北部、呼和浩特北部，吉林白山和延边州的部分山区，河北北部坝上及接坝上的张家口和承德的部分地区，宁夏南部山区海拔 2 000 米以上地区。

隆平 702

审定编号： 国审玉 20186007

选育单位： 安徽隆平高科种业有限公司

品种来源： A119×A027

特征特性： 北方极早熟春玉米区出苗至成熟 119 天，与德美亚 1 号熟期相当。幼苗叶鞘紫色，叶片绿色，叶缘紫色，花药黄色，颖壳绿色。株型半紧凑型，株高 261 厘米，穗位 100 厘米，成株叶片数 17 片。花丝浅紫色，果穗筒形，穗长 18.0 厘米，穗行数 14~16 行，穗轴红，籽粒黄色、半马齿型，百粒重 31.6 克。接种鉴定，感大斑病，中抗丝黑穗病、灰斑病、禾谷穗腐病，抗禾谷镰孢茎腐病。品质分析，籽粒容重 749 克/升，粗蛋白含量 12.26%，粗脂肪含量 4.89%，粗淀粉含量 70.2%，赖氨酸含量 0.33%。

产量表现： 2016—2017 年参加北方极早熟春玉米组区域试验，两年平均亩产 633.8 千克，比对照增产 4.71%；2017 年生产试验，平均亩产 679.7 千克，比对照德美亚 1 号增产 7.39%。

栽培技术要点： 中等肥力以上地块栽培，4 月下旬至 5 月上旬播种，亩种植密度 6 000 株，注意防治大斑病。

适宜种植地区： 北方极早熟春玉米区的黑龙江北部及东南部山区第四积温带，内蒙古呼伦贝尔部分地区、兴安盟部分地区、锡林郭勒盟部分地区、乌兰察布部分地区、通辽部分地区、赤峰部分地区、包头北部、呼和浩特北部，吉林白山和延边州的部分山区，河北北部坝上及接坝上的张家口和承德的部分地区，宁夏南部山区海拔 2 000 米以上地区。

郑原玉 432

审定编号：国审玉 20186028

选育单位：河南金苑种业股份有限公司

品种来源：JCD122BR 单 15×JC1326

特征特性：东华北中早熟春玉米组出苗至成熟 125.5 天，比对照吉单 27 晚熟 0.5 天。幼苗叶鞘紫色，叶片绿色，叶缘白色，花药紫色，颖壳绿色。株型半紧凑，株高 278.5 厘米，穗位高 106.5 厘米，成株叶片数 19 片。果穗筒形，穗长 19.15 厘米，穗行数 16~18 行，穗轴红，籽粒黄色、半马齿型，百粒重 35.1 克。接种鉴定，感大斑病、丝黑穗病，中抗灰斑病、茎腐病、穗腐病。品质分析，籽粒容重 730 克/升，粗蛋白含量 8.47%，粗脂肪含量 4.30%，粗淀粉含量 73.73%，赖氨酸含量 0.26%。东华北中熟春玉米组出苗至成熟 130 天，比对照先玉 335 早熟 1 天。幼苗叶鞘紫色，叶片绿色，叶缘白色，花药紫色，颖壳绿色。株型半紧凑，株高 271.5 厘米，穗位高 104 厘米，成株叶片数 19 片。果穗筒形，穗长 22.8 厘米，穗行数 16~18 行，穗轴红，籽粒黄色、半马齿型，百粒重 34.9 克。接种鉴定，感大斑病、丝黑穗病，中抗灰斑病、茎腐病、穗腐病。品质分析，籽粒容重 741 克/升，粗蛋白含量 8.64%，粗脂肪含量 4.03%，粗淀粉含量 73.77%，赖氨酸含量 0.26%。黄淮海夏玉米组出苗至成熟 100.5 天，比对照郑单 958 早熟 2.5 天。幼苗叶鞘紫色，叶片绿色，叶缘白色，花药紫色，颖壳绿色。株型半紧凑，株高 246 厘米，穗位高 91 厘米，成株叶片数 19 片左右。果穗筒形，穗长 16.7 厘米，穗行数 16~18 行，穗轴红，籽粒黄色、半马齿型，百粒重 32.2 克。接种鉴定，中抗茎腐病、穗腐病、小斑病，高感弯孢菌叶斑病、粗缩病、瘤黑粉病、南方锈病。品质分析，籽粒容重 778 克/升，粗蛋白含量 8.26%，粗脂肪含量 4.00%，粗淀粉含量 74.82%，赖氨酸含量 0.26%。

产量表现：2016—2017 年参加东华北中早熟春玉米组区域试验，两年平均亩产 727.65 千克，比对照吉单 27 增产 7.25%。2017 年生产试验，平均亩产 690.0 千克，比对照吉单 27 增产 3.9%。2016—2017 年参加东华北中熟春玉米组区域试验，两年平均亩产 807.9 千克，比对照先玉 335 增产 5.45%。2017 年生产试验，平均亩产 724.6 千克，比对照先玉 335 增产 3.0%。2016—2017 年参加黄淮海夏玉米组区域试验，两年平均亩产 694.65 千克，比对照郑单 958 增产 4.6%。2017 年生产试验，平均亩产 670.8 千克，比对照郑单 958 增产 2.0%。

栽培技术要点：春播区适宜播种期 4 月下旬至 5 月上旬，足墒播种，一播全苗，每亩适宜密度 4 500~5 000 株。中等肥力以上地块栽培，亩施农家肥 2 000~3 000 千克或三元复合肥 30 千克作为基肥，大喇叭口期亩追施尿素 30 千克。黄淮海夏播区麦收后及时播种，缺墒浇蒙头水，确保一播全苗，中等肥力以上地块栽培，每亩适宜密度 5 000 株。夏播注意防治南方锈病、弯孢菌叶斑病、粗缩病和瘤黑粉病。

适宜种植地区：东华北中早熟春玉米区的黑龙江第二积极温带，吉林白山、延边州的部分地区，通化、吉林的东部，内蒙古中东部的呼伦贝尔扎兰屯南部、兴安盟中北部、通辽扎鲁特旗中部、赤峰中北部、乌兰察布前山、呼和浩特北部、包头北部早熟区种植；东华北中熟春玉米区的辽宁东部山区和辽北部分地区，吉林省吉林市、白城、通化大部分地区，辽源、长春、松原部分地区，黑龙江第一积温带，内蒙古乌兰浩特、赤峰、通辽、呼和浩特、包头、巴彦淖尔、鄂尔多斯等部分地区种植。春播注意防治大斑病、丝黑穗病。适宜在黄淮海夏玉米区的河南、山东、河北保定和沧州的南部及以南地区、陕西关中灌区、山西运城和临汾及晋城部分平川地区、江苏和安徽两省淮河以北地区、湖北襄阳地区，北京和天津夏播区。

中地 88

审定编号：国审玉 20186052

选育单位：中地种业（集团）有限公司

品种来源：M3-11×D2-7

特征特性：东华北中熟春玉米组出苗至成熟 129 天左右，与对照先玉 335 熟期相当。幼苗叶鞘紫色，叶片深绿色，叶缘紫色，花药黄色，颖壳绿色。株型半紧凑，株高 310 厘米，穗位高 133 厘米，成株叶片数 20 片。果穗筒形，穗长 19.3 厘米，穗行数 16~18 行，穗粗 5.1 厘米，穗轴红，籽粒黄色、半马齿型，百粒重 38.5 克。接种鉴定，中抗大斑病、茎腐病，感丝黑穗病、灰斑病、穗腐病。品质分析，籽粒容重 780 克/升，粗蛋白含量 9.59%，粗脂肪含量 3.47%，粗淀粉含量 74.27%，赖氨酸含量 0.32%。

产量表现：2016—2017 年参加东华北中熟春玉米组区域试验，两年平均亩产 825.4 千克，比对照先玉 335 增产 4.1%。2017 年生产试验，平均亩产 782.6 千克，比对照先玉 335 增产 2.1%。

栽培技术要点：中等肥力以上地块栽培，4 月下旬至 5 月上旬播种，亩种植密度 4 000~4 500 株。

适宜种植地区：东华北中熟春玉米区的辽宁东部山区和辽北部分地区，吉林省吉林市、白城、通化大部分地区，辽源、长春、松原部分地区，黑龙江第一积温带，内蒙古乌兰浩特、赤峰、通辽、呼和浩特、包头、巴彦淖尔、鄂尔多斯等部分地区，河北张家口坝下丘陵、河川中熟地区。

中地 9988

审定编号：国审玉 20186053

选育单位：中地种业（集团）有限公司

品种来源：ZY20×ZY21

特征特性：东华北中熟春玉米组出苗至成熟 129 天左右，与对照先玉 335 熟期相当。幼苗叶鞘紫色，叶片绿色，叶缘紫色，花药浅紫色，颖壳紫色。株型半紧凑，株高 316 厘米，穗位高 127 厘米，成株叶片数21片。果穗筒形，穗长20.8厘米，穗行数16~18行，穗粗5.2厘米，穗轴红，籽粒黄色、半马齿型，百粒重37.3克。接种鉴定，感大斑病，感丝黑穗病，中抗灰斑病，中抗茎腐病，抗穗腐病。品质分析，籽粒容重786克/升，粗蛋白含量10.30%，粗脂肪含量3.46%，粗淀粉含量72.61%，赖氨酸含量0.33%。西北春玉米组出苗至成熟129天左右，与对照熟期相当。幼苗叶鞘紫色，叶片绿色，叶缘紫色，花药浅紫色，颖壳紫色。株型半紧凑，株高300厘米，穗位高122厘米，成株叶片数21片。果穗筒形，穗长19.5厘米，穗行数16~18行，穗粗5.0厘米，穗轴红，籽粒黄色、半马齿型，百粒重35.1克。接种鉴定，高感大斑病，感丝黑穗病、茎腐病、穗腐病。品质分析，籽粒容重786克/升，粗蛋白含量10.30%，粗脂肪含量3.46%，粗淀粉含量72.61%，赖氨酸含量0.33%。

产量表现：2016—2017年参加东华北中熟春玉米组区域试验，两年平均亩产822.2千克，比对照先玉335增产3.6%。2017年生产试验，平均亩产788.2千克，比对照先玉335增产2.8%。2016—2017年参加西北春玉米组区域试验，两年平均亩产933.2千克，比对照增产4.3%。2017年生产试验，平均亩产923.5千克，比对照先玉335增产3.5%。

栽培技术要点：东华北中熟春玉米区4月下旬至5月上旬播种，中等肥力以上地块栽培，亩种植密度4 000~4 500株。西北春玉米品种区4月下旬至5月上旬播种，中等肥力以上地块栽培，亩种植密度5 000~5 500株。

适宜种植地区：东华北中熟春玉米区的辽宁东部山区和辽北部分地区，吉林省吉林市、白城、通化大部分地区，辽源、长春、松原部分地区，黑龙江第一积温带，内蒙古乌兰浩特、赤峰、通辽、呼和浩特、包头、巴彦淖尔、鄂尔多斯等部分地区，河北张家口坝下丘陵、河川中熟地区种植。适宜西北春玉米区的内蒙古巴彦淖尔大部分地区、鄂尔多斯大部分地区，陕西榆林、延安，宁夏引扬黄灌区，甘肃陇南、天水、庆阳、平凉、白银、定西、临夏州海拔1 800米以下地区及武威、张掖、酒泉大部分地区，新疆昌吉州阜康以西至博乐以东地区、北疆沿天山地区、伊犁州直西部平原地区等地春播。

联创825

审定编号：国审玉20186079

选育单位：北京联创种业股份有限公司

品种来源：CT16621×CT3354

特征特性：东华北中晚熟春玉米组出苗至成熟127天，比对照郑单958早熟1天。幼苗叶鞘紫色，叶片绿色，叶缘绿色，花药浅紫色，花丝紫色，颖壳绿色。株型半紧凑，株高288厘米，穗位高111厘米，成株叶片数20片左右。果穗筒形，穗长20.2厘米，穗行数14~16行，穗轴红，籽粒黄色、半马齿型，百粒重37.7克。接种鉴定，抗穗腐病，中抗茎腐病，感大斑病、丝黑穗病、灰斑病。品质分析，籽粒容重756克/升，粗蛋白含量10.11%，粗脂肪含量3.82%，粗淀粉含量73.02%，赖氨酸含量0.32%。

产量表现：2015—2016 年参加东华北中晚熟春玉米组区域试验，两年平均亩产 805.6 千克，比对照郑单 958 增产 7.15%。2017 年生产试验，平均亩产 778.2 千克，比对照郑单 958 增产 3.98%。

栽培技术要点：中上等肥力地块种植，4 月下旬至 5 月上旬播种，亩种植密度 3 800 株左右。注意防治大斑病、灰斑病和丝黑穗病。

适宜种植地区：东华北中晚熟春玉米区的吉林省四平市、松原市、长春市的大部分地区，辽源市、白城市、吉林市部分地区、通化市南部，辽宁除东部山区和大连、东港以外的大部分地区，内蒙古赤峰和通辽大部分地区，山西忻州、晋中、太原、阳泉、长治、晋城、吕梁平川区和南部山区，河北张家口、承德、秦皇岛、唐山、廊坊、保定北部、沧州北部春播区，北京、天津春播区。

鑫研 218

审定编号：国审玉 20186094

选育单位：山东鑫丰种业股份有限公司

品种来源：SX1395×SX393

特征特性：东华北中晚熟春玉米组出苗至成熟 128 天，比对照郑单 958 早熟 1.5 天。幼苗叶鞘紫色，叶片深绿色，叶缘绿色，花药浅紫色，颖壳绿色。株型半紧凑，株高 303 厘米，穗位高 117 厘米，成株叶片数 18~20 片。果穗筒形，穗长 19.95 厘米，穗行数 16~18 行，穗粗 5.1 厘米，穗轴红，籽粒黄色、马齿型，百粒重 37.7 克。接种鉴定，高抗茎腐病，抗丝黑穗病，中抗灰斑病、穗腐病，感大斑病。品质分析，籽粒容重 777 克/升，粗蛋白含量 9.57%，粗脂肪含量 3.60%，粗淀粉含量 73.80%，赖氨酸含量 0.29%。西北春玉米组出苗至成熟 133 天，比对照郑单 958 早熟 2 天，比对照先玉 335 晚熟 1 天。幼苗叶鞘紫色，叶片绿色，叶缘绿色，花药浅紫色，颖壳绿色。株型半紧凑，株高 308.7 厘米，穗位高 124.2 厘米，成株叶片数 18~20 片。果穗筒形，穗长 18.95 厘米，穗行数 16~18 行，穗粗 5.0 厘米，穗轴红色，籽粒黄色、马齿型，百粒重 37.2 克。接种鉴定，中抗茎腐病，抗穗腐病，感丝黑穗病，高感大斑病。品质分析，籽粒容重 777 克/升，粗蛋白含量 9.57%，粗脂肪含量 3.60%，粗淀粉含量 73.80%，赖氨酸含量 0.29%。

产量表现：2016—2017 年参加东华北中晚熟春玉米组区域试验，两年平均亩产 800.9 千克，比对照郑单 958 增产 4.98%。2017 年生产试验，平均亩产 777.96 千克，比对照郑单 958 增产 3.07%。2016—2017 年参加西北春玉米组区域试验，两年平均亩产 1 060.2 千克，比对照郑单 958 增产 11.59%，比对照先玉 335 增产 7.30%。2017 年生产试验，平均亩产 1 016.2 千克，比对照先玉 335 增产 5.34%。

栽培技术要点：东华北中晚熟春玉米组，播前要精细整地，要确保地温稳定通过 10℃以上进行播种。春播一般在 4 月中下旬为宜。种植形式以清种为宜。适宜密度 4 500 株左右。注意防治大斑病。西北春玉米组，一般每亩密度为 5 500 株左右，生长后期注意肥水管理。追施粒肥。注意防治大斑病、丝黑穗病。

适宜种植地区：东华北中晚熟春玉米区的吉林省四平市、松原、长春的大部分地区，辽源、白城、吉林市部分地区、通化南部，辽宁除东部山区和大连、东港以外的大部分地区，内蒙古赤峰和通辽大部分地区，山西忻州、晋中、太原、阳泉、长治、晋城、吕梁平川区和南部山区，河北张家口、承德、秦皇岛、唐山、廊坊、保定北部、沧州北部春播区，北京、天津春播区。适宜在西北春玉米区的内蒙古巴彦淖尔大部分地区、鄂尔多斯大部分地区，陕西榆林、延安，宁夏引扬黄灌区，甘肃陇南、天水、庆阳、平凉、白银、定西、临夏州海拔 1 800 米以下地区及武威、张掖、酒泉大部分地区，新疆昌吉州阜康以西至博乐以东地区、北疆沿天山地区、伊犁州直西部平原地区春播。

豫禾 368

审定编号：国审玉 20186099

选育单位：河南省豫玉种业股份有限公司

品种来源：M287×F784

特征特性：东华北中晚熟春玉米组出苗至成熟 126. 32 天，比对照郑单 958 早熟 1. 99 天。幼苗叶鞘紫色，叶片绿色，叶缘紫色，花药浅紫色，颖壳绿色。株型半紧凑，株高 285. 75 厘米，穗位高 100. 3 厘米，成株叶片数 20 片。果穗筒形，穗长 19. 3 厘米，穗行数 16~18 行，穗轴红，籽粒黄色、马齿型，百粒重 37. 65 克。接种鉴定，感大斑病、丝黑穗病、灰斑病，中抗茎腐病、穗腐病。品质分析，籽粒容重 732 克/升，粗蛋白含量 8. 92%，粗脂肪含量 3. 51%，粗淀粉含量 75. 49%，赖氨酸含量 0. 3%。

产量表现：2016—2017 年参加东华北中晚熟春玉米组区域试验，两年平均亩产 810. 00 千克，比对照郑单 958 增产 7. 01%。2017 年生产试验，平均亩产 793. 80 千克，比对照郑单 958 增产 7. 60%。

栽培技术要点：中等肥力以上地块栽培，4 月下旬至 5 月上旬播种，每亩适宜种植密度 3 500~4 000 株。注意防治大斑病、丝黑穗病和灰斑病。

适宜种植地区：东华北中晚熟春玉米区的吉林四平、松原、长春的大部分地区，辽源、白城、吉林市部分地区、通化南部，辽宁除东部山区和大连、东港以外的大部分地区，内蒙古赤峰和通辽大部分地区，山西忻州、晋中、太原、阳泉、长治、晋城、吕梁平川区和南部山区，河北张家口、承德、秦皇岛、唐山、廊坊、保定北部、沧州北部春播区，北京、天津春播区。

ND376

审定编号：国审玉 20186106

选育单位：河北巡天农业科技有限公司

品种来源：X5562×JL411

特征特性：黄淮海夏玉米组出苗至成熟 101.25 天，比对照郑单 958 晚熟 0.25 天。幼苗叶鞘紫色，叶片绿色，叶缘白色，花药黄色，颖壳紫色。株型紧半紧凑，株高 290 厘米，穗位高 113 厘米，成株叶片数 19~20 片。果穗筒形，穗长 18.85 厘米，穗行数 14~16 行，穗轴白，籽粒黄色、半马齿型，百粒重 36.5 克。接种鉴定，中抗茎腐病，感穗腐病、小斑病、瘤黑粉病、南方锈病，高感弯孢菌叶斑病、粗缩病。品质分析，籽粒容重 786 克/升，粗蛋白含量 9.45%，粗脂肪含量 3.69%，粗淀粉含量 75.07%，赖氨酸含量 0.27%。

产量表现：2015—2016 年参加黄淮海夏玉米组区域试验，两年平均亩产 697.7 千克，比对照郑单 958 增产 7.03%。2017 年生产试验，平均亩产 663.7 千克，比对照郑单 958 增产 1.96%。

栽培技术要点：该品种植株生长旺盛，喜肥水，亩种植密度为 4 000~4 500 株。黄淮海地区夏播在 6 月 5—20 日播种。田间管理，底肥亩施厩肥 1 000~2 000 千克或氮、磷、钾三元复合肥 25 千克，锌肥 1 千克；大喇叭口期结合浇水亩施尿素 15 千克；授粉结束后增施粒肥以提高粒重。生产上预防粗缩病，严禁 6 月 5 日前播种；弯孢菌叶斑病、瘤黑粉病高发区注意进行药物防治。在 9 月底 10 月初叶子变黄籽粒乳线消失开始收获。

适宜种植地区：黄淮海夏玉米区的河南、山东、河北保定和沧州的南部及以南地区、陕西关中灌区、山西运城和临汾及晋城部分平川地区、江苏和安徽两省淮河以北地区夏播。

东单 6531

审定编号：国审玉 20186108

选育单位：辽宁东亚种业有限公司

品种来源：PH6WC（选）×83B28

特征特性：黄淮海夏玉米组出苗至成熟 101.4 天，比对照郑单 958 早熟 0.75 天。幼苗叶鞘紫色，叶片绿色，叶缘紫色，花药黄色，颖壳绿色。株型半紧凑，株高 249 厘米，穗位高 89 厘米，成株叶片数 19.5 片。果穗筒形，穗长 21.65 厘米，穗行数 16~18 行，穗粗 5.05 厘米，穗轴红，籽粒黄色、半马齿型，百粒重 37.2 克。接种鉴定，中抗茎腐病，感穗腐病，中抗小斑病，中抗弯孢菌叶斑病，感瘤黑粉病。品质分析，籽粒容重 785 克/升，粗蛋白含量 10.84%，粗脂肪含量 3.9%，粗淀粉含量 72.19%，赖氨酸含量 0.31%。

产量表现：2015—2016 年参加黄淮海夏玉米组区域试验，两年平均亩产 696.7 千克，比对照郑单 958 增产 8.4%。2016 年生产试验，平均亩产 633.4 千克，比对照郑单 958 增产 6.6%。

栽培技术要点：6 月上中旬播种，每亩适宜种植密度 4 500 株。田间管理，前期以促为主，在喇叭口期亩追施 12~20 千克尿素为攻穗肥，灌浆期酌情亩追施 5~10 千克尿素为攻粒肥。大喇叭口期要灌心防治玉米螟。注意防治穗腐病及瘤黑粉病。

适宜种植地区：黄淮海夏玉米区的河南、山东、河北保定和沧州的南部及以南地区、陕西关中灌区、山西运城和临汾及晋城部分平川地区、江苏和安徽两省淮河以北地区、湖北襄阳地区夏播。

东单 913

审定编号：国审玉 20186109

选育单位：辽宁东亚种业有限公司

品种来源：H823×L42082

特征特性：黄淮海夏玉米组出苗至成熟 100.5 天，比对照郑单 958 早熟 1.65 天。幼苗叶鞘紫色，叶片绿色，叶缘紫色，花药浅紫色，颖壳绿色。株型紧凑，株高 243 厘米，穗位高 85.5 厘米，成株叶片数 19 片。果穗筒形，穗长 21.1 厘米，穗行数 18~20 行，穗粗 5.1 厘米，穗轴红，籽粒黄色、半马齿型，百粒重 32.05 克。接种鉴定，感茎腐病、穗腐病、小斑病，中抗弯孢菌叶斑病、南方锈病，高感瘤黑粉病。品质分析，籽粒容重 767 克/升，粗蛋白含量 9.72%，粗脂肪含量 3.59%，粗淀粉含量 74.75%，赖氨酸含量 0.29%。

产量表现：2015—2016 年参加黄淮海夏玉米组区域试验，两年平均亩产 698.75 千克，比对照郑单 958 增产 8.8%。2016 年生产试验，平均亩产 634.3 千克，比对照郑单 958 增产 6.8%。

栽培技术要点：6 月上中旬播种，每亩适宜种植密度 5 000 株。田间管理，前期以促为主，在喇叭口期亩施追 12~20 千克尿素为攻穗肥，灌浆期酌情亩追施 5~10 千克尿素为攻粒肥。大喇叭口期要灌心防治玉米螟。注意防治茎腐病、穗腐病、小斑病及瘤黑粉病。

适宜种植地区：黄淮海夏玉米区的河南、山东、河北保定和沧州的南部及以南地区、陕西关中灌区、山西运城和临汾及晋城部分平川地区、江苏和安徽两省淮河以北地区、湖北襄阳地区夏播。

浚单 509

审定编号：国审玉 20186112

选育单位：河南永优种业科技有限公司

品种来源：浚 50X×浚 M9

特征特性：黄淮海夏玉米组出苗至成熟 102.5 天，与对照郑单 958 熟期相当。幼苗叶鞘紫色，叶片深绿色，叶缘紫色，花药紫色，颖壳浅紫色。株型紧凑，株高 278 厘米，穗位高 102 厘米，成株叶片数 20 片。果穗筒形，穗长 17.4 厘米，穗行数 14~16 行，穗粗 5.0 厘米，穗轴红，籽粒黄色、半马齿型，百粒重 33.8 克。接种鉴定，中抗茎腐病，感穗腐病、小斑病、粗缩病、南方锈病，高感弯孢菌叶斑病、瘤黑粉病。品质分析，籽粒容重 784 克/升，粗蛋白含量 11.30%，粗脂肪含量 5.16%，粗淀粉含量 73.63%，赖氨酸含量 0.34%。

产量表现： 2016—2017 年参加黄淮海夏玉米组区域试验，两年平均亩产 660.8 千克，比对照郑单 958 增产 8.2%。2017 年生产试验，平均亩产 638.0 千克，比对照郑单 958 增产 6.0%。

栽培技术要点： 适期早播，夏播在 6 月上中旬播种。控制密度，在中肥地一般每亩适宜密度 4 500~5 000 株为宜。田间管理，科学施肥；浇好三水，即拔节水、孕穗水和灌浆水；苗期注意防治蓟马、蚜虫、地老虎；大喇叭口期喷施化学药剂，防治玉米螟虫；注意防治弯孢菌叶斑病和瘤黑粉病。适当延迟收获期，苞叶发黄后，再推迟 7~10 天收获，产量可增加 5%~10%。

适宜种植地区： 黄淮海夏玉米区的河南、山东、河北保定和沧州的南部及以南地区、陕西关中灌区、山西运城和临汾及晋城部分平川地区、江苏和安徽两省淮河以北地区、湖北襄阳地区夏播。

金凯 7 号

审定编号： 国审玉 20186122

选育单位： 甘肃金源种业股份有限公司

品种来源： JB43×JP35

特征特性： 西北春玉米组出苗至成熟 130.5 天，比对照先玉 335 晚熟 0.4 天。幼苗叶鞘紫色，叶片绿色，叶缘紫色，花药紫色，颖壳紫色。株型紧凑，株高 308.1 厘米，穗位高 120.1 厘米，成株叶片数 20.55 片。果穗筒形，穗长 18.75 厘米，穗行数 14~16 行，穗轴红，籽粒黄色、半马齿型，百粒重 37.15 克。接种鉴定，感大斑病、丝黑穗病、穗腐病，中抗茎腐病。品质分析，籽粒容重 789 克/升，粗蛋白含量 8.75%，粗脂肪含量 3.7%，粗淀粉含量 75.7%，

产量表现： 2016—2017 年参加西北春玉米组区域试验，两年平均亩产 982.6 千克，比对照先玉 335 增产 3.47%。2017 年生产试验，平均亩产 982.9 千克，比对照先玉 335 增产 3.05%。

栽培技术要点： 中等肥力以上地块栽培，4 月下旬至 5 月上旬播种，亩种植密度 5 000~5 500 株（新疆亩种植密度 6 000 株）。一般亩施农家肥 3 000 千克和磷酸氢二铵 15~20 千克作基肥，拔节期结合灌头水亩追施尿素 15~20 千克，大喇叭口期亩追施尿素 20~25 千克。

适宜种植地区： 西北春玉米区的内蒙古巴彦淖尔大部分地区、鄂尔多斯大部分地区，陕西榆林、延安，宁夏引扬黄灌区，甘肃陇南、天水、庆阳、平凉、白银、定西、临夏州海拔 1 800 米以下地区及武威、张掖、酒泉大部分地区，新疆昌吉州阜康以西至博乐以东地区、北疆沿天山地区、伊犁州直西部平原地区春播。

九圣禾 2468

审定编号： 国审玉 20186123

选育单位： 九圣禾种业股份有限公司

品种来源： 运系 Z24×JH49

特征特性： 西北春玉米组出苗至成熟 131.6 天，比对照郑单 958 晚熟 0.5 天。幼苗叶鞘紫色，叶片绿色，叶缘绿色，花药浅紫色，颖壳绿色。株型紧凑，株高 288 厘米，穗位高 113 厘米，成株叶片数 19 片。果穗筒形，穗长 17.6 厘米，穗行数 16~18 行，穗粗 4.8 厘米，穗轴红色，籽粒黄色、半马齿型，百粒重 32.7 克。接种鉴定，高感大斑病、丝黑穗病，中抗茎腐病、穗腐病，籽粒容重 778 克/升，粗蛋白含量 8.86%，粗脂肪含量 3.50%，粗淀粉含量 74.01%，赖氨酸含量 0.28%。

产量表现： 2015—2016 年参加西北春玉米组区域试验，两年平均亩产 957.6 千克，比对照郑单 958 增产 6.68%。2016 年生产试验，平均亩产 973.7 千克，比对照郑单 958 增产 3.54%。

栽培技术要点： 中等肥力以上地块栽培，4 月下旬至 5 月上旬播种，亩种植密度 5 500~6 000 株。注意防治大斑病和丝黑穗病。

适宜种植地区： 西北春玉米区的内蒙古巴彦淖尔大部分地区、鄂尔多斯大部分地区，陕西榆林、延安，宁夏引扬黄灌区，甘肃陇南、天水、庆阳、平凉、白银、定西、临夏州海拔 1 800 米以下地区及武威、张掖、酒泉大部分地区，新疆昌吉州阜康以西至博乐以东地区、北疆沿天山地区、伊犁州直西部平原地区春播。

豫丰 98

审定编号： 国审玉 20190006

选育单位： 河南省豫丰种业有限公司、河北绿丰种业有限公司

品种来源： 自选系 585×22

特征特性： 黄淮海夏玉米组出苗至成熟 101.5 天，比对照郑单 958 早熟 1 天。幼苗叶鞘紫色，叶片绿色，叶缘绿色，花药浅紫色，颖壳绿色。株型半紧凑，株高 279 厘米，穗位高 102 厘米，成株叶片数 19 片。果穗筒形，穗长 17.9 厘米，穗行数 14~16 行，穗粗 5.1 厘米，穗轴红色，籽粒黄色、马齿型，百粒重 36.45 克。接种鉴定，中抗茎腐病、瘤黑粉病，感小斑病，高感弯孢菌叶斑病、穗腐病、粗缩病、南方锈病。籽粒容重 736 克/升，粗蛋白含量 11.74%，粗脂肪含量 3.22%，粗淀粉含量 73.23%，赖氨酸含量 0.32%。

产量表现： 2016—2017 年参加黄淮海夏玉米组区域试验，两年平均亩产 686.2 千克，比对照郑单 958

增产 7.43%。2017 年生产试验，平均亩产 667.65 千克，比对照郑单 958 增产 5.86%。

栽培技术要点：中等肥力以上地块栽培，播种期 5 月下旬至 6 月上中旬，亩种植密度 4 000~4 500 株，高水肥条件下亩种植密度 4 500~5 000 株。科学施肥，浇好三水，即拔节水、孕穗水和灌浆水；苗期注意防治蓟马、蚜虫、地老虎；大喇叭口期注意防治玉米螟虫。籽粒乳线消失或籽粒尖端出现黑色层时收获。注意防治粗缩病、弯孢菌叶斑病、穗腐病和南方锈病。

适宜种植地区：适宜在河南、山东、河北保定和沧州的南部及以南地区、陕西关中灌区、山西运城和临汾及晋城部分平川地区、安徽和江苏两省淮河以北地区、湖北襄阳地区夏播种植。

连胜 2025

审定编号：国审玉 20190008

选育单位：山东连胜种业有限公司

品种来源：LS53341×LS206

特征特性：黄淮海夏玉米组出苗至成熟 102.5 天，与对照郑单 958 熟期相当。幼苗叶鞘紫色，花药绿色，株型紧凑，株高 272 厘米，穗位高 90 厘米，成株叶片数 19 片。果穗长筒形，穗长 18.3 厘米，穗行数 15.8 行，穗轴红色，籽粒黄色、半马齿型，百粒重 33.25 克。接种鉴定，中抗小斑病、茎腐病，感瘤黑粉病，高感穗腐病、弯孢菌叶斑病、粗缩病和南方锈病。籽粒容重 736 克/升，粗蛋白含量 9.74%，粗脂肪含量 3.59%，粗淀粉含量 74.42%，赖氨酸含量 0.29%。

产量表现：2016—2017 年参加黄淮海夏玉米组区域试验，两年平均亩产 686.5 千克，比对照郑单 958 增产 6.4%。2017 年生产试验，平均亩产 663.8 千克，比对照郑单 958 增产 6.56%。

栽培技术要点：中等肥力以上地块种植，夏播区 6 月上中旬播种，亩种植密度 4 500~5 000 株/亩。注意防治粗缩病、瘤黑粉病、穗腐病、弯孢菌叶斑病和南方锈病。

适宜种植地区：适宜在河南、山东、河北保定和沧州的南部及以南地区、陕西关中灌区、山西运城和临汾及晋城部分平川地区、江苏和安徽两省淮河以北地区、湖北襄阳地区夏播种植。

京农科 828

审定编号：国审玉 20190009

选育单位：北京龙耘种业有限公司

品种来源：京 88×京 2416

特征特性：黄淮海夏玉米组出苗至成熟 100 天，比对照郑单 958 早熟 2.6 天。幼苗叶鞘紫色，花药浅紫色，株型紧凑，株高 263 厘米，穗位高 94 厘米，成株叶片数 18.5 片。果穗长筒形，穗长 17.95 厘米，穗行数 12~16 行，穗轴红色，籽粒黄色、半马齿型，百粒重 36.55 克。接种鉴定，感小斑病、茎腐病和瘤黑粉病，高感穗腐病、弯孢菌叶斑病、粗缩病和南方锈病。籽粒容重 745 克/升，粗蛋白含量 11.31%，粗脂肪含量 4.76%，粗淀粉含量 70.63%，赖氨酸含量 0.32%。

产量表现：2016—2017 年参加黄淮海夏玉米组区域试验，两年平均亩产 669.56 千克，比对照郑单 958 增产 3.28%。2017 年生产试验，平均亩产 680.4 千克，比对照郑单 958 增产 5.1%。

栽培技术要点：中等肥力以上地块栽培，6 月中下旬播种，亩种植密度 4 500~5 000 株。注意防治穗腐病、弯孢菌叶斑病、粗缩病和南方锈病。

适宜种植地区：适宜在河南、山东、河北保定和沧州的南部及以南地区、陕西关中灌区、山西运城和临汾及晋城部分平川地区、江苏和安徽两省淮河以北地区、湖北襄阳地区夏播种植。

金北 516

审定编号：国审玉 20190011

选育单位：武威金西北种业有限公司、宿州市淮河种业有限公司

品种来源：JBZ1864×JBZ1701

特征特性：黄淮海夏玉米组出苗至成熟 101 天，比对照郑单 958 早熟 1.5 天。幼苗叶鞘紫色，叶片绿色，叶缘紫色，花药紫色，颖壳紫色。株型半紧凑，株高 296 厘米，穗位高 110 厘米，成株叶片数 19~20 片。果穗长筒形，穗长 18.95 厘米，穗行数 14~16 行，穗粗 5.4 厘米，穗轴红色，籽粒黄色、马齿型，百粒重 37.65 克。接种鉴定，中抗茎腐病，感小斑病、穗腐病、弯孢菌叶斑病和瘤黑粉病，高感粗缩病和南方锈病。籽粒容重 737 克/升，粗蛋白含量 10.72%，粗脂肪含量 3.73%，粗淀粉含量 73.67%，赖氨酸含量 0.32%。

产量表现：2016—2017 年参加黄淮海夏玉米组区域试验，两年平均亩产 680.25 千克，比对照郑单 958 增产 5.47%。2017 年生产试验，平均亩产 657.2 千克，比对照郑单 958 增产 6.6%。

栽培技术要点：中等肥力以上地块栽培，适宜种植密度 4 000~4 500 株/亩。6 月 1—15 日播种为宜。田间管理注意足墒播种。注意防治粗缩病和南方锈病。

适宜种植地区：适宜在河南、山东、河北保定和沧州的南部及以南地区、陕西关中灌区、山西运城和临汾及晋城部分平川地区、江苏和安徽两省淮河以北地区、湖北襄阳地区夏播种植。

金科玉 3306

审定编号：国审玉 20190012

选育单位：山西大丰种业有限公司

品种来源：N16082×X1267

特征特性：黄淮海夏玉米组出苗至成熟 100. 5 天，比对照郑单 958 早熟 2 天。幼苗叶鞘紫色，花药浅紫色，株型半紧凑，株高 255 厘米，穗位高 98 厘米，成株叶片数 19 片。果穗筒形，穗长 17. 5 厘米，穗行数 16~18 行，穗轴红色，籽粒黄色、半马齿型，百粒重 34. 05 克。接种鉴定，中抗小斑病、茎腐病，感穗腐病、弯孢菌叶斑病、瘤黑粉病、南方锈病，高感粗缩病。籽粒容重 740 克/升，粗蛋白含量 9. 50%，粗脂肪含量 4. 35%，粗淀粉含量 73. 99%，赖氨酸含量 0. 28%。

产量表现：2016—2017 年参加黄淮海夏玉米组区域试验，两年平均亩产 697. 5 千克，比对照郑单 958 增产 8. 6%。2017 年生产试验，平均亩产 672. 1 千克，比对照郑单 958 增产 8. 1%。

栽培技术要点：6 月上旬至中旬播种；留苗密度 4 500~5 000 株/亩（根据地力水平、种植区域的不同适当增减）；亩施优质农家肥 3 000~4 000 千克，拔节期亩追肥尿素 20~30 千克；大喇叭口期注意防治玉米螟；灌浆期遇涝注意排水。适时收获，增加粒重，提高产量。注意防治粗缩病、穗腐病和瘤黑粉病。

适宜种植地区：适宜河南、山东、河北保定和沧州的南部及以南地区、陕西关中灌区、山西运城和临汾及晋城部分平川地区、江苏和安徽两省淮河以北地区、湖北襄阳地区夏播种植。

福盛园 57

审定编号：国审玉 20190016

选育单位：山西强盛种业有限公司

品种来源：甘 3×C237

特征特性：黄淮海夏玉米组出苗至成熟 100. 5 天，比对照郑单 958 早熟 2 天。幼苗叶鞘紫色，花药浅紫色，叶片绿色，叶缘紫色，株型紧凑，株高 283 厘米，穗位高 99 厘米，成株叶片数 19 片。果穗长筒形，穗长 18. 15 厘米，穗行数 16~18 行，穗轴红色，籽粒黄色、半马齿型，百粒重 34. 2 克。接种鉴定，中抗茎腐病，感小斑病、弯孢菌叶斑病、瘤黑粉病，高感穗腐病、粗缩病、南方锈病。籽粒容重 740 克/升，粗蛋白含量 10. 39%，粗脂肪含量 3. 5%，粗淀粉含量 74. 06%，赖氨酸含量 0. 30%。

产量表现：2016—2017 年参加黄淮海夏玉米组区域试验，两年平均亩产 675. 55 千克，比对照郑单 958 增产 4. 87%。2017 年生产试验，平均亩产 662. 3 千克，比对照郑单 958 增产 7. 9%。

栽培技术要点：中上等肥力地块种植；6 月中旬播种；适宜亩种植密度 4 500~5 000 株。注意防治穗腐病、粗缩病、南方锈病。

适宜种植地区：适宜在河南、山东、河北保定和沧州的南部及以南地区、陕西关中灌区、山西运城和临汾及晋城部分平川地区、江苏和安徽两省淮河以北地区、湖北襄阳地区夏播种植。

强硕 168

审定编号：国审玉 20190018

选育单位：衣丰凡

品种来源：N547×泰 548

特征特性：黄淮海夏玉米组出苗至成熟 102 天，比对照郑单 958 早熟 0.5 天。幼苗叶鞘浅紫色，叶片绿色，叶缘紫色，花药绿色，颖壳绿色。株型半紧凑，株高 289 厘米，穗位高 110 厘米，成株叶片数 20 片。果穗长筒形，穗长 20.4 厘米，穗行数 14~18 行，穗轴红色，籽粒黄色、半马齿型，百粒重 34.15 克。接种鉴定，中抗茎腐病，感小斑病、弯孢菌叶斑病、南方锈病，高感粗缩病、穗腐病、瘤黑粉病。籽粒容重 758 克/升，粗蛋白含量 11.54%，粗脂肪含量 4.17%，粗淀粉含量 73.71%，赖氨酸含量 0.29%。

产量表现：2016—2017 年参加黄淮海夏玉米组区域试验，两年平均亩产 657.52 千克，比对照郑单 958 增产 5.38%。2017 年生产试验，平均亩产 655.2 千克，比对照郑单 958 增产 5.6%。

栽培技术要点：喜肥水，应选择肥水条件好的地块种植；亩播种密度 3 500~4 000 株；做好田间管理、科学施肥、浇好三水，即拔节水、孕穗水、灌浆水；适时收获，玉米籽粒乳线消失或籽粒尖端出现黑色层时收获，以充分发挥该品种的增产潜力。注意防治粗缩病、瘤黑粉病、穗腐病等病害。

适宜种植地区：适宜在河南、山东、河北保定和沧州的南部及以南地区、陕西关中灌区、山西运城和临汾及晋城部分平川地区、江苏淮北、安徽淮北、湖北襄阳地区夏播种植。

京科 665

审定编号：国审玉 20190028

选育单位：北京顺鑫农科种业科技有限公司

品种来源：京 725×京 92

特征特性：黄淮海夏玉米组出苗至成熟 102 天，比对照郑单 958 早熟 1 天。幼苗叶鞘紫色，叶片绿色，叶缘淡紫色，花药浅紫色，颖壳淡紫色。株型半紧凑，株高 273 厘米，穗位高 101 厘米，成株叶片数 19 片。果穗筒形，穗长 17.0 厘米，穗行数 14~16 行，穗轴红色，籽粒黄色、半马齿型，百粒重 36.1 克。接种鉴定，高抗瘤黑粉病，中抗小斑病、茎腐病，感穗腐病、弯孢菌叶斑病和粗缩病，高感南方锈病。籽粒容重 746 克/升，粗蛋白含量 9.72%，粗脂肪含量 4.04%，粗淀粉含量 74.45%，赖氨酸含量 0.33%。

产量表现：2016—2017 年参加黄淮海夏玉米组区域试验，两年平均亩产 639.7 千克，比对照郑单 958 增产 3.4%。2017 年生产试验，平均亩产 607.2 千克，比对照郑单 958 增产 1.2%。

栽培技术要点：中等肥力以上地块种植，5月下旬至6月中旬播种，亩种植密度4 000~4 500株。注意防治南方锈病，防止倒伏。

适宜种植地区：适宜在河南、山东、河北保定和沧州的南部及以南地区、陕西关中灌区、山西运城和临汾及晋城部分平川地区、江苏和安徽两省淮河以北地区、湖北襄阳地区夏播种植。

MC278

审定编号：国审玉20190030

选育单位：北京顺鑫农科种业科技有限公司

品种来源：京X005×京27

特征特性：黄淮海夏玉米组出苗至成熟102天，比对照郑单958早熟1天。幼苗叶鞘紫色，花药紫色，株型半紧凑，株高272厘米，穗位高95厘米，成株叶片数19片。果穗筒形，穗长18.1厘米，穗行数14~16行，穗轴红色，籽粒黄色、半马齿型，百粒重35.6克。接种鉴定，高抗茎腐病，中抗小斑病、弯孢菌叶斑病，感穗腐病、粗缩病、瘤黑粉病，高感南方锈病。籽粒容重754克/升，粗蛋白含量11.51%，粗脂肪含量3.19%，粗淀粉含量73.83%，赖氨酸含量0.32%。

产量表现：2016—2017年参加黄淮海夏玉米组区域试验，两年平均亩产658.7千克，比对照郑单958增产5.0%。2017年生产试验，平均亩产629.8千克，比对照郑单958增产3.5%。

栽培技术要点：中等肥力以上地块种植，5月下旬至6月上中旬播种，亩种植密度4 500~5 000株。注意防治南方锈病。

适宜种植地区：适宜在河南、山东、河北保定和沧州的南部及以南地区、陕西关中灌区、山西运城和临汾及晋城部分平川地区、江苏和安徽两省淮河以北地区、湖北襄阳地区夏播种植。

京科968

审定编号：国审玉20190031

选育单位：北京市农林科学院玉米研究中心

品种来源：京724×京92

特征特性：黄淮海夏玉米组出苗至成熟103天，和对照郑单相当。幼苗叶鞘紫色，花药紫色，株型半紧凑，株高282厘米，穗位高104厘米，成株叶片数19片。果穗筒形，穗长17.85厘米，穗行数14~18行，穗轴白色，籽粒黄色、半马齿型，百粒重36.35克。接种鉴定，中抗小斑病，感茎腐病、瘤黑粉病，高感穗腐病、弯孢菌叶斑病、粗缩病、南方锈病。籽粒容重732克/升，粗蛋白含量10.02%，粗脂肪含量3.77%，粗淀粉含量74.00%，赖氨酸含量0.32%。黄淮海夏播青贮玉米组出苗至收获期98.5天，比对照雅玉青贮8号早熟1.5天。幼苗叶鞘浅紫色，株型半紧凑，株高281厘米，穗位高106厘米。2016年接种鉴定，中抗茎腐病、小斑病、弯孢菌叶斑病；2017年接种鉴定，感茎腐病、弯孢菌叶斑病、瘤黑粉病、南方锈病，中抗小斑病。全株粗蛋白含量8.32%~8.69%，淀粉含量35.07%~39.26%，中性洗涤纤维含量33.70%~36.84%，酸性洗涤纤维含量13.25%~15.61%。

产量表现：2016—2017年参加黄淮海夏玉米组区域试验，两年平均亩产646.05千克，比对照郑单958增产4.46%。2017年生产试验，平均亩产621.6千克，比对照郑单958增产3.6%。2016—2017年参加黄淮海夏播青贮玉米组区域试验，两年平均亩产（干重）1 217.5千克，比对照雅玉青贮8号增产3.04%。2017年生产试验，平均亩产（干重）1 076.7千克，比对照雅玉青贮8号增产11.1%。

栽培技术要点：黄淮海夏玉米组：播种期6月中旬，根据地力条件亩种植密度4 000~4 500株。注意防治穗腐病、弯孢菌叶斑病、粗缩病和南方锈病。黄淮海夏播青贮玉米区：播种期6月中旬，根据地力条件亩种植密度4 000~4 500株。黄淮海夏玉米区：播种期6月中旬，根据地力条件亩种植密度4 000~4 500株。注意预防穗腐病和弯孢菌叶斑病。

适宜种植地区：适宜在河南、山东、河北保定和沧州的南部及以南地区、陕西关中灌区、山西运城和临汾及晋城部分平川地区、江苏和安徽两省淮河以北地区、湖北襄阳地区夏播种植。适宜在河南、山东、河北保定和沧州的南部及以南地区、陕西关中灌区、山西运城和临汾及晋城部分平川地区、江苏和安徽两省淮河以北地区、湖北襄阳等黄淮海夏播地区作为青贮玉米种植。

MC738

审定编号：国审玉20190033

选育单位：河南省现代种业有限公司

品种来源：京724×京2416

特征特性：黄淮海夏玉米组出苗至成熟102天，比对照郑单958早熟0.7天。幼苗叶鞘紫色，叶片深绿色，花药紫色，株型紧凑，株高277厘米，穗位高100厘米左右，成株叶片数19片。果穗筒形，穗长17.7厘米，穗行数16~18行，穗轴白色，籽粒黄色、半马齿型，百粒重35.9克。接种鉴定，感茎腐病、小斑病，高感穗腐病、弯孢菌叶斑病、粗缩病、瘤黑粉病、南方锈病。籽粒容重740克/升，粗蛋白含量9.55%，粗脂肪含量3.80%，粗淀粉含量73.97%，赖氨酸含量0.31%。

产量表现：2016—2017年参加黄淮海夏玉米组区域试验，两年平均亩产643.2千克，比对照郑单958增产4%。2017年生产试验，平均亩产615.6千克，比对照郑单958增产2.6%。

栽培技术要点：中等肥力以上地块种植，播种期6月上中旬，适宜密度4 000株/亩。注意防治瘤黑粉病、粗缩病、弯孢菌叶斑病、穗腐病、南方锈病。

适宜种植地区：适宜在河南、山东、河北保定和沧州的南部及以南地区、陕西关中灌区、山西运城和临汾及晋城部分平川地区、江苏和安徽两省淮河以北地区、湖北襄阳地区夏播种植。

京科青贮 932

审定编号：国审玉 20190043

选育单位：北京市农林科学院玉米研究中心

品种来源：京 X005×MX1321

特征特性：黄淮海夏播青贮玉米组出苗至收获期 97.6 天，比对照雅玉青贮 8 号早熟 2.4 天。幼苗叶鞘紫色，株型半紧凑，株高 286 厘米，穗位高 113 厘米。2016 年接种鉴定，高抗茎腐病、小斑病、弯孢菌叶斑病；2017 年接种鉴定，感茎腐病、弯孢菌叶斑病、南方锈病，中抗小斑病，高感瘤黑粉病。全株粗蛋白含量 8.05%~8.20%，淀粉含量 30.07%~36.87%，中性洗涤纤维含量 36.34%~41.58%，酸性洗涤纤维含量 15.76%~16.99%。

产量表现：2016—2017 年参加黄淮海夏播青贮玉米组区域试验，两年平均亩产（干重）1 258.5 千克，比对照雅玉青贮 8 号增产 6.52%。2017 年生产试验，平均亩产（干重）1 070 千克，比对照雅玉青贮 8 号增产 9.9%。

栽培技术要点：中等肥力以上地块栽培，夏播播种期 6 月中旬，亩种植密度 4 000~4 500 株。注意瘤黑粉病防治。

适宜种植地区：适宜在河南、山东、河北保定和沧州的南部及以南地区、陕西关中灌区、山西运城和临汾及晋城部分平川地区、江苏和安徽两省淮河以北地区、湖北襄阳等黄淮海夏播地区作为青贮玉米种植。

斯达 205

审定编号：国审玉 20190046

选育单位：北京中农斯达农业科技开发有限公司

品种来源：678-1×313

特征特性：北方（东华北）鲜食甜玉米组出苗至鲜穗采收期 81.5 天，比对照中农大甜 413 早熟 1.5 天。幼苗叶鞘绿色，叶片绿色，叶缘绿色，花药黄色，颖壳绿色。株型平展，株高 253 厘米，穗位高 96 厘米，成株叶片数 18.3 片。果穗筒形，平均穗长 20.3 厘米，穗行数 15.9 行、穗粗 4.7 厘米，穗轴白色，籽粒黄色、甜质型，百粒重 35.1 克。接种鉴定，感大斑病，抗/感丝黑穗病，皮渣率 4.34%，还原糖含量 9.5%，水溶性总含糖量 29.14%，品尝鉴定 87.95 分。

产量表现：2016—2017 年参加北方（东华北）鲜食甜玉米组区域试验，两年平均亩产 869.2 千克，比对照中农大甜 413 增产 9.13%。

栽培技术要点：肥水管理以促为主，尽量早定苗，管理上也强调早，促其早发苗；施好基肥、种肥，重施穗肥，及时防治病虫害，适时采收。栽培密度 3 500 株/亩。

适宜种植地区：适宜在黑龙江第五积温带至第一积温带、吉林、辽宁、内蒙古、河北、山西、北京、天津、新疆、宁夏、甘肃、陕西等地年≥10℃活动积温 1 900℃以上玉米春播种植区作为鲜食玉米种植。

泽尔沣 99

审定编号：国审玉 20190056

选育单位：吉林省宏泽现代农业有限公司

品种来源：H03×Z3-55

特征特性：东华北中早熟春玉米组出苗至成熟 127.9 天，比对照吉单 27 晚熟 1.4 天。幼苗叶鞘紫色，叶片绿色，叶缘紫色，花药紫色，颖壳紫色。株型紧凑，株高 314 厘米，穗位高 122 厘米，成株叶片数 19 片。果穗筒形，穗长 19.5 厘米，穗行数 16~18 行，穗粗 5.3 厘米，穗轴红，籽粒黄色、马齿型，百粒重 37.4 克。接种鉴定，高抗茎腐病，抗穗腐病，中抗大斑病、灰斑病，感丝黑穗病。品质分析，籽粒容重 756 克/升，粗蛋白含量 9.54%，粗脂肪含量 3.47%，粗淀粉含量 74.91%，赖氨酸含量 0.27%。

产量表现：2016—2017 年参加东华北中早熟春玉米组区域试验，两年平均亩产 794.1 千克，比对照吉单 27 增产 4.0%。2018 年生产试验，平均亩产 768.9 千克，比对照吉单 27 增产 8.3%。

栽培技术要点：东华北中早熟区一般 4 月下旬至 5 月上旬播种；每亩种植密度 4 000 株；注意防治玉米丝黑穗病；施足农家肥，底肥一般每亩施用 35 千克，种肥一般每亩施用 10 千克，追肥一般每亩施用 15 千克，或每亩一次性施入复合肥 50 千克。

适宜种植地区：东华北中早熟春玉米区的黑龙江第二积温带，吉林白山、延边州的部分地区，通化市、吉林市的东部、内蒙古兴安盟中北部、赤峰中北部种植。

富民 985

审定编号：国审玉 20190111

选育单位：吉林省富民种业有限公司

品种来源：M801×FM1101

特征特性：东华北中熟春玉米组出苗至成熟 133 天，比对照先玉 335 早熟 1 天。幼苗叶鞘紫色，花药绿色，颖壳绿色。株型半紧凑，株高 269 厘米，穗位高 97 厘米，成株叶片数 19 片。果穗筒形，穗长 18.7 厘米，穗行数 16~18 行，穗粗 5.1 厘米，穗轴红色，籽粒黄色、半马齿型，百粒重 36.7 克。接种鉴定，高抗茎腐病，感大斑病、丝黑穗病、灰斑病、穗腐病，品质分析，籽粒容重 761 克/升，粗蛋白含量 10. 10%，粗脂肪含量 4. 16%，粗淀粉含量 73. 31%，赖氨酸含量 0. 29%。

产量表现：2017—2018 年参加东华北中熟春玉米组区域试验，两年平均亩产 837. 3 千克，比对照先玉 335 增产 4. 9%。2018 年生产试验，平均亩产 777. 4 千克，比对照先玉 335 增产 8. 2%。

栽培技术要点：选中等肥力以上地块种植，4 月下旬至 5 月上旬播种，每亩种植密度 4 500 株。注意及时防治丝黑穗病。施足农肥，一般每亩施底肥玉米复合肥 45 千克，追肥尿素 20 千克。

适宜种植地区：东华北中熟春玉米区的辽宁东部山区和辽北部分地区，吉林省吉林市、白城、通化大部分地区，辽源、长春、松原部分地区，黑龙江第一积温带，内蒙古乌兰浩特、赤峰、通辽、呼和浩特、包头等部分地区。

宁玉 468

审定编号：国审玉 20190115

选育单位：江苏金华隆种子科技有限公司

品种来源：宁晨 224×宁晨 243

特征特性：东华北中熟春玉米组出苗至成熟 130 天，比对照先玉 335 晚熟 0. 3 天。幼苗叶鞘紫色，花药紫色，颖壳绿色。株型半紧凑，株高 314 厘米，穗位高 122 厘米，成株叶片数 21 片。果穗筒形，穗长 20. 3 厘米，穗行数 16~18 行，穗粗 4. 9 厘米，穗轴红，籽粒黄色、马齿型，百粒重 39. 8 克。接种鉴定，抗丝黑穗病、灰斑病、茎腐病，中抗穗腐病，感大斑病。品质分析，籽粒容重 752 克/升，粗蛋白含量 9. 6%，粗脂肪含量 3. 13%，粗淀粉含量 75. 8%，赖氨酸含量 0. 27%。西北春玉米组出苗至成熟 132. 3 天，比对照先玉 335 晚熟 0. 6 天。幼苗叶鞘紫色，花药紫色，颖壳绿色。株型半紧凑，株高 316 厘米，穗位高 131 厘米，成株叶片数 21 片。果穗筒形，穗长 19. 2 厘米，穗行数 16~18 行，穗粗 5. 2 厘米，穗轴红，籽粒黄色、马齿型，百粒重 39. 0 克。接种鉴定，中抗丝黑穗病、茎腐病，感穗腐病，高感大斑病。品质分析，籽粒容重 742 克/升，粗蛋白含量 8. 03%，粗脂肪含量 3. 12%，粗淀粉含量 73. 20%，赖氨酸含量 0. 27%。

产量表现：2017—2018 年参加东华北中熟春玉米组联合体区域试验，两年平均亩产 784. 0 千克，比对照先玉 335 增产 6. 8%。2018 年生产试验，平均亩产 743. 3 千克，比对照先玉 335 增产 1. 3%。2017—2018 年参加西北春玉米组联合体区域试验，两年平均亩产 1 006. 2 千克，比对照先玉 335 增产 6. 4%。2018 年生产试验，平均亩产 1 000. 7 千克，比对照先玉 335 增产 2. 0%。

栽培技术要点：东华北中熟春玉米区春播适宜 4 月中旬至 5 月中旬播种。每亩适宜种植密度 4 500 株。在施足农家肥的基础上，亩施复合肥 40~50 千克。在玉米大喇叭口期追肥，亩施尿素 30 千克。玉米在拔节前（生长至 5 个展开叶片之前）及时防治苗期病虫害。适时晚收，可增加粒重、提高产量及品质。

注意防治大斑病。西北春玉米区4月中旬至5月中旬播种，在6~7叶期定苗。每亩留苗5 500~6 000株，但新疆地区可留苗6 500~7 000株。在施足农家肥的基础上，亩施复合肥40~50千克。在玉米大喇叭口期追肥，亩施尿素30千克。注意防治穗腐病，在大斑病高发区慎用。

适宜种植地区：东华北中熟春玉米区的辽宁东部山区和辽北部分地区，吉林省吉林市、白城、通化大部分地区，辽源、长春、松原部分地区，黑龙江第一积温带，内蒙古乌兰浩特、赤峰、通辽、呼和浩特、包头、巴彦淖尔、鄂尔多斯等部分地区春播种植。也适宜在西北春玉米区的内蒙古巴彦淖尔大部分地区、鄂尔多斯大部分地区，陕西榆林、延安，宁夏引扬黄灌区，甘肃陇南、天水、庆阳、平凉、白银、定西、临夏州海拔1 800米以下地区及武威、张掖、酒泉大部分地区，新疆昌吉州、阜康以西至博乐以东地区、北疆沿天山地区、伊犁州直西部平原地区。

天塔8318

审定编号：国审玉20190130

选育单位：天津中天大地科技有限公司

品种来源：0H88×9H318-2

特征特性：东华北中熟春玉米组出苗至成熟129天，比对照先玉335早熟1天。幼苗叶鞘紫色，叶片绿色，叶缘绿色，花药浅紫色，颖壳绿色。株型半紧凑，株高291厘米，穗位高115厘米，成株叶片数20片。果穗筒形，穗长19.6厘米，穗行数14~16行，穗粗5.5厘米，穗轴红，籽粒黄色、半马齿型，百粒重36.75克。接种鉴定，中抗茎腐病、穗腐病，感大斑病、灰斑病，高感丝黑穗病。品质分析，籽粒容重768克/升，粗蛋白含量9.01%，粗脂肪含量3.21%，粗淀粉含量76.85%，赖氨酸含量0.28%。

产量表现：2017—2018年参加东华北中熟春玉米组联合体区域试验，两年平均亩产749.35千克，比对照先玉335增产5.9%。2018年生产试验，平均亩产760.7千克，比对照先玉335增产5.1%。

栽培技术要点：适宜播期为春播4月下旬，或10厘米地温保持10℃时播种；每亩种植密度4 000~4 500株；小喇叭口期注意防治玉米螟；施足底肥，根据玉米长势合理追肥。注意防治丝黑穗病。

适宜种植地区：东华北中熟春玉米区的辽宁东部山区和辽北部分地区，吉林省吉林市、白城、通化大部分地区，辽源、长春、松原部分地区，黑龙江第一积温带，内蒙古兴安盟、赤峰、通辽、呼和浩特、包头、巴彦淖尔、鄂尔多斯等部分地区，河北张家口坝下丘陵及河川中熟区和承德中南部中熟区，山西北部大同、朔州盆地区和中部及东南部丘陵区。

五谷631

审定编号：国审玉20190141

选育单位：甘肃五谷种业股份有限公司

品种来源：WG6320×WG3151

特征特性：东华北中熟春玉米组出苗至成熟129天，与对照先玉335生育期相当。幼苗叶鞘紫色，叶片绿色，叶缘紫色，花药浅紫色，颖壳绿色。株型半紧凑，株高294厘米，穗位高113厘米，果穗筒形，穗长19.75厘米，穗行数14~18行，穗轴红，籽粒黄色、半马齿型，百粒重40.6克。接种鉴定，抗茎腐病，中抗灰斑病、穗腐病，感大斑病、丝黑穗病。品质分析，籽粒容重778克/升，粗蛋白含量10.10%，粗脂肪含量3.64%，粗淀粉含量73.42%，赖氨酸含量0.29%。

产量表现：2017—2018年参加东华北中熟春玉米组联合体区域试验，两年平均亩产786.6千克，比对照先玉335增产4.4%。2018年生产试验，平均亩产813.0千克，比对照先玉335增产5.7%。

栽培技术要点：使用正规生产的包衣种以有效防治地下害虫。在适应区春季4月末至5月初播种，亩密度4 500株。在起垄或播种时施足底肥，亩施肥磷酸二铵15千克以上，有条件的可施农家肥，追肥在拔节初期每亩追施尿素30千克。苗期应视墒情采取蹲苗措施控制株高，使其健壮（控旺不控弱，控湿不控干），苗期注意中耕除草。喇叭口期施肥水猛攻，此期注意用颗粒剂防玉米螟。完熟后适时收获。

适宜种植地区：东华北中熟春玉米区的辽宁东部山区和辽北部分地区，吉林省吉林市、白城、通化大部分地区，辽源、长春、松原部分地区，黑龙江第一积温带，内蒙古兴安盟、赤峰、通辽、呼和浩特、包头、巴彦淖尔、鄂尔多斯等部分地区，河北张家口坝下丘陵及河川中熟区和承德中南部中熟区，山西北部大同、朔州盆地区和中部及东南部丘陵区。

先玉1420

审定编号：国审玉20190160

选育单位：铁岭先锋种子研究有限公司

品种来源：PH2GAA×PH11VR

特征特性：东华北中晚熟春玉米组出苗至成熟125.4天，比对照郑单958早熟1.8天。幼苗叶鞘紫色，叶片绿色，叶缘紫色，花药浅紫色，颖壳绿色。株型紧凑，株高292厘米，穗位高114厘米，穗长19.9厘米，穗行数14~18行，穗轴红，籽粒黄色、半马齿型，百粒重37.2克。接种鉴定，抗茎腐病，中抗穗腐病，感大斑病、丝黑穗病、灰斑病。品质分析，籽粒容重784克/升，粗蛋白含量9.38%，粗脂肪含量4.15%，粗淀粉含量76.12%，赖氨酸含量0.26%。

产量表现：2017—2018年参加东华北中晚熟春玉米组区域试验，两年平均亩产819.95千克，比对照郑单958增产8.19%。2018年生产试验，平均亩产740.1千克，比对照郑单958增产7.5%。

栽培技术要点：中等肥力以上地块栽培，4月下旬至5月上旬播种，每亩种植密度4 500株左右。注意防治丝黑穗病、大斑病。

适宜种植地区：东华北中晚熟春玉米区的吉林四平、松原、长春的大部分地区，辽源、白城、吉林市部分地区、通化南部，辽宁除东部山区和大连、东港以外的大部分地区，内蒙古赤峰和通辽大部分地区，山西忻州、晋中、太原、阳泉、长治、晋城、吕梁平川区和南部山区，河北张家口、承德、秦皇岛、唐山、廊坊、保定北部、沧州北部春播区，北京、天津春播区。

沐玉 105

审定编号：国审玉 20190166

选育单位：营口沐玉种业科技有限公司

品种来源：W09115×W0809333

特征特性：东华北中晚熟春玉米组出苗至成熟 126 天，比对照郑单 958 早熟 1.2 天。幼苗叶鞘紫色，叶片绿色，叶缘紫色，花药绿色，颖壳绿色。株型紧凑，株高 270 厘米，穗位高 109 厘米，穗长 16.7 厘米，穗行数 18~22 行，穗轴红，籽粒黄色、半马齿型，百粒重 32.5 克。接种鉴定，中抗茎腐病，感大斑病、丝黑穗病、灰斑病、穗腐病。品质分析，籽粒容重 768 克/升，粗蛋白含量 11.42%，粗脂肪含量 4.36%，粗淀粉含量 72.99%，赖氨酸含量 0.30%。

产量表现：2017—2018 年参加东华北中晚熟春玉米组区域试验，两年平均亩产 796.75 千克，比对照郑单 958 增产 5.21%。2018 年生产试验，平均亩产 721.3 千克，比对照郑单 958 增产 8.7%。

栽培技术要点：中等肥力以上地块栽培，4 月下旬至 5 月上旬播种，每亩种植密度 4 000~4 500 株。注意防治丝黑穗病。

适宜种植地区：东华北中晚熟春玉米区的吉林四平、松原、长春大部分地区和辽源、白城、吉林市部分地区以及通化南部，辽宁除东部山区和大连、东港以外的大部分地区，内蒙古赤峰和通辽大部分地区，山西忻州、晋中、太原、阳泉、长治、晋城、吕梁平川区和南部山区，河北张家口、承德、秦皇岛、唐山、廊坊、保定北部、沧州北部春播区，北京、天津春播区。

鲁单 9088

审定编号：国审玉 20190174

选育单位：宿州市天益青种业科学研究所

品种来源：lx088×lx03-2

特征特性：东华北中晚熟春玉米组出苗至成熟 127 天，比对照郑单 958 早熟 0.7 天。幼苗叶鞘紫色，叶片绿色，叶缘紫色，花药绿色，颖壳绿色。株型紧凑，株高 290 厘米，穗位高 117 厘米，穗长 21.8 厘米，穗行数 14~18 行，穗轴红，籽粒黄色、半马齿型，百粒重 41.3 克。接种鉴定，高抗茎腐病，中抗丝黑穗病，感大斑病、灰斑病、穗腐病。品质分析，籽粒容重 744 克/升，粗蛋白含量 11.13%，粗脂肪含量 4.06%，粗淀粉含量 73.57%，赖氨酸含量 0.33%。西南春玉米组出苗至成熟 114 天，比对照渝单 8 号早熟 3.5 天。幼苗叶鞘紫色，株型紧凑，株高 263 厘米，穗位高 99 厘米，果穗长锥形，穗长 19.1 厘米，穗行数 14~18 行，穗粗 4.8 厘米，穗轴红，籽粒黄色、半马齿型，百粒重 36.8 克。接种鉴定，抗南方锈病，感大斑病、茎腐病、穗腐病、小斑病、纹枯病，高感灰斑病。品质分析，籽粒容重 723 克/升，粗蛋白含量 11.49%，粗脂肪含量 3.76%，粗淀粉含量 69.42%，赖氨酸含量 0.33%。

产量表现：2017—2018 年参加东华北中晚熟春玉米组区域试验，两年平均亩产 804.9 千克，比对照郑单 958 增产 6.4%。2018 年生产试验，平均亩产 728.6 千克，比对照郑单 958 增产 7.4%。2017—2018 年参加西南春玉米组区域试验，两年平均亩产 584.2 千克，比对照渝单 8 号增产 6.2%。2018 年生产试验，平均亩产 590.9 千克，比对照渝单 8 号增产 14.8%。

栽培技术要点：东华北中晚熟春玉米区适宜在 4 月中旬至 5 月中旬种植，每亩播种量 1.5 千克；中等肥力以上地块，每亩种植密度 4 500 株左右，可采用 60 厘米等行距或 80 厘米：40 厘米宽窄行种植；测土配方，施足底肥，加施锌肥，一般亩施玉米专用肥 50~70 千克，在拔节期和大喇叭口期根据地力和玉米长势亩追施 20~30 千克氮肥；及时定苗，及时中耕除草，抗旱防涝；注意防治灰飞虱和玉米螟等病虫害；籽粒乳线消失、黑色层形成时，及时收获。西南春玉米区适宜播期在 3 月中下旬至 5 月上旬；中等肥力以上地块，每亩种植密度 3 500~4 500 株，可采用 60 厘米等行距或 80 厘米：40 厘米宽窄行种植；测土配方，施足底肥，加施锌肥；一般亩施玉米专用肥 50~70 千克，在拔节期和大喇叭口期根据地力和玉米长势亩追施 20~30 千克氮肥；及时定苗，及时中耕除草，抗旱防涝，特别是抽雄前后如遇干旱，要及时浇水；注意防治灰飞虱和玉米螟等病虫害；适时收获。

适宜种植地区：东华北中晚熟春玉米区的吉林四平、长春、松原、辽源的中晚熟区，辽宁除东部山区和沿海区域以外的大部分地区，内蒙古赤峰和通辽大部分区域，山西忻州、晋中、太原、阳泉、长治、晋城、吕梁平川区和南部山区；河北张家口、承德、秦皇岛、唐山、廊坊北部春播区种植。也适宜在西南春玉米区的四川、重庆、湖南、湖北、陕西南部海拔 800 米及以下的丘陵、平坝、低山地区，贵州贵阳、黔南州、黔东南州、铜仁、遵义海拔 1 100 米以下地区，云南中部昆明、楚雄、玉溪、大理、曲靖等的丘陵、平坝、低山地区及文山、红河、普洱、临沧、保山、西双版纳、德宏海拔 800~1 800 米地区，广西桂林、贺州。

禾育 9

审定编号：国审玉 20190178

选育单位：吉林省禾冠种业有限公司

品种来源：S4505×S4504

特征特性：东华北中晚熟春玉米组出苗至成熟 128.6 天，比对照郑单 958 早熟 1.2 天。幼苗叶鞘紫色，叶片绿色，叶缘紫色，花药浅紫色，颖壳绿色。株型半紧凑，株高 309 厘米，穗位高 121 厘米，成株叶片数 20.3 片。果穗锥到筒形，穗长 20.4 厘米，穗行数 16~20 行，穗粗 5.1 厘米，穗轴红，籽粒黄色、马齿型，百粒重 34.9 克。接种鉴定，抗茎腐病、穗腐病，中抗大斑病，感丝黑穗病、灰斑病。品质分析，籽粒容重 784 克/升，粗蛋白含量 11.22%，粗脂肪含量 4.14%，粗淀粉含量 73.32%，赖氨酸含量 0.30%。

产量表现：2016—2017 年参加东华北中晚熟春玉米组联合体区域试验，两年平均亩产 870.8 千克，比对照郑单 958 增产 9.2%。2018 年生产试验，平均亩产 749 千克，比对照郑单 958 增产 1.5%。

栽培技术要点：播种期以当地适宜播种期为准，选择中等肥力以上地块栽培；每亩种植密度 4 500 株，可根据当地实际情况合理密植；施足农家肥，底化肥“一炮轰”施入，一般每亩施氮、磷、钾复合肥 65 千克；注意防治病虫草害。

适宜种植地区：东华北中晚熟春玉米区的吉林四平、松原、长春的大部分地区、辽原、白城、吉林市部分地区、通化南部，辽宁除东部山区和大连、东港以外的大部分地区，内蒙古赤峰和通辽大部分地区，山西忻州、晋中、阳泉、长治、晋城、吕梁平川区和南部山区，河北张家口、承德、秦皇岛、唐山、廊坊、保定北部、沧州北部春播区，北京、天津春播区。

太玉 339

审定编号：国审玉 20190201

选育单位：山西中农赛博种业有限公司

品种来源：203-607×D16

特征特性：东华北中晚熟春玉米组出苗至成熟 127.9 天，比对照郑单 958 早熟 2.1 天。幼苗叶鞘紫色，叶片绿色，叶缘紫色，花药紫色，颖壳绿色。株型半紧凑，株高 285 厘米，穗位高 107 厘米，成株叶片数 20.2 片。果穗筒形，穗长 19.7 厘米，穗行数 14~18 行，穗轴红，籽粒黄色、半马齿型，百粒重 37.4 克。接种鉴定，中抗丝黑穗病、灰斑病、茎腐病、穗腐病，感大斑病。品质分析，籽粒容重 772 克/升，粗蛋白含量 11.65%，粗脂肪含量 3.63%，粗淀粉含量 72.25%，赖氨酸含量 0.3%。

产量表现：2017—2018 年参加东华北中晚熟春玉米组联合体区域试验，两年平均亩产 839.4 千克，比对照郑单 958 增产 5.79%。2018 年生产试验，平均亩产 755 千克，比对照郑单 958 增产 2.3%。

栽培技术要点：适宜播期 4 月下旬，根据当地气候情况，确定最佳的播种期；每亩种植密度 4 000~4 500 株，根据地力水平、种植区域的不同适当增减；及时喷施杀菌剂和杀虫药剂，减少病虫害发生；其余管理措施与其他大田品种相同。

适宜种植地区：东华北中晚熟春玉米区的吉林四平、松原、长春的大部分地区，辽源、白城、吉林市部分地区、通化南部，辽宁除东部山区和大连、东港以外的大部分地区，内蒙古赤峰和通辽大部分地区，山西忻州、晋中、太原、阳泉、长治、晋城、吕梁平川区和南部山区，河北张家口、承德、秦皇岛、唐山、廊坊、保定北部、沧州北部春播区，北京、天津春播区。

明天 695

审定编号：国审玉 20190204

选育单位：江苏明天种业科技股份有限公司

品种来源：11F34×DZ72

特征特性：东华北中晚熟春玉米组，出苗至成熟 127 天，比对照郑单 958 早熟 1. 3 天。幼苗叶鞘紫色，叶片深绿色，叶缘绿色，花药黄色，颖壳绿色。株型紧凑，株高 278 厘米，穗位高 110 厘米，成株叶片数 20 片。果穗长筒形，穗长 20 厘米，穗行数 14~16 行，穗粗 5. 2 厘米，穗轴红，籽粒黄色、马齿型，百粒重 42. 8 克。接种鉴定，中抗茎腐病、穗腐病、丝黑穗病，感大斑病、灰斑病。品质分析，籽粒容重 740 克/升，粗蛋白含量 10. 29%，粗脂肪含量 3. 55%，粗淀粉含量 72. 14%，赖氨酸含量 0. 29%。黄淮海夏玉米组出苗至成熟 103. 5 天，比对照郑单 958 早熟 0. 3 天。幼苗叶鞘紫色，叶片深绿色，叶缘绿色，花药浅紫色，颖壳浅紫色。株型紧凑，株高 270 厘米，穗位高 99 厘米，成株叶片数 19 片。果穗长筒形，穗长 18. 4 厘米，穗行数 14~16 行，穗粗 5. 2 厘米，穗轴红，籽粒黄色、马齿型，百粒重 38. 5 克。接种鉴定，中抗茎腐病、小斑病，感南方锈病，高感穗腐病、弯孢菌叶斑病、瘤黑粉病。品质分析，籽粒容重 736 克/升，粗蛋白含量 8. 96%，粗脂肪含量 3. 79%，粗淀粉含量 74. 47%，赖氨酸含量 0. 30%。

产量表现：2017—2018 年参加东华北中晚熟春玉米组联合体区域试验，两年平均亩产 806. 15 千克，比对照郑单 958 增产 11. 1%。2018 年生产试验，平均亩产 766. 07 千克，比对照郑单 958 增产 11. 19%。2017—2018 年参加黄淮海夏玉米组联合体区域试验，两年平均亩产 661. 5 千克，比对照郑单 958 增产 8. 6%。2018 年生产试验，平均亩产 634. 6 千克，比对照郑单 958 增产 6. 9%。

栽培技术要点：东华北中晚熟春玉米区适宜 4 月 25 日至 5 月 20 日种植，每亩种植密度 4 500 株，等行或宽窄行种植，高水肥田块可适当增加密度，低水肥田块可适当减少密度。播种时注意足墒下种，保证一播全苗，保证苗齐苗壮，三叶期间苗，四叶期定苗，采取分期施肥方式，少施提苗肥，重施穗肥，每亩施尿素 30~40 千克，后期注意防旱排涝。苗期注意防治蓟马、地老虎、棉铃虫、菜青虫等虫害，大喇叭口期用辛硫磷颗粒丢心防治玉米螟，遇旱及时浇水，及时中耕锄草，保证全生育期无草荒，玉米籽粒乳线消失出现黑粉层后适时收获。黄淮海夏玉米区适宜 5 月 5 日至 6 月 20 日种植，每亩种植密度 4 500~5 000 株，等行或宽窄行种植，高水肥田块可适当增加密度，低水肥田块可适当减少密度。播种时注意足墒下种，保证一播全苗，保证苗齐苗壮，三叶期间苗，四叶期定苗，采取分期施肥方式，少施提苗肥，重施穗肥，每亩施尿素 30~40 千克，后期注意防旱排涝。苗期注意防治蓟马、棉铃虫、菜青虫等虫害，大喇叭口期用辛硫磷颗粒丢心防治玉米螟，遇旱及时浇水，及时中耕锄草，保证全生育期无草荒，玉米籽粒乳线消失出现黑粉层后适时收获。

适宜种植地区：东华北中晚熟春玉米区的吉林四平、松原、长春的大部分地区，辽源、白城、吉林市部分地区、通化南部，辽宁除东部山区和大连、东港以外的大部分地区，内蒙古赤峰和通辽大部分地区，山西忻州、晋中、太原、阳泉、长治、晋城、吕梁平川区和南部山区，河北张家口、承德、秦皇岛、唐山、廊坊、保定北部、沧州北部春播区，北京、天津春播区种植。也适宜在黄淮海夏玉米区的河南、山东、河北保定和沧州的南部及以南地区、陕西关中灌区、山西运城和临汾及晋城部分平川地区、江苏和安徽两省淮河以北地区、湖北襄阳地区。

瑞普 908

审定编号：国审玉 20190207

选育单位：山西省农业科学院玉米研究所、山西三联现代种业科技有限公司

品种来源：RP21×RP06

特征特性：东华北中晚熟春玉米组出苗至成熟 128. 3 天，比对照郑单 958 早熟 2 天。幼苗叶鞘紫色，叶片绿色，叶缘紫色，花药紫色，颖壳绿色。株型紧凑，株高 278 厘米，穗位高 110 厘米，成株叶片数 20. 5 片。果穗锥形，穗长 22. 4 厘米，穗行数 16~18，穗轴红，籽粒黄色、半马齿型，百粒重 35. 8 克。接种鉴定，抗茎腐病，中抗大斑病、穗腐病，感丝黑穗病、灰斑病。品质分析，籽粒容重 784 克/升，粗蛋白含量 11. 45%，粗脂肪含量 3. 22%，粗淀粉含量 72. 33%，赖氨酸含量 0. 3%。

产量表现：2017—2018 年参加东华北中晚熟春玉米组联合体区域试验，两年平均亩产 833. 4 千克，比对照郑单 958 增产 3. 7%。2018 年生产试验，平均亩产 758. 4 千克，比对照郑单 958 增产 4. 2%。

栽培技术要点：中等肥力以上地块栽培，4 月下旬至 5 月上旬播种，每亩种植密度 4 000~4 500 株。注意防治丝黑穗病和灰斑病。

适宜种植地区：东华北中晚熟春玉米区的吉林四平、松原、长春的大部分地区，辽源、白城、吉林市部分地区、通化南部，辽宁除东部山区和大连、东港以外的大部分地区，内蒙古赤峰和通辽大部分地区，山西忻州、晋中、太原、阳泉、长治、晋城、吕梁平川区和南部山区，河北张家口、承德、秦皇岛、唐山、廊坊、保定北部、沧州北部春播区，北京、天津春播区。

五谷 310

审定编号：国审玉 20190243

选育单位：甘肃五谷种业股份有限公司

品种来源：WG3257×WG6319

特征特性：黄淮海夏玉米组出苗至成熟100.5天，比对照郑单958早熟1.5天。幼苗叶鞘紫色，花药紫色，株型半紧凑，株高282厘米，穗位高97厘米，成株叶片数19片。果穗长筒形，穗长19厘米，穗行数14~16行，穗轴红，籽粒黄色、半马齿型，百粒重33克。接种鉴定，中抗茎腐病，感小斑病、弯孢菌叶斑病、瘤黑粉病，高感穗腐病、南方锈病。品质分析，籽粒容重756克/升，粗蛋白含量10.54%，粗脂肪含量3.44%，粗淀粉含量74.63%，赖氨酸含量0.31%。

产量表现：2017—2018年参加黄淮海夏玉米组区域试验，两年平均亩产644.5千克，比对照郑单958增产3.8%。2018年生产试验，平均亩产583.4千克，比对照郑单958增产3.8%。

栽培技术要点：使用正规生产的精选包衣种子，保证出苗。在适应区夏季6月初适时播种，每亩种植密度4 500株。播种时施足底肥，亩施磷酸二铵15千克以上，有条件的可施农家肥，在拔节初期追施尿素30千克为宜。苗期注意中耕除草；喇叭口期施肥水猛攻，此期注意用颗粒剂防玉米螟；完熟后适时收获。注意防治穗腐病和南方锈病。

适宜种植地区：黄淮海夏玉米区的河南、山东、河北保定和沧州的南部及以南地区、陕西关中灌区、山西运城和临汾及晋城部分平川地区、江苏和安徽两省淮河以北地区、湖北襄阳地区。

邯玉398

审定编号：国审玉20190260

选育单位：邯郸市农业科学院

品种来源：H93-1×H74

特征特性：黄淮海夏玉米组出苗至成熟101天，比对照郑单958早熟0.7天。幼苗叶鞘紫色，叶片绿色，叶缘绿色，花药黄色，颖壳浅紫色。株型紧凑，株高274厘米，穗位高104厘米，成株叶片数20片。果穗筒形，穗长16.4厘米，穗行数16~18行，穗粗5.2厘米，穗轴红，籽粒黄色、半马齿型，百粒重33.1克。接种鉴定，感大斑病、茎腐病、穗腐病、小斑病，高感弯孢菌叶斑病、瘤黑粉病、南方锈病。品质分析，籽粒容重770克/升，粗蛋白含量10.11%，粗脂肪含量3.99%，粗淀粉含量72.69%，赖氨酸含量0.29%。

产量表现：2017—2018年参加黄淮海夏玉米组联合体区域试验，两年平均亩产632.6千克，比对照郑单958增产3.8%。2018年生产试验，平均亩产597.4千克，比对照郑单958增产1.7%。

栽培技术要点：适宜播期为6月20日前；每亩适宜种植密度4 500~5 000株。施足底肥，并做到氮、磷、钾配方施肥，补施锌肥，拔节后期亩追施尿素30~40千克。注意防治弯孢菌叶斑病、瘤黑粉病和南方锈病。

适宜种植地区：黄淮海夏玉米区的河南、山东、河北保定和沧州的南部及以南地区、陕西关中灌区、山西运城和临汾及晋城部分平川地区、安徽和江苏两省淮河以北地区、湖北襄阳地区。

正泰3号

审定编号：国审玉20190277

选育单位：北京沃尔正泰农业科技有限公司

品种来源：P7863×NP2589

特征特性：黄淮海夏玉米组出苗至成熟102天，比对照郑单958早熟1.7天。幼苗叶鞘紫色，叶片绿色，叶缘紫色，花药绿色，颖壳绿色。株型紧凑，株高293厘米，穗位高102厘米，成株叶片数19片。果穗锥形，穗长17.9厘米，穗行数14~16行，穗粗4.4厘米，穗轴红，籽粒黄色、半马齿型，百粒重34.2克。接种鉴定，感茎腐病、小斑病、弯孢菌叶斑病，高感穗腐病、瘤黑粉病、南方锈病。品质分析，籽粒容重763克/升，粗蛋白含量8.78%，粗脂肪含量4.21%，粗淀粉含量72.49%，赖氨酸含量0.28%。

产量表现：2017—2018年参加黄淮海夏玉米组联合体区域试验，两年平均亩产600.9千克，比对照郑单958增产4.7%。2018年生产试验，平均亩产561.5千克，比对照郑单958增产2.7%。

栽培技术要点：5月末至6月中旬播种，每亩适宜种植密度4 500~5 000株，注意在关键生育期防治茎腐病、穗腐病、瘤黑粉病、南方锈病及玉米螟等病虫害。

适宜种植地区：黄淮海夏玉米区的河南、山东、河北保定和沧州的南部及以南地区、陕西关中灌区、山西运城和临汾及晋城部分平川地区、江苏和安徽两省淮河以北地区、湖北襄阳地区。

和育185

审定编号：国审玉20190281

选育单位：北京大德长丰农业生物技术有限公司

品种来源：TH751×TH19A

特征特性：黄淮海夏玉米组出苗至成熟102.4天，比对照郑单958早熟1天。幼苗叶鞘紫色，叶片绿色，叶缘紫色，花药绿色，颖壳绿色。株型半紧凑，株高274厘米，穗位高98厘米，成株叶片数19片。果穗筒形，穗长18.1厘米，穗行数14~16行，穗粗4.7厘米，穗轴红，籽粒黄色、半马齿型，百粒重34.7克。接种鉴定，中抗茎腐病、小斑病，高感穗腐病、弯孢菌叶斑病、瘤黑粉病、南方锈病。品质分析，籽粒容重765克/升，粗蛋白含量8.88%，粗脂肪含量3.75%，粗淀粉含量72.07%，赖氨酸含量0.30%。

产量表现：2017—2018年参加黄淮海夏玉米组联合体区域试验，两年平均亩产622.5千克，比对照郑单958增产8.3%。2018年生产试验，平均亩产580.8千克，比对照郑单958增产6.3%。

栽培技术要点：在中等肥力以上地块种植。适宜播种期6月上中旬。中下等水肥地块每亩种植密度3 500株，中上等水肥地每亩种植密度4 000株，高水肥地每亩种植密度4 500株为宜。苗期发育较慢，注意增施磷、钾肥提苗，重施拔节肥。大喇叭口期防治玉米螟。注意防治穗腐病、弯孢菌叶斑病、瘤黑粉病、南方锈病。

适宜种植地区：该品种符合国家玉米品种审定标准，通过审定。适宜在黄淮海夏玉米区的河南、山东（滨州除外）、河北保定南部及以南地区、陕西关中灌区、山西运城、江苏淮河以北地区、安徽淮河以北地区（淮北除外）种植。

和育189

审定编号：国审玉20190282

选育单位：北京大德长丰农业生物技术有限公司

品种来源：THA9R×TH22A

特征特性：黄淮海夏玉米组出苗至成熟101.6天，比对照郑单958早熟1.8天。幼苗叶鞘紫色，叶片绿色，叶缘紫色，花药绿色，颖壳绿色。株型半紧凑，株高260厘米，穗位高85厘米，成株叶片数19片。果穗筒形，穗长17.5厘米，穗行数14~16行，穗粗4.7厘米，穗轴红，籽粒黄色、半马齿型，百粒重34.3克。接种鉴定，中抗穗腐病，感茎腐病、小斑病、南方锈病，高感弯孢菌叶斑病、瘤黑粉病。品质分析，籽粒容重744克/升，粗蛋白含量9.11%，粗脂肪含量4.15%，粗淀粉含量72.41%，赖氨酸含量0.28%。

产量表现：2017—2018年参加黄淮海夏玉米组联合体区域试验，两年平均亩产613千克，比对照郑单958增产6.6%。2018年生产试验，平均亩产570.6千克，比对照郑单958增产4.4%。

栽培技术要点：在中等肥力以上地块种植。适宜播种期6月上中旬。中下等水肥地块每亩种植密度3 500株，中上等水肥地每亩种植密度4 000株，高水肥地每亩种植密度4 500株为宜。苗期发育较慢，注意增施磷钾肥提苗，重施拔节肥。大喇叭口期防治玉米螟。生育后期注意防治病虫害，及时收获。注意防治茎腐病、小斑病、南方锈病、弯孢菌叶斑病、瘤黑粉病。

适宜种植地区：适宜在黄淮海夏玉米区的河南省、山东省（滨州市除外）、河北省保定市和沧州市以南地区、陕西省关中灌区、山西运城市、江苏省淮河以北地区、安徽省淮河以北地区（淮北市除外）种植。

MC812

审定编号：国审玉20190284

选育单位：北京顺鑫农科种业科技有限公司

品种来源：京 B547×京 2416

特征特性：黄淮海夏玉米组出苗至成熟 102 天，比对照郑单 958 早熟 2 天。幼苗叶鞘紫色，叶片绿色，花药紫色，株型紧凑，株高 260 厘米，穗位高 97 厘米，成株叶片数 19 片。果穗筒形，穗长 16. 9 厘米，穗行数 14~16 行，穗粗 5. 2 厘米，穗轴红，籽粒黄色、半马齿型，百粒重 35. 5 克。接种鉴定，中抗小斑病，感茎腐病、弯孢菌叶斑病，高感穗腐病、瘤黑粉病、南方锈病。品质分析，籽粒容重 766 克/升，粗蛋白含量 9. 60%，粗脂肪含量 4. 40%，粗淀粉含量 72. 59%，赖氨酸含量 0. 31%。

产量表现：2017—2018 年参加黄淮海夏玉米组联合体区域试验，两年平均亩产 643. 5 千克，比对照郑单 958 增产 5. 6%。2018 年生产试验，平均亩产 600. 4 千克，比对照郑单 958 增产 1. 1%。

栽培技术要点：中等肥力以上地块种植，5 月下旬至 6 月中旬播种，每亩种植密度 4 500~5 000 株。注意防治瘤黑粉病、南方锈病和穗腐病。

适宜种植地区：黄淮海夏玉米区的河南、山东、河北保定和沧州的南部及以南地区、陕西关中灌区、山西运城和临汾及晋城部分平川地区、江苏和安徽两省淮河以北地区、湖北襄阳地区。

新单 66

审定编号：国审玉 20190285

选育单位：石家庄高新区源申科技有限公司

品种来源：新 QS258×新 798

特征特性：黄淮海夏玉米区出苗至成熟 103 天，比对照郑单 958 早熟 1 天。幼苗叶鞘紫色，叶片绿色，叶缘绿色，花药黄色，颖壳绿色。株型半紧凑，株高 250 厘米，穗位高 99 厘米，成株叶片数 20 片。果穗筒形，穗长 16. 8 厘米，穗行数 16 行左右，穗粗 5. 1 厘米，穗轴红色，籽粒黄色、半马齿型，百粒重 32. 9 克。接种鉴定，感茎腐病、穗腐病、小斑病、瘤黑粉病，高感弯孢菌叶斑病、南方锈病。品质分析，籽粒容重 749 克/升，粗蛋白含量 9. 41%，粗脂肪含量 3. 97%，粗淀粉含量 75. 64%，赖氨酸含量 0. 30%。

产量表现：2017—2018 年参加黄淮海夏玉米组联合体区域试验，两年平均亩产 661. 8 千克，比对照郑单 958 增产 5. 6%。2018 年生产试验，平均亩产 615. 4 千克，比对照郑单 958 增产 5. 7%。

栽培技术要点：中等肥力以上地块种植，播种期 6 月上中旬，每亩种植密度 4 500 株左右。注意防治南方锈病。

适宜种植地区：黄淮海夏玉米区的河南、山东、河北保定和沧州的南部及以南地区、陕西关中灌区、山西运城和临汾及晋城部分平川地区、江苏和安徽两省淮河以北地区、湖北襄阳地区。

金庆 202

审定编号：国审玉 20190296

选育单位：吉林省金航农业有限公司

品种来源：H5×Y7

特征特性：黄淮海夏玉米组出苗至成熟 101.2 天，比对照郑单 958 早熟 2.3 天。幼苗叶鞘浅紫色，叶片深绿色，叶缘紫色，花药浅紫色，颖壳绿色。株型半紧凑，株高 242 厘米，穗位高 96 厘米，成株叶片数 21 片。果穗筒形，穗长 17.4 厘米，穗行数 16~18 行，穗粗 4.7 厘米，穗轴红，籽粒黄色、半马齿型，百粒重 34.6 克。接种鉴定，中抗弯孢菌叶斑病，感茎腐病、穗腐病、小斑病、瘤黑粉病，高感南方锈病。品质分析，籽粒容重 782 克/升，粗蛋白含量 9.18%，粗脂肪含量 3.90%，粗淀粉含量 73.51%，赖氨酸含量 0.29%。

产量表现：2017—2018 年参加黄淮海夏玉米组联合体区域试验，两年平均亩产 609.9 千克，比对照郑单 958 增产 6.3%。2018 年生产试验，平均亩产 582.5 千克，比对照郑单 958 增产 6.6%。

栽培技术要点：一般 6 月上旬播种；每亩种植密度 4 500~5 000 株，水肥条件好的地块可每亩种植密度 5 000 株左右。一般每亩施底肥玉米专用复合肥 30 千克，拔节期每亩追肥尿素 20 千克。注意防治南方锈病。

适宜种植地区：黄淮海夏玉米区的河南、山东、河北保定和沧州的南部及以南地区、陕西关中灌区、山西运城和临汾及晋城部分平川地区、江苏和安徽两省淮河以北地区、湖北襄阳地区。

奥邦 368

审定编号：国审玉 20190312

选育单位：陕西大唐种业股份有限公司

品种来源：T20×D18

特征特性：西北春玉米组出苗至成熟 131 天，比对照郑单 958 早熟 0.4 天。幼苗叶鞘紫色，叶片深绿色，叶缘紫色，花药浅紫色，颖壳浅紫色。株型半紧凑，株高 300 厘米，穗位高 119 厘米，成株叶片数 20~21 片。果穗筒形，穗长 18.2 厘米，穗行数 16~18 行，穗粗 5.1 厘米，穗轴红，籽粒黄色、马齿型，百粒重 36.2 克。接种鉴定，感丝黑穗病、茎腐病、穗腐病，高感大斑病。品质分析，籽粒容重 780 克/升，粗蛋白含量 8.63%，粗脂肪含量 3.49%，粗淀粉含量 75.83%，赖氨酸含量 0.28%。

产量表现：2016—2017 年参加西北春玉米组联合体区域试验，两年平均亩产 1 003.95 千克，比对照郑单 958/先玉 335 增产 4.3%。2017 年生产试验，平均亩产 990.3 千克，比对照先玉 335 增产 2.4%。

栽培技术要点：5月上旬前适期播种。每亩种植密度5 500~6 000株。科学肥水管理，增施有机肥，坚持有机肥与无机肥配合，氮、磷、钾与微肥配合，基肥与追肥配合。在拔节至小喇叭口期，侧开沟、深追氮肥（深10厘米左右，每亩追施尿素15~20千克）。注意防治茎腐病、丝黑穗病和穗腐病，在大斑病高发区慎用。

适宜种植地区：西北春玉米区的内蒙古巴彦淖尔大部分地区、鄂尔多斯大部分地区，陕西榆林、延安，宁夏引扬黄灌区，甘肃陇南、天水、庆阳、平凉、白银、定西、临夏州海拔1 800米以下地区及武威、张掖、酒泉大部分地区，新疆昌吉州阜康以西至博乐以东地区、北疆沿天山地区、伊犁州直西部平原地区。

正泰1号

审定编号：国审玉20190319

选育单位：北京沃尔正泰农业科技有限公司

品种来源：118×236

特征特性：西北春玉米组出苗至成熟126.7天，比对照先玉335早熟4.6天。幼苗叶鞘紫色，叶片绿色，叶缘紫色，花药浅紫色，颖壳紫色。株型半紧凑，株高248厘米，穗位高90厘米，成株叶片数19片。果穗筒形，穗长17.8厘米，穗行数14~16行，穗粗4.8厘米，穗轴红，籽粒黄色、半马齿型，百粒重35.1克。接种鉴定，中抗丝黑穗病，感大斑病、茎腐病，高感穗腐病。品质分析，籽粒容重736克/升，粗蛋白含量8.73%，粗脂肪含量3.85%，粗淀粉含量73.04%，赖氨酸含量0.28%。

产量表现：2017—2018年参加西北春玉米组联合体区域试验，两年平均亩产997.6千克，比对照先玉335增产3.25%。2018年生产试验，平均亩产1 006.5千克，比对照先玉335增产3.6%。

栽培技术要点：4月中旬至5月初播种，每亩适宜种植密度4 500~5 500株，幼苗生长快，及时铲耥管理，注意防虫，及时收获。肥水条件差的地块，种植密度不宜过大。病害高发年应注意防治大斑病和茎腐病，在穗腐病高发区慎用。

适宜种植地区：西北春玉米区的内蒙古巴彦淖尔大部分地区、鄂尔多斯大部分地区，陕西榆林、延安，宁夏引扬黄灌区，甘肃庆阳、平凉、白银海拔1 800米以下地区及武威、张掖、酒泉大部分地区，新疆昌吉州阜康以西至博乐以东地区、北疆沿天山地区、伊犁州直西部平原地区。

吉龙2号

审定编号：国审玉20190323

选育单位：黑龙江省久龙种业有限公司

品种来源：金 1131×金 6112

特征特性：西北春玉米组出苗至成熟 131 天，比对照先玉 335 早熟 0.3 天。幼苗叶鞘紫色，叶片绿色，叶缘紫色，花药紫色，颖壳紫色。株型半紧凑，株高 276 厘米，穗位高 111 厘米，成株叶片数 20 片。果穗筒形，穗长 18.4 厘米，穗行数 17~18 行，穗粗 5.2 厘米，穗轴红，籽粒黄色、半马齿型，百粒重 36.5 克。接种鉴定，高感大斑病，感丝黑穗病、穗腐病，中抗茎腐病。品质分析，籽粒容重 731 克/升，粗蛋白含量 8.15%，粗脂肪含量 3.61%，粗淀粉含量 75.51%，赖氨酸含量 0.28%。

产量表现：2017—2018 年参加西北春玉米组联合体区域试验，两年平均亩产 1 016.25 千克，比对照先玉 335 增产 5.26%。2018 年生产试验，平均亩产 1 011.3 千克，比对照先玉 335 增产 5.0%。

栽培技术要点：4 月下旬至 5 月上旬播种，每亩适宜种植密度 5 500 株。注意防治丝黑穗病和穗腐病，在大斑病高发区慎用。

适宜种植地区：西北春玉米区的内蒙古巴彦淖尔大部分地区、鄂尔多斯大部分地区，陕西榆林、延安，宁夏引扬黄灌区，甘肃陇南、天水、庆阳、平凉、白银、定西、临夏州海拔 1 800 米以下地区及武威、张掖、酒泉大部分地区，新疆昌吉州阜康以西至博乐以东地区、北疆沿天山地区、伊犁州直西部平原地区。

金园 15

审定编号：国审玉 20190329

选育单位：吉林省金园种苗有限公司

品种来源：J81×J9-3

特征特性：西南春玉米组出苗至成熟 116 天，比对照渝单 8 号早熟 2 天。幼苗叶鞘紫色，叶片深绿色，叶缘紫色，花药浅紫色，颖壳绿色。株型半紧凑，株高 292 厘米，穗位高 113 厘米，成株叶片数 19 片。果穗筒形，穗长 17.7 厘米，穗行数 16~18 行，穗粗 5.2 厘米，穗轴红，籽粒黄色、马齿型，百粒重 32.7 克。接种鉴定，中抗丝黑穗病、茎腐病，感大斑病、穗腐病、小斑病、纹枯病，高感灰斑病。品质分析，籽粒容重 742 克/升，粗蛋白含量 10.35%，粗脂肪含量 3.77%，粗淀粉含量 73.98%，赖氨酸含量 0.33%。

产量表现：2016—2017 年参加西南春玉米组区域试验，两年平均亩产 572.3 千克，比对照渝单 8 号增产 4.2%。2018 年生产试验，平均亩产 587.8 千克，比对照渝单 8 号增产 11.7%。

栽培技术要点：一般 4 月 1—15 日播种；选择中上等肥力地块，每亩种植密度 3 300~4 000 株；施足农家肥，每亩底肥一般施用磷酸二铵 10~13 千克、硫酸钾 7~10 千克，尿素 3.5~7 千克，追肥一般施用尿素 20 千克。注意防治灰斑病。

适宜种植地区：西南春玉米区的四川、重庆、湖南、湖北、陕西南部海拔 800 米及以下的丘陵、平坝、低山地区，贵州贵阳、黔南州、黔东南州、铜仁、遵义海拔 1 100 米以下地区，云南中部昆明、楚雄、玉溪、大理、曲靖等的丘陵、平坝、低山地区及文山、红河、普洱、临沧、保山、西双版纳、德宏海拔 800~1 800 米地区，广西桂林、贺州。

新玉 1822

审定编号：国审玉 20190336

选育单位：四川农大高科种业有限公司

品种来源：XY415×成自 205-22

特征特性：西南春玉米组出苗至成熟 118 天，比对照渝单 8 号晚熟 0.5 天。幼苗叶鞘紫色，叶片绿色，花药黄色，株型半紧凑，株高 307 厘米，穗位高 126 厘米，果穗筒形，穗长 20 厘米，穗行数 14~18 行，穗粗 5.2 厘米，穗轴红，籽粒黄色、中间型，百粒重 31.3 克。接种鉴定，中抗茎腐病、纹枯病，感大斑病、灰斑病、穗腐病、小斑病。品质分析，籽粒容重 730 克/升，粗蛋白含量 10.22%，粗脂肪含量 3.07%，粗淀粉含量 72.06%，赖氨酸含量 0.34%。

产量表现：2017—2018 年参加西南春玉米组区域试验，两年平均亩产 587.8 千克，比对照渝单 8 号增产 7.3%。2018 年生产试验，平均亩产 572.8 千克，比对照渝单 8 号增产 8.8%。

栽培技术要点：宜春播，在 3 月中下旬至 4 月上中旬播种；采用营养肥球育苗，一般在二叶一心到三叶一心时移栽为宜，每亩种植密度 3 000~3 200 株；播种前用拖拉机或牛犁耙 1~2 次，并辅以人工碎土平整；在施肥管理上要求重底早肥，做到早施提苗肥、稳施拔节肥、重施攻苞肥，同时以有机肥为主、以促为主；一般底肥用量为每亩 25~75 千克，每亩用 10 千克尿素作苗肥，每亩 20~25 千克尿素加 5 千克硫酸钾在大喇叭口期重施穗肥，苗肥结合中耕除草，穗肥施用结合中耕培土；加强肥水管理，注意防治病虫害；适时收获。

适宜种植地区：西南春玉米区的四川、重庆、湖南、湖北、陕西南部海拔 800 米及以下的丘陵、平坝、低山地区，贵州贵阳、黔南州、黔东南州、铜仁、遵义海拔 1 100 米以下地区，云南中部昆明、楚雄、玉溪、大理、曲靖等的丘陵、平坝、低山地区及文山、红河、普洱、临沧、保山、西双版纳、德宏海拔 800~1 800 米地区，广西桂林、贺州。

北玉 1521

审定编号：国审玉 20190371

选育单位：云南北玉种子科技有限公司

品种来源：BY21（XZ50612）×BY13

特征特性：西南春玉米组出苗至成熟 121 天左右，比对照渝单 8 号晚熟 1.0 天左右。幼苗叶鞘深紫色，叶片绿色，叶缘绿色，花药紫色，颖壳深紫色。株型半紧凑，株高 286 厘米，穗位高 116 厘米，成株叶片数 19 片。果穗筒形，穗长 19.3 厘米，穗行数 16~18 行，穗轴白，籽粒黄色、偏硬粒型，百粒重 33.6 克。接种鉴定，中抗灰斑病、茎腐病、南方锈病，感大斑病、穗腐病、小斑病、纹枯病。品质分析，籽粒容重 774 克/升，粗蛋白含量 10.37%，粗脂肪含量 4.34%，粗淀粉含量 71.95%，赖氨酸含量 0.33%。

产量表现：2017—2018 年参加西南春玉米组联合体区域试验，两年平均亩产 638.6 千克，比对照渝单 8 号增产 15.56%。2018 年生产试验，平均亩产 605.9 千克，比对照渝单 8 号增产 11.39%。

栽培技术要点：应选择中等以上肥力地块种植，增施农家肥。底肥亩施复合肥 30~40 千克，追施尿素 40 千克，分 2~3 次。属中秆中穗型品种，每亩种植密度 3 800~4 500 株，净种，间、套种均可。其他虫害防治同一般品种的防治方法。本品种活秆成熟，籽粒成熟苞叶见黄变白时，植株依然青枝绿叶，此时可以及时收获，防止穗、粒腐病的发生。需在肥水条件较好的土壤种植。注意防治玉米螟。

适宜种植地区：西南春玉米区的四川、重庆、湖南、湖北、陕西南部海拔 800 米及以下的丘陵、平坝、低山地区，贵州贵阳、黔南州、黔东南州、铜仁、遵义海拔 1 100 米以下地区，云南中部昆明、楚雄、玉溪、大理、曲靖等的丘陵、平坝、低山地区及文山、红河、普洱、临沧、保山、西双版纳、德宏等海拔 800~1 800 米地区，广西桂林、贺州种植。

惠玉 990

审定编号：国审玉 20190377

选育单位：贵州友禾农作物育种研究院

品种来源：YG990×SD164

特征特性：西南春玉米组出苗至成熟 120 天，比对照渝单 8 号晚熟 2.7 天。株型半紧凑，株高 289 厘米，穗位高 118 厘米，果穗筒形，穗长 19.2 厘米，穗行数 14~20 行，穗轴红，籽粒黄色、马齿型，百粒重 35.3 克。接种鉴定，抗南方锈病，中抗茎腐病，感大斑病、灰斑病、穗腐病、小斑病、纹枯病。品质分析，籽粒容重 766 克/升，粗蛋白含量 10.98%，粗脂肪含量 4.56%，粗淀粉含量 69.12%，赖氨酸含量 0.34%。

产量表现：2017—2018 年参加西南春玉米组联合体区域试验，两年平均亩产 614.0 千克，比对照渝单 8 号增产 14.20%。2018 年生产试验，平均亩产 608.8 千克，比对照渝单 8 号增产 9.10%。

栽培技术要点：播种前要犁耙好地，使土壤疏松、平整。在贵州于 3 月中下旬至 4 月上旬播种（以地温稳定通过 12℃为标准），太早容易遭受早春冻害，太迟由于营养生长时间较短，不易获得高产。有条件的地区可采用育苗移栽或地膜栽培，做到苗齐、苗全、苗壮。合理密度，主攻粗穗，单株定植。每亩种植密度 3 500~4 000 株，可适当稀植以利大穗获得高产，播种规格为 25 厘米×70 厘米（密度每亩 3 800 株）。注意防治病虫害，成熟后及时收获。

适宜种植地区：西南春玉米区的四川、重庆、湖南、湖北、陕西南部海拔 800 米及以下的丘陵、平坝、低山地区，贵州贵阳、黔南州、黔东南州、铜仁、遵义海拔 1 100 米以下地区，云南中部昆明、楚雄、玉溪、大理、曲靖等的丘陵、平坝、低山地区及文山、红河、普洱、临沧、保山、西双版纳、德宏等海拔 800~1 800 米地区，广西桂林、贺州。

斯达甜 221

审定编号：国审玉 20190379

选育单位：北京中农斯达农业科技开发有限公司

品种来源：S608H×D347B

特征特性：北方（东华北）鲜食甜玉米组出苗至鲜穗采收期 85.9 天，与对照中农大甜 413 生育期相当。幼苗叶鞘绿色，叶片绿色，叶缘绿色，花药绿色，颖壳绿色。株型平展，株高 251 厘米，穗位高 106 厘米，成株叶片数 20 片。果穗长筒形，穗长 21.9 厘米，穗行数 16~20 行，穗粗 5.1 厘米，穗轴白，籽粒黄色、甜质型，百粒重 33.7 克。接种鉴定，抗瘤黑粉病，感大斑病，高感丝黑穗病，皮渣率 4.83%，还原糖含量 8.6%，水溶性总含糖量 31.72%，品尝鉴定 86.25 分。北方（黄淮海）鲜食甜玉米组出苗至鲜穗采收期 72.7 天，与对照中农大甜 413 生育期相当。幼苗叶鞘绿色，叶片绿色，叶缘绿色，花药绿色，颖壳绿色。株型平展，株高 226 厘米，穗位高 89 厘米，果穗长筒形，穗长 20.4 厘米，穗行数 14~22 行，穗粗 5.0 厘米，穗轴白，籽粒黄色、甜质型，百粒重 34.8 克。接种鉴定，抗小斑病，感丝黑穗病、茎腐病，高感瘤黑粉病、矮花叶病，皮渣率 9.62%，还原糖含量 7.33%，水溶性总含糖量 22.75%，品尝鉴定 86.3 分。南方（东南）鲜食甜玉米组出苗至鲜穗采收期 78 天，比对照早熟 3.5 天。幼苗叶鞘绿色，叶片绿色，叶缘绿色，花药绿色，颖壳绿色。株型平展，株高 211 厘米，穗位高 79 厘米，果穗筒形，穗长 19 厘米，穗行数 14~22 行，穗粗 5.8 厘米，穗轴白，籽粒黄色、甜质型，百粒重 35.2 克。接种鉴定，抗茎腐病，中抗南方锈病，高感小斑病、瘤黑粉病、纹枯病。皮渣率 14.8%，还原糖含量 11.55%，水溶性总含糖量 22.6%，品尝鉴定 84.45 分。南方（西南）鲜食甜玉米组出苗至鲜穗采收期 85.5 天，比对照早熟 3.5 天。幼苗叶鞘绿色，叶片绿色，叶缘绿色，花药绿色，颖壳绿色。株型平展，株高 224 厘米，穗位高 82 厘米，果穗筒形，穗长 19.7 厘米，穗行数 14~20 行，穗粗 5.3 厘米，穗轴白，籽粒黄色、甜质型，百粒重 35.5 克。接种鉴定，感小斑病，高感丝黑穗病、纹枯病。皮渣率 13.4%，还原糖含量 6.7%，水溶性总含糖量 13.01%，品尝鉴定 85.7 分。

产量表现：2017—2018 年参加北方（东华北）鲜食甜玉米组区域试验，两年平均亩产 978.15 千克，比对照中农大甜 413 增产 16.3%。2017—2018 年参加北方（黄淮海）鲜食甜玉米组区域试验，两年平均亩产 884.72 千克，比对照中农大甜 413 增产 25.22%。2017—2018 年参加南方（东南）鲜食甜玉米组区域试验，两年平均亩产 1 001.4 千克，比对照增产 0.35%。2017—2018 年参加南方（西南）鲜食甜玉米组区域试验，两年平均亩产 937.7 千克，比对照减产 1.05%。

栽培技术要点：每亩种植密度 3 500 株为宜，套种或直播均可，春、夏播均可。该品种喜肥水，抗倒性强；苗期缓苗偏慢，应加强前期的肥水管理，早定苗，不要蹲苗炼苗。需要注意掌握采收期，一般在开花授粉后 21~24 天采收较为适宜。在采用垄作宽窄行种植时更有利于增产征收，一级穗率高。

适宜种植地区：北方鲜食玉米类型区的黑龙江第五积温带至第一积温带、吉林、辽宁、内蒙古、河北、山西、北京、天津、新疆、宁夏、甘肃、陕西等地年≥10℃活动积温 1 900℃以上作为鲜食玉米种植。适宜在黄淮海鲜食玉米类型区的北京、天津、河北中南部、河南、山东、陕西关中灌区、山西南部、安徽和江苏两省淮河以北地区作为鲜食玉米种植。适宜在东南鲜食玉米类型区的安徽和江苏两省淮河以南地区、上海、浙江、江西、福建、广东、广西、海南的鲜食玉米区种植。适宜在西南鲜食玉米类型区的四川、重庆、贵州、湖南、湖北、陕西南部海拔 800 米及以下的丘陵、平坝、低山地区及云南中部的丘陵、平坝、低山地区作鲜食玉米。

申糯 8 号

审定编号：国审玉 20190395

选育单位：上海粒粒丰农业科技有限公司

品种来源：N176×N001

特征特性：南方（东南）鲜食糯玉米组出苗至鲜穗采收期 79 天，比对照苏玉糯 5 号晚熟 0 天。幼苗叶鞘紫色，叶片深绿色，叶缘绿色，花药紫色，颖壳浅紫色。株型半紧凑，株高 225 厘米，穗位高 85 厘米，成株叶片数 20~22 片。果穗长锥形，穗长 18.3 厘米，穗行数 12~16 行，穗粗 5 厘米，穗轴白，籽粒白色、硬，百粒重 34.8 克。接种鉴定，高抗大斑病、丝黑穗病、茎腐病、瘤黑粉病、矮花叶病、南方锈病，抗小斑病、纹枯病。皮渣率 11.25%，品尝鉴定 85.65 分，支链淀粉占总淀粉含量 98.6%。

产量表现：2017—2018 年参加南方（东南）鲜食糯玉米组区域试验，两年平均亩产 939.04 千克，比对照苏玉糯 5 号增产 21.14%。

栽培技术要点：严格与普通玉米和异品种玉米隔离种植（空间隔离 300 米以上，时间隔离 20 天以上），以防串粉影响品质。露地播种，一般在 3 月底至 4 月上旬，最低温度在 10℃以上适合播种。每亩种植密度 3 500 株。注意苗期地老虎等地下害虫为害和后期南方锈病为害。重施基肥和穗肥，补施粒肥。基肥亩施农家肥 1 500 千克，复合肥 35 千克，尿素 5 千克；穗肥亩施 20 千克尿素。生育内及时中耕松土，抽雄前遇干旱及时灌水。春播一般为授粉后 20~22 天，秋播为 23~26 天。

适宜种植地区：东南鲜食玉米类型区的安徽和江苏两省淮河以南地区、上海、浙江、江西、福建、广东、广西、海南作鲜食玉米。

京九青贮 16

审定编号：国审玉 20190400

选育单位：河南省大京九种业有限公司

品种来源：5081×32226

特征特性：东华北中晚熟青贮玉米组出苗至收获期 122.5 天，比对照雅玉青贮 26 早熟 3 天。幼苗叶鞘紫色，叶片绿色，叶缘紫色，花药浅紫色，颖壳绿色。株型紧凑/半紧凑，株高 320 厘米，穗位高 143 厘米，成株叶片数 21 片。果穗长筒形，穗长 22.5 厘米，穗行数 14~16 行，穗粗 5.2 厘米，穗轴白色，籽粒黄色、半马齿型，百粒重 34.9 克。接种鉴定，中抗茎腐病，感大斑病、丝黑穗病、灰斑病。品质分析，全株粗蛋白含量 7.5%，淀粉含量 33.61%，中性洗涤纤维含量 38.93%，酸性洗涤纤维含量 14.95%。黄淮海夏播青贮玉米组出苗至收获期 97.5 天，比对照雅玉青贮 8 号早熟 2 天。幼苗叶鞘紫色，叶片绿色，叶缘紫色，花药浅紫色，颖壳绿色。株型半紧凑，株高 295 厘米，穗位高 125 厘米，成株叶片数 19.8 片。果穗长筒形，穗长 20.2 厘米，穗行数 14~16 行，穗粗 5.0 厘米，穗轴白色，籽粒黄色、半马齿型，百粒重 32.5 克。接种鉴定，中抗小斑病、茎腐病，感弯孢菌叶斑病、黑粉病、南方锈病。品质分析，全株粗蛋白含量 8.25%，淀粉含量 30.65%，中性洗涤纤维含量 40.61%，酸性洗涤纤维含量 16.84%。

产量表现：2017—2018 年参加东华北中晚熟青贮玉米组区域试验，两年平均亩产（干重）1 515 千克，比对照雅玉青贮 26 增产 7.9%。2018 年生产试验，平均亩产（干重）1 814.4 千克，比对照雅玉青贮 26 增产 10.5%。2017—2018 年参加黄淮海夏播青贮玉米组区域试验，两年平均亩产（干重）1 353 千克，比对照雅玉青贮 8 号增产 7.42%。2018 年生产试验，平均亩产（干重）1 240.7 千克，比对照雅玉青贮 8 号增产 9.6%。

栽培技术要点：北方春播一般 4 月中旬至 5 月中旬播种，每亩种植密度 4 500~5 000 株。施足农肥，一般每亩施底肥玉米专用复合肥 20~40 千克，拔节期每亩追施尿素 10~20 千克。播种时采用包衣种子，苗期及时中耕，注意及时防治玉米螟。黄淮海夏播 5 月 20 日至 6 月 20 日播种，每亩种植密度 4 500~5 000 株。亩施农家肥 2 000~3 000 千克，玉米专用肥 30 千克，拔节期每亩追施尿素 10~15 千克。播种时采用包衣种子，及时防治玉米螟。

适宜种植地区：东华北中晚熟春玉米类型区的吉林四平、松原、长春的大部分地区，辽源、白城、吉林市部分地区、通化南部，辽宁除东部山区和大连、东港以外的大部分地区，内蒙古赤峰和通辽大部分地区，山西忻州、晋中、太原、阳泉、长治、晋城、吕梁平川区和南部山区，河北张家口、承德、秦皇岛、唐山、廊坊、保定北部、沧州北部春播区，北京、天津春播区作青贮玉米种植。也适宜在黄淮海夏玉米类型区的河南、山东、河北保定和沧州的南部及以南地区、陕西关中灌区、山西运城和临汾及晋城部分平川地区、江苏和安徽两省淮河以北地区、湖北襄阳地区作青贮玉米。

华玉 11

审定编号：国审玉 20190403

选育单位：华中农业大学、国垠天府农业科技股份有限公司

品种来源：Q736×Q1

特征特性：西南青贮玉米组出苗至收获期 109 天，比对照雅玉青贮 8 号早熟 0.9 天。幼苗叶鞘浅紫色，叶片绿色，叶缘绿色，花药浅紫色，颖壳浅紫色。株型半紧凑，株高 328 厘米，穗位高 135 厘米，成株叶片数 21 片。果穗长锥形，穗长 18.5 厘米，穗行数 14~16 行，穗轴红，籽粒黄色、马齿型，百粒重 42.5 克。接种鉴定，抗灰斑病，中抗大斑病、茎腐病、纹枯病、南方锈病，感小斑病。品质分析，全株粗蛋白含量 8.29%，淀粉含量 32.44%，中性洗涤纤维含量 37.76%，酸性洗涤纤维含量 16.28%。

产量表现：2017—2018 年参加西南青贮玉米组区域试验，两年平均亩产（干重）1 274.5 千克，两年平均亩产（鲜重）3 575.6 千克，比对照雅玉青贮 8 号增产 11.12%。2018 年生产试验，平均亩产（干重）1 402.3 千克，平均亩产（鲜重）4 030.8 千克，比对照雅玉青贮 8 号增产 14.83%。

栽培技术要点：4 月上中旬播种，每亩种植密度 3 500~4 000 株。施足底肥，增施有机肥，轻施苗肥，重施穗肥。苗期注意蹲苗，9 片叶左右适量喷施调节剂，控制株高，搞好清沟排渍，抗旱排涝，及时中耕除草，培土壅蔸，预防倒伏。注意防治纹枯病、茎腐病、灰斑病和地老虎、玉米螟等病虫害。

适宜种植地区：适宜在西南春玉米类型区的四川、重庆、湖南、湖北、陕西南部海拔 800 米及以下的丘陵、平坝、低山地区，贵州贵阳、黔南州、黔东南州、铜仁、遵义海拔 1 100 米以下地区，云南中部昆明、楚雄、玉溪、大理、曲靖等的丘陵、平坝、低山地区，广西桂林、贺州作青贮玉米种植。

天泰 316

审定编号：国审玉 20196005

选育单位：山东中农天泰种业有限公司

品种来源：SM017×TF325

特征特性：东华北中晚熟春玉米组出苗至成熟 128 天，比对照郑单 958 早熟 1.5 天。幼苗叶鞘紫色，叶片绿色，叶缘绿色，花药浅紫色，颖壳绿色。株型半紧凑，株高 269.5 厘米，穗位高 107.5 厘米，成株叶片数 18~20 片。果穗锥形至筒形，穗长 19.15 厘米，穗行数 16~18 行，穗粗 4.9 厘米，穗轴红色，籽粒黄色、半马齿型，百粒重 33.9 克。接种鉴定，中抗大斑病、灰斑病、茎腐病，感丝黑穗病，抗穗腐病。品质分析，籽粒容重 762 克/升，粗蛋白含量 9.38%，粗脂肪含量 3.92%，粗淀粉含量 73.94%，赖氨酸

含量 0.26%。

产量表现：2016—2017 年参加东华北中晚熟春玉米组区域试验，两年平均亩产 798.75 千克，比对照郑单 958 增产 4.68%。2017 年生产试验，平均亩产 779.14 千克，比对照郑单 958 增产 3.22%。

栽培技术要点：适宜中上等肥水条件地块春播，密度为 4 500 株/亩。田间管理主要是苗期防治地下害虫，大喇叭口期防治玉米螟，施足基肥，重施攻秆孕穗肥，加强肥水管理。

适宜种植地区：适宜在吉林四平、松原、长春的大部分地区，辽源、白城、吉林市部分地区、通化南部，辽宁除东部山区和大连、东港以外的大部分地区，内蒙古赤峰和通辽大部分地区，山西忻州、晋中、太原、阳泉、长治、晋城、吕梁平川区和南部山区，河北张家口、承德、秦皇岛、唐山、廊坊、保定北部、沧州北部春播区，北京、天津春播区种植。

锦华 202

审定编号：国审玉 20196019

选育单位：北京金色农华种业科技股份有限公司

品种来源：11A341×L9097

特征特性：黄淮海夏玉米组出苗至成熟 100 天，比对照郑单 958 早熟 1 天。幼苗叶鞘紫色，叶片绿色，叶缘紫色，花药浅紫色，颖壳绿色。株型半紧凑，株高 277 厘米，穗位高 104 厘米，成株叶片数 19 片左右。果穗筒形，穗长 15.9 厘米，穗行数 16～18 行，穗粗 4.8 厘米，穗轴红色，籽粒黄色、半马齿型，百粒重 32.4 克。接种鉴定，高抗茎腐病，感小斑病，高感穗腐病、弯孢菌叶斑病、瘤黑粉病和粗缩病。品质分析，籽粒容重 780 克/升，粗蛋白含量 10.71%，粗脂肪含量 3.47%，粗淀粉含量 70.61%，赖氨酸含量 0.34%。

产量表现：2015—2016 年参加黄淮海夏玉米组区域试验，两年平均亩产 680.7 千克，比对照郑单 958 增产 8.6%。2017 年生产试验，平均亩产 598.4 千克，比对照郑单 958 增产 2.5%。

栽培技术要点：中等肥力以上地块栽培种植，6 月上中旬播种，亩种植密度 4 500 株左右。注意防治穗腐病、弯孢菌叶斑病、瘤黑粉病和粗缩病。

适宜种植地区：适宜在河南、山东、河北保定和沧州的南部及以南地区、陕西关中灌区、山西运城和临汾及晋城部分平川地区、安徽和江苏两省淮河以北地区、湖北襄阳地区夏播种植。

吉农玉 387

审定编号：国审玉 20196050

选育单位：河南省豫玉种业股份有限公司

品种来源：M54×甸 12164

特征特性：黄淮海夏玉米组出苗至成熟 100.1 天，比对照郑单 958 早熟 1.6 天。幼苗叶鞘紫色，叶片绿色，叶缘白色，花药浅紫色，颖壳绿色。株型半紧凑，株高 274.5 厘米，穗位高 95.5 厘米，成株叶片数 20 片。果穗筒形，穗长 17.2 厘米，穗行数 16~18 行，穗轴红色，籽粒黄色、马齿型，百粒重 35.7 克。接种鉴定，感茎腐病、弯孢菌叶斑病，中抗穗腐病、小斑病，抗粗缩病，高感瘤黑粉病、南方锈病。品质分析，籽粒容重 762 克/升，粗蛋白含量 9.83%，粗脂肪含量 3.53%，粗淀粉含量 73.51%，赖氨酸含量 0.3%。

产量表现：2016—2017 年参加黄淮海夏玉米组区域试验，两年平均亩产 658.31 千克，比对照郑单 958 增产 6.56%。2017 年生产试验，平均亩产 645.85 千克，比对照郑单 958 增产 6.00%。

栽培技术要点：中等肥力以上地块栽培，5 月下旬至 6 月中旬播种，适宜亩种植密度 4 000~4 500 株。注意防治瘤黑粉病和南方锈病。

适宜种植地区：适宜在河南、山东、河北保定和沧州的南部及以南地区、陕西关中灌区、山西运城和临汾及晋城部分平川地区、江苏和安徽两省淮河以北地区、湖北襄阳地区夏播种植。

吉农玉 309

审定编号：国审玉 20196053

选育单位：河南省豫玉种业股份有限公司

品种来源：GS04×WH8

特征特性：黄淮海夏玉米组出苗至成熟 100.5 天，比对照郑单 958 早熟 1 天。幼苗叶鞘紫色，叶片绿色，叶缘紫色，花药浅紫色，颖壳浅紫色。株型半紧凑，株高 278 厘米，穗位高 95 厘米，成株叶片数 20 片。果穗筒形，穗长 17.3 厘米，穗行数 16~18 行，穗轴红色，籽粒黄色、马齿型，百粒重 35.8 克。接种鉴定，感茎腐病、穗腐病、小斑病，高感弯孢菌叶斑病、瘤黑粉病、南方锈病，抗粗缩病。品质分析，籽粒容重 747 克/升，粗蛋白含量 9.31%，粗脂肪含量 3.43%，粗淀粉含量 74.88%，赖氨酸含量 0.31%。

产量表现：2016—2017 年参加黄淮海夏玉米组区域试验，两年平均亩产 660.67 千克，比对照郑单 958 增产 6.39%。2017 年生产试验，平均亩产 637.27 千克，比对照郑单 958 增产 5.12%。

栽培技术要点：中等肥力以上地块栽培，5 月下旬至 6 月中旬播种，适宜亩种植密度 4 000~4 500 株。注意防治弯孢菌叶斑病、瘤黑粉病和南方锈病。

适宜种植地区：适宜在河南、山东、河北保定和沧州的南部及以南地区、陕西关中灌区、山西运城和临汾及晋城部分平川地区、江苏和安徽两省淮河以北地区、湖北襄阳地区夏播种植。

隆平 259

审定编号：国审玉 20196060

选育单位：安徽隆平高科种业有限公司

品种来源：LH261×LM451

特征特性：黄淮海夏玉米区出苗至成熟 100 天，比郑单 958 早 1 天。幼苗叶鞘紫色，叶片绿色，叶缘紫色，花药紫色，颖壳绿色。株型半紧凑型，株高 270 厘米，穗位 100 厘米，成株叶片数 19 片。花丝浅红色，果穗筒形，穗长 19. 2 厘米，穗行数 14~16 行，穗轴红色，籽粒黄色、半马齿型，百粒重 40. 1 克。接种鉴定，感禾谷镰孢茎腐病、弯孢菌叶斑病、瘤黑粉病、中抗小斑病，高感禾谷穗腐病、粗缩病、南方锈病。品质分析，籽粒容重 760 克/升，粗蛋白含量 8. 83%，粗脂肪含量 3. 64%，粗淀粉含量 74. 27%，赖氨酸含量 0. 29%。

产量表现：2016—2017 年参加黄淮海夏玉米区域试验，两年平均亩产 692. 1 千克，比对照增产 13. 3%。2017 年生产试验，平均亩产 645. 8 千克，比对照郑单 958 增产 6. 32%。

栽培技术要点：中等肥力以上地块栽培，6 月中上旬播种，亩种植密度 4 000~5 000 株。注意防治穗腐病、南方锈病和粗缩病。

适宜种植地区：适宜在河南、山东、河北唐山和廊坊及以南地区、北京、天津、陕西关中灌区、山西运城和临汾及晋城部分平川地区、江苏和安徽两省淮河以北地区、湖北襄阳地区夏播种植。

优迪 919

审定编号：国审玉 20196063

选育单位：吉林省鸿翔农业集团鸿翔种业有限公司

品种来源：JL712×JL715

特征特性：黄淮海夏玉米组出苗至成熟 101. 5 天，比对照郑单 958 早熟 1 天。幼苗叶鞘紫色，叶片绿色，叶缘紫色，花药紫色，颖壳绿色。株型半紧凑，株高 289. 5 厘米，穗位高 109. 5 厘米，成株叶片数 19 片。果穗筒形，穗长 18. 5 厘米，穗行数 16~17 行，穗轴红色，籽粒黄色、半马齿型，百粒重 37. 2 克。接种鉴定，中抗粗缩病，感大斑病、丝黑穗病、镰孢茎腐病、禾谷镰孢穗腐病、小斑病、弯孢菌叶斑病，高感瘤黑粉病、矮花叶病、南方锈病。品质分析，籽粒容重 751 克/升，粗蛋白含量 10. 60%，粗脂肪含量 3. 19%，粗淀粉含量 75. 02%，赖氨酸含量 0. 29%。

产量表现：2016—2017 年参加黄淮海夏玉米组区域试验，两年平均亩产 695. 5 千克，比对照郑单 958 增产 3. 5%。2017 年生产试验，平均亩产 691. 3 千克，比对照郑单 958 增产 1. 5%。

栽培技术要点：中等肥力以上地块栽培，5月下旬至6月中旬播种，亩种植密度4 500~5 000株。注意防治大斑病、小斑病、矮花叶病、镰孢茎腐病、禾谷镰孢穗腐病、丝黑穗病、瘤黑粉病、弯孢菌叶斑病和南方锈病。

适宜种植地区：适宜在河南、山东、河北保定和沧州的南部及以南地区、陕西关中灌区、山西运城和临汾及晋城部分平川地区、江苏淮河以北地区、安徽淮河以北地区、湖北襄阳地区夏播种植。

宽玉188

审定编号：国审玉20196068

选育单位：河北省宽城种业有限责任公司

品种来源：K305×K9875

特征特性：黄淮海夏玉米组出苗至成熟102.7天，比对照郑单958晚熟0.4天。幼苗叶鞘紫色，叶片绿色，叶缘绿色，花药浅紫色，颖壳紫色。株型半紧凑，株高265.5厘米，穗位高105厘米，成株叶片数20片。果穗筒形，穗长18.5厘米，穗行数16~18行，穗粗5.2厘米，穗轴白色，籽粒黄色、半马齿型，百粒重36.3克。接种鉴定，高抗/感茎腐病，中抗穗腐病，抗小斑病，抗/高感弯孢菌叶斑病，感粗缩病、南方锈病，高感瘤黑粉病。品质分析，籽粒容重756克/升，粗蛋白含量9.00%，粗脂肪含量4.82%，粗淀粉含量75.48%，

产量表现：2016—2017年参加黄淮海夏玉米组区域试验，两年平均亩产673.7千克，比对照郑单958增产5.58%。2017年生产试验，平均亩产695.4千克，比对照郑单958增产7.47%。

栽培技术要点：中等肥力以上地块栽培，6月10—30日播种，亩种植密度4 500~5 000株。注意防治瘤黑粉病。

适宜种植地区：适宜在河南、山东、河北保定和沧州的南部及以南地区、陕西关中灌区、山西运城和临汾及晋城部分平川地区、江苏和安徽两省淮河以北地区、湖北襄阳地区夏播种植。

中科玉501

审定编号：国审玉20196096

选育单位：北京联创种业有限公司

品种来源：CT35665×CT3354

特征特性：东华北中熟春玉米组出苗至成熟131天，比对照先玉335早熟0.5天。幼苗叶鞘紫色，叶片绿色，叶缘绿色，花药黄色，花丝紫色，颖壳绿色。株型半紧凑，株高308厘米，穗位高119厘米，成株叶片数21片。果穗筒形，穗长20.6厘米，穗行数14~16行，穗粗5.1厘米，穗轴红色，籽粒黄色、马

齿型，百粒重 37.6 克。接种鉴定，中抗灰斑病、穗腐病，感大斑病、丝黑穗病、茎腐病。品质分析，籽粒容重 762 克/升，粗蛋白含量 9.46%，粗脂肪含量 4.02%，粗淀粉含量 74.08%，赖氨酸含量 0.32%。西北春玉米组出苗至成熟 131 天，比对照早熟 0.5 天。幼苗叶鞘紫色，叶片绿色，叶缘绿色，花药黄色，花丝浅紫色，颖壳绿色。株型半紧凑，株高 287 厘米，穗位高 111 厘米，成株叶片数 19~20 片。果穗筒形，穗长 18.8 厘米，穗行数 14~16 行，穗粗 4.8 厘米，穗轴红色，籽粒黄色、马齿型，百粒重 34.7 克。接种鉴定，中抗丝黑穗病、穗腐病，感大斑病、茎腐病。品质分析，籽粒容重 758 克/升，粗蛋白含量 10.26%，粗脂肪含量 4.06%，粗淀粉含量 72.58%，赖氨酸含量 0.33%。

产量表现：2015—2016 年参加东华北中熟春玉米组绿色通道区域试验，两年平均亩产 821.1 千克，比对照先玉 335 增产 4.71%。2018 年生产试验，平均亩产 790.9 千克，比对照先玉 335 增产 5.13%。2016—2017 年参加西北春玉米组绿色通道区域试验，两年平均亩产 940.6 千克，比对照增产 6.34%。2018 年生产试验，平均亩产 1 058.8 千克，比对照先玉 335 增产 5.70%。

栽培技术要点：中等肥力以上地块种植，4 月下旬至 5 月上旬播种，东华北中熟春玉米区每亩种植密度 4 000 株左右；西北春玉米区每亩种植密度 5 000~5 500 株。注意防治大斑病、茎腐病和丝黑穗病。

适宜种植地区：适宜在东华北中熟春玉米区的辽宁东部山区和辽北部分地区，吉林省吉林市、白城、通化大部分地区，辽源、长春、松原部分地区，黑龙江第一积温带，内蒙古乌兰浩特、赤峰、通辽、呼和浩特、包头、巴彦淖尔、鄂尔多斯等部分地区，河北张家口坝下丘陵及河川中熟区和承德中南部中熟区，山西北部大同、朔州盆地区和中部及东南部丘陵区种植。也适宜在西北春玉米区的内蒙古巴彦淖尔大部分地区、鄂尔多斯大部分地区，陕西榆林、延安，宁夏引扬黄灌区，甘肃陇南、天水、庆阳、平凉、白银、定西、临夏州海拔 1 800 米以下地区及武威、张掖、酒泉市大部分地区，新疆昌吉州阜康以西至博乐以东地区、北疆沿天山地区、伊犁州直西部平原地区种植。

天泰 316

审定编号：国审玉 20196114

选育单位：山东中农天泰种业有限公司

品种来源：SM017×TF325

特征特性：东华北中熟春玉米组出苗至成熟 131.5 天，与对照先玉 335 生育期相当。幼苗叶鞘紫色，叶片绿色，叶缘绿色，花药浅紫色，颖壳绿色。株型紧凑，株高 274 厘米，穗位高 109 厘米，成株叶片数 18~20 片。果穗锥形至筒形，穗长 19.4 厘米，穗行数 16~18 行，穗粗 5 厘米，穗轴红，籽粒黄色、半马齿型，百粒重 40.0 克。接种鉴定，中抗大斑病、茎腐病、穗腐病、灰斑病，高感丝黑穗病。品质分析，籽粒容重 746 克/升，粗蛋白含量 8.80%，粗脂肪含量 4.17%，粗淀粉含量 75.72%，赖氨酸含量 0.26%。西北春玉米组出苗至成熟 130.8 天，比对照先玉 335 早熟 0.9 天。幼苗叶鞘紫色，叶片绿色，叶缘绿色，花药浅紫色，颖壳绿色。株型紧凑，株高 290 厘米，穗位高 121 厘米，成株叶片数 18~20 片。果穗锥形至筒形，穗长 18. 5 厘米，穗行数 16~18 行，穗粗 5. 0 厘米，穗轴红，籽粒黄色、半马齿型，百粒重 34. 8 克。接种鉴定，中抗大斑病、穗腐病，感丝黑穗病、茎腐病。品质分析，籽粒容重 752 克/升，粗蛋白含量 10. 89%，粗脂肪含量 3. 84%，粗淀粉含量 70. 47%，赖氨酸含量 0. 33%。

产量表现：2017—2018 年参加东华北中熟春玉米组绿色通道区域试验，两年平均亩产 810. 64 千克，比对照先玉 335 增产 5. 33%。2018 年生产试验，平均亩产 770. 62 千克，比对照先玉 335 增产 6. 5%。2017—2018 年参加西北春玉米组绿色通道区域试验，两年平均亩产 1 072. 2 千克，比对照先玉 335 增产 6. 01%。2018 年生产试验，平均亩产 1 060. 6 千克，比对照先玉 335 增产 4. 71%。

栽培技术要点：东华北中熟春玉米区每亩种植密度 4 500 株。出苗前后注意防治地老虎、蛴螬、金针虫等地下害虫，苗期注意防治蓟马、甜菜夜蛾等害虫，大喇叭口期用颗粒杀虫剂丢心防治玉米螟、棉铃虫等害虫。苗期注意蹲苗，此后注意浇好拔节水、孕穗水和灌浆水。施肥应注意前期重施磷、钾肥和其他微肥，大喇叭口期重施氮肥，后期轻施灌浆肥。适宜在西北中上等肥水条件地块春播，每亩适宜种植密度 5 500 株。田间管理主要是苗期防治地下害虫，大喇叭口期防治玉米螟，施足基肥，重施攻秆孕穗肥，加强肥水管理。其他同一般大田管理。

适宜种植地区：适宜在东华北中熟春玉米区的辽宁东部山区和辽北部分地区，吉林省吉林市、白城、通化大部分地区，辽源、长春、松原部分地区，黑龙江第一积温带，内蒙古兴安盟、赤峰、通辽、呼和浩特、包头、巴彦淖尔、鄂尔多斯等部分地区，河北张家口坝下丘陵及河川中熟区和承德中南部中熟区，山西北部大同、朔州盆地区和中部及东南部丘陵区春播种植。也适宜在西北春玉米区的内蒙古巴彦淖尔大部分地区、鄂尔多斯大部分地区，陕西榆林、延安，宁夏引扬黄灌区，甘肃陇南、天水、庆阳、平凉、白银、定西、临夏州海拔 1 800 米以下地区及武威、张掖、酒泉大部分地区，新疆昌吉州阜康以西至博乐以东地区、北疆沿天山地区、伊犁州直西部平原地区种植。

隆平 275

审定编号：国审玉 20196121

选育单位：安徽隆平高科种业有限公司

品种来源：LE239×H996

特征特性：东华北中晚熟春玉米区出苗至成熟 128 天，比郑单 958 早 2 天。幼苗叶鞘紫色，叶片绿色，叶缘紫色，花药紫色，颖壳绿色。株型半紧凑型，株高 283 厘米，穗位 111 厘米，成株叶片数 20 片。花丝浅紫色，果穗筒形，穗长 18. 9 厘米，穗行数 14~16 行，穗轴红色，籽粒黄色、半马齿型、百粒重 42. 5 克。接种鉴定，中抗大斑病、禾谷穗腐病，抗丝黑穗病，感禾谷镰孢茎腐病、灰斑病。品质分析，籽粒容重 741 克/升，粗蛋白含量 9. 58%，粗脂肪含量 3. 03%，粗淀粉含量 75. 81%，赖氨酸含量 0. 32%。

产量表现：2016—2017 年参加东华北中晚熟春玉米组绿色通道区域试验，两年平均亩产 804.3 千克，比对照郑单 958 增产 6.6%。2017 年生产试验，平均亩产 774.0 千克，比对照郑单 958 增产 4.0%。

栽培技术要点：建议在积温 2 750℃以上地区种植，中等肥力以上地块栽培，4 月下旬至 5 月上旬播种，每亩种植密度 4 500 株，注意防治茎腐病和灰斑病。

适宜种植地区：适宜在东华北中晚熟春玉米区的吉林四平、松原、长春的大部分地区，辽源、白城、吉林市部分地区、通化南部，辽宁除东部山区和大连、东港以外的大部分地区，内蒙古赤峰和通辽大部分地区，山西忻州、晋中、太原、阳泉、长治、晋城、吕梁平川区和南部山区，河北张家口、承德、秦皇岛、唐山、廊坊、保定北部、沧州北部春播区，北京、天津春播区种植。

丰乐 303

审定编号：国审玉 20196148

选育单位：合肥丰乐种业股份有限公司

品种来源：京 725×京 2416

特征特性：东华北中晚熟春玉米组出苗至成熟 127.8 天，比对照郑单 958 早熟 1.5 天。幼苗叶鞘深紫，叶片绿色，叶缘紫色，花药深紫，颖壳绿色。株型半紧凑，株高 270 厘米，穗位高 105 厘米，穗长 18.4 厘米，穗行数 16~18 行，穗轴红，籽粒黄色、半马齿型，百粒重 37.4 克。接种鉴定，中抗大斑病、茎腐病、穗腐病，感丝黑穗病、灰斑病。品质分析，籽粒容重 778 克/升，粗蛋白含量 9.67%，粗脂肪含量 4.05%，粗淀粉含量 73.05%，赖氨酸含量 0.31%。

产量表现：2017—2018 年参加东华北中晚熟春玉米组绿色通道区域试验，两年平均亩产 753.2 千克，比对照郑单 958 增产 3.42%。2018 年生产试验，平均亩产 725.0 千克，比对照郑单 958 增产 2.81%。

栽培技术要点：春播 4 月下旬至 5 月上旬播种，每亩种植密度 4 000 株左右。中上等肥力土壤，排灌方便，播种前施足底肥（土杂肥或复合肥），5~6 片叶时第一次追肥，大喇叭口期第二次追肥，两次追肥总量（尿素）35~40 千克。苗期注意防治蓟马及蚜虫为害，大喇叭口期注意防治玉米螟。籽粒乳线消失出现黑粉层后收获，充分发挥该品种的高产潜力。

适宜种植地区：适宜在东华北中晚熟春玉米区的吉林四平、松原、长春的大部分地区，辽源、白城、吉林市部分地区、通化南部，辽宁除东部山区和大连、东港以外的大部分地区，内蒙古赤峰和通辽大部分地区，山西忻州、晋中、太原、阳泉、长治、晋城、吕梁平川区和南部山区，河北张家口、承德、秦皇岛、唐山、廊坊、保定北部、沧州北部春播区，北京、天津春播区种植。

联创 832

审定编号：国审玉 20196165

选育单位：北京联创种业有限公司

品种来源：CT16687×CT8204

特征特性：黄淮海夏玉米组出苗至成熟 101.5 天，比对照郑单 958 早熟 1.5 天。幼苗叶鞘紫色，叶片绿色，叶缘紫色，花药浅紫色，花丝浅紫色，颖壳浅紫色。株型半紧凑，株高 256 厘米，穗位高 89 厘米，成株叶片数 19~20 片。果穗筒形，穗长 17.8 厘米，穗行数 14~16 行，穗粗 4.7 厘米，穗轴红色，籽粒黄色、半马齿型，百粒重 34.4 克。接种鉴定，中抗南方锈病，感茎腐病、穗腐病、小斑病，高感弯孢菌叶斑病、粗缩病、瘤黑粉病。品质分析，籽粒容重 745 克/升，粗蛋白含量 10.47%，粗脂肪含量 3.17%，粗淀粉含量 72.41%，赖氨酸含量 0.34%。

产量表现：2016—2017 年参加黄淮海夏玉米组绿色通道区域试验，两年平均亩产 674.6 千克，比对照郑单 958 增产 5.09%。2018 年生产试验，平均亩产 621.1 千克，比对照郑单 958 增产 5.08%。

栽培技术要点：中等肥力以上地块种植，5 月下旬至 6 月中上旬播种，每亩种植密度 4 000 株左右。注意防治弯孢菌叶斑病、瘤黑粉病、粗缩病、小斑病、茎腐病和穗腐病。

适宜种植地区：适宜在黄淮海夏玉米区的河南、山东、河北保定和沧州的南部及以南地区、陕西关中灌区、山西运城和临汾及晋城部分平川地区、江苏和安徽两省淮河以北地区、湖北襄阳地区种植。

大京九 4703

审定编号：国审玉 20196166

选育单位：北京大京九农业开发有限公司

品种来源：DJ1246×DJ1203

特征特性：黄淮海夏玉米组出苗至成熟 101 天，比对照郑单 958 早熟 1.5 天。幼苗叶鞘紫色，叶片深绿色，叶缘紫色，花药黄色，颖壳浅紫色。株型紧凑，株高 255 厘米，穗位高 109 厘米，成株叶片数 19.5 片。果穗筒形，穗长 18.2 厘米，穗行数 14~16 行，穗粗 4.9 厘米，穗轴白色，籽粒黄色、半马齿型，百粒重 34.8 克。接种鉴定，中抗茎腐病，感穗腐病、小斑病、弯孢菌叶斑病、瘤黑粉病，高感粗缩病、南方锈病。品质分析，籽粒容重 781 克/升，粗蛋白含量 9.36%，粗脂肪含量 4.35%，粗淀粉含量 73.04%，赖氨酸含量 0.27%。

产量表现：2016—2017 年参加黄淮海夏玉米组绿色通道区域试验，两年平均亩产 698.65 千克，比对照郑单 958 增产 4.0%。2018 年生产试验，平均亩产 623.0 千克，比对照郑单 958 增产 4.8%。

栽培技术要点：5 月 20 日至 6 月 20 日播种，每亩种植密度 4 500~5 000 株。亩施农家肥 2 000~3 000 千克，玉米专用肥 30 千克，拔节期每亩追施尿素 10~15 千克。播种时采用包衣种子，及时防治玉米螟。注意防治粗缩病和南方锈病。

适宜种植地区：适宜在黄淮海夏玉米区的河南、山东、河北保定和沧州的南部及以南地区、陕西关中灌区、山西运城和临汾及晋城部分平川地区、江苏和安徽两省淮河以北地区种植。

正成 018

审定编号：国审玉 20196175

选育单位：北京奥瑞金种业股份有限公司

品种来源：OSL371×OSL372

特征特性：黄淮海夏玉米组出苗至成熟 102. 1 天，比对照郑单 958 早熟 1. 1 天。幼苗叶鞘紫色，叶片绿色，叶缘紫色，花药紫色，颖壳紫色。株型半紧凑，株高 294 厘米，穗位高 109 厘米，成株叶片数 19 片。果穗筒形，穗长 19. 4 厘米，穗行数 16 行左右，穗粗 4. 8 厘米，穗轴红，籽粒黄色、半马齿型，百粒重 35. 1 克。接种鉴定，中抗小斑病，感茎腐病、穗腐病，高感弯孢菌叶斑病、瘤黑粉病、南方锈病。品质分析，籽粒容重 763 克/升，粗蛋白含量 9. 81%，粗脂肪含量 3. 68%，粗淀粉含量 73. 93%，赖氨酸含量 0. 27%。

产量表现：2017—2018 年参加黄淮海夏玉米组绿色通道区域试验，两年平均亩产 620. 3 千克，比对照郑单 958 增产 5. 5%。2018 年生产试验，平均亩产 575. 7 千克，比对照郑单 958 增产 1. 6%。

栽培技术要点：中上等肥力地块种植，6 月上中旬播种，每亩种植密度 3 500~3 800 株。注意防治弯孢菌叶斑病、瘤黑粉病、南方锈病等病害。

适宜种植地区：适宜在黄淮海夏玉米区的河南、山东、河北保定和沧州的南部及以南地区、陕西关中灌区、山西运城和临汾及晋城部分平川地区、江苏和安徽两省淮河以北地区、湖北襄阳地区种植。

科河 699

审定编号：国审玉 20196180

选育单位：内蒙古巴彦淖尔市科河种业有限公司

品种来源：KH636×KH766

特征特性：黄淮海夏玉米组出苗至成熟 103 天，比对照郑单 958 早熟 1 天。幼苗叶鞘紫色，叶片绿色，叶缘白色，花药浅紫色，颖壳绿色。株型紧凑，株高 299 厘米，穗位高 104 厘米，成株叶片数 20 片。果穗筒形，穗长 18. 6 厘米，穗行数 14~18 行，穗粗 4. 9 厘米，穗轴红，籽粒黄色、半马齿型，百粒重

37.5 克。接种鉴定，中抗小斑病，感茎腐病、弯孢菌叶斑病，高感穗腐病、瘤黑粉病、南方锈病。品质分析，籽粒容重 777 克/升，粗蛋白含量 10.53%，粗脂肪含量 3.55%，粗淀粉含量 73.96%，赖氨酸含量 0.29%。

产量表现：2017—2018 年参加黄淮海夏玉米组绿色通道区域试验，两年平均亩产 664.0 千克，比对照郑单 958 增产 4.25%。2019 年生产试验，平均亩产 605.0 千克，比对照郑单 958 增产 3.1%。

栽培技术要点：6 月中下旬播种，中等肥力以上地块栽培，每亩种植密度 3 800~4 200 株。注意防治穗腐病、瘤黑粉病、南方锈病等病害。

适宜种植地区：适宜在黄淮海夏玉米区的北京、天津、河南、山东、河北唐山和廊坊及以南地区、陕西关中灌区、山西运城和临汾及晋城部分平川地区、江苏和安徽两省淮河以北地区、湖北襄阳地区夏播种植。

军育 535

审定编号：国审玉 20196189

选育单位：吉林省鸿翔农业集团鸿翔种业有限公司

品种来源：X84×Y01

特征特性：黄淮海夏玉米组出苗至成熟 101 天，比对照郑单 958 早熟 2.0 天。幼苗叶鞘紫色，叶片绿色，叶缘紫色，花药紫色，颖壳绿色。株型半紧凑，株高 274 厘米，穗位高 103 厘米，成株叶片数 18 片。果穗筒形，穗长 17.35 厘米，穗行数 14~18 行，穗粗 4.8 厘米，穗轴红色，籽粒黄色、半马齿型，百粒重 35.5 克。接种鉴定，中抗茎腐病，感穗腐病、小斑病，高感弯孢菌叶斑病、瘤黑粉病、南方锈病。品质分析，籽粒容重 790 克/升，粗蛋白含量 9.86%，粗脂肪含量 3.59%，粗淀粉含量 74.45%，赖氨酸含量 0.28%。

产量表现：2017—2018 年参加黄淮海夏玉米组绿色通道区域试验，两年平均亩产 671.8 千克，比对照郑单 958 增产 3.15%。2018 年生产试验，平均亩产 657.99 千克，比对照郑单 958 增产 1.8%。

栽培技术要点：中等肥力以上地块栽培，5 月下旬至 6 月中旬播种，每亩种植密度 4 500~5 000 株。注意防治小斑病、穗腐病、弯孢菌叶斑病、瘤黑粉病和南方锈病等病害。

适宜种植地区：适宜在黄淮海夏玉米区的河南、山东、河北保定和沧州的南部及以南地区、陕西关中灌区、山西运城和临汾及晋城部分平川地区、江苏淮河以北地区、安徽淮河以北地区，湖北襄阳地区种植。

军育288

审定编号：国审玉20196190

选育单位：吉林省鸿翔农业集团鸿翔种业有限公司

品种来源：Y822×X923

特征特性：黄淮海夏玉米组出苗至成熟101.5天，比对照郑单958早熟1.4天。幼苗叶鞘紫色，叶片绿色，叶缘紫色，花药紫色，颖壳绿色。株型半紧凑，株高284厘米，穗位高105厘米，成株叶片数19片。果穗筒形，穗长18.0厘米，穗行数14~16行，穗粗4.7厘米，穗轴红色，籽粒黄色、半马齿型，百粒重36.9克。接种鉴定，中抗茎腐病，感穗腐病、小斑病，高感弯孢菌叶斑病、瘤黑粉病、南方锈病。品质分析，籽粒容重780克/升，粗蛋白含量9.90%，粗脂肪含量3.95%，粗淀粉含量74.77%，赖氨酸含量0.29%。西北春玉米组出苗至成熟130天，与对照先玉335熟期相当。幼苗叶鞘紫色，叶片绿色，叶缘紫色，花药浅紫色，颖壳绿色。株型半紧凑，株高306厘米，穗位高123厘米，成株叶片数19片。果穗筒形，穗长19.2厘米，穗行数16~18行，穗粗4.9厘米，穗轴红色，籽粒黄色、马齿型，百粒重37.6克。接种鉴定，中抗茎腐病，感丝黑穗病、穗腐病，高感大斑病。品质分析，籽粒容重758克/升，粗蛋白含量11.84%，粗脂肪含量3.28%，粗淀粉含量70.81%，赖氨酸含量0.33%。

产量表现：2017—2018年参加黄淮海夏玉米组绿色通道区域试验，两年平均亩产673.85千克，比对照郑单958增产3.5%。2018年生产试验，平均亩产672.63千克，比对照郑单958增产4.1%。2017—2018年参加西北春玉米组绿色通道区域试验，两年平均亩产1035.8千克，比对照先玉335增产4.25%。2018年生产试验，平均亩产1 059.1千克，比对照先玉335增产2.6%。

栽培技术要点：中等肥力以上地块栽培，5月下旬至6月中旬播种，每亩种植密度4 500~5 000株。注意防治小斑病、穗腐病、瘤黑粉病、弯孢菌叶斑病和南方锈病等病害。西北春玉米组中等肥力以上地块栽培，4月下旬至5月上旬播种，每亩种植密度5 000~5 500株。注意防治穗腐病和丝黑穗病，在大斑病高发区慎用。

适宜种植地区：适宜在黄淮海夏玉米区的河南、山东、河北保定和沧州的南部及以南地区，陕西关中灌区，山西运城和临汾及晋城部分平川地区，江苏淮河以北地区，安徽淮河以北地区，湖北襄阳地区种植。也适宜在西北春玉米区的内蒙古巴彦淖尔大部分地区、鄂尔多斯大部分地区，陕西榆林、延安，宁夏引扬黄灌区，甘肃陇南、天水、庆阳、平凉、白银、定西、临夏州海拔1 800米以下地区及武威、张掖、酒泉大部分地区，新疆昌吉州阜康以西至博乐以东地区、北疆沿天山地区、伊犁州直西部平原地区种植。

迪化 1771

审定编号： 国审玉 20196191

选育单位： 辽宁东亚种业有限公司

品种来源： C274×12DF11

特征特性： 黄淮海夏玉米组出苗至成熟 102.4 天，比对照郑单 958 早熟 0.6 天。幼苗叶鞘紫色，叶片绿色，叶缘紫色，花药紫色，颖壳绿色。株型半紧凑，株高 252 厘米，穗位高 99 厘米，成株叶片数 20 片。果穗筒形，穗长 17.6 厘米，穗行数 16~18 行，穗粗 5.2 厘米，穗轴白，籽粒黄色、马齿型，百粒重 36.5 克。接种鉴定，中抗小斑病、弯孢菌叶斑病，感茎腐病、穗腐病，高感瘤黑粉病、南方锈病。品质分析，籽粒容重 738 克/升，粗蛋白含量 10.02%，粗脂肪含量 3.74%，粗淀粉含量 75.53%，赖氨酸含量 0.27%。

产量表现： 2017—2018 年参加黄淮海夏玉米组绿色通道区域试验，两年平均亩产 628.4 千克，比对照郑单 958 增产 5.35%。2018 年生产试验，平均亩产 596.8 千克，比对照郑单 958 增产 6.0%。

栽培技术要点： 黄淮海夏播适宜播种时间为 6 月初至 6 月 15 日。以麦茬平播为宜。如果采用麦田套种。每亩适宜种植密度 4 500 株。可以造墒播种，也可以播后浇蒙头水。在拔节期可以每亩使用 40~50 千克长效玉米专用肥一次性追肥。在苗期注意喷施杀虫剂防治灰飞虱以预防粗缩病。拔节以后用颗粒剂撒心，防治玉米螟。注意防治瘤黑粉病、南方锈病等病害。

适宜种植地区： 适宜在黄淮海夏玉米区的河南、山东、河北保定和沧州的南部及以南地区、陕西关中灌区、山西运城和临汾及晋城部分平川地区、江苏和安徽两省淮河以北地区、湖北襄阳地区种植。

东单 1316

审定编号： 国审玉 20196194

选育单位： 辽宁东亚种业有限公司

品种来源： ZF75×LH88

特征特性： 黄淮海夏玉米组出苗至成熟 103 天，与对照郑单 958 生育期相当。幼苗叶鞘紫色，叶片绿色，叶缘紫色，花药黄色，颖壳绿色。株型紧凑，株高 266 厘米，穗位高 96 厘米，成株叶片数 20 片。果穗筒形，穗长 18.4 厘米，穗行数 16~18 行，穗粗 4.9 厘米，穗轴红，籽粒黄色、马齿型，百粒重 34.1 克。接种鉴定，中抗小斑病、南方锈病，感茎腐病，高感穗腐病、弯孢菌叶斑病、瘤黑粉病。品质分析，籽粒容重 748 克/升，粗蛋白含量 11.07%，粗脂肪含量 3.31%，粗淀粉含量 72.17%，赖氨酸含量 0.31%。

产量表现：2017—2018 年参加黄淮海夏玉米组绿色通道区域试验，两年平均亩产 621.5 千克，比对照郑单 958 增产 4.1%。2018 年生产试验，平均亩产 586.2 千克，比对照郑单 958 增产 3.9%。

栽培技术要点：黄淮海夏播适宜播种时间为 6 月初到 6 月 15 日。以麦茬平播为宜。如果采用麦田套种，亩适宜种植密度 4 500 株。可以造墒播种，也可以播后浇蒙头水。在拔节期可以每亩使用 40~50 千克长效玉米专用肥一次性追肥。在苗期注意喷施杀虫剂防治灰飞虱以预防粗缩病。拔节以后用颗粒剂撒心，防治玉米螟。注意防治穗腐病、弯孢菌叶斑病、瘤黑粉病等病害。

适宜种植地区：适宜在黄淮海夏玉米区的河南、山东、河北保定和沧州的南部及以南地区、陕西关中灌区、山西运城和临汾及晋城部分平川地区、江苏和安徽两省淮河以北地区、湖北襄阳地区种植。

东单 119

审定编号：国审玉 20196196

选育单位：辽宁东亚种业有限公司

品种来源：F6wc-1×F7292-37

特征特性：黄淮海夏玉米组出苗至成熟 102 天，比对照郑单 958 早熟 1 天。幼苗叶鞘紫色，叶片绿色，叶缘白色，花药黄色，颖壳绿色。株型半紧凑，株高 250 厘米，穗位高 99 厘米，成株叶片数 2 片。果穗锥形至筒形，穗长 18.8 厘米，穗行数 14~16 行，穗粗 4.5 厘米，穗轴红，籽粒黄色、半马齿型，百粒重 36.9 克。接种鉴定，中抗茎腐病、小斑病，高感穗腐病、弯孢菌叶斑病、瘤黑粉病、南方锈病。品质分析，籽粒容重 781 克/升，粗蛋白含量 10.37%，粗脂肪含量 4.0%，粗淀粉含量 72.73%，赖氨酸含量 0.31%。

产量表现：2017—2018 年参加黄淮海夏玉米组绿色通道区域试验，两年平均亩产 622.15 千克，比对照郑单 958 增产 4.3%。2018 年生产试验，平均亩产 592.7 千克，比对照郑单 958 增产 5.1%。

栽培技术要点：黄淮海夏播适宜播种时间为 6 月初至 6 月 15 日。以麦茬平播为宜。如果采用麦田套种，每亩适宜种植密度 4 500 株。可以造墒播种，也可以播后浇蒙头水。在拔节期可以每亩使用 40~50 千克长效玉米专用肥一次性追肥。在苗期注意喷施杀虫剂防治灰飞虱以预防粗缩病。拔节以后用颗粒剂撒心，防治玉米螟。注意防治穗腐病、弯孢菌叶斑病、瘤黑粉病等病害。

适宜种植地区：适宜在黄淮海夏玉米区的河南、山东、河北保定和沧州的南部及以南地区、陕西关中灌区、山西运城和临汾及晋城部分平川地区、江苏和安徽两省淮河以北地区、湖北襄阳地区种植。

东科一号

审定编号：国审玉 20196204

选育单位： 辽宁东亚种业有限公司

品种来源： 12DF47×12DF11

特征特性： 黄淮海夏玉米组出苗至成熟 102 天，比对照郑单 958 早熟 0.8 天。幼苗叶鞘紫色，叶片绿色，叶缘紫色，花药紫色，颖壳绿色。株型紧凑，株高 258 厘米，穗位高 99 厘米，成株叶片数 19.5 片。果穗筒形，穗长 19.1 厘米，穗行数 16~18 行，穗粗 5.3 厘米，穗轴白，籽粒黄色、半马齿型，百粒重 36.2 克。接种鉴定，中抗茎腐病、小斑病，感穗腐病、弯孢菌叶斑病，高感瘤黑粉病、南方锈病。品质分析，籽粒容重 736 克/升，粗蛋白含量 10.99%，粗脂肪含量 3.47%，粗淀粉含量 74.81%，赖氨酸含量 0.3%。

产量表现： 2017—2018 年参加黄淮海夏玉米组绿色通道区域试验，两年平均亩产 620.7 千克，比对照郑单 958 增产 4.1%。2018 年生产试验，平均亩产 595.9 千克，比对照郑单 958 增产 5.8%。

栽培技术要点： 黄淮海夏播适宜播种时间为 6 月初至 6 月 15 日。以麦茬平播为宜。如果采用麦田套种。每亩适宜种植密度 4 500 株。可以造墒播种，也可以播后浇蒙头水。在拔节期可以每亩使用 40~50 千克长效玉米专用肥一次性追肥。在苗期注意喷施杀虫剂防治灰飞虱以预防粗缩病。拔节以后用颗粒剂撒心，防治玉米螟。注意防治瘤黑粉病、南方锈病等病害。

适宜种植地区： 适宜在黄淮海夏玉米区的河南、山东、河北保定和沧州的南部及以南地区、陕西关中灌区、山西运城和临汾及晋城部分平川地区、江苏和安徽两省淮河以北地区、湖北襄阳地区种植。

MC4592

审定编号： 国审玉 20196205

选育单位： 辽宁东亚种业有限公司

品种来源： 京 4055×京 92

特征特性： 黄淮海夏玉米组出苗至成熟 103 天，与对照郑单 958 生育期相当。幼苗叶鞘紫色，叶片绿色，叶缘紫色，花药浅紫色，颖壳绿色。株型紧凑，株高 266 厘米，穗位高 101 厘米，成株叶片数 20 片。果穗筒形，穗长 18.8 厘米，穗行数 16~18 行，穗粗 5.4 厘米，穗轴红，籽粒黄色、马齿型，百粒重 38.1 克。接种鉴定，中抗茎腐病、小斑病，感穗腐病、南方锈病，高感弯孢菌叶斑病、瘤黑粉病。品质分析，籽粒容重 756 克/升，粗蛋白含量 11.97%，粗脂肪含量 3.84%，粗淀粉含量 72.02%，赖氨酸含量 0.33%。

产量表现： 2017—2018 年参加黄淮海夏玉米组绿色通道区域试验，两年平均亩产 637.5 千克，比对照郑单 958 增产 6.9%。2018 年生产试验，平均亩产 594.7 千克，比对照郑单 958 增产 5.4%。

栽培技术要点： 黄淮海夏播适宜播种时间为 6 月初至 6 月 15 日。以麦茬平播为宜。如果采用麦田套种，每亩适宜种植密度为 4 500 株。可以造墒播种，也可以播后浇蒙头水。在拔节期可以每亩使用 40~50

千克长效玉米专用肥一次性追肥。在苗期注意喷施杀虫剂防治灰飞虱以预防粗缩病。拔节以后用颗粒剂撒心，防治玉米螟。注意防治弯孢菌叶斑病、瘤黑粉病等病害。

适宜种植地区：适宜在黄淮海夏玉米区的河南、山东、河北保定和沧州的南部及以南地区、陕西关中灌区、山西运城和临汾及晋城部分平川地区、江苏和安徽两省淮河以北地区、湖北襄阳地区种植。

东单 181

审定编号：国审玉 20196206

选育单位：辽宁东亚种业有限公司

品种来源：14F64×14F16

特征特性：黄淮海夏玉米组出苗至成熟 101 天，比对照郑单 958 早熟 1.8 天。幼苗叶鞘紫色，叶片绿色，叶缘绿色，花药黄色，颖壳绿色。株型半紧凑，株高 265 厘米，穗位高 93 厘米，成株叶片数 19 片。果穗筒形，穗长 19.8 厘米，穗行数 16~18 行，穗粗 4.5 厘米，穗轴红，籽粒黄色、半马齿型，百粒重 34.0 克。接种鉴定，中抗茎腐病、小斑病，感弯孢菌叶斑病、南方锈病，高感瘤黑粉病、穗腐病。品质分析，籽粒容重 772 克/升，粗蛋白含量 10.72%，粗脂肪含量 4.03%，粗淀粉含量 73.65%，赖氨酸含量 0.31%。

产量表现：2017—2018 年参加黄淮海夏玉米组绿色通道区域试验，两年平均亩产 618.0 千克，比对照郑单 958 增产 3.6%。2018 年生产试验，平均亩产 590.6 千克，比对照郑单 958 增产 4.9%

栽培技术要点：黄淮海夏播适宜播种时间为 6 月初至 6 月 15 日。以麦茬平播为宜。如果采用麦田套种，每亩适宜种植密度 4 500 株。可以造墒播种，也可以播后浇蒙头水。在拔节期可以每亩使用 40~50 千克长效玉米专用肥一次性追肥。在苗期注意喷施杀虫剂防治灰飞虱以预防粗缩病。拔节以后用颗粒剂撒心，防治玉米螟。注意防治穗腐病、瘤黑粉病等病害。

适宜种植地区：适宜在黄淮海夏玉米区的河南、山东、河北保定和沧州的南部及以南地区、陕西关中灌区、山西运城和临汾及晋城部分平川地区、江苏和安徽两省淮河以北地区、湖北襄阳地区种植。

登海 710

审定编号：国审玉 20196208

选育单位：山东登海种业股份有限公司

品种来源：DH382×DH357

特征特性：黄淮海夏玉米组出苗至成熟 101 天，比对照郑单 958 早熟 0.6 天。幼苗叶鞘紫色，叶片深绿色，叶缘绿色，花药黄色，颖壳绿色。株型紧凑，株高 259 厘米，穗位高 92 厘米，成株叶片数 20 片。

果穗筒形，穗长 18.9 厘米，穗行数 14~16 行，穗粗 5.1 厘米，穗轴红，籽粒黄色、马齿型，百粒重 36 克。接种鉴定，中抗穗腐病、小斑病，感茎腐病、弯孢菌叶斑病、南方锈病，高感瘤黑粉病。品质分析，籽粒容重 762 克/升，粗蛋白含量 9.91%，粗脂肪含量 3.58%，粗淀粉含量 75.67%，赖氨酸含量 0.28%。

产量表现：2017—2018 年参加黄淮海夏玉米组绿色通道区域试验，两年平均亩产 663.3 千克，比对照郑单 958 增产 4.6%。2018 年生产试验，平均亩产 647.2 千克，比对照郑单 958 增产 6.0%。

栽培技术要点：中等肥力以上地块栽培，6 月上旬至中旬播种，每亩种植密度 4 500~5 000 株。注意防治瘤黑粉病。

适宜种植地区：适宜在黄淮海夏玉米区的河南、山东、河北保定和沧州的南部及以南地区、陕西关中灌区、山西运城和临汾、晋城部分平川地区、江苏和安徽两省淮河以北地区、湖北襄阳地区种植。

巡天 969

审定编号：国审玉 20196217

选育单位：河北巡天农业科技有限公司

品种来源：X658×改 72

特征特性：黄淮海夏玉米组出苗至成熟 103.5 天，与对照郑单 958 生育期相当。幼苗叶鞘紫色，叶片绿色，叶缘绿色，花药浅紫色，颖壳绿色。株型紧凑，株高 251 厘米，穗位高 103 厘米，成株叶片数 18 片。果穗筒形，穗长 17.5 厘米，穗行数 14~16 行，穗粗 4.9 厘米，穗轴白，籽粒黄色、半马齿型，百粒重 32.75 克。接种鉴定，中抗茎腐病、小斑病，感弯孢菌叶斑病、瘤黑粉病，高感穗腐病、南方锈病。品质分析，籽粒容重 767 克/升，粗蛋白含量 9.64%，粗脂肪含量 4.79%，粗淀粉含量 74.35%，赖氨酸含量 0.27%。

产量表现：2017—2018 年参加黄淮海夏玉米组绿色通道区域试验，两年平均亩产 666.7 千克，比对照郑单 958 增产 3.0%。2018 年生产试验，平均亩产 616.2 千克，比对照郑单 958 增产 3.6%。

栽培技术要点：该品种植株生长旺盛，喜肥水，每亩适宜种植密度 4 500~5 000 株。黄淮海地区夏播一般在 6 月上旬播种，在田间管理上，底肥亩施厩肥 1 000~2 000 千克，或施氮、磷、钾三元复合肥 25 千克，锌肥 1 千克，大喇叭口期结合浇水亩施尿素 15 千克，授粉结束后增施粒肥以提高粒重。一般在 9 月底 10 月初叶子变黄籽粒变硬开始收获。生产上注意防治穗腐病和南方锈病。

适宜种植地区：适宜在黄淮海夏玉米区的河南、山东、河北保定和沧州的南部及以南地区、陕西关中灌区、山西运城和临汾及晋城部分平川地区、江苏和安徽两省淮河以北地区种植。

联创 825

审定编号：国审玉 20196225

选育单位：北京联创种业有限公司

品种来源：CT16621×CT3354

特征特性：西北春玉米组出苗至成熟 132.2 天，比对照先玉 335 晚熟 0.6 天。幼苗叶鞘紫色，叶片绿色，叶缘绿色，花药浅紫色，花丝紫色，颖壳绿色。株型半紧凑，株高 301 厘米，穗位高 117 厘米，成株叶片数 20~21 片。果穗筒形，穗长 19.0 厘米，穗行数 16~18 行，穗粗 5.0 厘米，穗轴红色，籽粒黄色、半马齿型，百粒重 38.0 克。接种鉴定，中抗穗腐病，感大斑病、丝黑穗病、茎腐病。品质分析，籽粒容重 742 克/升，粗蛋白含量 9.28%，粗脂肪含量 3.46%，粗淀粉含量 74.19%，赖氨酸含量 0.32%。

产量表现：2017—2018 年参加西北春玉米组区域试验，两年平均亩产 1 077.3 千克，比对照先玉 335 增产 6.24%。2018 年生产试验，平均亩产 1 075.0 千克，比对照先玉 335 增产 7.32%。

栽培技术要点：中等肥力以上地块种植，4 月下旬至 5 月上旬播种，每亩种植密度 5 000~5 500 株。注意防治大斑病、丝黑穗病和茎腐病。

适宜种植地区：适宜在西北春玉米区的内蒙古巴彦淖尔大部分地区、鄂尔多斯大部分地区，陕西榆林、延安，宁夏引扬黄灌区，甘肃陇南、天水、庆阳、平凉、白银、定西、临夏州海拔 1 800 米以下地区及武威、张掖、酒泉大部分地区，新疆昌吉州阜康以西至博乐以东地区、北疆沿天山地区、伊犁州直西部平原地区种植。

奥玉 026

审定编号：国审玉 20196232

选育单位：北京奥瑞金种业股份有限公司

品种来源：OSL323×OSL188

特征特性：西南春玉米组出苗至成熟 123 天，比对照渝单 8 号晚熟 1 天。幼苗叶鞘紫色，叶片绿色，花药紫色，颖壳浅紫色。株型半紧凑，株高 293 厘米，穗位高 119 厘米，成株叶片数 20 片。果穗筒形，穗长 19.7 厘米，穗行数 16~18 行，穗粗 5.2 厘米，穗轴白，籽粒黄色、半马齿型，百粒重 35.5 克。接种鉴定，抗小斑病、南方锈病，中抗穗腐病，感大斑病、灰斑病、茎腐病、纹枯病。品质分析，籽粒容重 756 克/升，粗蛋白含量 10.88%，粗脂肪含量 5.48%，粗淀粉含量 69.32%，赖氨酸含量 0.32%。

产量表现：2017—2018 年参加西南春玉米组绿色通道区域试验，两年平均亩产 603.6 千克，比对照渝单 8 号增产 7.7%。2018 年生产试验，平均亩产 589.4 千克，比对照渝单 8 号增产 6.9%。

栽培技术要点：中上等肥力地块种植，一般春播在3月下旬至4月下旬地温稳定在10℃以上播种为宜，每亩种植密度3 300~4 000株。

适宜种植地区：适宜在西南春玉米区的四川、重庆、湖南、湖北、陕西南部海拔800米及以下的丘陵、平坝、低山地区，贵州贵阳、黔南州、黔东南州、铜仁、遵义海拔1 100米以下地区，云南中部昆明、楚雄、玉溪、大理、曲靖等的丘陵、平坝、低山地区，广西桂林、贺州种植。

东单88

审定编号：国审玉20196250

选育单位：辽宁东亚种业有限公司

品种来源：420×A41

特征特性：西南春玉米组出苗至成熟115.6天，比对照渝单8早熟1.9天。幼苗叶鞘紫色，叶片绿色，叶缘绿色，花药黄色，颖壳绿色。株型半紧凑，株高246厘米，穗位高90厘米，成株叶片数19片。果穗锥形至筒形，穗长20厘米，穗行数18~20行，穗粗4.9厘米，穗轴红，籽粒黄色、半马齿型，百粒重35.1克。接种鉴定，感大斑病、茎腐病、穗腐病、小斑病、纹枯病、南方锈病，高感灰斑病。品质分析，籽粒容重752克/升，粗蛋白含量11.38%，粗脂肪含量3.5%，粗淀粉含量71.66%，赖氨酸含量0.33%。

产量表现：2017—2018年参加西南春玉米组绿色通道区域试验，两年平均亩产606.5千克，比对照渝单8增产6.1%。2018年生产试验，平均亩产558.8千克，比对照渝单8增产6.6%。

栽培技术要点：在中等肥力以上地块种植。适宜播种期3月上旬，每亩适宜密度3 300株。种肥每亩施用磷酸二铵10千克、硫酸钾5千克。在大喇叭口期以前，每亩追施尿素千克。如果采用免耕施肥法，可在起垄前每亩一次性施用玉米专用肥50千克。大喇叭口期撒颗粒剂防治玉米螟。

适宜种植地区：适宜在西南春玉米区的四川、重庆、湖南、湖北、陕西南部海拔800米以下的丘陵、平坝、低山地区，贵州贵阳、黔南州、黔东南州、铜仁、遵义海拔1 100米以下地区，云南中部昆明、楚雄、玉溪、大理、曲靖等的丘陵、平坝、低山地区，广西桂林、贺州种植。

东单159

审定编号：国审玉20196251

选育单位：辽宁东亚种业有限公司

品种来源：S169×NZ391

特征特性：西南春玉米组出苗至成熟116.2天，比对照渝单8早熟1.25天。幼苗叶鞘紫色，叶片绿色，叶缘绿色，花药黄色，颖壳绿色。株型半紧凑，株高 270 厘米，穗位高 97 厘米，成株叶片数 20 片。果穗长筒形，穗长 20 厘米，穗行数 18~20 行，穗粗 5.1 厘米，穗轴红，籽粒黄色、硬，百粒重 35.1 克。接种鉴定，感大斑病、茎腐病、穗腐病、小斑病、纹枯病，高感灰斑病，中抗南方锈病。品质分析，籽粒容重 764 克/升，粗蛋白含量 10.91%，粗脂肪含量 3.73%，粗淀粉含量 70.93%，赖氨酸含量 0.32%。

产量表现：2017—2018 年参加西南春玉米组绿色通道区域试验，两年平均亩产 597.4 千克，比对照渝单 8 增产 4.5%。2018 年生产试验，平均亩产 552.2 千克，比对照渝单 8 增产 5.5%。

栽培技术要点：在中等肥力以上地块种植。适宜播种期 3 月上旬，每亩适宜密度 3 300 株。种肥每亩施用磷酸二铵 10 千克、硫酸钾 5 千克。在大喇叭口期以前，每亩追施尿素 25 千克。如果采用免耕施肥法，可在起垄前每亩一次性施用玉米专用肥 50 千克。大喇叭口期撒颗粒剂防治玉米螟。

适宜种植地区：适宜在西南春玉米区的四川、重庆、湖南、湖北、陕西南部海拔 800 米及以下的丘陵、平坝、低山地区，贵州贵阳、黔南州、黔东南州、铜仁、遵义海拔 1 100 米以下地区，云南中部昆明、楚雄、玉溪、大理、曲靖等的丘陵、平坝、低山地区，广西桂林、贺州种植。

东白 501

审定编号：国审玉 20196252

选育单位：辽宁东亚种业有限公司

品种来源：F12×K0325

特征特性：西南春玉米组出苗至成熟 118 天，与对照渝单 8 生育期相当。幼苗叶鞘紫色，叶片绿色，叶缘紫色，花药浅紫色，颖壳绿色。株型半紧凑，株高 257 厘米，穗位高 102 厘米，成株叶片数 20 片。果穗筒形，穗长 19.5 厘米，穗行数 18~20 行，穗粗 5.2 厘米，穗轴红，籽粒白色、马齿型，百粒重 30.7 克。接种鉴定，中抗茎腐病、小斑病、南方锈病，感大斑病、穗腐病、纹枯病，高感灰斑病。品质分析，籽粒容重 750 克/升，粗蛋白含量 10.46%，粗脂肪含量 4.27%，粗淀粉含量 70.69%，赖氨酸含量 0.31%。

产量表现：2017—2018 年参加西南春玉米组绿色通道区域试验，两年平均亩产 613.7 千克，比对照渝单 8 增产 7.3%。2018 年生产试验，平均亩产 558.9 千克，比对照渝单 8 增产 6.7%。

栽培技术要点：在中等肥力以上地块种植。适宜播种期 3 月上旬，亩适宜密度 3 300 株。种肥每亩施用磷酸二铵 10 千克、硫酸钾 5 千克。在大喇叭口期以前，每亩追施尿素 25 千克。如果采用免耕施肥法，可在起垄前每亩一次性施用玉米专用肥 50 千克。大喇叭口期撒颗粒剂防治玉米螟。

适宜种植地区：适宜在西南春玉米区的四川、重庆、湖南、湖北、陕西南部海拔 800 米及以下的丘陵、平坝、低山地区，贵州贵阳、黔南州、黔东南州、铜仁、遵义海拔 1 100 米以下地区，云南中部昆明、楚雄、玉溪、大理、曲靖等的丘陵、平坝、低山地区，广西桂林、贺州种植。